现代控制理论基础

主　编　常晓恒
副主编　熊　军

北京航空航天大学出版社

内 容 简 介

现代控制理论是自动化及其相关专业的一门基础课程。本书以线性定常系统的状态空间方法为主线，详细介绍了系统状态空间表达式的相关概念与构造方法、状态空间表达式的求解方法、系统能控性与能观性的相关概念与判定方法、李雅普诺夫稳定性的相关概念与判定方法、系统综合的各种方法，以及线性矩阵不等式技术在系统分析与综合过程中的应用，旨在让读者了解现代控制理论的一些基础知识。本书还给出了大量例题可以帮助读者加深对理论知识的理解和掌握，同时每一章节都附有习题，可供读者进行练习，达到学以致用的目的。

本书可作为高等院校自动化及其相关专业本科生或研究生的教材或参考书，也可供相关工程技术人员参考。

图书在版编目(CIP)数据

现代控制理论基础 / 常晓恒主编. -- 北京 : 北京航空航天大学出版社，2023.12

ISBN 978-7-5124-4260-3

Ⅰ. ①现… Ⅱ. ①常… Ⅲ. ①现代控制理论—高等学校—教材 Ⅳ. ①O231

中国国家版本馆 CIP 数据核字(2023)第 256183 号

现代控制理论基础

主　编　常晓恒

副主编　熊　军

策划编辑　黄继松　　责任编辑　杨国龙

*

北京航空航天大学出版社出版发行

北京市海淀区学院路 37 号(邮编 100191)　https://www.buaapress.com.cn

发行部电话:(010)82317024　传真:(010)82328026

读者信箱: qdpress@buaacm.com.cn　邮购电话:(010)82316936

北京九州迅驰传媒文化有限公司印装　各地书店经销

*

开本:787×1 092　1/16　印张:14.5　字数:371 千字

2024 年 1 月第 1 版　2024 年 1 月第 1 次印刷

ISBN 978-7-5124-4260-3　定价:69.00 元

若本书有倒页、脱页、缺页等印装质量问题，请与本社发行部联系调换。联系电话:(010)82317024

前　言

现代控制理论课程是高等院校面向自动化及其相关专业高年级本科生开设的一门核心专业课。现在通用的现代控制理论课程教材中，主要包括状态空间法、最优控制等知识，其中穿插对时变系统和非线性系统的分析，内容较多。目前，我国大多数高等院校相关专业的学生在学习经典控制理论后，对接下来开设的现代控制理论课程着重于基本概念的学习，安排的学时不多、体量不大，因此，本书主要介绍线性定常系统的状态空间方法。状态空间方法是现代控制理论的基础，自动化及其相关专业的学生在有限的学时内熟悉和掌握这种基本方法，对其后续学习和研究最优控制、状态估计、鲁棒控制、自适应控制等内容都可以起到非常重要的作用。此外，本书在系统模型上集中介绍线性系统的分析，因为线性系统理论是现代控制理论中最为基本和成熟的理论，线性系统的介绍有助于广大学生更充分的理解和掌握现代控制理论的基本概念、基本原理与基本分析方法。

本书在绪论部分对控制理论进行了概述，除绪论外还包括 6 章：第 1 章介绍状态空间表达式的概念、系统的实现、系统的特征值、特征向量与传递函数、状态向量的线性变换以及离散系统状态空间表达式；第 2 章介绍连续系统齐次状态方程的解、状态转移矩阵、连续系统非齐次状态方程的解、离散系统状态方程的解以及连续状态空间表达式的离散化；第 3 章介绍系统的能控性定义、系统的能控性判据、系统的能观性定义、系统的能观性判据、状态空间表达式的能控标准型、状态空间表达式的能观标准型、系统能控性与能观性的对偶关系、系统的结构分解；第 4 章介绍李雅普诺夫稳定性定义、李雅普诺夫第一法、李雅普诺夫第二法以及李雅普诺夫稳定性判据；第 5 章介绍状态反馈控制系统、极点配置、系统镇定、系统解耦、状态观测器、利用观测器实现反馈控制以及最优控制；第 6 章介绍系统稳定性分析、系统镇定以及利用观测器实现系统镇定。

本书注重于基本概念、定义和结论的阐述，表达思路清晰、规范，表述内容详实、易懂。本书是在参考同类优秀教材并总结编者多年一线教学经验的基础上编写而成，其主要内容编写由武汉科技大学常晓恒和熊军完成。

由于编者水平有限，书中难免有遗漏和不足之处，敬请广大读者批评指正。

常晓恒

2023 年 6 月

目 

第0章
绪 论

0.1 控制理论的发展过程

控制理论关注的是如何在变化和不确定的情况下，根据被控对象和环境的特点，通过动态地收集信息并应用控制来维持系统的预期功能。控制理论是在人类实际活动中发展起来的，不仅可以用于理解事物的运动规律，还可以用于重建客观世界。

自动装置历史悠久。早在3000年前，我国已经开始使用"铜壶滴漏"作为自动计时装置。"司南"等自动指示方向的装置也在中国使用超过2000年。在公元2世纪，我国制造了"浑天仪"，通过水力带动机械，以模拟天体的运动并研究其运动规律。但直到18世纪第一次工业革命开始之前，自动装置也只是偶尔存在，如我国的水上运输、欧洲的古老钟表、水力和风力涡轮机的速度控制等。自从1788年瓦特(Watt)成功建造了蒸汽机离心调速器之后，自动装置才正式进入大众视野并逐渐被重视，同时对工业制造技术的改进和军事武器的研发产生了深远的影响。到19世纪60年代，人们已经能够制造并使用各种设备来解决日常生活中出现的简单控制问题，也对控制器稳定性等理论问题进行了研究，但还没有形成统一的理论体系。

1868年，麦克斯韦(Maxwell)率先将振荡现象与系统的代数方程的根紧密联系起来，并以此来解释瓦特速度控制系统的不稳定性，开创了控制与数学相结合的新方向。1895年，赫尔维兹(Hurwitz)遵循并以类似于劳斯(Routh)提出的方法确定系统稳定性。劳斯和赫尔维茨将麦克斯韦的方法扩展到由高阶微分方程描述的复杂系统，并提出用代数方程来确定系统稳定性，分别称为劳斯判据和赫尔维茨判据。这些方法在很大程度上满足了当时的需要，为时域的分析方法奠定了基础。随后发生的第一次和第二次世界大战，更是推动了控制理论的迅速发展及其在军事领域的广泛应用。战争需要更稳定和精确的控制系统，包括跟踪和补偿功能。这也促使了控制理论的进一步发展，从而提出了在不解方程的情况下分析高阶系统的稳态性能和稳定性的方法，如奈奎斯特(Nyquist)与波德(Bode)的频域方法和伊万斯(Evans)的根轨迹方法。1932年，奈奎斯特提出了频域方法；1948年，伊万斯创立的根轨迹分析方法，揭示了系统的性能与状态参数变化之间的联系；同年，维纳(Wiener)发表《控制论》，宣告了这门新兴学科的诞生。

由于与社会生产和科学技术密切相关，控制理论得到了迅速发展。它已成功地在工业和农业生产以及科学和技术领域建立了自己的地位。在这个过程中，控制理论也成为一门具有丰富内容的新学科。控制理论学科的发展一般可分为3个阶段。

1. 经典控制理论阶段

18世纪60年代,世界进入第一次工业革命时期,各种自动装置被广泛用于工农业生产。瓦特在1765年改良了蒸汽机并在此之后成功地将离心调速器应用到蒸汽机上,开创了以机器代替手工劳动的时代。人们在此时意识到了自动化在生活以及工业上的巨大作用,自动控制初现雏形。随着工业革命轰轰烈烈地进行,人们发现所用的调速器可能会使得蒸汽机速度出现振荡。1868年,麦克斯韦为此撰写了论文《论调速器》,其中描述了自激振荡的现象,并分析了由于内部延迟导致系统出现过度补偿及不稳定的原因,这是控制领域第一次比较正式且系统地对稳定性进行理论分析。此后,众多学者对控制系统产生了浓厚的兴趣,其中劳斯将麦克斯韦的研究结果抽象化,并且应用在一般的线性系统中;赫尔维兹在1895年也独立分析了微分方程的稳定性,其结果也就是人们所熟悉的劳斯-赫尔维兹稳定判据(Routh - Hurwitz 稳定判据)。

在世界的另一端,贝尔(Bell)于1876年获得电话专利,由于电话的诸多优点,远距离通信的需求迅速增长。最初,电话是通过信号线连接到中央交换台,然而随着越来越多的城市联网,中继器的数量急剧增加,信号失真问题也引起了众多学者的关注。为了解决这一问题,贝尔实验室的布莱克(Black)在1927年开发出了负反馈放大器,这极大地改善了放大器的失真情况。1932年,奈奎斯特在测试新载波系统中的负反馈放大器时经常会遇到不稳定或振荡现象。为了解决这一问题,该研究没有分析特征方程,而是探索了正弦信号如何在控制回路中传播,从而提出了"奈奎斯特稳定判据"。随后,波德研究了衰减和相位之间的关系,引入了增益和相位裕度以及最小相位的概念,并在1945年发表了《网络分析和反馈放大器设计》一文,奠定了自动控制理论的基础。1948年,伊万斯提出了根轨迹法,这是对奈奎斯特频域分析法的补充。同年,维纳发表了著名的《控制论》,在书中维纳系统地阐述了控制理论的一般原理和方法,标志着经典控制理论的形成。

2. 现代控制理论阶段

1892年,李雅普诺夫(Lyapunov)发表了他的博士论文《论运动稳定性的一般问题》,成为稳定性理论的奠基人。文中对已知运动状态的稳定性给出了严格的数学定义,开创性地提出了求解非线性常微分方程的李雅普诺夫函数法,它把解的稳定性同具有特殊性质的函数(现称为李雅普诺夫函数)的存在性联系起来,用严格的分析方法阐述了稳定性理论。进入20世纪50年代,工业的迅速发展导致许多复杂的控制问题不能用经典控制理论解决,所以学者们开始探索比经典控制理论更为全面的控制理论。从1957年第一颗人造卫星的发射开始,控制理论进入了一个新的时期。科学家们利用现代控制理论解决了人造卫星使用最少燃料且最短时间发射到预定轨道的复杂控制问题,并且成功地发射了第一颗人造卫星。1958年,庞特里亚金(Pontryagin)利用极大值原理解决了带有约束的系统优化控制问题。其实早前贝尔曼(Bellman)就提出动态规划这一方法,而且在1956年就应用到了控制系统的设计中。他们提出的方法为现代控制理论提供了理论基础,并在很大程度上促进了现代控制理论的发展。在此后的几年里,控制领域的研究人员系统地整合并提出了不同于之前经典控制理论的新方法。在1960年的国际自动控制联合会第一届世界大会上,科学家们系统地阐述了发现的新方法并与之前的方法做了对比,使用微分方程代替传递函数来描述过程的动态;通过李雅普诺夫理论而不是奈奎斯特的频域方法来处理稳定性问题;用庞特里亚金的极大值原理代替早期的维纳-

霍普夫方法(Wiener-Hopf 方法)来研究系统性能的优化控制问题。随着控制理论研究的不断深入,科研人员发现,实际工业生产过程中会出现由于外界环境引入的随机噪声,从而影响系统的控制效果,然而上述方法并不能解决带有随机噪声的控制问题。因此,卡尔曼(Kalman)和布什(Bucy)建立了卡尔曼-布什滤波(Kalman-Bucy 滤波)理论,并且利用这一理论解决了带有随机噪声的控制问题,扩大了控制理论的研究范围。与此同时,为了更好地促进控制理论的发展,贝尔曼、卡尔曼等人对状态空间法进行了深入的研究并且将其与控制系统建立联系,其中特别强调状态空间对于控制理论中的能控性和能观性这两个基本概念的重要性。到60年代初,一套以状态空间法、极大值原理、动态规划、卡尔曼-布什滤波为基础的方法已经确立,这标志着现代控制理论的形成。

现代控制理论以状态空间模型为基础,研究系统内部结构的关系,提出了能控性、能观性等重要概念,以及许多设计方法。20世纪60年代初,现代控制理论是自动控制和机器人技术的基础学科,也是信息技术和管理的基础学科之一,它为决策支持系统,特别是该类系统中最大的一类系统,即控制与管理系统,提供了合理设计和有效使用计算机工具所必需的各种方法。

3. 智能控制理论阶段

科学技术的高速发展使得机器人、航空航天、化学工业等复杂控制系统存在高度非线性、时变性、模糊性以及不确定性等现象,致使实际系统的数学模型很难被完整表示出来,进而造成了模型的不精确性。并且,在进行复杂系统研究过程中通常会提出一些苛刻假设,这与实际系统相差甚大。因此,这让依赖于精确系统数学模型的传统反馈控制理论和现代控制理论无法满足日益提高的控制要求。于是,为了解决以上难题,结合了自动控制与人工智能的智能控制应运而生。智能控制是在无人干预的情况下自主地驱动智能机器实现其控制目标的过程,其具有推理、学习以及决策等功能。它的理论基础主要基于控制论、人工智能、信息论、运筹学、人工神经网络等学科的联结交叉,并以此产生了专家控制、模糊控制、神经元网络、基因控制以及混沌控制等智能控制方法和理论。

自20世纪60年代开始,控制理论的专家学者就在处理航空航天等复杂工业系统控制问题中自发地将人工智能与信息科学的相关技术和方法同传统控制方法相结合。1965年,受人工智能领域的启发式规则影响,傅京孙在学习控制系统中将人工智能领域中的符号操作和逻辑推理规则引入,孟德尔(Mendel)也将人工智能技术引入飞行器的设计中,这是控制理论与人工智能技术的初次结合,也被誉为"智能控制"理论思想的萌芽阶段。同年,加州大学的扎德(Zadeh)教授提出了模糊集合论,解决了控制系统中的模糊因素不能在计算机上处理的难题,促进了智能控制的产生,他也被誉为"模糊集之父"。随后,孟德尔在1966年提出了"智能控制"的概念,并在1967年首次正式使用"智能控制"这一名词,标志着智能控制思路的基本形成。1971年,傅京孙教授首先提出了智能控制的"二元结构"理论,认为智能控制是一门交叉学科,将其概括为自动控制与人工智能交集的二元结构。萨里迪斯(Saridis)于1977年将智能控制进一步扩展为人工智能、自动控制和运筹学交集的三元结构,并加强了更高层次控制在调度、管理以及优化等方面的认知。蔡自兴又将智能控制理论体系进一步发展完善,在三元结构的基础上加入了信息论进而形成四元结构。1987年,美国IEEE协会举办了第一届国际智能控制大会,这对智能控制的影响是里程碑式的,也标志着智能控制正式得到国际学者和专家的认可。进入21世纪后，随着大数据、智能算法以及深度学习等技术的产生与发展，智能控制迎来了前所未有的研究热潮。

继经典控制理论、现代控制理论之后，很多人都将智能控制作为自动控制领域的第三代控制理论，尽管目前来说并没有被完全认可，但值得一提的是，智能控制在未来必将成为第三代控制理论极其重要的一个分支。

0.2 控制理论的应用

随着现代控制理论的产生及飞速发展，许多行业中出现了现代控制理论的身影，一些先进的控制算法也在工业生产和日常生活中得到了应用，比如模型预测控制(MPC)及无人驾驶技术中的无模型自适应控制器。同时，高精度的传感器等测量仪器、高度集成的芯片以及现代控制理论分析和处理系统状态的优势也是控制理论得到普遍应用的主要原因。

控制理论的一些方法在得到普遍应用的同时，我们也不能忽略一个事实，即控制理论应用是滞后于控制理论的发展的，即使是在前沿高新技术的研究与应用方面，也会存在这种现象。但是随着计算机科学、网络信息技术的发展，出现了许多诸如人工智能的交叉控制方法，这将会改变原有的局面。精密的仪器和具有高速运算能力的处理器为控制系统提供了高效、可靠的处理数据及控制算法，同时，其他诸如系统科学、运筹学、应用数学等学科的发展，也为改变这种局面做出了贡献。

目前一些控制系统用到的主要理论为系统辨识、最优滤波及控制理论、自适应控制等，并基于这些控制理论来设计控制器并应用到实际系统中。下面列举一些应用领域的例子。

1. 无人驾驶领域

在无人驾驶车辆中，比较难实现的一个方面是车辆漂移控制。由于车辆漂移控制属于在车辆行驶的不稳定区域对车辆的位置和侧滑角进行精准的控制，如果车辆处于极限的操作状态，这会导致系统的稳定性极差。针对无人驾驶车辆多变量系统的模型复杂、参数多、耦合性强等特点，要设计的控制器须在车辆漂移过程中进行稳定性控制。我国科研人员提出了无模型自适应控制(MFAC)算法，通过数据驱动的控制方式设计的无模型自适应控制器可以降低模型不准确性的影响，同时发挥出伪雅可比矩阵的自适应性。除此之外，对于漂移控制过程中系统数据丢失的情况，采用动态模糊神经网络和无模型自适应控制器相结合的方式，即DFNN－MFAC控制方案，可发挥动态模糊神经网络估计的优势，通过状态估计方法检测输入、输出数据，对数据更新控制器进行补偿，有效削弱了数据丢失对控制系统的不利影响，使控制系统的输出误差更小，成功解决了无人驾驶车辆系统漂移控制的稳定性问题。

2. 军事领域

由于远程火箭弹在飞行过程中空间环境复杂，会受到起始扰动、随机风和推力偏心等随机扰动的作用。为了防止随机扰动影响而导致的控制系统工作偏差和弹道参数测量精度下降，研究人员根据滑翔增程火箭弹的运动特点，通过采用随机系统的最优控制算法，在远程火箭弹滑翔段控制过程中引入了最优控制律。将远程火箭弹建模为非线性随机系统，针对系统引入二次代价函数和贝尔曼泛函方程，通过动态规划算法求解贝尔曼泛函方程，从而得到最优控制律，并进一步利用控制律来设计滑翔段弹道最优控制器。结果表明，通过引入所设计的最优控制器可以实现对远程火箭弹滑翔弹道的跟踪控制以及较好的弹道控制效果。

3. 无人飞行器领域

舰载无人飞行器着舰的外部干扰因素多,轨迹跟踪精度高,自动控制难度大。为了解决上述问题,舰载无人飞行器主要通过各种优化控制技术来改善操纵性和提高稳定性。经典控制理论难以适应现代复杂飞行器的设计要求,而现代控制理论适用范围广,更能满足舰载无人飞行器控制器的设计要求。研究人员在 L_1 自适应技术的基础上,开发了一种高精度的自主起飞和降落系统;波音公司将线性二次调节器(LQR)控制技术应用于 X-45 无人机的控制中,并对控制算法进行了优化,结果表明,其具有更好的幅值裕度和相角裕度。考虑到舰载无人飞行器着舰环境的特殊性,科学家提出了基于积分滑模着舰控制的设计方法,引入自适应模糊网络,克服了各种环境干扰因素的不良影响,减小了操纵杆的摆幅;一些研究人员则运用预测控制原理,设计了一种基于预测控制的自动着舰控制系统。

4. 机械工业领域

磁悬浮轴承是一种新型的支承部件,它的转子和定子间没有摩擦力。随着现代旋转机械转速的大幅度提升,人们对轴承系统的稳定性、动态特性、旋转精度等要求越来越高。磁悬浮轴承控制系统具有非线性和开环不稳定性等特点,需要通过先进的控制方法来设计控制器以满足磁悬浮轴承系统稳定性和鲁棒性要求。目前,已有研究人员应用线性二次型最优控制理论设计了调节器,提出了提高磁悬浮轴承控制系统稳定范围的参数设计方法。

5. 电机控制领域

永磁同步电机(PMSM)具有转速稳定和效率高的特点,广泛用于各个领域,其中无传感器控制的永磁同步电机是研究热点之一。永磁同步电机无传感器控制系统的实际开发流程存在的难点主要包含 3 个方面:起始位置的检测、低速启动和中高速运行。扩展卡尔曼滤波法(EKF)是中高速无传感器控制技术中的一种重要算法,其采用最优线性估计,对具有噪声的永磁同步电动机动态系统进行实时递归,得到最佳的转子位置和转速估计值。目前已有一些研究采用了扩展卡尔曼滤波法,通过在静止坐标系下以电机磁链和转速作为观测量,该方法能有效地降低转矩控制中的转矩脉动,同时保证功率装置的切换频率不变,从而获得较好的系统鲁棒性与准确度。无传感器控制技术节省了传感器装置,减少了传感器和控制器之间的连接,节约了成本、降低了系统的复杂度。

6. 电力系统领域

近年来,研究人员对神经网络、模糊集、最优控制等理论进行了深入的探讨,在电力系统控制领域已经取得了一些有价值的成果。在建立基于混杂系统理论的电力系统模型时,首先根据现有的励磁和调速控制系统的数学模型,对其进行动态建模,然后通过动、静两态模型的耦合,建立一类动态控制与代数控制相结合的混杂系统模型,最后将混杂系统多目标控制问题转换为由微分方程表述的非光滑优化的标准设计问题。由于经济发展的需求以及用电环境的变化,现代电力系统的容量日益提高,其复杂度也急剧增加,动力学性能也会随时间变化而变化。在这种情况下,需采用非线性控制。常用的非线性控制可分为基于微分几何理论的反馈线性化、直接反馈线性化、基于李雅普诺夫稳定性理论的控制、滑动模态控制、非线性自适应控制等。

7. 新能源领域

光伏并网逆变器是光伏发电系统中必不可少的关键部件,是主要应用在太阳能光伏发电领域的专用逆变电源,可将太阳能电池板产生的直流电通过电力电子转换技术变换为能够直接划入电网的交流电。光伏并网逆变器采用高效的拓扑结构,可以用最大功率点跟踪(MPPT)等技术来提高系统发电量。光伏并网逆变器是周期性变结构系统,可通过滑模变结构控制策略对其进行控制。通过设计适当的滑模面,使其对负载、逆变器等器件本身参数变化产生的干扰具有很好的鲁棒性。与经典控制中的脉冲宽度调制(PWM)技术相比,滑模变结构控制策略最大优势在于精度高、跟踪速度快、超调量小、抗干扰能力强。

8. 航天领域

现代控制理论是以状态变量法为基础,来分析和设计复杂控制系统的新的理论,它被广泛应用在线性/非线性、时变/定常、多输入-多输出系统中,而航天器的设计需要考虑其内部非线性机理的复杂性和外部环境的不确定性,现代控制理论正好可以解决这一问题。对于航天器测轨问题,利用卡尔曼滤波方法,可以估计得出航天器每时每刻的状态变量,如航天器的速度、加速度以及阻力系数等相关的物理量,以便对飞行器进行导航、制导和拦截。研究人员在研究航天器的过程中以航天器的动态特性为基础,结合特征模型理论进行建模,然后给出了基于特征模型的自适应控制方法,该方法可以保证未知参数系统在参数尚未收敛的情况下具有鲁棒性和适应性。而对于卫星姿态控制问题,尤其是对地观测这类有特定指向的卫星姿态控制,由于卫星的模型本身具有非线性、系统参数存在不确定性以及卫星不可避免遇到的干扰,现代卫星控制问题的研究过程中经常会用到线性/非线性 H_∞ 控制、鲁棒控制等。比如对于卫星的姿态跟踪控制问题,科学家设计了鲁棒自适应反馈受限控制器,并以此控制器抑制模型参数不确定和外部干扰的影响,使得所设计的闭环系统在卫星模型不确定的情况下能够完成姿态跟踪任务;也有一些研究人员设计了基于饱和函数的非线性控制器,考虑了刚性卫星在角速度受限下实现姿态调节控制,并且通过李雅普诺夫稳定性理论证明了闭环系统的全局渐进稳定性。

随着信息科学、控制工程等技术的相互渗透,相互融合,许多领域也越来越多地用到了控制理论。控制理论的应用范围也已经从工程技术领域,渗透到交通管理、生态环境、生物、生命现象研究、经济科学、社会系统等各领域的应用中。而现代控制理论所具有的优越性也使其在各领域中得到广泛的应用。

第1章 系统状态空间表达式

对于一个线性定常系统而言，在经典控制理论中可以通过传递函数或者高阶微分方程来对其进行描述。传递函数是系统输出变量与输入变量的比值，反映系统外部变量间即输入-输出间的因果关系。传递函数是一种外部描述，它不去表征系统的内部结构和内部变量，无法反映系统的全部运动状态。简单而言，传递函数是把系统看作一个黑箱，什么样的信号进去，什么样的信号出来，遵循着什么样的关系，这些都是可以知道的，但系统内部什么情况却不知道。实际上，一个系统除了输入变量与输出变量以外，其系统内部还包括其他的变量，而传递函数对这些系统内部变量的描述是不完全的，因而不能包含系统的全部信息。从这一角度来看，用传递函数来描述一个系统存在一定的不足之处。另一方面，在一般情况下，传递函数代表的是单输入-单输出系统，而实际系统中往往存在很多相互作用，几个输入互相影响的情况也时有发生，因此如果再采用传递函数来对系统进行描述，这将变得十分麻烦。

在现代控制理论中，对系统的描述采用状态空间法，即状态空间表达式。状态空间法是将力学中的相空间法引入控制系统的研究中而形成的描述系统的方法，它是时域中最详细的描述方法。状态空间描述是一种内部描述，其用状态方程和输出方程去表征一个动态系统。状态空间描述完全地表征了系统的动态行为和结构特性，它能完整地反映系统的全部独立变量的变化，从而能同时确定系统的全部运动状态。相对于系统的输入-输出描述也就是传递函数，状态空间描述是一种完全描述，它揭示了系统的内外部联系，可以讨论系统内外部的动态变化行为，即输入引起状态的变化，而状态的变化决定输出的变化。状态空间法可以更好地讨论有耦合的多输入-多输出系统、非线性系统、时变系统以及不确定系统等。经典控制理论与现代控制理论的区别如表1.1.1所列。

表1.1.1 经典控制理论与现代控制理论的区别

控制理论	描述方式	适用范围
经典控制理论	传递函数	线性系统 单输入-单输出系统 定常系统
现代控制理论	状态空间表达式	线性系统 非线性系统 单输入-单输出系统 多输入-多输出系统 定常系统 时变系统 不确定系统等

1.1 状态空间表达式

状态空间表达式也就是状态空间模型，它是建立在状态、状态空间等概念的基础上，本节首先给出状态变量、状态向量、状态空间等基本概念，然后介绍状态空间表达式及其系统框图。

1.1.1 状态变量

系统状态是变化的，是时域里的一系列变量。它可以以数字、曲线或者其他更为抽象的东西描述。动态系统的状态粗略地说，是指系统的过去、现在和将来的运动状况；精确地说，状态需要一组必要而充分的数据来说明。一个动力学系统的状态变量是指足以完全确定系统运动状态的一个最小变量组，也就是能完全表征其时间域行为的一个最小内部变量组，这些变量之间相互独立，即变量的数目最小。所谓变量数目最小，从数学的角度来看，是指这组变量是系统所有内部变量中线性无关的一个极大变量组，也就是这组变量以外的系统内部变量均与其线性相关；从物理的角度来看，是指减少其中任意一个变量都会减少确定系统运动行为的信息而不能完全描述系统的运动状态，但增加一个变量对描述系统运动状态又是多余的。

一个用 n 阶微分方程描述的系统，就有 n 个独立变量，求得这 n 个独立变量的时间响应，系统的运动状态也就被揭示无遗了。因此，可以说，系统的状态变量就是 n 阶系统的 n 个独立变量。同一个系统，究竟选取哪些变量作为独立变量，这不是唯一的，重要的是这些变量应该是相互独立的，且其个数应等于系统微分方程的阶数；又由于从物理的角度来说，系统微分方程的阶数唯一地取决于系统中独立储能元件的个数，因此状态变量的个数就应等于系统独立储能元件的个数。众所周知，n 阶微分方程式要有唯一确定的解，必须知道 n 个独立的初始条件。很明显，这 n 个独立的初始条件就是一组状态变量在初始时刻 t_0 的值。状态变量是既足以完全确定系统运动状态而个数又是最小的一组变量，当其在 $t=t_0$ 时刻的值已知时，则在给定 $t\geqslant t_0$ 时刻的输入作用下，便能完全确定系统在任何 $t\geqslant t_0$ 时刻的行为。

从理论上说，并不要求状态变量在物理上一定是可以测量的，但在工程实践上，仍以选取那些容易测量的量作为状态变量为宜，这是因为如果状态变量是可测量的，闭环系统可以采用状态反馈控制方式，对于控制系统设计状态反馈控制方式相对而言是最为简单的。而另一方面，在最优控制中，往往需要将状态变量作为反馈量。

1.1.2 状态向量

一个动力学系统的状态向量定义为由其状态变量组所组成的一个列向量。如果系统中存在 n 个状态变量，假设它们用 $x_1(t),x_2(t),\cdots,x_n(t)$ 来进行表示，那么可以定义状态向量 $\boldsymbol{x}(t)$ 并记作

$$\boldsymbol{x}(t)=\begin{bmatrix}x_1(t)\\x_2(t)\\\vdots\\x_n(t)\end{bmatrix} \quad 或 \quad \boldsymbol{x}(t)=\begin{bmatrix}x_1(t) & x_2(t) & \cdots & x_n(t)\end{bmatrix}^{\mathrm{T}} \tag{1.1.1}$$

式中：状态变量 $x_1(t),x_2(t),\cdots,x_n(t)$ 是状态向量 $\boldsymbol{x}(t)$ 的分量。

1.1.3 状态空间

状态空间定义为状态向量的一个集合，它是以状态变量 $x_1(t),x_2(t),\cdots,x_n(t)$ 为坐标轴所构成的 n 维欧式空间，状态空间的维数等同于状态变量的个数也就是系统的维数。状态空间中的每一个点，对应于系统的某个特定状态；而系统在某个时刻的状态，在状态空间可以看作是一个点。已知初始时刻 t_0 的状态 $\boldsymbol{x}(t_0)$（即状态空间中的一个初始点）和 $t\geqslant t_0$ 时刻的输入函数，随着时间的推移，$\boldsymbol{x}(t)$将在状态空间中描绘出一条轨迹，称为状态轨线。

1.1.4 状态空间表达式

描述输入变量、输出变量和状态变量之间关系的方程组称为状态空间表达式（动态方程或运动方程），包括状态方程，也就是描述状态变量与输入变量之间的关系（动态/微分方程），和输出方程，也就是描述输出变量与状态变量以及输入变量之间的关系（静态/代数方程）。

1. 状态方程

由状态变量构成的一阶微分方程组称为状态方程。对于一个线性定常控制系统而言，假如具有 n 个状态变量 $x_1(t),x_2(t),\cdots,x_n(t)$，$r$ 个输入变量 $u_1(t),u_2(t),\cdots,u_r(t)$，此时系统状态方程为

$$\begin{cases}\dot{x}_1(t)=a_{11}x_1(t)+a_{12}x_2(t)+\cdots+a_{1n}x_n(t)+b_{11}u_1(t)+b_{12}u_2(t)+\cdots+b_{1r}u_r(t)\\ \dot{x}_2(t)=a_{21}x_1(t)+a_{22}x_2(t)+\cdots+a_{2n}x_n(t)+b_{21}u_1(t)+b_{22}u_2(t)+\cdots+b_{2r}u_r(t)\\ \qquad\vdots\\ \dot{x}_n(t)=a_{n1}x_1(t)+a_{n2}x_2(t)+\cdots+a_{nn}x_n(t)+b_{n1}u_1(t)+b_{n2}u_2(t)+\cdots+b_{nr}u_r(t)\end{cases}\tag{1.1.2}$$

在后续的阐述中，所提到的控制系统状态方程通常为方程(1.1.2)中的形式。对于状态方程(1.1.2)存在一种特殊情况，即式中 $u_1(t)=0,u_2(t)=0,\cdots,u_r(t)=0$，此时系统不包含控制输入信号，被称为自治系统。

2. 输出方程

控制系统输出方程是指在指定系统输出的情况下，该输出变量与状态变量以及输入变量之间的函数关系式。换句话说，对于输出方程，不仅是状态变量的组合，而且在特殊情况下，还可能有输入变量的直接传递。对于一个复杂系统，假如具有 n 个状态变量 $x_1(t),x_2(t),\cdots,x_n(t)$，$r$ 个输入变量 $u_1(t),u_2(t),\cdots,u_r(t)$，$m$ 个输出变量 $y_1(t),y_2(t),\cdots,y_m(t)$，其输出方程的一般形式为

$$\begin{cases}y_1(t)=c_{11}x_1(t)+c_{12}x_2(t)+\cdots+c_{1n}x_n(t)+d_{11}u_1(t)+d_{12}u_2(t)+\cdots+d_{1r}u_r(t)\\ y_2(t)=c_{21}x_1(t)+c_{22}x_2(t)+\cdots+c_{2n}x_n(t)+d_{21}u_1(t)+d_{22}u_2(t)+\cdots+d_{2r}u_r(t)\\ \qquad\vdots\\ y_m(t)=c_{m1}x_1(t)+c_{m2}x_2(t)+\cdots+c_{mn}x_n(t)+d_{m1}u_1(t)+d_{m2}u_2(t)+\cdots+d_{mr}u_r(t)\end{cases}\tag{1.1.3}$$

在通常意义下，$y_1(t),y_2(t),\cdots,y_m(t)$指的是系统的测量输出，因此方程(1.1.3)所给出的输出方程又被称之为系统测量输出方程。在现代控制理论分析中，对于存在外部扰动的控

制系统，为了优化系统性能，有时还定义了系统控制输出方程等。

3. 状态空间表达式

将状态方程和输出方程汇总起来，则构成了一个系统完整的动态表示。汇总状态方程(1.1.2)和输出方程(1.1.3)并用矩阵形式分别进行描述，称之为状态空间表达式，其形式为

$$\begin{cases}\dot{\boldsymbol{x}}(t)=\boldsymbol{A}\boldsymbol{x}(t)+\boldsymbol{B}\boldsymbol{u}(t)\\ \boldsymbol{y}(t)=\boldsymbol{C}\boldsymbol{x}(t)+\boldsymbol{D}\boldsymbol{u}(t)\end{cases} \tag{1.1.4}$$

式中：$\boldsymbol{x}(t)=\begin{bmatrix}x_1(t)\\x_2(t)\\\vdots\\x_n(t)\end{bmatrix}$为状态向量，简称为系统状态，是 n 维列向量；

$\boldsymbol{u}(t)=\begin{bmatrix}u_1(t)\\u_2(t)\\\vdots\\u_r(t)\end{bmatrix}$为由外部施加到系统上的激励也就是控制输入，称之为系统控制输入向量，简称为系统输入，是 r 维列向量；

$\boldsymbol{y}(t)=\begin{bmatrix}y_1(t)\\y_2(t)\\\vdots\\y_m(t)\end{bmatrix}$为由外部测量得到的来自系统内部的信息，称之为系统输出向量，简称为系统输出，是 m 维列向量；

$\boldsymbol{A}$，$\boldsymbol{B}$，$\boldsymbol{C}$ 和 $\boldsymbol{D}$ 为系统参数矩阵，且

$\boldsymbol{A}=\begin{bmatrix}a_{11}&a_{12}&\cdots&a_{1n}\\a_{21}&a_{22}&\cdots&a_{2n}\\\vdots&\vdots&\vdots&\vdots\\a_{n1}&a_{n2}&\cdots&a_{nn}\end{bmatrix}$为描述系统内部状态联系的矩阵，称之为系统矩阵，矩阵维数为 $n\times n$，也就是 n 维方阵；

$\boldsymbol{B}=\begin{bmatrix}b_{11}&b_{12}&\cdots&b_{1r}\\b_{21}&b_{22}&\cdots&b_{2r}\\\vdots&\vdots&\vdots&\vdots\\b_{n1}&b_{n2}&\cdots&b_{nr}\end{bmatrix}$为输入对状态起作用的矩阵，称之为输入矩阵，矩阵维数为 $n\times r$；

$\boldsymbol{C}=\begin{bmatrix}c_{11}&c_{12}&\cdots&c_{1n}\\c_{21}&c_{22}&\cdots&c_{2n}\\\vdots&\vdots&\vdots&\vdots\\c_{m1}&c_{m2}&\cdots&c_{mn}\end{bmatrix}$为描述输出与状态联系的矩阵，称之为输出矩阵，矩阵维数为 $m\times n$；

$\boldsymbol{D}=\begin{bmatrix}d_{11}&d_{12}&\cdots&d_{1r}\\d_{21}&d_{22}&\cdots&d_{2r}\\\vdots&\vdots&\vdots&\vdots\\d_{m1}&d_{m2}&\cdots&d_{mr}\end{bmatrix}$为输入对输出起作用的矩阵，由输入直接传递到输出，称之为

直接传递矩阵,矩阵维数为 $m\times r$。

在状态空间表达式(1.1.4)中,系统输入向量 $\boldsymbol{u}(t)$ 为 r 维列向量、系统输出向量 $\boldsymbol{y}(t)$ 为 m 维列向量,如果 $r>1$ 且 $m>1$,这意味着系统存在多个输入信号和多个输出信号,这样的系统称为多输入-多输出系统,简称为多入-多出系统(Multi - Input and Multi - Output systems,简称为 MIMO 系统)。而如果 $r=1$ 且 $m=1$,这时候系统的输入向量和输出向量都为单一的标量,这样的系统称为单输入-单输出系统,简称为单入-单出系统(Single - Input and Single - Output systems,简称为 SISO 系统)。由于单入-单出在实际系统中具有一定的现实意义,下面给出状态空间表达式(1.1.4)的单入-单出形式。假设一个单入-单出定常系统存在 n 个系统状态变量 $x_1(t),x_2(t),\cdots,x_n(t)$、输入变量为 $u(t)$、输出变量为 $y(t)$,其状态方程的形式为

$$\begin{cases}\dot{x}_1(t)=a_{11}x_1(t)+a_{12}x_2(t)+\cdots+a_{1n}x_n(t)+b_1u(t)\\ \dot{x}_2(t)=a_{21}x_1(t)+a_{22}x_2(t)+\cdots+a_{2n}x_n(t)+b_2u(t)\\ \qquad\vdots\\ \dot{x}_n(t)=a_{n1}x_1(t)+a_{n2}x_2(t)+\cdots+a_{nn}x_n(t)+b_nu(t)\end{cases} \tag{1.1.5}$$

输出方程的形式为

$$y(t)=c_1x_1(t)+c_2x_2(t)+\cdots+c_nx_n(t)+du(t) \tag{1.1.6}$$

将式(1.1.5)和(1.1.6)用矩阵表示,则给出单入-单出系统状态空间表达式为

$$\begin{cases}\dot{\boldsymbol{x}}(t)=\boldsymbol{A}\boldsymbol{x}(t)+\boldsymbol{b}u(t)\\ y(t)=\boldsymbol{c}\boldsymbol{x}(t)+du(t)\end{cases} \tag{1.1.7}$$

式中:系统矩阵 $\boldsymbol{A}$ 等同于状态空间表达式(1.1.4)中的系统矩阵 $\boldsymbol{A}$;

输入矩阵 $\boldsymbol{b}=\begin{bmatrix}b_1\\ b_2\\ \vdots\\ b_n\end{bmatrix}$ 为 n 维列向量($n\times 1$);

输出矩阵 $\boldsymbol{c}=\begin{bmatrix}c_1 & c_2 & \cdots & c_n\end{bmatrix}$ 为 n 维行向量($1\times n$);

直接传递矩阵 d 为标量(1×1)。

【注】 *在后续的阐述中对于连续系统的某一系统向量 $\boldsymbol{v}(t)$,为了简便用符号 $\boldsymbol{v}$ 进行表示。*

【例 1.1.1】 如图 1.1.1 所示,质量-弹簧-阻尼系统中质量块 M 受外力 u 的作用,质量块的位移为 y,k 为弹性系数,b 为阻尼器,试建立系统状态空间表达式。

解: 考虑外力需要克服的阻力包括弹簧的伸长阻力和阻尼器上的阻力,弹簧的伸长阻力为 ky,而阻尼器上的阻力为 bv,这里 v 表示质量块移动的速度。同时根据牛顿运动学定律,质量块上受力为 Ma,这里 a 表示质量块移动的加速度。该系统的动态行为可以用方程来描述为

$$Ma=u-bv-ky \tag{1.1.8}$$

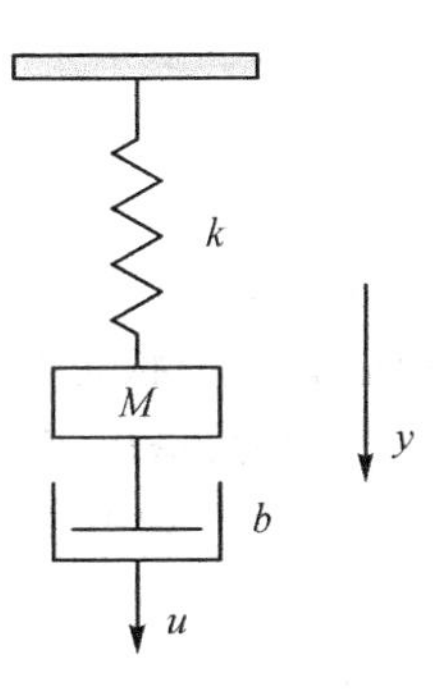

图 1.1.1　质量-弹簧-阻尼系统

如果质量块的位移为 y，那么质量块移动的速度 $v=\frac{dy}{dt}$ 以及质量块移动的加速度 $a=\frac{d^2y}{dt^2}$，于是式(1.1.8)可以改写为

$$M\frac{d^2y}{dt^2}+b\frac{dy}{dt}+ky=u \tag{1.1.9}$$

如果定义质量块的位移 y 和质量块移动的速度 v 为系统状态变量，也就是

$$x_1=y,\quad x_2=v \tag{1.1.10}$$

结合式(1.1.9)和(1.1.10)给出系统状态方程为

$$\begin{cases}\dfrac{dx_1}{dt}=x_2\\[2mm]\dfrac{dx_2}{dt}=-\dfrac{b}{M}x_2-\dfrac{k}{M}x_1+\dfrac{1}{M}u\end{cases} \tag{1.1.11}$$

系统输出方程为

$$y=x_1 \tag{1.1.12}$$

结合式(1.1.11)和(1.1.12)并写成矩阵形式，给出系统的状态空间表达式为

$$\begin{cases}\dot{\boldsymbol{x}}=\boldsymbol{A}\boldsymbol{x}+\boldsymbol{b}u=\begin{bmatrix}0 & 1\\ -\dfrac{k}{M} & -\dfrac{b}{M}\end{bmatrix}\boldsymbol{x}+\begin{bmatrix}0\\ \dfrac{1}{M}\end{bmatrix}u\\[2mm] y=\boldsymbol{c}\boldsymbol{x}=\begin{bmatrix}1 & 0\end{bmatrix}\boldsymbol{x}\end{cases} \tag{1.1.13}$$

式中：$\boldsymbol{x}=\begin{bmatrix}x_1\\ x_2\end{bmatrix}$。

【例 1.1.2】 R－L－C 串联电路如图 1.1.2 所示，试建立系统状态空间表达式。

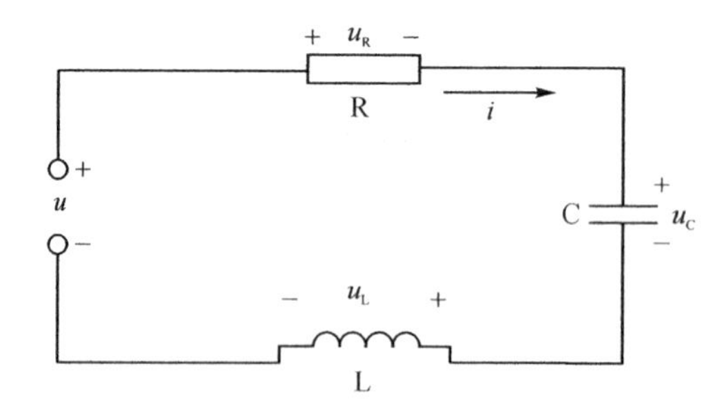

图 1.1.2 R－L－C 串联电路

解： 该系统中有两个独立储能元件即电容 C 和电感 L，它们的伏安特性是微积分关系，所以该系统应有两个状态变量。由于状态变量的选取原则上是任意的，在本例中根据状态变量的不同选择方式，给出了该 R－L－C 电路系统两种不同的状态空间表达式建立方法。

方法 1 考虑到电容两端电压的导数可以计算流经电容的电流，而流经电感的导数可以计算其两端的电压，那么可以以 u_C 和 i 作为系统状态变量，因此现在的目的是获得描述 $\frac{du_C}{dt}$ 和 $\frac{di}{dt}$ 的方程式，也就是找到 $\frac{du_C}{dt}$ 和 $\frac{di}{dt}$ 与两个状态变量 u_C 和 i 之间的关系式。

首先根据电容元件的伏安特性很容易给出

$$C\frac{\mathrm{d}u_{\mathrm{C}}}{\mathrm{d}t}=i \tag{1.1.14}$$

即

$$\frac{\mathrm{d}u_{\mathrm{C}}}{\mathrm{d}t}=\frac{1}{C}i \tag{1.1.15}$$

根据电感元件的伏安特性得知

$$L\frac{\mathrm{d}i}{\mathrm{d}t}=u_{\mathrm{L}} \tag{1.1.16}$$

需要注意的是，对于式(1.1.15)，电流 i 是一个状态变量，因此式(1.1.15)是一个标准的状态方程式。而对于式(1.1.16)，电感上的电压 u_{L} 不是状态变量，因此式(1.1.16)不是标准的状态方程式，需要进一步地寻找 $\frac{\mathrm{d}i}{\mathrm{d}t}$ 与两个状态变量 u_{C} 和 i 之间的直接关系式。

根据欧姆定律，电阻 R 上的电压为 $u_{\mathrm{R}}=Ri$。利用基尔霍夫电压定律(KVL)，可以获得 R－L－C 串联电路的闭环回路电压方程为

$$u_{\mathrm{R}}+u_{\mathrm{C}}+u_{\mathrm{L}}=u \tag{1.1.17}$$

结合上式与式(1.1.16)，可以获得

$$Ri+u_{\mathrm{C}}+L\frac{\mathrm{d}i}{\mathrm{d}t}=u \tag{1.1.18}$$

即

$$\frac{\mathrm{d}i}{\mathrm{d}t}=-\frac{1}{L}u_{\mathrm{C}}-\frac{R}{L}i+\frac{1}{L}u \tag{1.1.19}$$

明显地，方程(1.1.19)是 $\frac{\mathrm{d}i}{\mathrm{d}t}$ 与两个状态变量 u_{C} 和 i 之间的关系式，因此它是一个含有控制输入的标准状态方程式。故而结合式(1.1.15)和(1.1.19)，获得描述 $\frac{\mathrm{d}u_{\mathrm{C}}}{\mathrm{d}t}$ 和 $\frac{\mathrm{d}i}{\mathrm{d}t}$ 的方程为

$$\begin{cases}\dot{u}_{\mathrm{C}}=\dfrac{\mathrm{d}u_{\mathrm{C}}}{\mathrm{d}t}=\dfrac{1}{C}i\\ \dot{i}=\dfrac{\mathrm{d}i}{\mathrm{d}t}=-\dfrac{1}{L}u_{\mathrm{C}}-\dfrac{R}{L}i+\dfrac{1}{L}u\end{cases} \tag{1.1.20}$$

将其写成矩阵形式为

$$\begin{bmatrix}\dot{u}_{\mathrm{C}}\\ \dot{i}\end{bmatrix}=\begin{bmatrix}0 & \dfrac{1}{C}\\ -\dfrac{1}{L} & -\dfrac{R}{L}\end{bmatrix}\begin{bmatrix}u_{\mathrm{C}}\\ i\end{bmatrix}+\begin{bmatrix}0\\ \dfrac{1}{L}\end{bmatrix}u \tag{1.1.21}$$

若将式(1.1.21)中的状态变量用一般符号 x_i 表示，即令 $x_1=u_{\mathrm{C}}$，$x_2=i$，则获得该 R－L－C 串联电路的系统状态方程为

$$\begin{bmatrix}\dot{x}_1\\ \dot{x}_2\end{bmatrix}=\begin{bmatrix}0 & \dfrac{1}{C}\\ -\dfrac{1}{L} & -\dfrac{R}{L}\end{bmatrix}\begin{bmatrix}x_1\\ x_2\end{bmatrix}+\begin{bmatrix}0\\ \dfrac{1}{L}\end{bmatrix}u \tag{1.1.22}$$

如果在图 1.1.2 的系统中指定电容上的电压 u_C 作为输出，输出一般用 y 表示，即 $y=u_C$。考虑到状态变量的定义 $x_1=u_C$，则有

$$y=x_1 \tag{1.1.23}$$

将其写成矩阵形式，则得到系统输出方程为

$$y=\begin{bmatrix}1 & 0\end{bmatrix}\begin{bmatrix}x_1\\x_2\end{bmatrix} \tag{1.1.24}$$

联立系统的状态方程(1.1.22)和输出方程(1.1.24)，得到系统状态空间表达式为

$$\begin{cases}\dot{\boldsymbol{x}}=\boldsymbol{A}\boldsymbol{x}+\boldsymbol{b}u=\begin{bmatrix}0 & \dfrac{1}{C}\\ -\dfrac{1}{L} & -\dfrac{R}{L}\end{bmatrix}\boldsymbol{x}+\begin{bmatrix}0\\ \dfrac{1}{L}\end{bmatrix}u\\ y=\boldsymbol{c}\boldsymbol{x}=\begin{bmatrix}1 & 0\end{bmatrix}\boldsymbol{x}\end{cases} \tag{1.1.25}$$

式中：$\boldsymbol{x}=\begin{bmatrix}x_1\\x_2\end{bmatrix}$。

下面，将式(1.1.20)中两个微分方程的顺序改写，即

$$\begin{cases}\dot{i}=\dfrac{\mathrm{d}i}{\mathrm{d}t}=-\dfrac{R}{L}i-\dfrac{1}{L}u_C+\dfrac{1}{L}u\\ \dot{u}_C=\dfrac{\mathrm{d}u_C}{\mathrm{d}t}=\dfrac{1}{C}i\end{cases} \tag{1.1.26}$$

将其写成矩阵形式为

$$\begin{bmatrix}\dot{i}\\ \dot{u}_C\end{bmatrix}=\begin{bmatrix}-\dfrac{R}{L} & -\dfrac{1}{L}\\ \dfrac{1}{C} & 0\end{bmatrix}\begin{bmatrix}i\\ u_C\end{bmatrix}+\begin{bmatrix}\dfrac{1}{L}\\ 0\end{bmatrix}u \tag{1.1.27}$$

如果仍然指定电容上的电压 u_C 作为输出，则有 $y=u_C$。

令 $x_1=i$，$x_2=u_C$，那么有系统状态空间表达式为

$$\begin{cases}\dot{\boldsymbol{x}}=\boldsymbol{A}\boldsymbol{x}+\boldsymbol{b}u=\begin{bmatrix}-\dfrac{R}{L} & -\dfrac{1}{L}\\ \dfrac{1}{C} & 0\end{bmatrix}\boldsymbol{x}+\begin{bmatrix}\dfrac{1}{L}\\ 0\end{bmatrix}u\\ y=\boldsymbol{c}\boldsymbol{x}=\begin{bmatrix}0 & 1\end{bmatrix}\boldsymbol{x}\end{cases} \tag{1.1.28}$$

式中：$\boldsymbol{x}=\begin{bmatrix}x_1\\x_2\end{bmatrix}$。

需要注意的是，由于状态变量的选取顺序不同，获得了两个状态空间表达式(1.1.25)和(1.1.28)，而式(1.1.25)和(1.1.28)中系统矩阵 $\boldsymbol{A}$、$\boldsymbol{b}$、$\boldsymbol{c}$ 的形式是不相同的。这也就是说对于同一个 R－L－C 串联电路系统和同样的系统输出，状态变量的不同选取顺序获得了两个不同形式的状态空间表达式。然而，尽管式(1.1.25)和(1.1.28)中状态空间表达式的形式是不同的，但由于它们描述的是同一个系统，因此这两个状态空间表达式必具有相同的系统性能，这方面理论将会在第 1.4 节状态空间表达式的线性变换中进行阐述。下面给出系统状态空间表达式建立的另一种方法，它通过选取不同的状态变量，更能体现状态空间表达式的非唯一性。

方法 2　结合考虑式(1.1.14)中电容元件的伏安特性和式(1.1.16)中电感元件的伏安特性，有

$$L\frac{\mathrm{d}\left(C\dfrac{\mathrm{d}u_{\mathrm{C}}}{\mathrm{d}t}\right)}{\mathrm{d}t}=u_{\mathrm{L}} \tag{1.1.29}$$

即

$$u_{\mathrm{L}}=LC\frac{\mathrm{d}^2u_{\mathrm{C}}}{\mathrm{d}t^2} \tag{1.1.30}$$

将上式和式(1.1.14)代入式(1.1.17)中，可以得到

$$RC\frac{\mathrm{d}u_{\mathrm{C}}}{\mathrm{d}t}+u_{\mathrm{C}}+LC\frac{\mathrm{d}^2u_{\mathrm{C}}}{\mathrm{d}t^2}=u \tag{1.1.31}$$

整理后有

$$\frac{\mathrm{d}^2u_{\mathrm{C}}}{\mathrm{d}t^2}=-\frac{1}{LC}u_{\mathrm{C}}-\frac{R}{L}\frac{\mathrm{d}u_{\mathrm{C}}}{\mathrm{d}t}+\frac{1}{LC}u \tag{1.1.32}$$

定义系统状态变量为 $x_1=u_{\mathrm{C}}$，$x_2=\dfrac{\mathrm{d}u_{\mathrm{C}}}{\mathrm{d}t}$，那么有

$$\dot{x}_1=x_2 \tag{1.1.33}$$

则式(1.1.32)可以被改写为

$$\dot{x}_2=-\frac{1}{LC}x_1-\frac{R}{L}x_2+\frac{1}{LC}u \tag{1.1.34}$$

结合式(1.1.33)和(1.1.34)并整理成矩阵形式为

$$\begin{bmatrix}\dot{x}_1\\ \dot{x}_2\end{bmatrix}=\begin{bmatrix}0 & 1\\ -\dfrac{1}{LC} & -\dfrac{R}{L}\end{bmatrix}\begin{bmatrix}x_1\\ x_2\end{bmatrix}+\begin{bmatrix}0\\ \dfrac{1}{LC}\end{bmatrix}u \tag{1.1.35}$$

如果指定电阻上的电压 u_{R} 作为输出，则有 $y=u_{\mathrm{R}}$，即

$$y=Ri=RCx_2 \tag{1.1.36}$$

将其写成矩阵形式为

$$y=\begin{bmatrix}0 & RC\end{bmatrix}\begin{bmatrix}x_1\\ x_2\end{bmatrix} \tag{1.1.37}$$

结合系统的状态方程(1.1.35)和输出方程(1.1.37)，得到系统状态空间表达式为

$$\begin{cases}\dot{\boldsymbol{x}}=\boldsymbol{A}\boldsymbol{x}+\boldsymbol{b}u=\begin{bmatrix}0 & 1\\ -\dfrac{1}{LC} & -\dfrac{R}{L}\end{bmatrix}\boldsymbol{x}+\begin{bmatrix}0\\ \dfrac{1}{LC}\end{bmatrix}u\\ y=\boldsymbol{c}\boldsymbol{x}=\begin{bmatrix}0 & RC\end{bmatrix}\boldsymbol{x}\end{cases} \tag{1.1.38}$$

式中：$\boldsymbol{x}=\begin{bmatrix}x_1\\ x_2\end{bmatrix}$。

如果指定电感上的电压 u_{L} 作为输出，则有 $y=u_{\mathrm{L}}$，即

$$y=-u_{\mathrm{C}}-Ri+u=-x_1-RCx_2+u \tag{1.1.39}$$

将其写成矩阵形式为

$$y=\begin{bmatrix}-1 & -RC\end{bmatrix}\begin{bmatrix}x_1\\ x_2\end{bmatrix}+u \tag{1.1.40}$$

结合系统的状态方程(1.1.35)和输出方程(1.1.40),得到系统状态空间表达式为

$$\begin{cases}\dot{\boldsymbol{x}}=\boldsymbol{A}\boldsymbol{x}+\boldsymbol{b}u=\begin{bmatrix}0 & 1\\ -\dfrac{1}{LC} & -\dfrac{R}{L}\end{bmatrix}\boldsymbol{x}+\begin{bmatrix}0\\ \dfrac{1}{LC}\end{bmatrix}u\\ y=\boldsymbol{c}\boldsymbol{x}+du=\begin{bmatrix}-1 & -RC\end{bmatrix}\boldsymbol{x}+u\end{cases} \tag{1.1.41}$$

式中:$\boldsymbol{x}=\begin{bmatrix}x_1\\ x_2\end{bmatrix}$。

比较式(1.1.25)(或式(1.1.28))和(1.1.38)(或式(1.1.41)),同一系统中,状态变量选取的不同,系统状态空间表达式也不同。

1.1.5 状态空间表达式的系统框图

与经典控制理论类似,可以用框图表示系统信号传递的关系。对于式(1.1.7)所描述的单入-单出系统和式(1.1.4)所描述的多入-多出系统,其系统框图分别如图 1.1.3 和 1.1.4 所示,图中用单线箭头表示标量信号,用双线箭头表示向量信号。

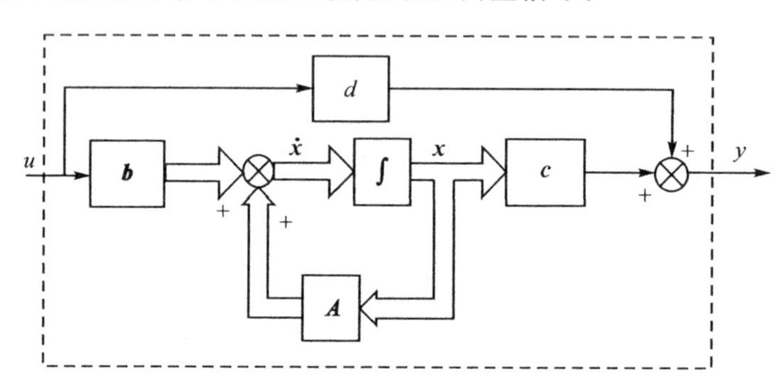

图 1.1.3 单入-单出系统框图

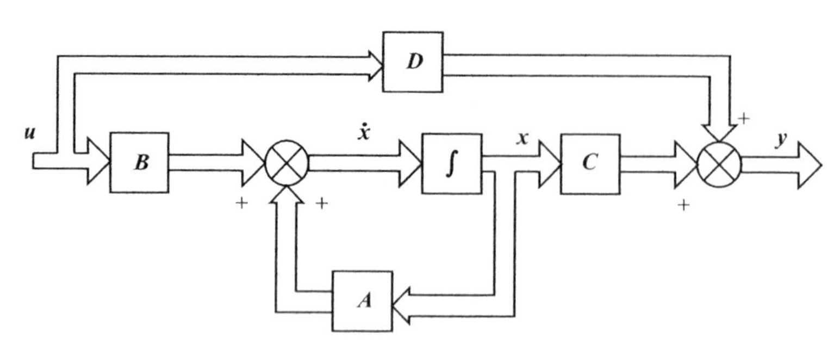

图 1.1.4 多入-多出系统框图

状态空间表达式和系统框图都能清楚地说明:它们既表征了输入对于系统内部状态的因果关系,又反映了内部状态对于外部输出的影响,所以状态空间表达式是对系统的一种完全的描述。对于状态空间表达式的系统框图,有的时候为了便于描述,也可以采用其简化形式。多入-多出系统简化框图如图 1.1.5 所示。

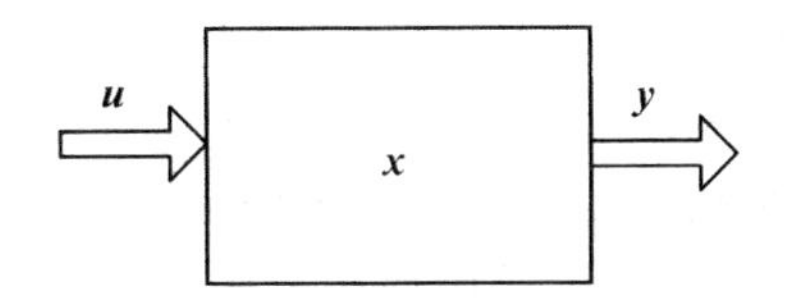

图 1.1.5　多入-多出系统简化框图

1.2　系统的实现

如上节所述，已知系统的内部结构，很容易求得状态空间表达式。而由描述系统输入-输出动态关系的运动方程式或传递函数，建立系统状态空间表达式，这样的问题称为实现问题。所求得的状态空间表达式既保持了原传递函数所确定的输入-输出关系，又将系统的内部关系揭示出来。

考虑一个单入-单出线性定常系统，其系统方程是一个 n 阶线性常系数微分方程

$$y^{(n)}+a_{n-1}y^{(n-1)}+\cdots+a_1\dot{y}+a_0y=b_mu^{(m)}+b_{m-1}u^{(m-1)}+\cdots+b_1\dot{u}+b_0u \tag{1.2.1}$$

式中：$m\leqslant n$；

$a_i(i=0,1,\cdots,n-1)$和 $b_j(j=0,1,\cdots,m)$为系统系数。

所谓实现问题，就是根据式(1.2.1)求得如下的状态空间表达式

$$\begin{cases}\dot{\boldsymbol{x}}=\boldsymbol{A}\boldsymbol{x}+\boldsymbol{b}u\\ y=\boldsymbol{c}\boldsymbol{x}+du\end{cases} \tag{1.2.2}$$

对于系统(1.2.2)的实现问题，通常有两种解答方法，即解析法和模拟结构图法。

1.2.1　解析法

解析法是利用微分方程或者传递函数对系统状态变量进行合理的定义，进而给出相应的状态空间表达式。定义时域内的函数 $u(t)$对应于 s 域(复频域)的象函数为 $U(s)$，也就是 $u(t)$的拉普拉斯变换为 $U(s)$，即 $\wp[u(t)]=U(s)$，这里 $\wp$代表拉普拉斯变换(Laplace 变换)，s 为拉普拉斯算子。同时，定义 $\wp[y(t)]=Y(s)$。在式(1.2.1)两侧同时取拉普拉斯变换并注意 a_i 和 b_j 为常系数，可以获得 n 阶线性常系数微分方程(1.2.1)相应的传递函数为

$$W(s)=\frac{Y(s)}{U(s)}=\frac{b_ms^m+b_{m-1}s^{m-1}+\cdots+b_1s+b_0}{s^n+a_{n-1}s^{n-1}+\cdots+a_1s+a_0} \tag{1.2.3}$$

式中：$m\leqslant n$。

传递函数(1.2.3)的分子多项式和分母多项式经因式分解后可写为

$$W(s)=\frac{Y(s)}{U(s)}=\frac{b_m(s-z_1)(s-z_2)\cdots(s-z_m)}{(s-\lambda_1)(s-\lambda_2)\cdots(s-\lambda_n)} \tag{1.2.4}$$

式中：$\lambda_i(i=1,2,\cdots,n)$为系统传递函数的极点，简称系统的极点；

$z_j(j=1,2,\cdots,m)$为系统传递函数的零点，简称系统的零点。

对于系统(1.2.2)的实现问题，根据式(1.2.4)中的零点情况分两种情况进行讨论。

1. 传递函数中没有零点时的实现

在传递函数(1.2.4)中没有零点，也就是式(1.2.3)中的分数式的分子里只有 b_0 这一项。

在这种情况下，系统微分方程为

$$y^{(n)}+a_{n-1}y^{(n-1)}+\cdots+a_1\dot{y}+a_0y=b_0u \tag{1.2.5}$$

对于单入-单出系统而言，系统输出与系统状态分量都为标量变量。由于系统的微分方程中系统输出变量的最高导数阶为 n，且传递函数中分子和分母没有公因子，没有零极点对消，那么其对应系统状态空间表达式中有 n 个状态分量。如果定义系统的 n 个状态分量对应于微分方程中的 $y,\cdots,y^{(n-1)}$ 共 n 个导数项，则很容易解答这个实现问题。由于这个实现问题是要寻找到 n 个状态分量 $x_1,\cdots,x_n$ 的一阶导数方程即 $\dot{x}_1,\cdots,\dot{x}_n$ 的方程式，而系统微分方程中包含了 $\dot{y},\cdots,y^{(n)}$ 共 n 个导数项，于是 $\dot{y},\cdots,y^{(n)}$ 这 n 个导数项恰恰分别就是 $y,\cdots,y^{(n-1)}$ 这 n 个导数项的一阶导数。依照上述的分析，可以定义

$$\begin{cases}x_1=y\\x_2=\dot{y}\\\quad\vdots\\x_{n-1}=y^{(n-2)}\\x_n=y^{(n-1)}\end{cases} \tag{1.2.6}$$

为了获得系统状态空间表达式中的状态方程，首先给出这 n 个状态分量即 $x_1,\cdots,x_n$ 的状态方程为

$$\begin{cases}\dot{x}_1=\dot{y}\\\dot{x}_2=y^{(2)}\\\quad\vdots\\\dot{x}_{n-1}=y^{(n-1)}\\\dot{x}_n=y^{(n)}\end{cases} \tag{1.2.7}$$

下一步则是需要将上式中的各个方程式的右侧改写成系统状态分量 $x_1,\cdots,x_n$ 的线性组合。结合式(1.2.6)和(1.2.7)，首先容易列出系统的前 $n-1$ 个状态分量的状态方程为

$$\begin{cases}\dot{x}_1=\dot{y}=x_2\\\dot{x}_2=y^{(2)}=x_3\\\quad\vdots\\\dot{x}_{n-1}=y^{(n-1)}=x_n\end{cases} \tag{1.2.8}$$

需要注意的是，式(1.2.8)中仅仅包含了系统前 $n-1$ 个状态分量的状态方程，没有第 n 个状态分量的状态方程，也就是 $\dot{x}_n$ 的方程，因为按照式(1.2.7)应该有 $\dot{x}_n=y^{(n)}$，然而在式(1.2.6)中对系统状态分量的定义中未出现 $y^{(n)}$。为了给出第 n 个状态分量的状态方程，改写系统的微分方程为

$$y^{(n)}=-a_0y-a_1\dot{y}-\cdots-a_{n-1}y^{(n-1)}+b_0u \tag{1.2.9}$$

然后，将上式中 $y,\cdots,y^{(n-1)}$ 这 n 项由定义式(1.2.6)替换成系统状态分量，进而给出系统第 n 个状态分量的状态方程，即

$$\dot{x}_n=y^{(n)}=-a_0x_1-a_1x_2-\cdots-a_{n-2}x_{n-1}-a_{n-1}x_n+b_0u \tag{1.2.10}$$

同时，考虑到式(1.2.6)中系统输出变量的定义，给出输出方程为

$$y=x_1 \tag{1.2.11}$$

最后，将系统状态方程(1.2.8)和(1.2.10)以及输出方程(1.2.11)表示成矩阵形式，则给

出微分方程(1.2.5)对应的状态空间表达式为

$$\underbrace{\begin{bmatrix} \dot{x}_1 \\ \dot{x}_2 \\ \vdots \\ \dot{x}_{n-1} \\ \dot{x}_n \end{bmatrix}}_{\dot{\boldsymbol{x}}} = \underbrace{\begin{bmatrix} 0 & 1 & 0 & \cdots & 0 \\ 0 & 0 & 1 & \cdots & 0 \\ \vdots & \vdots & \vdots & \ddots & \vdots \\ 0 & 0 & 0 & \cdots & 1 \\ -a_0 & -a_1 & -a_2 & \cdots & -a_{n-1} \end{bmatrix}}_{\boldsymbol{A}} \underbrace{\begin{bmatrix} x_1 \\ x_2 \\ \vdots \\ x_{n-1} \\ x_n \end{bmatrix}}_{\boldsymbol{x}} + \underbrace{\begin{bmatrix} 0 \\ 0 \\ \vdots \\ 0 \\ b_0 \end{bmatrix}}_{\boldsymbol{b}} u \tag{1.2.12}$$

$$y = \underbrace{\begin{bmatrix} 1 & 0 & 0 & \cdots & 0 \end{bmatrix}}_{\boldsymbol{c}} \boldsymbol{x}$$

需要注意的是，式(1.2.12)中的系统矩阵 $\boldsymbol{A}$ 的形式，对于具有该形式的矩阵称为友矩阵，友矩阵的特点是主对角线上方的元素均为 1，最后一行的元素可取任意值，而其余元素均为零。在式(1.2.12)中友矩阵 $\boldsymbol{A}$ 的特点是其最后一行的元素依次为对其特征多项式系数取负，关于特征多项式系数的定义详见第 1.3.1 节对于系统特征值的阐述。

此外应该指出的是，从传递函数求得的状态空间表达式并不是唯一的。从系统的微分方程(1.2.5)求得的状态空间表达式(1.2.12)，其中 $\boldsymbol{A}$、$\boldsymbol{b}$、$\boldsymbol{c}$ 以及 d 可以取无穷多种形式，这就是所谓实现的非唯一性。尽管实现是非唯一的，但只要原系统传递函数中分子和分母没有公因子，即不出现零极点对消，则 n 阶系统必有 n 个独立状态变量，也必有 n 个一阶微分方程与之等效对应，但既为一个系统的实现，其系统特征必是相同的。有关系统的不变性，将会在第 1.4.2 节进行阐述。

下面给出由微分方程(1.2.5)到状态空间表达式(1.2.12)实现的另一解析方法。

首先，在微分方程(1.2.5)两侧同时除以 b_0 并整理为

$$\frac{y^{(n)}}{b_0} = -a_0\frac{y}{b_0} - a_1\frac{\dot{y}}{b_0} - \cdots - a_{n-1}\frac{y^{(n-1)}}{b_0} + u \tag{1.2.13}$$

于是，定义系统的状态分量为

$$\begin{cases} x_1 = \dfrac{y}{b_0} \\ x_2 = \dfrac{\dot{y}}{b_0} \\ \quad\vdots \\ x_{n-1} = \dfrac{y^{(n-2)}}{b_0} \\ x_n = \dfrac{y^{(n-1)}}{b_0} \end{cases} \tag{1.2.14}$$

那么结合式(1.2.13)和(1.2.14)容易列出系统状态方程为

$$\begin{cases}\dot{x}_1=\dfrac{\dot{y}}{b_0}=x_2\\ \dot{x}_2=\dfrac{y^{(2)}}{b_0}=x_3\\ \quad\vdots\\ \dot{x}_{n-1}=\dfrac{y^{(n-1)}}{b_0}=x_n\\ \dot{x}_n=\dfrac{y^{(n)}}{b_0}=-a_0x_1-a_1x_2-\cdots-a_{n-2}x_{n-1}-a_{n-1}x_n+u\end{cases} \tag{1.2.15}$$

从式(1.2.14)中第一个方程式可以得到系统输出方程为

$$y=b_0x_1 \tag{1.2.16}$$

将式(1.2.14)和(1.2.15)表示成矩阵形式,给出系统状态空间表达式为

$$\underbrace{\begin{bmatrix}\dot{x}_1\\ \dot{x}_2\\ \vdots\\ \dot{x}_{n-1}\\ \dot{x}_n\end{bmatrix}}_{\dot{\boldsymbol{x}}}=\underbrace{\begin{bmatrix}0&1&0&\cdots&0\\ 0&0&1&\cdots&0\\ \vdots&\vdots&\vdots&\ddots&\vdots\\ 0&0&0&\cdots&1\\ -a_0&-a_1&-a_2&\cdots&-a_{n-1}\end{bmatrix}}_{\boldsymbol{A}}\underbrace{\begin{bmatrix}x_1\\ x_2\\ \vdots\\ x_{n-1}\\ x_n\end{bmatrix}}_{\boldsymbol{x}}+\underbrace{\begin{bmatrix}0\\ 0\\ \vdots\\ 0\\ 1\end{bmatrix}}_{\boldsymbol{b}}u \tag{1.2.17}$$

$$y=\underbrace{\begin{bmatrix}b_0&0&0&\cdots&0\end{bmatrix}}_{\boldsymbol{c}}\boldsymbol{x}$$

比较系统状态空间表达式(1.2.12)和(1.2.17),虽然它们都是微分方程(1.2.5)的实现,但参数矩阵 $\boldsymbol{b}$ 和 $\boldsymbol{c}$ 并不相同,这也验证了实现的非唯一性。下面给出的例子,利用上述的分析过程,对于状态空间表达式(1.2.2)用两种方法进行实现。

【例 1.2.1】 系统微分方程为

$$y^{(3)}+2y^{(2)}-3\dot{y}-4y=-5u \tag{1.2.18}$$

试列出其状态空间表达式。

解:

方法 1 选取 y、$\dot{y}$、$y^{(2)}$ 分别为系统状态的三个分量,即

$$\begin{cases}x_1=y\\ x_2=\dot{y}\\ x_3=y^{(2)}\end{cases} \tag{1.2.19}$$

结合系统微分方程(1.2.18),于是有

$$\begin{cases}\dot{x}_1=\dot{y}=x_2\\ \dot{x}_2=y^{(2)}=x_3\\ \dot{x}_3=y^{(3)}=4x_1+3x_2-2x_3-5u\end{cases} \tag{1.2.20}$$

将上式改写矩阵形式,可得系统状态方程为

$$\begin{bmatrix}\dot{x}_1\\\dot{x}_2\\\dot{x}_3\end{bmatrix}=\begin{bmatrix}0&1&0\\0&0&1\\4&3&-2\end{bmatrix}\begin{bmatrix}x_1\\x_2\\x_3\end{bmatrix}+\begin{bmatrix}0\\0\\-5\end{bmatrix}u \tag{1.2.21}$$

明显地,系统方程输出为

$$y=x_1=\begin{bmatrix}1&0&0\end{bmatrix}\begin{bmatrix}x_1\\x_2\\x_3\end{bmatrix} \tag{1.2.22}$$

结合式(1.2.21)和(1.2.22)给出系统(1.2.18)状态空间表达式为

$$\begin{cases}\dot{\boldsymbol{x}}=\boldsymbol{A}\boldsymbol{x}+\boldsymbol{b}u=\begin{bmatrix}0&1&0\\0&0&1\\4&3&-2\end{bmatrix}\boldsymbol{x}+\begin{bmatrix}0\\0\\-5\end{bmatrix}u\\ y=\boldsymbol{c}\boldsymbol{x}+du=\begin{bmatrix}1&0&0\end{bmatrix}\boldsymbol{x}\end{cases} \tag{1.2.23}$$

方法2　选取$\frac{y}{-5}$、$\frac{\dot{y}}{-5}$、$\frac{y^{(2)}}{-5}$分别为系统状态的3个分量,即

$$\begin{cases}x_1=\dfrac{y}{-5}\\ x_2=\dfrac{\dot{y}}{-5}\\ x_3=\dfrac{y^{(2)}}{-5}\end{cases} \tag{1.2.24}$$

可得

$$\begin{cases}\dot{x}_1=\dfrac{\dot{y}}{-5}=x_2\\ \dot{x}_2=\dfrac{y^{(2)}}{-5}=x_3\\ \dot{x}_3=\dfrac{y^{(3)}}{-5}=4x_1+3x_2-2x_3+u\end{cases} \tag{1.2.25}$$

将上式改写成矩阵形式,可得系统状态方程为

$$\begin{bmatrix}\dot{x}_1\\\dot{x}_2\\\dot{x}_3\end{bmatrix}=\begin{bmatrix}0&1&0\\0&0&1\\4&3&-2\end{bmatrix}\begin{bmatrix}x_1\\x_2\\x_3\end{bmatrix}+\begin{bmatrix}0\\0\\1\end{bmatrix}u \tag{1.2.26}$$

系统输出方程为

$$y=-5x_1=\begin{bmatrix}-5&0&0\end{bmatrix}\begin{bmatrix}x_1\\x_2\\x_3\end{bmatrix} \tag{1.2.27}$$

结合式(1.2.26)和(1.2.27)给出系统(1.2.18)状态空间表达式为

$$\begin{cases}\dot{\boldsymbol{x}}=\boldsymbol{A}\boldsymbol{x}+\boldsymbol{b}u=\begin{bmatrix}0&1&0\\0&0&1\\4&3&-2\end{bmatrix}\boldsymbol{x}+\begin{bmatrix}0\\0\\1\end{bmatrix}u\\ y=\boldsymbol{c}\boldsymbol{x}+du=\begin{bmatrix}-5&0&0\end{bmatrix}\boldsymbol{x}\end{cases} \tag{1.2.28}$$

2. 传递函数中有零点时的实现

在传递函数(1.2.4)中有零点，也就是式(1.2.3)中的分数式的分子里 $m \geqslant 1$。在这种情况下，系统微分方程为

$$y^{(n)} + a_{n-1}y^{(n-1)} + \cdots + a_1\dot{y} + a_0 y = b_m u^{(m)} + b_{m-1}u^{(m-1)} + \cdots + b_1\dot{u} + b_0 u \tag{1.2.29}$$

其相应的传递函数为

$$W(s) = \frac{Y(s)}{U(s)} = \frac{b_m s^m + b_{m-1}s^{m-1} + \cdots + b_1 s + b_0}{s^n + a_{n-1}s^{n-1} + \cdots + a_1 s + a_0} \tag{1.2.30}$$

也就是

$$\begin{aligned} Y(s) &= \frac{b_m s^m + b_{m-1}s^{m-1} + \cdots + b_1 s + b_0}{s^n + a_{n-1}s^{n-1} + \cdots + a_1 s + a_0}U(s) \\ &= (b_m s^m + b_{m-1}s^{m-1} + \cdots + b_1 s + b_0)\frac{U(s)}{s^n + a_{n-1}s^{n-1} + \cdots + a_1 s + a_0} \end{aligned} \tag{1.2.31}$$

定义

$$\frac{U(s)}{s^n + a_{n-1}s^{n-1} + \cdots + a_1 s + a_0} = V(s) \tag{1.2.32}$$

于是

$$U(s) = V(s)(s^n + a_{n-1}s^{n-1} + \cdots + a_1 s + a_0) \tag{1.2.33}$$

在上式的左右两侧同时取拉普拉斯反变换有

$$u = v^{(n)} + a_{n-1}v^{(n-1)} + \cdots + a_1\dot{v} + a_0 v \tag{1.2.34}$$

整理后，则有

$$v^{(n)} = -a_{n-1}v^{(n-1)} - \cdots - a_1\dot{v} - a_0 v + u \tag{1.2.35}$$

另一方面，结合式(1.2.31)和(1.2.32)有

$$Y(s) = V(s)(b_m s^m + b_{m-1}s^{m-1} + \cdots + b_1 s + b_0) \tag{1.2.36}$$

在上式的左右两侧同时取拉普拉斯反变换有

$$y = b_m v^{(m)} + b_{m-1}v^{(m-1)} + \cdots + b_1\dot{v} + b_0 v \tag{1.2.37}$$

需要指出的是，并非任意的微分方程或传递函数都能求得其实现，实现的存在条件是 $m \leqslant n$。下面根据 m 和 n 的关系分两种情况进行讨论。

(1) 如果 $m<n$

对于这种情况，可定义系统的状态分量为

$$\begin{cases} x_1 = v \\ x_2 = \dot{v} \\ \quad\vdots \\ x_m = v^{(m-1)} \\ x_{m+1} = v^{(m)} \\ \quad\vdots \\ x_{n-1} = v^{(n-2)} \\ x_n = v^{(n-1)} \end{cases} \tag{1.2.38}$$

则系统状态分量的状态方程为

$$\begin{cases} \dot{x}_1 = \dot{v} = x_2 \\ \dot{x}_2 = v^{(2)} = x_3 \\ \quad\vdots \\ \dot{x}_m = v^{(m)} = x_{m+1} \\ \quad\vdots \\ \dot{x}_{n-1} = v^{(n-1)} = x_n \end{cases} \tag{1.2.39}$$

需要注意的是，式(1.2.39)中没有状态分量 x_n 的状态方程。对于状态分量 x_n 的状态方程可以利用式(1.2.35)获得为

$$\dot{x}_n = v^{(n)} = -a_{n-1}x_n - \cdots - a_{m-1}x_m - \cdots - a_1x_2 - a_0x_1 + u \tag{1.2.40}$$

输出方程可以利用式(1.2.37)获得为

$$y = b_m x_{m+1} + b_{m-1}x_m + \cdots + b_1x_2 + b_0x_1 \tag{1.2.41}$$

将式(1.2.39)～(1.2.41)结合，并改写成矩阵形式，则给出微分方程(1.2.29)的状态空间表达式为

$$\begin{aligned} \underbrace{\begin{bmatrix} \dot{x}_1 \\ \dot{x}_2 \\ \vdots \\ \dot{x}_m \\ \dot{x}_{m+1} \\ \vdots \\ \dot{x}_{n-1} \\ \dot{x}_n \end{bmatrix}}_{\dot{\boldsymbol{x}}} &= \underbrace{\begin{bmatrix} 0 & 1 & 0 & \cdots & 0 & 0 & \cdots & 0 \\ 0 & 0 & 1 & \cdots & 0 & 0 & \cdots & 0 \\ \vdots & \vdots & \vdots & \ddots & \vdots & \vdots & \vdots & \vdots \\ 0 & 0 & 0 & \cdots & 1 & 0 & \cdots & 0 \\ 0 & 0 & 0 & \cdots & 0 & 1 & \cdots & 0 \\ \vdots & \vdots & \vdots & \vdots & \vdots & \vdots & \ddots & \vdots \\ 0 & 0 & 0 & \cdots & 0 & 0 & \cdots & 1 \\ -a_0 & -a_1 & -a_2 & \cdots & -a_{m-1} & -a_m & \cdots & -a_{n-1} \end{bmatrix}}_{\boldsymbol{A}} \underbrace{\begin{bmatrix} x_1 \\ x_2 \\ \vdots \\ x_m \\ x_{m+1} \\ \vdots \\ x_{n-1} \\ x_n \end{bmatrix}}_{\boldsymbol{x}} + \underbrace{\begin{bmatrix} 0 \\ 0 \\ \vdots \\ 0 \\ 0 \\ \vdots \\ 0 \\ 1 \end{bmatrix}}_{\boldsymbol{b}} u \\ y &= \underbrace{\begin{bmatrix} b_0 & b_1 & \cdots & b_{m-1} & b_m & \cdots & 0 & 0 \end{bmatrix}}_{\boldsymbol{c}} \boldsymbol{x} \end{aligned} \tag{1.2.42}$$

(2) 如果 $m=n$

对于这种情况，同样可定义系统的状态分量为

$$\begin{cases} x_1 = v \\ x_2 = \dot{v} \\ \quad\vdots \\ x_{n-1} = v^{(n-2)} \\ x_n = v^{(n-1)} \end{cases} \tag{1.2.43}$$

结合式(1.2.40)，则系统状态分量的状态方程为

$$
\begin{cases}
\dot{x}_1 = \dot{v} = x_2 \\
\dot{x}_2 = v^{(2)} = x_3 \\
\quad \vdots \\
\dot{x}_{n-1} = v^{(n-1)} = x_n \\
\dot{x}_n = v^{(n)} = -a_{n-1}x_n - \cdots - a_1x_2 - a_0x_1 + u
\end{cases}
\tag{1.2.44}
$$

输出方程可以利用式(1.2.37)写为

$$
\begin{aligned}
y &= b_nv^{(n)} + b_{n-1}v^{(n-1)} + b_{n-2}v^{(n-2)} + \cdots + b_1\dot{v} + b_0v \\
&= b_nv^{(n)} + b_{n-1}x_n + b_{n-2}x_{n-1} + \cdots + b_1x_2 + b_0x_1
\end{aligned}
\tag{1.2.45}
$$

需要注意的是,上式中包含了 $v^{(n)}$,因此式(1.2.45)还不是标准形式的输出方程。为了解决这个问题,可以将式(1.2.44)中的 $v^{(n)}$ 代入式(1.2.45)中,有

$$
\begin{aligned}
y &= b_n(-a_{n-1}x_n - a_{n-2}x_{n-1}\cdots - a_1x_2 - a_0x_1 + u) + b_{n-1}x_n + b_{n-2}x_{n-1} + \cdots + b_1x_2 + b_0x_1 \\
&= (b_{n-1} - b_na_{n-1})x_n + (b_{n-2} - b_na_{n-2})x_{n-1} + \cdots + (b_1 - b_na_1)x_2 + (b_0 - b_na_0)x_1 + b_nu \\
&= (b_0 - b_na_0)x_1 + (b_1 - b_na_1)x_2 + \cdots + (b_{n-2} - b_na_{n-2})x_{n-1} + (b_{n-1} - b_na_{n-1})x_n + b_nu
\end{aligned}
\tag{1.2.46}
$$

经过上式变换后,可以发现系统输出方程中都为系统状态变量的线性组合,因此可以写成标准形式的输出方程。

将式(1.2.44)和(1.2.46)改写成矩阵形式,可以给出微分方程(1.2.29)的状态空间表达式为

$$
\begin{aligned}
\underbrace{\begin{bmatrix} \dot{x}_1 \\ \dot{x}_2 \\ \vdots \\ \dot{x}_{n-1} \\ \dot{x}_n \end{bmatrix}}_{\dot{\boldsymbol{x}}} &= \underbrace{\begin{bmatrix} 0 & 1 & 0 & \cdots & 0 \\ 0 & 0 & 1 & \cdots & 0 \\ \vdots & \vdots & \vdots & \ddots & \vdots \\ 0 & 0 & 0 & \cdots & 1 \\ -a_0 & -a_1 & -a_2 & \cdots & -a_{n-1} \end{bmatrix}}_{\boldsymbol{A}} \underbrace{\begin{bmatrix} x_1 \\ x_2 \\ \vdots \\ x_{n-1} \\ x_n \end{bmatrix}}_{\boldsymbol{x}} + \underbrace{\begin{bmatrix} 0 \\ 0 \\ \vdots \\ 0 \\ 1 \end{bmatrix}}_{\boldsymbol{b}} u \\
y &= \underbrace{\begin{bmatrix} b_0 - b_na_0 & b_1 - b_na_1 & \cdots & b_{n-2} - b_na_{n-2} & b_{n-1} - b_na_{n-1} \end{bmatrix}}_{c} \boldsymbol{x} + \underbrace{b_n}_{d}u
\end{aligned}
\tag{1.2.47}
$$

下面,对于 $m=n$ 的情况,给出另外一种处理方法。首先将传递函数(1.2.30)整理为

$$
W(s) = \frac{Y(s)}{U(s)} = b_n + \frac{(b_{n-1} - a_{n-1}b_n)s^{n-1} + (b_{n-2} - a_{n-2}b_n)s^{n-2} + \cdots + (b_1 - a_1b_n)s + (b_0 - a_0b_n)}{s^n + a_{n-1}s^{n-1} + \cdots a_1s + a_0}
\tag{1.2.48}
$$

也就是

$$
Y(s) = U(s)b_n + \frac{U(s)}{s^n + a_{n-1}s^{n-1} + \cdots a_1s + a_0}[(b_{n-1} - a_{n-1}b_n)s^{n-1} +
$$

$$(b_{n-2}-a_{n-2}b_n)s^{n-2}+\cdots+(b_0-a_0b_n)] \tag{1.2.49}$$

定义

$$R(s)=\frac{U(s)}{s^n+a_{n-1}s^{n-1}+\cdots+a_1s+a_0} \tag{1.2.50}$$

改写上式,可以得到

$$U(s)=R(s)(s^n+a_{n-1}s^{n-1}+\cdots+a_1s+a_0) \tag{1.2.51}$$

对上式左右两侧同时取拉普拉斯反变换,有

$$u=r^{(n)}+a_{n-1}r^{(n-1)}+\cdots+a_1\dot{r}+a_0r \tag{1.2.52}$$

即

$$r^{(n)}=-a_{n-1}r^{(n-1)}-\cdots-a_1\dot{r}-a_0r+u \tag{1.2.53}$$

定义系统状态分量为

$$\begin{cases}x_1=r\\x_2=\dot{r}\\\quad\vdots\\x_{n-1}=r^{(n-2)}\\x_n=r^{(n-1)}\end{cases} \tag{1.2.54}$$

则系统状态分量的状态方程为

$$\begin{cases}\dot{x}_1=\dot{r}=x_2\\\dot{x}_2=r^{(2)}=x_3\\\qquad\vdots\\\dot{x}_{n-1}=r^{(n-1)}=x_n\\\dot{x}_n=r^{(n)}=-a_{n-1}x_n-\cdots-a_1x_2-a_0x_1+u\end{cases} \tag{1.2.55}$$

另一方面,将式(1.2.50)代入式(1.2.49)中,得

$$\begin{aligned}Y(s)=&U(s)b_n+\\&R(s)[(b_{n-1}-a_{n-1}b_n)s^{n-1}+(b_{n-2}-a_{n-2}b_n)s^{n-2}+\cdots+(b_0-a_0b_n)]\end{aligned} \tag{1.2.56}$$

对上式左右两侧同时取拉普拉斯反变换,有

$$\begin{aligned}y=&b_nu+(b_{n-1}-a_{n-1}b_n)r^{(n-1)}+\\&(b_{n-2}-a_{n-2}b_n)r^{(n-2)}+\cdots+(b_0-a_0b_n)r\end{aligned} \tag{1.2.57}$$

再将式(1.2.54)代入上式中,可得系统输出方程为

$$\begin{aligned}y=&(b_0-a_0b_n)x_1+\cdots+\\&(b_{n-2}-a_{n-2}b_n)x_{n-1}+(b_{n-1}-a_{n-1}b_n)x_n+b_nu\end{aligned} \tag{1.2.58}$$

将式(1.2.55)和式(1.2.58)改写成矩阵形式,可以给出微分方程(1.2.29)的状态空间表达式为

$$\underbrace{\begin{bmatrix}\dot{x}_1\\ \dot{x}_2\\ \vdots\\ \dot{x}_{n-1}\\ \dot{x}_n\end{bmatrix}}_{\dot{\boldsymbol{x}}}=\underbrace{\begin{bmatrix}0&1&0&\cdots&0\\0&0&1&\cdots&0\\ \vdots&\vdots&\vdots&\ddots&\vdots\\0&0&0&\cdots&1\\-a_0&-a_1&-a_2&\cdots&-a_{n-1}\end{bmatrix}}_{\boldsymbol{A}}\underbrace{\begin{bmatrix}x_1\\x_2\\ \vdots\\x_{n-1}\\x_n\end{bmatrix}}_{\boldsymbol{x}}+\underbrace{\begin{bmatrix}0\\0\\ \vdots\\0\\1\end{bmatrix}}_{\boldsymbol{b}}u$$

$$y=\underbrace{\begin{bmatrix}b_0-b_na_0 & b_1-b_na_1 & \cdots & b_{n-2}-b_na_{n-2} & b_{n-1}-b_na_{n-1}\end{bmatrix}}_{\boldsymbol{c}}\boldsymbol{x}+\underbrace{b_n}_{d}u \tag{1.2.59}$$

下面的例子是对于传递函数中存有零点时的实现，上述的两种情况都进行考虑。

【例 1.2.2】 系统微分方程分别为

$$y^{(3)}+2y^{(2)}-3\dot{y}-4y=\dot{u}-5u \tag{1.2.60}$$

$$y^{(3)}+2y^{(2)}-3\dot{y}-4y=-5u^{(3)}+u^{(2)}+2\dot{u}+5u \tag{1.2.61}$$

试分别列出其状态空间表达式。

解：对于微分方程(1.2.60)，由于 $m=1,n=3$，属于 $m<n$ 的情况，其微分方程系数为 $a_0=-4,a_1=-3,a_2=2,b_0=-5,b_1=1$，那么根据式(1.2.42)，给出系统状态空间表达式为

$$\begin{cases}\dot{\boldsymbol{x}}=\boldsymbol{Ax}+\boldsymbol{b}u=\begin{bmatrix}0&1&0\\0&0&1\\4&3&-2\end{bmatrix}\boldsymbol{x}+\begin{bmatrix}0\\0\\1\end{bmatrix}u\\ y=\boldsymbol{cx}+du=\begin{bmatrix}-5&1&0\end{bmatrix}\boldsymbol{x}\end{cases} \tag{1.2.62}$$

对于微分方程(1.2.61)，由于 $m=3,n=3$，属于 $m=n$ 的情况，其微分方程系数为 $a_0=-4,a_1=-3,a_2=2,b_0=5,b_1=2,b_2=1,b_3=-5$，且

$$\begin{cases}b_0-b_3a_0=-15\\ b_1-b_3a_1=-13\\ b_2-b_3a_2=11\end{cases} \tag{1.2.63}$$

那么根据式(1.2.47)或者式(1.2.59)，给出系统状态空间表达式为

$$\begin{cases}\dot{\boldsymbol{x}}=\boldsymbol{Ax}+\boldsymbol{b}u=\begin{bmatrix}0&1&0\\0&0&1\\4&3&-2\end{bmatrix}\boldsymbol{x}+\begin{bmatrix}0\\0\\1\end{bmatrix}u\\ y=\boldsymbol{cx}+du=\begin{bmatrix}-15&-13&11\end{bmatrix}\boldsymbol{x}-5u\end{cases} \tag{1.2.64}$$

下面对于传递函数(1.2.4)中有零点的情况，给出另外一种状态空间表达式的实现方法。该方法将式(1.2.4)或式(1.2.30)展开成部分分式的形式，利用展开式解决微分方程(1.2.29)的实现问题。在传递函数(1.2.4)中 $\lambda_1,\lambda_2,\cdots,\lambda_n$ 为系统的极点，也就是系统的特征值(见第 1.3.3 节中的论述)，这里将根据系统的特征值有无重根和单根与重根同时存在分三种情况进行讨论。

(1) 特征值无重根

假设系统的 n 个特征值 $\lambda_1,\lambda_2,\cdots,\lambda_n$ 都为单根，将式(1.2.4)或式(1.2.30)展开成部分分式的形式，即

$$
\begin{aligned}
W(s)&=\frac{Y(s)}{U(s)}\\
&=\frac{b_m s^m+b_{m-1}s^{m-1}+\cdots+b_1 s+b_0}{s^n+a_{n-1}s^{n-1}+\cdots+a_1 s+a_0}\\
&=\frac{b_m(s-z_1)(s-z_2)\cdots(s-z_m)}{(s-\lambda_1)(s-\lambda_2)\cdots(s-\lambda_n)}\\
&=\frac{\theta_1}{s-\lambda_1}+\frac{\theta_2}{s-\lambda_2}+\cdots+\frac{\theta_n}{s-\lambda_n}
\end{aligned}
\tag{1.2.65}
$$

式中：$\theta_1,\theta_2,\cdots,\theta_n$ 为待定系数。

在式(1.2.65)最后面的等式左右两侧同时乘以 $s-\lambda_1$，可以得到

$$
(s-\lambda_1)\frac{b_m(s-z_1)(s-z_2)\cdots(s-z_m)}{(s-\lambda_1)(s-\lambda_2)\cdots(s-\lambda_n)}=\theta_1+(s-\lambda_1)\left(\frac{\theta_2}{s-\lambda_2}+\cdots+\frac{\theta_n}{s-\lambda_n}\right)
\tag{1.2.66}
$$

因此，令上式两侧 $s=\lambda_1$ 即给出 θ_1 的解，也就是

$$
\theta_1=(s-\lambda_1)\frac{b_m(s-z_1)(s-z_2)\cdots(s-z_m)}{(s-\lambda_1)(s-\lambda_2)\cdots(s-\lambda_n)}\bigg|_{s=\lambda_1}=\frac{b_m(\lambda_1-z_1)(\lambda_1-z_2)\cdots(\lambda_1-z_m)}{(\lambda_1-\lambda_2)\cdots(\lambda_1-\lambda_n)}
\tag{1.2.67}
$$

因为按照式(1.2.65)有

$$
(s-\lambda_1)\frac{b_m(s-z_1)(s-z_2)\cdots(s-z_m)}{(s-\lambda_1)(s-\lambda_2)\cdots(s-\lambda_n)}=(s-\lambda_1)\frac{b_m s^m+b_{m-1}s^{m-1}+\cdots+b_1 s+b_0}{s^n+a_{n-1}s^{n-1}+\cdots+a_1 s+a_0}
\tag{1.2.68}
$$

则 θ_1 的解(1.2.67)可以写为

$$
\theta_1=(s-\lambda_1)\frac{b_m s^m+b_{m-1}s^{m-1}+\cdots+b_1 s+b_0}{s^n+a_{n-1}s^{n-1}+\cdots+a_1 s+a_0}\bigg|_{s=\lambda_1}
\tag{1.2.69}
$$

同理可以求得 $\theta_2,\cdots,\theta_n$，所以给出式(1.2.65)中各系数的求解公式为

$$
\theta_k=(s-\lambda_k)\frac{b_m s^m+b_{m-1}s^{m-1}+\cdots+b_1 s+b_0}{s^n+a_{n-1}s^{n-1}+\cdots+a_1 s+a_0}\bigg|_{s=\lambda_k},\quad k=1,2,\cdots,n
\tag{1.2.70}
$$

给出式(1.2.65)中各系数的求解公式后，接下来阐述该传递函数的实现，首先改写式(1.2.65)，可以有

$$
Y(s)=\frac{\theta_1}{s-\lambda_1}U(s)+\frac{\theta_2}{s-\lambda_2}U(s)+\cdots+\frac{\theta_n}{s-\lambda_n}U(s)
\tag{1.2.71}
$$

在上式中，令

$$
\frac{U(s)}{s-\lambda_k}=X_k(s),\quad k=1,2,\cdots,n
\tag{1.2.72}
$$

也就是

$$
U(s)=X_k(s)(s-\lambda_k),\quad k=1,2,\cdots,n
\tag{1.2.73}
$$

在式(1.2.73)左右两侧同时取拉普拉斯反变换，得到

$$
u=\dot{x}_k-\lambda_k x_k,\quad k=1,2,\cdots,n
\tag{1.2.74}
$$

即

$$\dot{x}_k = \lambda_k x_k + u, \quad k = 1,2,\cdots,n \tag{1.2.75}$$

定义式(1.2.75)中的 $x_k, k=1,2,\cdots,n$ 为系统状态分量,可以有

$$\begin{cases} \dot{x}_1 = \lambda_1 x_1 + u \\ \dot{x}_2 = \lambda_2 x_2 + u \\ \quad\vdots \\ \dot{x}_n = \lambda_n x_n + u \end{cases} \tag{1.2.76}$$

另一方面,利用式(1.2.72)中的定义,式(1.2.71)可以被改写为

$$Y(s) = \theta_1 X_1(s) + \theta_2 X_2(s) + \cdots + \theta_n X_n(s) \tag{1.2.77}$$

在上式左右两侧同时取拉普拉斯反变换,可以有

$$y = \theta_1 x_1 + \theta_2 x_2 + \cdots + \theta_n x_n \tag{1.2.78}$$

将式(1.2.76)和式(1.2.78)表示成矩阵形式,则给出微分方程(1.2.29)的状态空间表达式为

$$\underbrace{\begin{bmatrix} \dot{x}_1 \\ \dot{x}_2 \\ \vdots \\ \dot{x}_n \end{bmatrix}}_{\dot{\boldsymbol{x}}} = \underbrace{\begin{bmatrix} \lambda_1 & & & \boldsymbol{0} \\ & \lambda_2 & & \\ & & \ddots & \\ \boldsymbol{0} & & & \lambda_n \end{bmatrix}}_{\boldsymbol{A}} \underbrace{\begin{bmatrix} x_1 \\ x_2 \\ \vdots \\ x_n \end{bmatrix}}_{\boldsymbol{x}} + \underbrace{\begin{bmatrix} 1 \\ 1 \\ \vdots \\ 1 \end{bmatrix}}_{\boldsymbol{b}} u \tag{1.2.79}$$

$$y = \underbrace{\begin{bmatrix} \theta_1 & \theta_2 & \cdots & \theta_n \end{bmatrix}}_{\boldsymbol{c}} \boldsymbol{x}$$

(2) 特征值为 *n* 重根

假设系统的 n 个特征值相同,均为 λ,将式(1.2.4)或式(1.2.30)展开成部分分式的形式,即

$$\begin{aligned} W(s) &= \frac{Y(s)}{U(s)} \\ &= \frac{b_m s^m + b_{m-1} s^{m-1} + \cdots + b_1 s + b_0}{s^n + a_{n-1} s^{n-1} + \cdots + a_1 s + a_0} \\ &= \frac{b_m (s - z_1)(s - z_2)\cdots(s - z_m)}{(s - \lambda)^n} \\ &= \frac{\theta_1}{s - \lambda} + \frac{\theta_2}{(s - \lambda)^2} + \cdots + \frac{\theta_n}{(s - \lambda)^n} \end{aligned} \tag{1.2.80}$$

式中:$\theta_1, \theta_2, \cdots, \theta_n$ 为待定系数。

在式(1.2.80)最后面的等式左右两侧同时乘以 $(s-\lambda)^n$,可以得到

$$(s - \lambda)^n \frac{b_m (s - z_1)(s - z_2)\cdots(s - z_m)}{(s - \lambda)^n} =$$

$$\theta_n + (s - \lambda)^n \left(\frac{\theta_1}{s - \lambda} + \frac{\theta_2}{(s - \lambda)^2} + \cdots + \frac{\theta_{n-1}}{(s - \lambda)^{n-1}} \right) \tag{1.2.81}$$

则系数 θ_n 被单独分离出来。因此,令上式两侧 $s=\lambda$ 即给出 θ_n 的解,也就是

$$\theta_n=(s-\lambda)^n\frac{b_m(s-z_1)(s-z_2)\cdots(s-z_m)}{(s-\lambda)^n}\bigg|_{s=\lambda}=b_m(\lambda-z_1)(\lambda-z_2)\cdots(\lambda-z_m) \tag{1.2.82}$$

按照式(1.2.80),上式中 θ_n 的解也可以写为

$$\theta_n=(s-\lambda)^n\frac{b_ms^m+b_{m-1}s^{m-1}+\cdots+b_1s+b_0}{s^n+a_{n-1}s^{n-1}+\cdots+a_1s+a_0}\bigg|_{s=\lambda} \tag{1.2.83}$$

接下来将式(1.2.81)改写为

$$(s-\lambda)^n\frac{b_ms^m+b_{m-1}s^{m-1}+\cdots+b_1s+b_0}{s^n+a_{n-1}s^{n-1}+\cdots+a_1s+a_0}=$$
$$\theta_n+(s-\lambda)\theta_{n-1}+\cdots+(s-\lambda)^{n-2}\theta_2+(s-\lambda)^{n-1}\theta_1 \tag{1.2.84}$$

在上式左右两侧同时对 s 求一阶导数,有

$$\frac{\mathrm{d}}{\mathrm{d}s}\left((s-\lambda)^n\frac{b_ms^m+b_{m-1}s^{m-1}+\cdots+b_1s+b_0}{s^n+a_{n-1}s^{n-1}+\cdots+a_1s+a_0}\right)=$$
$$\theta_{n-1}+\cdots+(n-2)(s-\lambda)^{n-3}\theta_2+(n-1)(s-\lambda)^{n-2}\theta_1 \tag{1.2.85}$$

则系数 θ_{n-1} 被单独分离出来。因此,令上式两侧 $s=\lambda$ 即给出 θ_{n-1} 的解,也就是

$$\theta_{n-1}=\frac{\mathrm{d}}{\mathrm{d}s}\left((s-\lambda)^n\frac{b_ms^m+b_{m-1}s^{m-1}+\cdots+b_1s+b_0}{s^n+a_{n-1}s^{n-1}+\cdots+a_1s+a_0}\right)\bigg|_{s=\lambda} \tag{1.2.86}$$

同理,在式(1.2.84)左右两侧同时对 s 求 $n-1$ 阶导数,可以求得 θ_1 为

$$\theta_1=\frac{1}{(n-1)!}\frac{\mathrm{d}^{n-1}}{\mathrm{d}s^{n-1}}\left((s-\lambda)^n\frac{b_ms^m+b_{m-1}s^{m-1}+\cdots+b_1s+b_0}{s^n+a_{n-1}s^{n-1}+\cdots+a_1s+a_0}\right)\bigg|_{s=\lambda} \tag{1.2.87}$$

因此,给出式(1.2.80)中各系数的求解公式为

$$\theta_k=\frac{1}{(n-k)!}\frac{\mathrm{d}^{n-k}}{\mathrm{d}s^{n-k}}\left((s-\lambda)^n\frac{b_ms^m+b_{m-1}s^{m-1}+\cdots+b_1s+b_0}{s^n+a_{n-1}s^{n-1}+\cdots+a_1s+a_0}\right)\bigg|_{s=\lambda},\quad k=1,2,\cdots,n \tag{1.2.88}$$

给出式(1.2.80)中各系数的求解公式后,接下来阐述该传递函数的实现,首先改写式(1.2.80),可以有

$$Y(s)=\frac{\theta_1}{s-\lambda}U(s)+\frac{\theta_2}{(s-\lambda)^2}U(s)+\cdots+\frac{\theta_n}{(s-\lambda)^n}U(s) \tag{1.2.89}$$

在上式中,令

$$\frac{U(s)}{(s-\lambda)^k}=X_k(s),\quad k=1,2,\cdots,n \tag{1.2.90}$$

当 $k=1$ 时

$$\frac{U(s)}{s-\lambda}=X_1(s) \tag{1.2.91}$$

也就是

$$U(s)=X_1(s)(s-\lambda) \tag{1.2.92}$$

在上式左右两侧同时取拉普拉斯反变换,得到

$$\dot{x}_1=\lambda x_1+u \tag{1.2.93}$$

当 $k\geqslant 2$ 时,从式(1.2.90)可以有

$$X_{k-1}(s)=\frac{U(s)}{(s-\lambda)^{k-1}}=\frac{U(s)(s-\lambda)}{(s-\lambda)^{k}}=X_{k}(s)(s-\lambda),\quad k=2,3,\cdots,n \tag{1.2.94}$$

在上式左右两侧同时取拉普拉斯反变换，得到

$$\dot{x}_{k}=\lambda x_{k}+x_{k-1},\quad k=2,3,\cdots,n \tag{1.2.95}$$

定义 $x_k,k=1,2,\cdots,n$ 为系统状态分量，由式(1.2.93)和(1.2.95)可以有

$$\begin{cases}\dot{x}_1=\lambda x_1+u\\ \dot{x}_2=\lambda x_2+x_1\\ \quad\vdots\\ \dot{x}_n=\lambda x_n+x_{n-1}\end{cases} \tag{1.2.96}$$

另一方面，利用式(1.2.90)中的定义，式(1.2.89)可以被改写为

$$Y(s)=\theta_1X_1(s)+\theta_2X_2(s)+\cdots+\theta_nX_n(s) \tag{1.2.97}$$

在上式左右两侧同时取拉普拉斯反变换，可以有

$$y=\theta_1x_1+\theta_2x_2+\cdots+\theta_nx_n \tag{1.2.98}$$

将式(1.2.96)和式(1.2.98)表示成矩阵形式，则给出微分方程(1.2.29)的状态空间表达式为

$$\begin{aligned}\underbrace{\begin{bmatrix}\dot{x}_1\\ \dot{x}_2\\ \vdots\\ \dot{x}_n\end{bmatrix}}_{\dot{\boldsymbol{x}}}&=\underbrace{\begin{bmatrix}\lambda & & & \mathbf{0}\\ 1 & \lambda & & \\ & \ddots & \ddots & \\ \mathbf{0} & & 1 & \lambda\end{bmatrix}}_{\boldsymbol{A}}\underbrace{\begin{bmatrix}x_1\\ x_2\\ \vdots\\ x_n\end{bmatrix}}_{\boldsymbol{x}}+\underbrace{\begin{bmatrix}1\\ 0\\ \vdots\\ 0\end{bmatrix}}_{\boldsymbol{b}}u\\ y&=\underbrace{\begin{bmatrix}\theta_1 & \theta_2 & \cdots & \theta_n\end{bmatrix}}_{\boldsymbol{c}}\boldsymbol{x}\end{aligned} \tag{1.2.99}$$

如果在式(1.2.89)中定义

$$\frac{U(s)}{(s-\lambda)^{n-k+1}}=X_k(s),\quad k=1,2,\cdots,n \tag{1.2.100}$$

和

$$Y(s)=\theta_nX_1(s)+\theta_{n-1}X_2(s)+\cdots+\theta_2X_{n-1}(s)+\theta_1X_n(s) \tag{1.2.101}$$

可以获得系统另外一种形式的状态空间表达式，这部分的分析过程留作习题，请读者们自行推导。

(3) 特征值单根和重根同时存在

假设系统的特征值为 q 重根 λ_1 和 $n-q$ 个单根 $\lambda_{q+1},\lambda_{q+2},\cdots,\lambda_n$，将式(1.2.4)或(1.2.30)展开成部分分式的形式，即

$$\begin{aligned}W(s)&=\frac{Y(s)}{U(s)}\\ &=\frac{b_ms^m+b_{m-1}s^{m-1}+\cdots+b_1s+b_0}{s^n+a_{n-1}s^{n-1}+\cdots+a_1s+a_0}\\ &=\frac{b_m(s-z_1)(s-z_2)\cdots(s-z_m)}{(s-\lambda_1)^q(s-\lambda_{q+1})(s-\lambda_{q+2})\cdots(s-\lambda_n)}\end{aligned}$$

$$=\frac{\theta_1}{s-\lambda_1}+\frac{\theta_2}{(s-\lambda_1)^2}+\cdots+\frac{\theta_q}{(s-\lambda_1)^q}+\frac{\theta_{q+1}}{s-\lambda_{q+1}}+\frac{\theta_{q+2}}{s-\lambda_{q+2}}+\cdots+\frac{\theta_n}{s-\lambda_n} \tag{1.2.102}$$

式中：$\theta_1,\theta_2,\cdots,\theta_n$ 为待定系数。其中，重根部分对应的系数 $\theta_1,\theta_2,\cdots,\theta_q$ 按照式(1.2.88)计算($k=1,2,\cdots,q$)；单根部分对应的系数 $\theta_{q+1},\theta_{q+2},\cdots,\theta_n$ 按照式(1.2.70)计算($k=q+1,q+2,\cdots,n$)。

根据重根部分的定义(1.2.93)、(1.2.95)、(1.2.98)以及单根部分的定义(1.2.75)、(1.2.78)，则直接给出微分方程(1.2.29)的状态空间表达式为

$$\underbrace{\begin{bmatrix}\dot{x}_1\\ \dot{x}_2\\ \vdots\\ \dot{x}_q\\ \hline \dot{x}_{q+1}\\ \dot{x}_{q+2}\\ \vdots\\ \dot{x}_n\end{bmatrix}}_{\dot{\boldsymbol{x}}}=\underbrace{\left[\begin{array}{cccc|cccc}\lambda_1 & & \boldsymbol{0} & & & & & \boldsymbol{0}\\ 1 & \lambda_1 & & & & & & \\ & \ddots & \ddots & & & & & \\ \boldsymbol{0} & & 1 & \lambda_1 & & & & \\ \hline & & & & \lambda_{q+1} & & & \boldsymbol{0}\\ & & & & & \lambda_{q+2} & & \\ & & & & & & \ddots & \\ \boldsymbol{0} & & & & \boldsymbol{0} & & & \lambda_n\end{array}\right]}_{\boldsymbol{A}}\underbrace{\begin{bmatrix}x_1\\ x_2\\ \vdots\\ x_q\\ \hline x_{q+1}\\ x_{q+2}\\ \vdots\\ x_n\end{bmatrix}}_{\boldsymbol{x}}+\underbrace{\begin{bmatrix}1\\ 0\\ \vdots\\ 0\\ \hline 1\\ 1\\ \vdots\\ 1\end{bmatrix}}_{\boldsymbol{b}}u \tag{1.2.103}$$

$$y=\underbrace{\begin{bmatrix}\theta_1 & \theta_2 & \cdots & \theta_q & \theta_{q+1} & \theta_{q+2} & \cdots & \theta_n\end{bmatrix}}_{\boldsymbol{c}}\boldsymbol{x}$$

1.2.2　模拟结构图法

利用系统的模拟结构图可以将系统微分方程转化为状态空间表达式的形式。这种模拟结构图法的原理为利用系统微分方程给出其相应的模拟结构图，由于系统输出的最高微分阶数为 n，也就是意味着系统模拟结构图中的系统输出部分将存在 n 个积分器。如果定义每个积分器的输出为一个系统状态分量，那么每个积分器的输入即为系统状态分量的导数，故而可以获得状态空间表达式中的状态方程；而系统输出变量同样是最后一个积分器的输出，因此可以容易地获得状态空间表达式中的输出方程。模拟结构图法的特点在于不但可以解决单入-单出系统的实现问题，同时对于多入-多出系统的实现也是有效的。

1. 单入-单出系统传递函数中没有零点时的实现

考虑式(1.2.5)的单入-单出系统，将其 n 阶微分方程改写为

$$y^{(n)}=b_0u-a_{n-1}y^{(n-1)}-\cdots-a_1\dot{y}-a_0y \tag{1.2.104}$$

那么按照上式容易给出其模拟结构图，如图 1.2.1 所示。

将图 1.2.1 中每个积分器的输出取作状态变量，按照对应关系，也就是

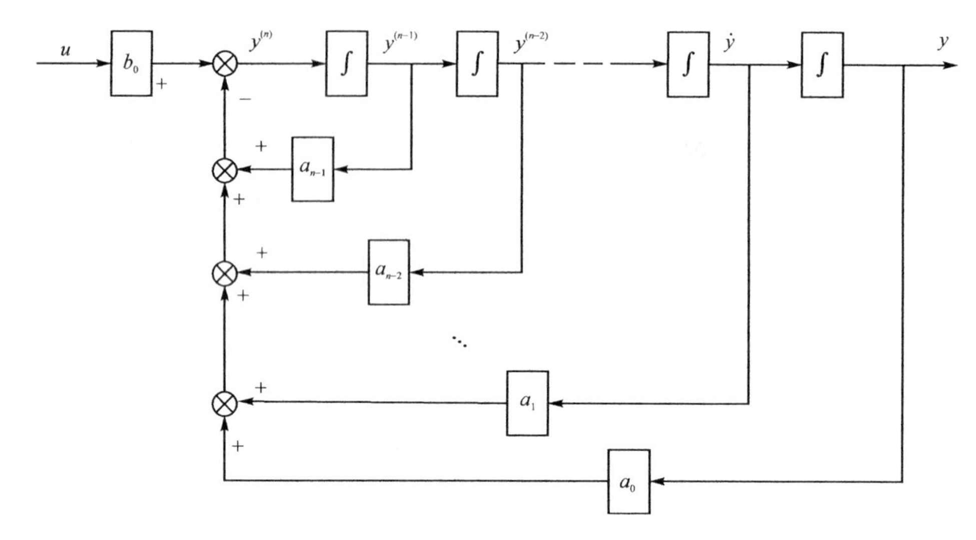

图 1.2.1　系统(1.2.104)的模拟结构图

$$\begin{cases} x_1 = y \\ x_2 = \dot{y} \\ \quad\vdots \\ x_{n-1} = y^{(n-2)} \\ x_n = y^{(n-1)} \end{cases} \tag{1.2.105}$$

至于每个积分器的输入,显然就是各状态变量的导数,则容易列出系统状态方程为

$$\begin{cases} \dot{x}_1 = \dot{y} = x_2 \\ \dot{x}_2 = y^{(2)} = x_3 \\ \quad\vdots \\ \dot{x}_{n-1} = y^{(n-1)} = x_n \\ \dot{x}_n = y^{(n)} = -a_0x_1 - a_1x_2 - \cdots - a_{n-2}x_{n-1} - a_{n-1}x_n + b_0u \end{cases} \tag{1.2.106}$$

系统输出方程为

$$y = x_1 \tag{1.2.107}$$

将式(1.2.106)和式(1.2.107)表示成矩阵形式,则给出系统状态空间表达式为

$$\underbrace{\begin{bmatrix} \dot{x}_1 \\ \dot{x}_2 \\ \vdots \\ \dot{x}_{n-1} \\ \dot{x}_n \end{bmatrix}}_{\dot{\boldsymbol{x}}} = \underbrace{\begin{bmatrix} 0 & 1 & 0 & \cdots & 0 \\ 0 & 0 & 1 & \cdots & 0 \\ \vdots & \vdots & \vdots & \ddots & \vdots \\ 0 & 0 & 0 & \cdots & 1 \\ -a_0 & -a_1 & -a_2 & \cdots & -a_{n-1} \end{bmatrix}}_{\boldsymbol{A}} \underbrace{\begin{bmatrix} x_1 \\ x_2 \\ \vdots \\ x_{n-1} \\ x_n \end{bmatrix}}_{\boldsymbol{x}} + \underbrace{\begin{bmatrix} 0 \\ 0 \\ \vdots \\ 0 \\ b_0 \end{bmatrix}}_{\boldsymbol{b}} u \tag{1.2.108}$$

$$y = \underbrace{\begin{bmatrix} 1 & 0 & 0 & \cdots & 0 \end{bmatrix}}_{\boldsymbol{c}} \boldsymbol{x}$$

2. 单入-单出系统传递函数中有零点时的实现

与解析法相应，下面根据 m 和 n 的关系分两种情况进行讨论。

(1) 如果 $m<n$

下面以 $m=2, n=3$ 为例，介绍如何利用模拟结构图法完成其实现，其微分方程为

$$y^{(3)}+a_2y^{(2)}+a_1\dot{y}+a_0y=b_2u^{(2)}+b_1\dot{u}+b_0u \tag{1.2.109}$$

按高阶导数项对上式进行整理，有

$$\begin{aligned}y^{(3)}&=-a_2y^{(2)}-a_1\dot{y}-a_0y+b_2u^{(2)}+b_1\dot{u}+b_0u\\&=-a_2y^{(2)}+b_2u^{(2)}-a_1\dot{y}+b_1\dot{u}-a_0y+b_0u\end{aligned} \tag{1.2.110}$$

由于 y 最高阶导数是 3 阶，在上式左右两侧同时取三重积分，可以得到

$$\begin{aligned}y&=\iiint(-a_2y^{(2)}+b_2u^{(2)}-a_1\dot{y}+b_1\dot{u}-a_0y+b_0u)\,\mathrm{d}t^3\\&=\iiint(-a_2y^{(2)}+b_2u^{(2)})\,\mathrm{d}t^3+\iiint(-a_1\dot{y}+b_1\dot{u})\,\mathrm{d}t^3+\iiint(-a_0y+b_0u)\,\mathrm{d}t^3\\&=\int(-a_2y+b_2u)\,\mathrm{d}t+\iint(-a_1y+b_1u)\mathrm{d}t^2+\iiint(-a_0y+b_0u)\,\mathrm{d}t^3\\&=\int\left\{(-a_2y+b_2u)+\int\left[(-a_1y+b_1u)+\int(-a_0y+b_0u)\,\mathrm{d}t\right]\mathrm{d}t\right\}\mathrm{d}t\end{aligned} \tag{1.2.111}$$

从式(1.2.111)中可以看出，为了获得 y 共需要 3 个积分器，如果以每个积分器的输出作为系统的 1 个状态变量，那么系统共有 3 个状态变量，故得系统模拟结构图如图 1.2.2 所示。

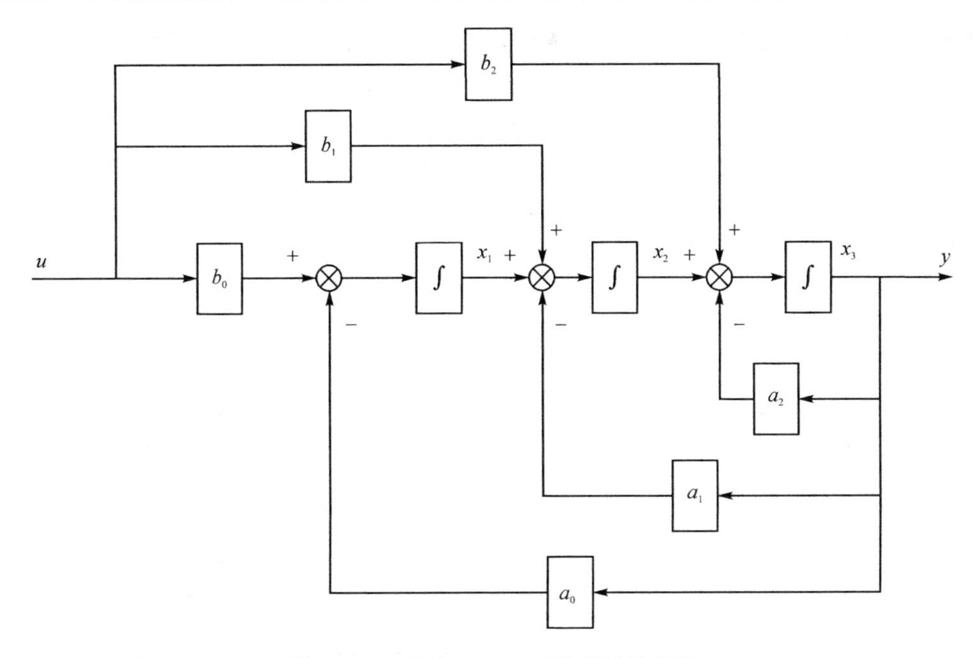

图 1.2.2　系统(1.2.109)的模拟结构图

取图 1.2.2 中的每个积分器的输出为 1 个系统状态变量，则系统(1.2.109)的一种实现为

$$\begin{cases}\dot{x}_1=-a_0x_3+b_0u\\ \dot{x}_2=x_1-a_1x_3+b_1u\\ \dot{x}_3=x_2-a_2x_3+b_2u\\ y=x_3\end{cases}\tag{1.2.112}$$

将上式表示成矩阵形式，则获得系统(1.2.109)状态空间表达式表示为

$$\begin{cases}\begin{bmatrix}\dot{x}_1\\ \dot{x}_2\\ \dot{x}_3\end{bmatrix}=\begin{bmatrix}0&0&-a_0\\ 1&0&-a_1\\ 0&1&-a_2\end{bmatrix}\begin{bmatrix}x_1\\ x_2\\ x_3\end{bmatrix}+\begin{bmatrix}b_0\\ b_1\\ b_2\end{bmatrix}u\\ y=\begin{bmatrix}0&0&1\end{bmatrix}\begin{bmatrix}x_1\\ x_2\\ x_3\end{bmatrix}\end{cases}\tag{1.2.113}$$

(2) 如果 $m=n$

下面以 $m=n=3$ 为例，介绍如何利用模拟结构图方法完成其实现，其微分方程为

$$y^{(3)}+a_2y^{(2)}+a_1\dot{y}+a_0y=b_3u^{(3)}+b_2u^{(2)}+b_1\dot{u}+b_0u\tag{1.2.114}$$

类似于 $m<n$ 的情况中式(1.2.111)，对式(1.2.114)整理后有

$$y=\int\left\{(-a_2y+b_2u)+\int\left[(-a_1y+b_1u)+\int(-a_0y+b_0u)\,\mathrm{d}t\right]\mathrm{d}t\right\}\mathrm{d}t+b_3u\tag{1.2.115}$$

从式(1.2.115)中可以看出，为了获得 y 共需要 3 个积分器，如果以每个积分器的输出作为系统的 1 个状态变量，那么系统共有 3 个状态变量，故得系统模拟结构图如图 1.2.3 所示。

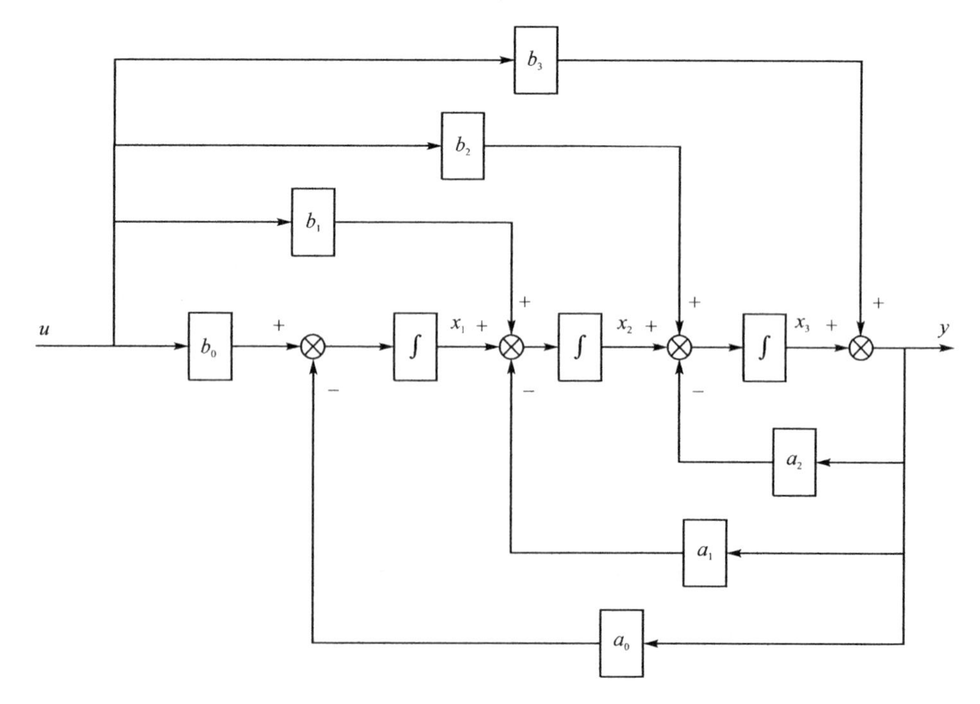

图 1.2.3　系统(1.2.114)的模拟结构图

取图 1.2.3 中的每个积分器的输出为 1 个系统状态变量，则系统(1.2.114)的一种实现为

$$\begin{cases}\dot{x}_1=-a_0x_3+(b_0-a_0b_3)u\\ \dot{x}_2=x_1-a_1x_3+(b_1-a_1b_3)u\\ \dot{x}_3=x_2-a_2x_3+(b_2-a_2b_3)u\\ y=x_3+b_3u\end{cases}\tag{1.2.116}$$

将上式表示成矩阵形式，则获得系统(1.2.114)状态空间表达式为

$$\begin{cases}\begin{bmatrix}\dot{x}_1\\ \dot{x}_2\\ \dot{x}_3\end{bmatrix}=\begin{bmatrix}0&0&-a_0\\ 1&0&-a_1\\ 0&1&-a_2\end{bmatrix}\begin{bmatrix}x_1\\ x_2\\ x_3\end{bmatrix}+\begin{bmatrix}b_0-a_0b_3\\ b_1-a_1b_3\\ b_2-a_2b_3\end{bmatrix}u\\ y=\begin{bmatrix}0&0&1\end{bmatrix}\begin{bmatrix}x_1\\ x_2\\ x_3\end{bmatrix}+b_3u\end{cases}\tag{1.2.117}$$

3. 多入-多出系统的实现

下面以双入-双出系统为例，介绍如何利用模拟结构图法完成多入-多出系统由微分方程到状态空间表达式的实现。假设一个双入-双出系统微分方程为

$$\begin{cases}\ddot{y}_1+a_1y_1+a_3y_2=b_1u_1+b_2u_2\\ \ddot{y}_2+a_5\dot{y}_1+a_6\dot{y}_2+a_2y_1+a_4y_2=b_3u_2\end{cases}\tag{1.2.118}$$

同单入-单出系统一样，微分方程(1.2.118)系统的实现也是非唯一的。现采用模拟结构图法，按高阶导数项进行整理有

$$\begin{cases}\ddot{y}_1=-a_1y_1-a_3y_2+b_1u_1+b_2u_2\\ \ddot{y}_2=-a_5\dot{y}_1-a_6\dot{y}_2-a_2y_1-a_4y_2+b_3u_2\end{cases}\tag{1.2.119}$$

由于 y_1 和 y_2 最高阶导数都是 2 阶，在式(1.2.119)中两个方程式的左右两侧同时取二重积分有

$$\begin{cases}y_1=\iint(-a_1y_1-a_3y_2+b_1u_1+b_2u_2)\,\mathrm{d}t^2\\ y_2=\iint[(-a_5\dot{y}_1-a_6\dot{y}_2)-a_2y_1-a_4y_2+b_3u_2]\,\mathrm{d}t^2\\ \quad=\iint(-a_5\dot{y}_1-a_6\dot{y}_2)\,\mathrm{d}t^2+\iint(-a_2y_1-a_4y_2+b_3u_2)\,\mathrm{d}t^2\\ \quad=\int(-a_5y_1-a_6y_2)\,\mathrm{d}t+\iint(-a_2y_1-a_4y_2+b_3u_2)\,\mathrm{d}t^2\\ \quad=\int\left[(-a_5y_1-a_6y_2)+\int(-a_2y_1-a_4y_2+b_3u_2)\,\mathrm{d}t\right]\mathrm{d}t\end{cases}\tag{1.2.120}$$

从式(1.2.120)中可以看出。为了获得 y_1 和 y_2 共需要 4 个积分器，如果以每个积分器的输出作为系统的 1 个状态变量，那么系统共有 4 个状态变量，故得系统模拟结构图如图 1.2.4 所示。

取图 1.2.4 中的每个积分器的输出为 1 个系统状态变量，则系统(1.2.118)的一种实现为

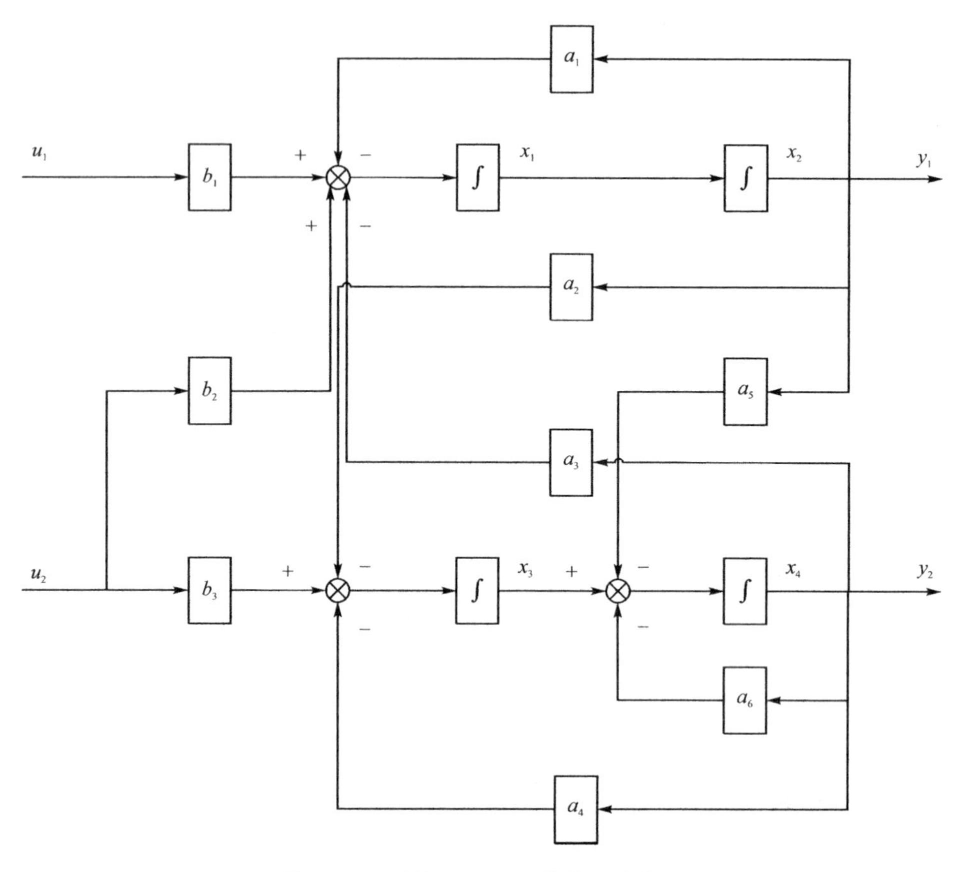

图 1.2.4　系统(1.2.118)的模拟结构图

$$
\begin{cases}
\dot{x}_1 = -a_1 x_2 - a_3 x_4 + b_1 u_1 + b_2 u_2 \\
\dot{x}_2 = x_1 \\
\dot{x}_3 = -a_2 x_2 - a_4 x_4 + b_3 u_2 \\
\dot{x}_4 = -a_5 x_2 + x_3 - a_6 x_4 \\
y_1 = x_2 \\
y_2 = x_4
\end{cases}
\tag{1.2.121}
$$

将上式表示成矩阵形式,则获得系统(1.2.118)状态空间表达式为

$$
\begin{cases}
\begin{bmatrix} \dot{x}_1 \\ \dot{x}_2 \\ \dot{x}_3 \\ \dot{x}_4 \end{bmatrix} = \begin{bmatrix} 0 & -a_1 & 0 & -a_3 \\ 1 & 0 & 0 & 0 \\ 0 & -a_2 & 0 & -a_4 \\ 0 & -a_5 & 1 & -a_6 \end{bmatrix} \begin{bmatrix} x_1 \\ x_2 \\ x_3 \\ x_4 \end{bmatrix} + \begin{bmatrix} b_1 & b_2 \\ 0 & 0 \\ 0 & b_3 \\ 0 & 0 \end{bmatrix} \begin{bmatrix} u_1 \\ u_2 \end{bmatrix} \\
\begin{bmatrix} y_1 \\ y_2 \end{bmatrix} = \begin{bmatrix} 0 & 1 & 0 & 0 \\ 0 & 0 & 0 & 1 \end{bmatrix} \begin{bmatrix} x_1 \\ x_2 \\ x_3 \\ x_4 \end{bmatrix}
\end{cases}
\tag{1.2.122}
$$

1.3　系统的特征值、特征向量与传递函数

考虑系统状态空间表达式

$$\begin{cases}\dot{\boldsymbol{x}} = \boldsymbol{A}\boldsymbol{x} + \boldsymbol{B}\boldsymbol{u} \\ \boldsymbol{y} = \boldsymbol{C}\boldsymbol{x} + \boldsymbol{D}\boldsymbol{u}\end{cases} \tag{1.3.1}$$

式中：$\boldsymbol{x}$ 为系统状态，是 n 维列向量；

$\boldsymbol{u}$ 为系统输入，是 r 维列向量；

$\boldsymbol{y}$ 为系统输出，是 m 维列向量；

$\boldsymbol{A}$ 为 $n\times n$ 维系统矩阵；

$\boldsymbol{B}$ 为 $n\times r$ 维输入矩阵；

$\boldsymbol{C}$ 为 $m\times n$ 维输出矩阵；

$\boldsymbol{D}$ 为 $m\times r$ 维直接传递矩阵。

1.3.1　系统的特征值

系统(1.3.1)的特征值就是系统状态矩阵 $\boldsymbol{A}$ 的特征值，也就是使得方程

$$|\lambda \boldsymbol{I} - \boldsymbol{A}| = 0 \tag{1.3.2}$$

成立时 λ 的取值，这里 λ 为标量变量。因为系统矩阵 $\boldsymbol{A}$ 的维数为 $n\times n$，$\boldsymbol{I}$ 为调节维数的 $n\times n$ 维单位矩阵。式(1.3.2)称为系统(1.3.1)的特征方程，系统矩阵 $\boldsymbol{A}$ 的特征值也即为特征方程(1.3.2)的根。也可以将特征方程用特征多项式形式表示为

$$|\lambda \boldsymbol{I} - \boldsymbol{A}| = \lambda^n + a_{n-1}\lambda^{n-1} + \cdots + a_1\lambda + a_0 = 0 \tag{1.3.3}$$

式中：$a_0, a_1, \cdots, a_{n-2}, a_{n-1}$ 为特征多项式系数。

$n\times n$ 维方阵 $\boldsymbol{A}$ 有 n 个特征值，这些特征值可能是互异的(单根、各不相同)，也可能存在重根(部分重复或者全部重复)；而在实际物理系统中，$\boldsymbol{A}$ 为实数方阵，故特征值或为实数，或为成对共轭复数。

此外，对于系统(1.3.1)的特征多项式(1.3.3)，方阵 $\boldsymbol{A}$ 满足其自身的特征方程，这就是著名的凯莱-哈密顿定理(Cayley - Hamilton 定理)，即

$$\boldsymbol{A}^n + a_{n-1}\boldsymbol{A}^{n-1} + \cdots + a_1\boldsymbol{A} + a_0\boldsymbol{I} = \boldsymbol{0} \tag{1.3.4}$$

【例 1.3.1】　系统状态空间表达式为

$$\begin{cases}\dot{\boldsymbol{x}} = \begin{bmatrix}0 & 1 & 0 \\ 0 & 0 & 1 \\ 2 & 3 & 0\end{bmatrix}\boldsymbol{x} + \begin{bmatrix}0 \\ 0 \\ 1\end{bmatrix}u \\ y = \begin{bmatrix}1 & 0 & 0\end{bmatrix}\boldsymbol{x}\end{cases} \tag{1.3.5}$$

试计算系统的特征多项式系数和特征值。

解： 由式(1.3.5)知，系统中

$$\boldsymbol{A} = \begin{bmatrix}0 & 1 & 0 \\ 0 & 0 & 1 \\ 2 & 3 & 0\end{bmatrix} \tag{1.3.6}$$

那么有

$$\lambda \boldsymbol{I}-\boldsymbol{A}=\begin{bmatrix}\lambda & 0 & 0\\0 & \lambda & 0\\0 & 0 & \lambda\end{bmatrix}-\begin{bmatrix}0 & 1 & 0\\0 & 0 & 1\\2 & 3 & 0\end{bmatrix}=\begin{bmatrix}\lambda & -1 & 0\\0 & \lambda & -1\\-2 & -3 & \lambda\end{bmatrix} \tag{1.3.7}$$

计算式(1.3.7)中矩阵的行列式，再按照式(1.3.3)将特征方程整理成特征多项式，也就是

$$|\lambda \boldsymbol{I}-\boldsymbol{A}|=\begin{vmatrix}\lambda & -1 & 0\\0 & \lambda & -1\\-2 & -3 & \lambda\end{vmatrix}=\lambda^3-3\lambda-2=(\lambda+1)^2(\lambda-2)=0 \tag{1.3.8}$$

从式(1.3.8)中可以得到系统的特征多项式系数为

$$a_2=0,\quad a_1=-3,\quad a_0=-2 \tag{1.3.9}$$

而系统的特征值为

$$\lambda_1=\lambda_2=-1,\quad \lambda_3=2 \tag{1.3.10}$$

其中 $\lambda_1=\lambda_2=-1$ 为重根、$\lambda_3=2$ 为单根。

1.3.2 系统的特征向量

设 λ_i 为系统的一个特征值，若存在一个 n 维非零列向量 $\boldsymbol{p}_i$，满足

$$\boldsymbol{A}\boldsymbol{p}_i=\lambda_i\boldsymbol{p}_i \quad 或 \quad (\boldsymbol{A}-\lambda_i\boldsymbol{I})\boldsymbol{p}_i=\boldsymbol{0},\quad (\lambda_i\boldsymbol{I}-\boldsymbol{A})\boldsymbol{p}_i=\boldsymbol{0} \tag{1.3.11}$$

则称向量 $\boldsymbol{p}_i$ 为系统对应于特征值 λ_i 的特征向量。

需要指出的是，对于一个具体的特征值 λ_i，其对应的特征向量 $\boldsymbol{p}_i$ 并不是唯一的。

【例 1.3.2】 系统状态方程为

$$\dot{\boldsymbol{x}}=\begin{bmatrix}0 & 1\\-2 & -3\end{bmatrix}\boldsymbol{x} \tag{1.3.12}$$

试计算系统的特征值与特征向量。

解： 由式(1.3.12)知，系统中

$$\boldsymbol{A}=\begin{bmatrix}0 & 1\\-2 & -3\end{bmatrix} \tag{1.3.13}$$

则系统的特征方程为

$$|\lambda \boldsymbol{I}-\boldsymbol{A}|=\begin{vmatrix}\lambda & -1\\2 & \lambda+3\end{vmatrix}=\lambda^2+3\lambda+2=(\lambda+1)(\lambda+2)=0 \tag{1.3.14}$$

于是系统特征值为 $\lambda_1=-1$ 和 $\lambda_2=-2$。

假设特征值 λ_1 和 λ_2 其相对应的特征向量分别为 $\boldsymbol{p}_1$ 和 $\boldsymbol{p}_2$，并定义它们具有形式 $\boldsymbol{p}_1=\begin{bmatrix}p_{11}\\p_{12}\end{bmatrix}$ 和 $\boldsymbol{p}_2=\begin{bmatrix}p_{21}\\p_{22}\end{bmatrix}$。

对于特征值 $\lambda_1=-1$，则有

$$\lambda_1\boldsymbol{I}-\boldsymbol{A}=-\begin{bmatrix}1 & 0\\0 & 1\end{bmatrix}-\begin{bmatrix}0 & 1\\-2 & -3\end{bmatrix}=\begin{bmatrix}-1 & -1\\2 & 2\end{bmatrix} \tag{1.3.15}$$

那么由式(1.3.11)中$(\lambda_1\boldsymbol{I}-\boldsymbol{A})\boldsymbol{p}_1=\boldsymbol{0}$，得

$$\begin{bmatrix}-1 & -1\\2 & 2\end{bmatrix}\begin{bmatrix}p_{11}\\p_{12}\end{bmatrix}=\boldsymbol{0} \tag{1.3.16}$$

展开上式，可得

$$\begin{cases}-p_{11}-p_{12}=0\\2p_{11}+2p_{12}=0\end{cases}\tag{1.3.17}$$

需要注意的是，式(1.3.17)中的两个等式是相同的，也就是这是两个未知数 p_{11} 和 p_{12} 对应于一个关系方程，这就意味着无法从式(1.3.17)中求解出 p_{11} 和 p_{12} 的具体值。实际上，从式(1.3.17)中的两个等式中仅仅能得到一个关系式即 $p_{11}=-p_{12}$，可以通过对 p_{11} 或 p_{12} 进行定义取值，从而获得 p_{11} 和 p_{12} 的具体值。例如，定义 $p_{11}=1$，则系统对应特征值 $\lambda_1=-1$ 的特征向量为

$$\boldsymbol{p}_1=\begin{bmatrix}p_{11}\\p_{12}\end{bmatrix}=\begin{bmatrix}1\\-1\end{bmatrix}\tag{1.3.18}$$

原则上来说，这里 $\boldsymbol{p}_1$ 的取值是任意的，即只要在满足 $p_{11}=-p_{12}$ 的前提下，对 p_{11} 或 p_{12} 的定义取值是任意的，这体现了特征向量定义中的非唯一性。但存在一个关键问题，对于当前的 p_{11} 和 p_{12} 关系式，不能定义 $p_{11}=0$，因为这样会得到 $\boldsymbol{p}_1=\begin{bmatrix}p_{11}\\p_{12}\end{bmatrix}=\begin{bmatrix}0\\0\end{bmatrix}$，它是零列向量，这违背了特征向量的定义。

对于特征值 $\lambda_2=-2$，则有

$$\lambda_2\boldsymbol{I}-\boldsymbol{A}=-2\begin{bmatrix}1&0\\0&1\end{bmatrix}-\begin{bmatrix}0&1\\-2&-3\end{bmatrix}=\begin{bmatrix}-2&-1\\2&1\end{bmatrix}\tag{1.3.19}$$

那么由式(1.3.11)中$(\lambda_2\boldsymbol{I}-\boldsymbol{A})\boldsymbol{p}_2=\boldsymbol{0}$，得

$$\begin{bmatrix}-2&-1\\2&1\end{bmatrix}\begin{bmatrix}p_{21}\\p_{22}\end{bmatrix}=\boldsymbol{0}\tag{1.3.20}$$

展开上式，可得

$$2p_{21}+p_{22}=0\tag{1.3.21}$$

类似于特征值 $\lambda_1=-1$，定义 $p_{21}=1$，系统对应特征值 $\lambda_2=-2$ 的特征向量为

$$\boldsymbol{p}_2=\begin{bmatrix}p_{21}\\p_{22}\end{bmatrix}=\begin{bmatrix}1\\-2\end{bmatrix}\tag{1.3.22}$$

1.3.3 系统的传递函数

定义时域内的函数 $\boldsymbol{x}(t)$ 对应于 s 域的象函数为 $\boldsymbol{X}(s)$，也就是 $\boldsymbol{x}(t)$ 的拉普拉斯变换为 $\boldsymbol{X}(s)$，即 $\wp[\boldsymbol{x}(t)]=\boldsymbol{X}(s)$。利用拉普拉斯变换的微分性质，则有时域内的函数 $\dot{\boldsymbol{x}}(t)$ 的拉普拉斯变换为 $\wp[\dot{\boldsymbol{x}}(t)]=s\boldsymbol{X}(s)-\boldsymbol{x}(0)$。同时，定义 $\wp[\boldsymbol{u}(t)]=\boldsymbol{U}(s)$ 和 $\wp[\boldsymbol{y}(t)]=\boldsymbol{Y}(s)$。在式(1.3.1)中两个方程式的两侧同时取拉普拉斯变换并注意系统矩阵 $\boldsymbol{A}$、$\boldsymbol{B}$、$\boldsymbol{C}$ 以及 $\boldsymbol{D}$ 为定常矩阵，那么有

$$\begin{cases}s\boldsymbol{X}(s)-\boldsymbol{x}(0)=\boldsymbol{A}\boldsymbol{X}(s)+\boldsymbol{B}\boldsymbol{U}(s)\\\boldsymbol{Y}(s)=\boldsymbol{C}\boldsymbol{X}(s)+\boldsymbol{D}\boldsymbol{U}(s)\end{cases}\tag{1.3.23}$$

假定系统的初始条件为零，即 $\boldsymbol{x}(0)=\boldsymbol{0}$，整理(1.3.23)可得

$$\begin{cases}s\boldsymbol{X}(s)=\boldsymbol{A}\boldsymbol{X}(s)+\boldsymbol{B}\boldsymbol{U}(s)\\\boldsymbol{Y}(s)=\boldsymbol{C}\boldsymbol{X}(s)+\boldsymbol{D}\boldsymbol{U}(s)\end{cases}\tag{1.3.24}$$

根据传递函数的定义，目的是通过式(1.3.24)中的两个方程式得到 $\boldsymbol{Y}(s)$ 与 $\boldsymbol{U}(s)$ 之间的

比值。明显地，变量 $\boldsymbol{X}(s)$ 相对于传递函数的定义是多余的。因此，为了在式(1.3.24)中消除 $\boldsymbol{X}(s)$，进而给出 $\boldsymbol{Y}(s)$ 与 $\boldsymbol{U}(s)$ 之间的关系式，可以通过式(1.3.24)中的状态方程整理出 $\boldsymbol{X}(s)$，然后将 $\boldsymbol{X}(s)$ 代入输出方程中，故而消除变量 $\boldsymbol{X}(s)$。

首先，整理式(1.3.24)中的状态方程式可得

$$(s\boldsymbol{I}-\boldsymbol{A})\boldsymbol{X}(s)=\boldsymbol{B}\boldsymbol{U}(s) \tag{1.3.25}$$

这里 s 为标量变量，因为 $\boldsymbol{A}$ 为 $n\times n$ 维系统矩阵，$\boldsymbol{I}$ 为调节维数的 $n\times n$ 维单位矩阵。

不失一般性，矩阵 $s\boldsymbol{I}-\boldsymbol{A}$ 为可逆的。在式(1.3.25)左右两侧同时左乘矩阵 $(s\boldsymbol{I}-\boldsymbol{A})^{-1}$，有

$$\boldsymbol{X}(s)=(s\boldsymbol{I}-\boldsymbol{A})^{-1}\boldsymbol{B}\boldsymbol{U}(s) \tag{1.3.26}$$

这里需要注意的是，将矩阵 $s\boldsymbol{I}-\boldsymbol{A}$ 整理到方程式右侧时 $(s\boldsymbol{I}-\boldsymbol{A})^{-1}$ 的位置，因为在通常情况下，矩阵的乘法不满足交换律。式(1.3.26)是通过状态方程整理出来的 $\boldsymbol{X}(s)$ 与 $\boldsymbol{U}(s)$ 之间的关系式，现将其代入式(1.3.24)的输出方程中，可得

$$\boldsymbol{Y}(s)=(\boldsymbol{C}(s\boldsymbol{I}-\boldsymbol{A})^{-1}\boldsymbol{B}+\boldsymbol{D})\boldsymbol{U}(s) \tag{1.3.27}$$

式(1.3.27)是描述 $\boldsymbol{Y}(s)$ 与 $\boldsymbol{U}(s)$ 的直接关系式，且已不包含变量 $\boldsymbol{X}(s)$，故有 $\boldsymbol{U}-\boldsymbol{Y}$ 间的传递函数为

$$\boldsymbol{W}(s)=\frac{\boldsymbol{Y}(s)}{\boldsymbol{U}(s)}=\boldsymbol{C}(s\boldsymbol{I}-\boldsymbol{A})^{-1}\boldsymbol{B}+\boldsymbol{D} \tag{1.3.28}$$

通过系统(1.3.1)参数矩阵可知，传递函数 $\boldsymbol{W}(s)$ 是一个 $m\times r$ 维矩阵函数，即

$$\boldsymbol{W}(s)=\begin{bmatrix} W_{11}(s) & W_{12}(s) & \cdots & W_{1r}(s) \\ W_{21}(s) & W_{22}(s) & \cdots & W_{2r}(s) \\ \vdots & \vdots & \ddots & \vdots \\ W_{m1}(s) & W_{m2}(s) & \cdots & W_{mr}(s) \end{bmatrix} \tag{1.3.29}$$

其中，各元素 $W_{ij}(s)$ 都是标量函数，它表征第 j 个输入对第 i 个输出的传递关系。当 $i\neq j$ 时，意味着不同标号的输入与输出之间有相互关联，称为耦合关系，这正是多入-多出系统的特点。

如果系统(1.3.1)是单入-单出系统，即 $m=r=1$，此时的传递函数为

$$W(s)=\boldsymbol{c}(s\boldsymbol{I}-\boldsymbol{A})^{-1}\boldsymbol{b}+d \tag{1.3.30}$$

式中：$W(s)$ 为一标量函数。

考虑到一个矩阵的逆可以利用其伴随矩阵来进行计算，也就是 $(s\boldsymbol{I}-\boldsymbol{A})^{-1}=\dfrac{\operatorname{adj}(s\boldsymbol{I}-\boldsymbol{A})}{|s\boldsymbol{I}-\boldsymbol{A}|}$，$\operatorname{adj}(s\boldsymbol{I}-\boldsymbol{A})$ 表示矩阵 $s\boldsymbol{I}-\boldsymbol{A}$ 的伴随矩阵，同时注意到行列式 $|s\boldsymbol{I}-\boldsymbol{A}|$ 为标量，那么传递函数(1.3.28)还可以表示为

$$\boldsymbol{W}(s)=\frac{1}{|s\boldsymbol{I}-\boldsymbol{A}|}(\boldsymbol{C}\operatorname{adj}(s\boldsymbol{I}-\boldsymbol{A})\boldsymbol{B}+\boldsymbol{D}|s\boldsymbol{I}-\boldsymbol{A}|) \tag{1.3.31}$$

从式(1.3.31)中可以看出，$\boldsymbol{W}(s)$ 的分子为零点多项式，而 $\boldsymbol{W}(s)$ 的分母为极点多项式，对照式(1.3.2)，$\boldsymbol{W}(s)$ 的分母 $|s\boldsymbol{I}-\boldsymbol{A}|$ 就是系统矩阵 $\boldsymbol{A}$ 的特征多项式。按照传递函数中对于极点的定义，也就是使得 $|s\boldsymbol{I}-\boldsymbol{A}|=0$ 的 s 的解即为系统在复平面的极点，结合(1.3.2)中特征值的定义，可以知道系统矩阵 $\boldsymbol{A}$ 的特征值就是系统的极点。对于单入-单出系统，传递函数(1.3.31)与传递函数(1.2.3)是相等的，比较两式可以得到

$$|s\boldsymbol{I}-\boldsymbol{A}|=s^n+a_{n-1}s^{n-1}+\cdots+a_1s+a_0 \tag{1.3.32}$$

因为上式即是系统矩阵 $\boldsymbol{A}$ 的特征多项式，这意味着在传递函数(1.2.3)中的 a_i，$i=0,1,\cdots,$

$n-1$ 即为系统的特征多项式系数。

【例 1.3.3】 系统状态空间表达式为

$$\begin{cases}\dot{\boldsymbol{x}}=\begin{bmatrix}0&1&0\\0&0&1\\2&3&0\end{bmatrix}\boldsymbol{x}+\begin{bmatrix}0\\0\\1\end{bmatrix}u\\ y=\begin{bmatrix}1&0&0\end{bmatrix}\boldsymbol{x}\end{cases} \tag{1.3.33}$$

试计算系统的传递函数。

解： 由式(1.3.33)知，系统中

$$\boldsymbol{A}=\begin{bmatrix}0&1&0\\0&0&1\\2&3&0\end{bmatrix},\quad \boldsymbol{b}=\begin{bmatrix}0\\0\\1\end{bmatrix},\quad \boldsymbol{c}=\begin{bmatrix}1&0&0\end{bmatrix},\quad d=0 \tag{1.3.34}$$

首先可得

$$s\boldsymbol{I}-\boldsymbol{A}=\begin{bmatrix}s&-1&0\\0&s&-1\\-2&-3&s\end{bmatrix} \tag{1.3.35}$$

那么矩阵 $s\boldsymbol{I}-\boldsymbol{A}$ 的行列式为

$$|s\boldsymbol{I}-\boldsymbol{A}|=(s+1)^2(s-2) \tag{1.3.36}$$

而 $s\boldsymbol{I}-\boldsymbol{A}$ 的伴随矩阵为

$$\mathrm{adj}(s\boldsymbol{I}-\boldsymbol{A})=\begin{bmatrix}s^2-3&s&1\\2&s^2&s\\2s&3s+2&s^2\end{bmatrix} \tag{1.3.37}$$

根据式(1.3.36)和式(1.3.37)可得矩阵 $s\boldsymbol{I}-\boldsymbol{A}$ 的逆矩阵为

$$(s\boldsymbol{I}-\boldsymbol{A})^{-1}=\frac{\mathrm{adj}(s\boldsymbol{I}-\boldsymbol{A})}{|s\boldsymbol{I}-\boldsymbol{A}|}=\frac{1}{(s+1)^2(s-2)}\begin{bmatrix}s^2-3&s&1\\2&s^2&s\\2s&3s+2&s^2\end{bmatrix} \tag{1.3.38}$$

结合式(1.3.30)、(1.3.31)以及式(1.3.37)，并代入系统参数矩阵，则系统(1.3.32)的传递函数为

$$\begin{aligned}W(s)&=\boldsymbol{c}(s\boldsymbol{I}-\boldsymbol{A})^{-1}\boldsymbol{b}+d\\&=\frac{1}{|s\boldsymbol{I}-\boldsymbol{A}|}(\boldsymbol{c}\ \mathrm{adj}(s\boldsymbol{I}-\boldsymbol{A})\boldsymbol{b}+d\,|s\boldsymbol{I}-\boldsymbol{A}|)\\&=\frac{1}{(s+1)^2(s-2)}\begin{bmatrix}1&0&0\end{bmatrix}\begin{bmatrix}s^2-3&s&1\\2&s^2&s\\2s&3s+2&s^2\end{bmatrix}\begin{bmatrix}0\\0\\1\end{bmatrix}\\&=\frac{1}{s^3-3s-2}\end{aligned} \tag{1.3.39}$$

1.4 状态向量的线性变换

1.4.1 线性变换的定义

对于一个给定的定常系统，可以选取许多种状态变量，相应地有许多种状态空间表达式描述同一系统，也就是说系统可以有多种结构形式。所选取的状态向量之间，实际上是一种向量的线性变换。

考虑系统状态空间表达式

$$\begin{cases}\dot{\boldsymbol{x}}=\boldsymbol{A}\boldsymbol{x}+\boldsymbol{B}\boldsymbol{u}\\ \boldsymbol{y}=\boldsymbol{C}\boldsymbol{x}+\boldsymbol{D}\boldsymbol{u}\end{cases}\tag{1.4.1}$$

式中：$\boldsymbol{x}$ 为系统状态，是 n 维列向量；

$\boldsymbol{u}$ 为系统输入，是 r 维列向量；

$\boldsymbol{y}$ 为系统输出，是 m 维列向量；

$\boldsymbol{A}$ 为 $n\times n$ 维系统矩阵；

$\boldsymbol{B}$ 为 $n\times r$ 维输入矩阵；

$\boldsymbol{C}$ 为 $m\times n$ 为输出矩阵；

$\boldsymbol{D}$ 为 $m\times r$ 维直接传递矩阵。

对于该系统，总可以找到任意一个 $n\times n$ 维非奇异矩阵 $\boldsymbol{P}$，将原状态向量 $\boldsymbol{x}$ 作线性变换，得到另一个状态向量 $\bar{\boldsymbol{x}}$，设变换关系为

$$\boldsymbol{x}=\boldsymbol{P}\bar{\boldsymbol{x}}\tag{1.4.2}$$

即

$$\bar{\boldsymbol{x}}=\boldsymbol{P}^{-1}\boldsymbol{x}\tag{1.4.3}$$

将式(1.4.2)代入式(1.4.1)中，可以有

$$\begin{cases}\boldsymbol{P}\dot{\bar{\boldsymbol{x}}}=\boldsymbol{A}\boldsymbol{P}\bar{\boldsymbol{x}}+\boldsymbol{B}\boldsymbol{u}\\ \boldsymbol{y}=\boldsymbol{C}\boldsymbol{P}\bar{\boldsymbol{x}}+\boldsymbol{D}\boldsymbol{u}\end{cases}\tag{1.4.4}$$

因为矩阵 $\boldsymbol{P}$ 是可逆的，那么在式(1.4.4)中的状态方程式左右两侧同时左乘矩阵 $\boldsymbol{P}^{-1}$，可以得到新的状态空间表达式

$$\begin{cases}\dot{\bar{\boldsymbol{x}}}=\boldsymbol{P}^{-1}\boldsymbol{A}\boldsymbol{P}\bar{\boldsymbol{x}}+\boldsymbol{P}^{-1}\boldsymbol{B}\boldsymbol{u}\\ \boldsymbol{y}=\boldsymbol{C}\boldsymbol{P}\bar{\boldsymbol{x}}+\boldsymbol{D}\boldsymbol{u}\end{cases}\tag{1.4.5}$$

式中：通常称非奇异矩阵 $\boldsymbol{P}$ 为状态变换矩阵，简称为变换矩阵。

式(1.4.5)即是系统(1.4.1)的线性变换。需要指出的是，由于 $\boldsymbol{P}$ 为任意非奇异矩阵，因此变换后得到的状态空间表达式不是唯一的，也就是系统(1.4.5)线性变换的形式不是唯一的。

1.4.2 线性变换中系统的不变性

1. 特征值的不变性

对于线性变换后的系统(1.4.5)，其特征方程为

$$|\lambda \boldsymbol{I}-\boldsymbol{P}^{-1}\boldsymbol{A}\boldsymbol{P}|=0 \tag{1.4.6}$$

需要注意的是，对于系统(1.4.1)，线性变换之前的系统特征方程为式(1.3.2)，而变换之后的系统特征方程为式(1.4.6)，两者形式虽然不同，但实际是相等的，即系统的非奇异变换，其特征方程是不变的，这是因为

$$\begin{aligned}|\lambda \boldsymbol{I}-\boldsymbol{P}^{-1}\boldsymbol{A}\boldsymbol{P}| &= |\lambda \boldsymbol{P}^{-1}\boldsymbol{P}-\boldsymbol{P}^{-1}\boldsymbol{A}\boldsymbol{P}| = |\boldsymbol{P}^{-1}\lambda \boldsymbol{P}-\boldsymbol{P}^{-1}\boldsymbol{A}\boldsymbol{P}| \\ &= |\boldsymbol{P}^{-1}(\lambda \boldsymbol{I}-\boldsymbol{A})\boldsymbol{P}| = |\boldsymbol{P}^{-1}|\,|\lambda \boldsymbol{I}-\boldsymbol{A}|\,|\boldsymbol{P}| \\ &= |\boldsymbol{P}^{-1}\boldsymbol{P}|\,|\lambda \boldsymbol{I}-\boldsymbol{A}| = |\lambda \boldsymbol{I}-\boldsymbol{A}|\end{aligned} \tag{1.4.7}$$

另一方面，特征方程写成多项式形式 $|\lambda \boldsymbol{I}-\boldsymbol{A}|=\lambda^n+a_{n-1}\lambda^{n-1}+\cdots+a_1\lambda+a_0=0$，由于特征方程不变，这就意味着特征多项式的系数 $a_0,a_1,\cdots,a_{n-2},a_{n-1}$ 经非奇异变换也是不变的量。由于特征值全部由特征多项式的系数 $a_0,a_1,\cdots,a_{n-2},a_{n-1}$ 唯一地确定，因此特征值经非奇异变换也是不变的。

2. 传递函数的不变性

应当指出，同一系统，尽管其状态空间表达式可以作各种非奇异变换而且不是唯一的，但它的传递函数阵是不变的。对于系统(1.4.1)，其传递函数阵在式(1.3.28)中已经被给出为 $\boldsymbol{W}(s)$，而其线性变换后的系统(1.4.5)利用式(1.3.28)给出传递函数为

$$\begin{aligned}\overline{\boldsymbol{W}}(s) &= \boldsymbol{C}\boldsymbol{P}(s\boldsymbol{I}-\boldsymbol{P}^{-1}\boldsymbol{A}\boldsymbol{P})^{-1}\boldsymbol{P}^{-1}\boldsymbol{B}+\boldsymbol{D} \\ &= \boldsymbol{C}[\boldsymbol{P}(s\boldsymbol{I}-\boldsymbol{P}^{-1}\boldsymbol{A}\boldsymbol{P})\boldsymbol{P}^{-1}]^{-1}\boldsymbol{B}+\boldsymbol{D} \\ &= \boldsymbol{C}[\boldsymbol{P}(s\boldsymbol{I})\boldsymbol{P}^{-1}-\boldsymbol{P}\boldsymbol{P}^{-1}\boldsymbol{A}\boldsymbol{P}\boldsymbol{P}^{-1}]^{-1}\boldsymbol{B}+\boldsymbol{D} \\ &= \boldsymbol{C}(s\boldsymbol{I}-\boldsymbol{A})^{-1}\boldsymbol{B}+\boldsymbol{D}\end{aligned} \tag{1.4.8}$$

明显地，$\overline{\boldsymbol{W}}(s)=\boldsymbol{W}(s)$，这表明系统经过线性变换后其传递函数阵是不变的。换句话说，无论变换矩阵 $\boldsymbol{P}$ 如何选择，系统的传递函数是唯一的。

1.4.3　状态空间表达式的约当标准型

通过线性变换，可以得到系统的无穷个状态空间表达式，尽管这些表达式是多种形式的，但常用一些标准形式的状态空间表达式来简化系统的分析和综合过程。本节阐述如何将系统的状态空间表达式变换为约当(Jordan)标准型。约当标准型是通过线性变换，从形式上对系统矩阵 $\boldsymbol{A}$ 进行简化。约当标准型由于其标准简洁的形式，有利于对各种现代控制理论问题进行研究，其对状态转移矩阵的求解以及能控性和能观性的判别等，都具有非常重要的意义。

约当标准型的定义：若系统矩阵 $\boldsymbol{A}$ 的特征值各不相同(单根或无重根)时，则系统的约当标准型系统矩阵是主对角线为特征值的对角矩阵；若系统矩阵 $\boldsymbol{A}$ 的特征值为重根时，则系统的约当标准型系统矩阵是上三角矩阵，其中主对角线为特征值，主对角线上方的次对角线上的元素均为 1，其余元素均为 0；特别地，若当系统矩阵 $\boldsymbol{A}$ 的特征值中单根和重根同时存在时，其系统的约当标准型系统矩阵由单根和重根相应的对角矩阵和上三角矩阵共同构成。

下面对上述的讨论进行解析，状态空间表达式变换为约当标准型问题是将系统

$$\begin{cases}\dot{\boldsymbol{x}}=\boldsymbol{A}\boldsymbol{x}+\boldsymbol{B}\boldsymbol{u} \\ \boldsymbol{y}=\boldsymbol{C}\boldsymbol{x}+\boldsymbol{D}\boldsymbol{u}\end{cases} \tag{1.4.9}$$

经过线性变换为

$$\begin{cases}\dot{\bar{x}} = P^{-1}AP\bar{x} + P^{-1}Bu \\ y = CP\bar{x} + Du\end{cases} \tag{1.4.10}$$

根据系统矩阵 A，求其特征值，可以直接给出系统的约当标准型矩阵 $P^{-1}AP$ 的形式。

1. 矩阵 A 特征值无重根

假设矩阵 A 的 n 个特征值 $\lambda_1, \lambda_2, \cdots, \lambda_n$ 都为单根，那么其约当标准型矩阵 $P^{-1}AP$ 为对角矩阵

$$P^{-1}AP = \begin{bmatrix} \lambda_1 & & & \mathbf{0} \\ & \lambda_2 & & \\ & & \ddots & \\ \mathbf{0} & & & \lambda_n \end{bmatrix} \tag{1.4.11}$$

2. 矩阵 A 特征值为重根

假设矩阵 A 的特征值为 n 重根 λ，那么其约当标准型矩阵 $P^{-1}AP$ 为上三角矩阵

$$P^{-1}AP = \begin{bmatrix} \lambda & 1 & & \mathbf{0} \\ & \lambda & 1 & \\ & & \ddots & 1 \\ \mathbf{0} & & & \lambda \end{bmatrix} \tag{1.4.12}$$

3. 矩阵 A 特征值既有重根又有单根

假设矩阵 A 的特征值为 q 重根 λ_1 和 $n-q$ 个单根 $\lambda_{q+1}, \cdots, \lambda_n$，那么其约当标准型矩阵 $P^{-1}AP$ 为对角矩阵和上三角矩阵共同构成

$$P^{-1}AP = \left[\begin{array}{cccc:ccc} \lambda_1 & 1 & & \mathbf{0} & & & \mathbf{0} \\ & \lambda_1 & \ddots & & & & \\ & & \ddots & 1 & & & \\ \mathbf{0} & & & \lambda_1 & & & \\ \hdashline & & & & \lambda_{q+1} & & \mathbf{0} \\ & & & & & \ddots & \\ \mathbf{0} & & & & \mathbf{0} & & \lambda_n \end{array}\right] \tag{1.4.13}$$

式中：等式右侧矩阵左上角的分块矩阵称为特征值 λ_1 对应的约当块。

将系统的状态空间表达式变换为约当标准型的关键在于找到合适的非奇异变换矩阵 P，而欲得到变换后的输入矩阵 $P^{-1}B$ 和输出矩阵 CP，也必须求出变换矩阵 P。下面根据矩阵 A 的形式及其特征值有无重根的情况，分别介绍几种求变换矩阵 P 的方法。

1. 矩阵 A 的特征值无重根

假设矩阵 A 的 n 个特征值 $\lambda_1, \lambda_2, \cdots, \lambda_n$ 都为单根，根据式(1.3.11)求出 $\lambda_i (i=1,2,\cdots,n)$ 的特征向量 p_i，则变换矩阵 P 由 A 的特征向量 $p_1, p_2, \cdots, p_n$ 构成，$p_i (i=1,2,\cdots,n)$ 为变换矩阵 P 的第 i 列，即

$$P = [p_1 \quad p_2 \quad \cdots \quad p_n] \tag{1.4.14}$$

下面对结论式(1.4.14)进行阐明：

① 由于矩阵 $\boldsymbol{A}$ 的特征值无重根，也就是特征值 $\lambda_1,\lambda_2,\cdots,\lambda_n$ 互异，因此与它们对应的特征向量 $\boldsymbol{p}_1,\boldsymbol{p}_2,\cdots,\boldsymbol{p}_n$ 是线性无关的，从而构成的矩阵 $\boldsymbol{P}=[\boldsymbol{p}_1\quad \boldsymbol{p}_2\quad \cdots\quad \boldsymbol{p}_n]$ 必是非奇异的，也就是 $\boldsymbol{P}^{-1}$ 是存在的，从而可将系统(1.4.9)变换成(1.4.10)。

② 如果变换矩阵定义为式(1.4.14)的形式，则有

$$\boldsymbol{AP}=\boldsymbol{A}[\boldsymbol{p}_1\quad \boldsymbol{p}_2\quad \cdots\quad \boldsymbol{p}_n]=[\boldsymbol{Ap}_1\quad \boldsymbol{Ap}_2\quad \cdots\quad \boldsymbol{Ap}_n] \tag{1.4.15}$$

由特征向量的定义(1.3.11)，即

$$\boldsymbol{Ap}_i=\lambda_i\boldsymbol{p}_i,\quad i=1,2,\cdots,n \tag{1.4.16}$$

于是式(1.4.15)可以有

$$\begin{aligned}\boldsymbol{AP}&=[\boldsymbol{Ap}_1\quad \boldsymbol{Ap}_2\quad \cdots\quad \boldsymbol{Ap}_n]\\&=[\lambda_1\boldsymbol{p}_1\quad \lambda_2\boldsymbol{p}_2\quad \cdots\quad \lambda_n\boldsymbol{p}_n]\\&=[\boldsymbol{p}_1\quad \boldsymbol{p}_2\quad \cdots\quad \boldsymbol{p}_n]\begin{bmatrix}\lambda_1 & & & \boldsymbol{0}\\ & \lambda_2 & & \\ & & \ddots & \\ \boldsymbol{0} & & & \lambda_n\end{bmatrix}\end{aligned} \tag{1.4.17}$$

考虑变换矩阵 $\boldsymbol{P}$ 的定义(1.4.14)，上式可以表示为

$$\boldsymbol{AP}=\boldsymbol{P}\begin{bmatrix}\lambda_1 & & & \boldsymbol{0}\\ & \lambda_2 & & \\ & & \ddots & \\ \boldsymbol{0} & & & \lambda_n\end{bmatrix} \tag{1.4.18}$$

因为 $\boldsymbol{P}$ 是非奇异的，在上式左右两侧同时左乘矩阵 $\boldsymbol{P}^{-1}$，可得

$$\boldsymbol{P}^{-1}\boldsymbol{AP}=\begin{bmatrix}\lambda_1 & & & \boldsymbol{0}\\ & \lambda_2 & & \\ & & \ddots & \\ \boldsymbol{0} & & & \lambda_n\end{bmatrix} \tag{1.4.19}$$

从而证明了式(1.4.11)中的系统矩阵 $\boldsymbol{P}^{-1}\boldsymbol{AP}$ 为对角矩阵。

【例 1.4.1】 系统状态空间表达式为

$$\begin{cases}\dot{\boldsymbol{x}}=\begin{bmatrix}0 & 1 & 0\\ 3 & 0 & 2\\ -12 & -7 & -6\end{bmatrix}\boldsymbol{x}+\begin{bmatrix}1\\0\\0\end{bmatrix}u\\ y=[-2\quad 0\quad 0]\boldsymbol{x}\end{cases} \tag{1.4.20}$$

试将其变换为约当标准型。

解： 由式(1.4.20)知，系统中

$$\boldsymbol{A}=\begin{bmatrix}0 & 1 & 0\\ 3 & 0 & 2\\ -12 & -7 & -6\end{bmatrix},\quad \boldsymbol{b}=\begin{bmatrix}1\\0\\0\end{bmatrix},\quad \boldsymbol{c}=[-2\quad 0\quad 0] \tag{1.4.21}$$

根据式(1.3.2)，其特征方程为

$$|\lambda\boldsymbol{I}-\boldsymbol{A}|=\begin{vmatrix}\lambda & -1 & 0\\ -3 & \lambda & -2\\ 12 & 7 & \lambda+6\end{vmatrix}=(\lambda+1)(\lambda+2)(\lambda+3)=0 \tag{1.4.22}$$

那么获得系统的特征值为

$$\lambda_1=-1,\quad \lambda_2=-2,\quad \lambda_3=-3 \tag{1.4.23}$$

全部为单根。

对于第 1 个特征值(单根)$\lambda_1=-1$,定义 $\boldsymbol{p}_1=\begin{bmatrix}p_{11}\\p_{12}\\p_{13}\end{bmatrix}$,且令 $\boldsymbol{A}\boldsymbol{p}_1=\lambda_1\boldsymbol{p}_1$,即

$$\begin{bmatrix}0&1&0\\3&0&2\\-12&-7&-6\end{bmatrix}\begin{bmatrix}p_{11}\\p_{12}\\p_{13}\end{bmatrix}=-\begin{bmatrix}p_{11}\\p_{12}\\p_{13}\end{bmatrix} \tag{1.4.24}$$

这里取 $\boldsymbol{p}_1=\begin{bmatrix}4\\-4\\-4\end{bmatrix}$;

对于第 2 个特征值(单根)$\lambda_2=-2$,定义 $\boldsymbol{p}_2=\begin{bmatrix}p_{21}\\p_{22}\\p_{23}\end{bmatrix}$,且令 $\boldsymbol{A}\boldsymbol{p}_2=\lambda_2\boldsymbol{p}_2$,即

$$\begin{bmatrix}0&1&0\\3&0&2\\-12&-7&-6\end{bmatrix}\begin{bmatrix}p_{21}\\p_{22}\\p_{23}\end{bmatrix}=-2\begin{bmatrix}p_{21}\\p_{22}\\p_{23}\end{bmatrix} \tag{1.4.25}$$

这里取 $\boldsymbol{p}_2=\begin{bmatrix}-2\\4\\-1\end{bmatrix}$;

对于第 3 个特征值(单根)$\lambda_3=-3$,定义 $\boldsymbol{p}_3=\begin{bmatrix}p_{31}\\p_{32}\\p_{33}\end{bmatrix}$,且令 $\boldsymbol{A}\boldsymbol{p}_3=\lambda_3\boldsymbol{p}_3$,即

$$\begin{bmatrix}0&1&0\\3&0&2\\-12&-7&-6\end{bmatrix}\begin{bmatrix}p_{31}\\p_{32}\\p_{33}\end{bmatrix}=-3\begin{bmatrix}p_{31}\\p_{32}\\p_{33}\end{bmatrix} \tag{1.4.26}$$

这里取 $\boldsymbol{p}_3=\begin{bmatrix}1\\-3\\3\end{bmatrix}$。

结合式(1.4.24)~(1.4.26)中的特征向量,则变换矩阵为

$$\boldsymbol{P}=[\boldsymbol{p}_1\quad \boldsymbol{p}_2\quad \boldsymbol{p}_3]=\begin{bmatrix}4&-2&1\\-4&4&-3\\-4&-1&3\end{bmatrix} \tag{1.4.27}$$

利用伴随矩阵方法,可以得到

$$\boldsymbol{P}^{-1}=\frac{1}{8}\begin{bmatrix}9&5&2\\24&16&8\\20&12&8\end{bmatrix} \tag{1.4.28}$$

系统状态空间表达式(1.4.21)的约当标准型为

$$\begin{cases}\dot{\bar{\boldsymbol{x}}}=\boldsymbol{P}^{-1}\boldsymbol{A}\boldsymbol{P}\bar{\boldsymbol{x}}+\boldsymbol{P}^{-1}\boldsymbol{b}u=\begin{bmatrix}-1&0&0\\0&-2&0\\0&0&-3\end{bmatrix}\bar{\boldsymbol{x}}+\dfrac{1}{8}\begin{bmatrix}9\\24\\20\end{bmatrix}u\\ y=\boldsymbol{c}\boldsymbol{P}\bar{\boldsymbol{x}}=\begin{bmatrix}-8&4&-2\end{bmatrix}\bar{\boldsymbol{x}}\end{cases}\tag{1.4.29}$$

2. 矩阵 A 的特征值有重根

假设矩阵 $\boldsymbol{A}$ 的特征值为 q 重根 λ_1 和 $n-q$ 个单根 $\lambda_{q+1},\lambda_{q+2},\cdots,\lambda_n$，与式(1.4.4)过程类似，则变换矩阵 $\boldsymbol{P}$ 为

$$\boldsymbol{P}=\begin{bmatrix}\boldsymbol{p}_1&\boldsymbol{p}_2&\cdots&\boldsymbol{p}_q&\boldsymbol{p}_{q+1}&\cdots&\boldsymbol{p}_n\end{bmatrix}\tag{1.4.30}$$

其中 $\boldsymbol{p}_{q+1},\cdots,\boldsymbol{p}_n$ 是对应于 $n-q$ 个单根的特征向量，可按上述式(1.4.16)计算；对应于 q 重根 λ_1 对应的向量 $\boldsymbol{p}_1,\cdots,\boldsymbol{p}_q$，可根据

$$\begin{cases}\boldsymbol{A}\boldsymbol{p}_1-\lambda_1\boldsymbol{p}_1=\boldsymbol{0}\\ \boldsymbol{A}\boldsymbol{p}_2-\lambda_1\boldsymbol{p}_2=\boldsymbol{p}_1\\ \quad\vdots\\ \boldsymbol{A}\boldsymbol{p}_q-\lambda_1\boldsymbol{p}_q=\boldsymbol{p}_{q-1}\end{cases}\tag{1.4.31}$$

计算，上式中 $\boldsymbol{p}_1$ 仍为 λ_1 对应的特征向量，而其余的向量 $\boldsymbol{p}_2,\cdots,\boldsymbol{p}_q$ 称为广义特征向量。向量 $\boldsymbol{p}_1,\cdots,\boldsymbol{p}_q$ 不能全部用式(1.4.16)方式来计算，否则会使得它们之间线性相关，导致变换矩阵 $\boldsymbol{P}$ 不可逆。

整理式(1.4.31)，有

$$\begin{cases}\boldsymbol{A}\boldsymbol{p}_1=\lambda_1\boldsymbol{p}_1\\ \boldsymbol{A}\boldsymbol{p}_2=\lambda_1\boldsymbol{p}_2+\boldsymbol{p}_1\\ \quad\vdots\\ \boldsymbol{A}\boldsymbol{p}_q=\lambda_1\boldsymbol{p}_q+\boldsymbol{p}_{q-1}\end{cases}\tag{1.4.32}$$

且利用式(1.4.16)对于单根有

$$\begin{cases}\boldsymbol{A}\boldsymbol{p}_{q+1}=\lambda_{q+1}\boldsymbol{p}_{q+1}\\ \boldsymbol{A}\boldsymbol{p}_{q+2}=\lambda_{q+2}\boldsymbol{p}_{q+2}\\ \quad\vdots\\ \boldsymbol{A}\boldsymbol{p}_n=\lambda_n\boldsymbol{p}_n\end{cases}\tag{1.4.33}$$

于是，根据式(1.4.32)和式(1.4.33)可得

$$\begin{aligned}\boldsymbol{A}\boldsymbol{P}&=\boldsymbol{A}\begin{bmatrix}\boldsymbol{p}_1&\boldsymbol{p}_2&\cdots&\boldsymbol{p}_q&\boldsymbol{p}_{q+1}&\cdots&\boldsymbol{p}_n\end{bmatrix}\\&=\begin{bmatrix}\boldsymbol{A}\boldsymbol{p}_1&\boldsymbol{A}\boldsymbol{p}_2&\cdots&\boldsymbol{A}\boldsymbol{p}_q&\boldsymbol{A}\boldsymbol{p}_{q+1}&\cdots&\boldsymbol{A}\boldsymbol{p}_n\end{bmatrix}\\&=\begin{bmatrix}\lambda_1\boldsymbol{p}_1&\lambda_1\boldsymbol{p}_2+\boldsymbol{p}_1&\cdots&\lambda_1\boldsymbol{p}_q+\boldsymbol{p}_{q-1}&\lambda_{q+1}\boldsymbol{p}_{q+1}&\cdots&\lambda_n\boldsymbol{p}_n\end{bmatrix}\end{aligned}$$

$$
=\begin{bmatrix}\boldsymbol{p}_1 & \boldsymbol{p}_2 & \cdots & \boldsymbol{p}_{q-1} & \boldsymbol{p}_{q+1} & \cdots & \boldsymbol{p}_n\end{bmatrix}\left[\begin{array}{cccc:ccc}\lambda_1 & 1 & & \mathbf{0} & & & \mathbf{0} \\ & \lambda_1 & \ddots & & & & \\ & & \ddots & 1 & & & \\ \mathbf{0} & & & \lambda_1 & & & \\ \hdashline & & & & \lambda_{q+1} & & \mathbf{0} \\ & & & & & \ddots & \\ \mathbf{0} & & & & \mathbf{0} & & \lambda_n\end{array}\right]
$$

$$
=\boldsymbol{P}\left[\begin{array}{cccc:ccc}\lambda_1 & 1 & & \mathbf{0} & & & \mathbf{0} \\ & \lambda_1 & \ddots & & & & \\ & & \ddots & 1 & & & \\ \mathbf{0} & & & \lambda_1 & & & \\ \hdashline & & & & \lambda_{q+1} & & \mathbf{0} \\ & & & & & \ddots & \\ \mathbf{0} & & & & \mathbf{0} & & \lambda_n\end{array}\right] \tag{1.4.34}
$$

在上式左右两侧同时左乘矩阵 $\boldsymbol{P}^{-1}$,可得

$$
\boldsymbol{P}^{-1}\boldsymbol{A}\boldsymbol{P}=\left[\begin{array}{cccc:ccc}\lambda_1 & 1 & & \mathbf{0} & & & \mathbf{0} \\ & \lambda_1 & \ddots & & & & \\ & & \ddots & 1 & & & \\ \mathbf{0} & & & \lambda_1 & & & \\ \hdashline & & & & \lambda_{q+1} & & \mathbf{0} \\ & & & & & \ddots & \\ \mathbf{0} & & & & \mathbf{0} & & \lambda_n\end{array}\right] \tag{1.4.35}
$$

【例 1.4.2】 系统状态空间表达式为

$$
\begin{cases}\dot{\boldsymbol{x}}=\begin{bmatrix}4 & 1 & -2 \\ 1 & 0 & 2 \\ 1 & -1 & 3\end{bmatrix}\boldsymbol{x}+\begin{bmatrix}1 \\ 1 \\ 0\end{bmatrix}u \\ y=\begin{bmatrix}2 & 0 & -3\end{bmatrix}\boldsymbol{x}\end{cases} \tag{1.4.36}
$$

试将其变换为约当标准型。

解: 由式(1.4.36)知,系统中

$$
\boldsymbol{A}=\begin{bmatrix}4 & 1 & -2 \\ 1 & 0 & 2 \\ 1 & -1 & 3\end{bmatrix},\quad \boldsymbol{b}=\begin{bmatrix}1 \\ 1 \\ 0\end{bmatrix},\quad \boldsymbol{c}=\begin{bmatrix}2 & 0 & -3\end{bmatrix} \tag{1.4.37}
$$

根据式(1.3.2),其特征方程为

$$
|\lambda\boldsymbol{I}-\boldsymbol{A}|=\begin{vmatrix}\lambda-4 & -1 & 2 \\ -1 & \lambda & -2 \\ -1 & 1 & \lambda-3\end{vmatrix}=(\lambda-3)^2(\lambda-1)=0 \tag{1.4.38}
$$

那么获得系统的特征值为

$$
\lambda_{1,2}=3,\quad \lambda_3=1 \tag{1.4.39}
$$

对于第 1 个特征值(重根)$\lambda_1=3$,定义 $\boldsymbol{p}_1=\begin{bmatrix}p_{11}\\p_{12}\\p_{13}\end{bmatrix}$,且令 $\boldsymbol{A}\boldsymbol{p}_1=\lambda_1\boldsymbol{p}_1$,即

$$\begin{bmatrix}4 & 1 & -2\\1 & 0 & 2\\1 & -1 & 3\end{bmatrix}\begin{bmatrix}p_{11}\\p_{12}\\p_{13}\end{bmatrix}=3\begin{bmatrix}p_{11}\\p_{12}\\p_{13}\end{bmatrix} \tag{1.4.40}$$

这里取 $\boldsymbol{p}_1=\begin{bmatrix}-4\\-4\\-4\end{bmatrix}$;

对于第 2 个特征值(重根)$\lambda_2=3$,定义 $\boldsymbol{p}_2=\begin{bmatrix}p_{21}\\p_{22}\\p_{23}\end{bmatrix}$,且令 $\lambda_2\boldsymbol{p}_2-\boldsymbol{A}\boldsymbol{p}_2=-\boldsymbol{p}_1$,即

$$3\begin{bmatrix}p_{21}\\p_{22}\\p_{23}\end{bmatrix}-\begin{bmatrix}4 & 1 & -2\\1 & 0 & 2\\1 & -1 & 3\end{bmatrix}\begin{bmatrix}p_{21}\\p_{22}\\p_{23}\end{bmatrix}=-\begin{bmatrix}-4\\-4\\-4\end{bmatrix} \tag{1.4.41}$$

这里取 $\boldsymbol{p}_2=\begin{bmatrix}-2\\2\\2\end{bmatrix}$;

对于第 3 个特征值(单根)$\lambda_3=1$,定义 $\boldsymbol{p}_3=\begin{bmatrix}p_{31}\\p_{32}\\p_{33}\end{bmatrix}$,且令 $\boldsymbol{A}\boldsymbol{p}_3=\lambda_3\boldsymbol{p}_3$,即

$$\begin{bmatrix}4 & 1 & -2\\1 & 0 & 2\\1 & -1 & 3\end{bmatrix}\begin{bmatrix}p_{31}\\p_{32}\\p_{33}\end{bmatrix}=\begin{bmatrix}p_{31}\\p_{32}\\p_{33}\end{bmatrix} \tag{1.4.42}$$

这里取 $\boldsymbol{p}_3=\begin{bmatrix}0\\-2\\-1\end{bmatrix}$。

结合式(1.4.40)~(1.4.42),则变换矩阵为

$$\boldsymbol{P}=[\boldsymbol{p}_1\quad \boldsymbol{p}_2\quad \boldsymbol{p}_3]=\begin{bmatrix}-4 & -2 & 0\\-4 & 2 & -2\\-4 & 2 & -1\end{bmatrix} \tag{1.4.43}$$

利用伴随矩阵方法,可以得到

$$\boldsymbol{P}^{-1}=\frac{1}{8}\begin{bmatrix}-1 & 1 & -2\\-2 & -2 & 4\\0 & -8 & 8\end{bmatrix} \tag{1.4.44}$$

系统状态空间表达式(1.4.36)的约当标准型为

$$\begin{cases}\dot{\bar{\boldsymbol{x}}}=\boldsymbol{P}^{-1}\boldsymbol{A}\boldsymbol{P}\bar{\boldsymbol{x}}+\boldsymbol{P}^{-1}\boldsymbol{b}u=\begin{bmatrix}3&1&0\\0&3&0\\0&0&1\end{bmatrix}\bar{\boldsymbol{x}}+\dfrac{1}{2}\begin{bmatrix}0\\-1\\-2\end{bmatrix}u\\ y=\boldsymbol{c}\boldsymbol{P}\bar{\boldsymbol{x}}=\begin{bmatrix}4&-10&3\end{bmatrix}u\end{cases}\tag{1.4.45}$$

3. 矩阵 A 是友矩阵(一种特殊情况)

这里所阐述的特殊情况,指的是矩阵 $\boldsymbol{A}$ 为式(1.2.12)中友矩阵的形式,也就是

$$\boldsymbol{A}=\begin{bmatrix}0&1&0&\cdots&0\\0&0&1&\cdots&0\\\vdots&\vdots&\vdots&\ddots&\vdots\\0&0&0&\cdots&1\\-a_0&-a_1&-a_2&\cdots&-a_{n-1}\end{bmatrix}\tag{1.4.46}$$

那么变换矩阵 $\boldsymbol{P}$ 可以利用矩阵 $\boldsymbol{A}$ 的特征值来直接确定。

需要注意的是,式(1.4.46)中友矩阵 $\boldsymbol{A}$ 的最后一行由系统的特征多项式系数 $a_0,a_1,\cdots,a_{n-2},a_{n-1}$ 构成,由于不同的系统其特征多项式系数是不相同的,这也就意味着友矩阵 $\boldsymbol{A}$ 的特征值也是不相同的。下面对于友矩阵 $\boldsymbol{A}$ 也分特征值有无重根两种情况进行讨论。

(1) 矩阵 A 的特征值无重根

假设 $\lambda_1,\lambda_2,\cdots,\lambda_n$ 是友矩阵 $\boldsymbol{A}$ 的 n 个特征值,且都为单根,则变换矩阵 $\boldsymbol{P}$ 由特征值 $\lambda_1,\lambda_2,\cdots,\lambda_n$ 直接构成为

$$\boldsymbol{P}=[\boldsymbol{p}_1\quad\boldsymbol{p}_2\quad\cdots\quad\boldsymbol{p}_n]=\begin{bmatrix}1&1&\cdots&1&1\\\lambda_1&\lambda_2&\cdots&\lambda_{n-1}&\lambda_n\\\lambda_1^2&\lambda_2^2&\ddots&\lambda_{n-1}^2&\lambda_n^2\\\vdots&\vdots&\vdots&\vdots&\vdots\\\lambda_1^{n-1}&\lambda_2^{n-1}&\cdots&\lambda_{n-1}^{n-1}&\lambda_n^{n-1}\end{bmatrix}\tag{1.4.47}$$

矩阵 $\boldsymbol{A}$ 的特征值无重根时,式(1.4.47)中矩阵 $\boldsymbol{P}$ 的列向量 $\boldsymbol{p}_i=\begin{bmatrix}1\\\lambda_i\\\lambda_i^2\\\vdots\\\lambda_i^{n-1}\end{bmatrix}(i=1,2,\cdots,n)$ 即为系统的特征向量,下面给出的结论也是式(1.4.16)的证明。按照式(1.4.46)和 $\boldsymbol{p}_i$ 的定义,有

$$\boldsymbol{A}\boldsymbol{p}_i=\begin{bmatrix}0&1&0&\cdots&0\\0&0&1&\cdots&0\\\vdots&\vdots&\vdots&\ddots&\vdots\\0&0&0&\cdots&1\\-a_0&-a_1&-a_2&\cdots&-a_{n-1}\end{bmatrix}\begin{bmatrix}1\\\lambda_i\\\lambda_i^2\\\vdots\\\lambda_i^{n-1}\end{bmatrix}$$

$$= \begin{bmatrix} \lambda_i \\ \lambda_i^2 \\ \vdots \\ \lambda_i^{n-1} \\ -a_0 - a_1\lambda_i - a_2\lambda_i^2 \cdots - a_{n-1}\lambda_i^{n-1} \end{bmatrix} \tag{1.4.48}$$

考虑系统特征方程和特征值的定义，可以有 $\lambda_i^n + a_{n-1}\lambda_i^{n-1} + \cdots + a_1\lambda_i + a_0 = 0, i=1, 2, \cdots, n$，即

$$-a_0 - a_1\lambda_i - a_2\lambda_i^2 \cdots - a_{n-1}\lambda_i^{n-1} = \lambda_i^n \tag{1.4.49}$$

则式(1.4.48)变为

$$\boldsymbol{A}\boldsymbol{p}_i = \begin{bmatrix} \lambda_i \\ \lambda_i^2 \\ \vdots \\ \lambda_i^{n-1} \\ \lambda_i^n \end{bmatrix} = \lambda_i \begin{bmatrix} 1 \\ \lambda_i \\ \lambda_i^2 \\ \vdots \\ \lambda_i^{n-1} \end{bmatrix} = \lambda_i \boldsymbol{p}_i, i=1,2,\cdots,n \tag{1.4.50}$$

因此，式(1.4.16)得证。

(2) 矩阵 A 的特征值有重根

假设矩阵 $\boldsymbol{A}$ 的特征值为 q 重根 λ_1 和 $n-q$ 个单根 $\lambda_{q+1}, \lambda_{q+2}, \cdots, \lambda_n$，则变换矩阵 $\boldsymbol{P}$ 由特征值 $\underbrace{\lambda_1, \lambda_1, \cdots, \lambda_1}_{q}, \underbrace{\lambda_{q+1}, \cdots, \lambda_n}_{n-q}$ 构成为

$$\begin{aligned} \boldsymbol{P} &= [\boldsymbol{p}_1 \quad \boldsymbol{p}_2 \quad \cdots \quad \boldsymbol{p}_q \quad \boldsymbol{p}_{q+1} \quad \cdots \quad \boldsymbol{p}_n] \\ &= \left[\boldsymbol{p}_1 \quad \frac{\mathrm{d}\boldsymbol{p}_1}{\mathrm{d}\lambda_1} \quad \cdots \quad \frac{1}{(q-1)!}\frac{\mathrm{d}^{q-1}\boldsymbol{p}_1}{\mathrm{d}\lambda_1^{q-1}} \quad \boldsymbol{p}_{q+1} \quad \cdots \quad \boldsymbol{p}_n\right] \end{aligned} \tag{1.4.51}$$

式中：$\boldsymbol{p}_1 = \begin{bmatrix} 1 \\ \lambda_1 \\ \lambda_1^2 \\ \vdots \\ \lambda_1^{n-1} \end{bmatrix}$ 为 λ_1 对应的特征向量；

$\boldsymbol{p}_i (i=2,3,\cdots,q)$ 为重根对应的广义特征向量；

$\boldsymbol{p}_j = \begin{bmatrix} 1 \\ \lambda_j \\ \lambda_j^2 \\ \vdots \\ \lambda_j^{n-1} \end{bmatrix} (j=q+1, q+2, \cdots, n)$ 为单根 $\lambda_{q+1}, \lambda_{q+2}, \cdots, \lambda_n$ 对应的特征向量。

下面给出这个结论也就是式(1.4.16)和式(1.4.32)的证明。

对于 λ_1 对应的特征向量 $\boldsymbol{p}_1=\begin{bmatrix}1\\ \lambda_1\\ \lambda_1^2\\ \vdots\\ \lambda_1^{n-1}\end{bmatrix}$ 和单根 $\lambda_{q+1},\lambda_{q+2},\cdots,\lambda_n$ 对应的特征向量 $\boldsymbol{p}_j=\begin{bmatrix}1\\ \lambda_j\\ \lambda_j^2\\ \vdots\\ \lambda_j^{n-1}\end{bmatrix}(j=q+1,q+2,\cdots,n)$，式(1.4.16)可以从上述(1)中直接给出。

对于重根对应的广义特征向量，矩阵 $\boldsymbol{P}$ 中重根部分的第 i 列 $\boldsymbol{p}_i=\dfrac{1}{(i-1)!}\dfrac{\mathrm{d}^{i-1}\boldsymbol{p}_1}{\mathrm{d}\lambda_1^{i-1}}(i=1,2,\cdots,q-1)$（其对应为 $\boldsymbol{p}_1$ 的第 $i-1$ 次求导），其第 k 行的元素为

$$\frac{1}{(i-1)!}(k-1)(k-2)\cdots(k-i+1)\lambda^{k-i},\quad k=1,2,\cdots,n \tag{1.4.52}$$

第 $i+1$ 列 $\boldsymbol{p}_{i+1}=\dfrac{1}{i!}\dfrac{\mathrm{d}^{i}\boldsymbol{p}_1}{\mathrm{d}\lambda_1^{i}}$（其对应为 $\boldsymbol{p}_1$ 的第 i 次求导），其第 k 行的元素为

$$\frac{1}{i!}(k-1)(k-2)\cdots(k-i)\lambda^{k-i-1},\quad k=1,2,\cdots,n \tag{1.4.53}$$

那么 $\lambda\boldsymbol{p}_{i+1}+\boldsymbol{p}_i$ 第 k 行的元素为

$$\begin{aligned}
&\lambda\frac{1}{i!}(k-1)(k-2)\cdots(k-i)\lambda^{k-i-1}+\frac{1}{(i-1)!}(k-1)(k-2)\cdots(k-i+1)\lambda^{k-i}\\
&=\frac{1}{i!}(k-1)(k-2)\cdots(k-i)\lambda^{k-i}+\frac{1}{(i-1)!}(k-1)(k-2)\cdots(k-i+1)\lambda^{k-i}\\
&=\frac{1}{(i-1)!}(k-1)(k-2)\cdots(k-i+1)\left(\frac{1}{i}(k-i)+1\right)\lambda^{k-i}\\
&=\frac{1}{i!}k(k-1)(k-2)\cdots(k-i+1)\lambda^{k-i},\quad k=1,2,\cdots,n
\end{aligned} \tag{1.4.54}$$

考虑到矩阵 $\boldsymbol{A}$ 从第1行到第 $n-1$ 行的结构和参数特点，矩阵 $\boldsymbol{A}\boldsymbol{p}_{i+1}$ 从第1行到第 $n-1$ 行实际上是相当于把 $\boldsymbol{p}_{i+1}$ 的第2行到第 n 行都提升了一行，也就是矩阵 $\boldsymbol{A}\boldsymbol{p}_{i+1}$ 的第 k 行的元素为

$$\frac{1}{i!}k(k-1)(k-2)\cdots(k-i+1)\lambda^{k-i},\quad k=1,2,\cdots,n-1 \tag{1.4.55}$$

如果将上式按照 $k=1,2,\cdots,n-1$ 展开，它恰恰为 $\lambda\boldsymbol{p}_{i+1}+\boldsymbol{p}_i$ 的前 $n-1$ 行。

需要注意的是，矩阵 $\boldsymbol{A}=\begin{bmatrix}0&1&\cdots&0&\cdots&0&0\\ 0&0&\cdots&0&\cdots&0&0\\ \vdots&\vdots&&\vdots&&\vdots&\vdots\\ 0&0&\cdots&0&\cdots&0&1\\ -a_0&-a_1&\cdots&-a_i&\cdots&-a_{n-2}&-a_{n-1}\end{bmatrix}$ 中 $-a_i$ 位于第

$i+1$ 列，而 $\boldsymbol{p}_{i+1}=\dfrac{1}{i!}\dfrac{\mathrm{d}^i\boldsymbol{p}_1}{\mathrm{d}\lambda_1^i}$第 k 行的元素为

$$\frac{1}{i!}(k-1)(k-2)\cdots(k-i)\lambda^{k-i-1},\quad k=1,2,\cdots,n \tag{1.4.56}$$

将其展开，则有

$$\boldsymbol{p}_{i+1}=\begin{bmatrix} 0 \\ \vdots \\ 0 \\ 1 \\ \vdots \\ \dfrac{1}{i!}(n-2)(n-3)\cdots(n-i-1)\lambda_1^{n-i-2} \\ \dfrac{1}{i!}(n-1)(n-2)\cdots(n-i)\lambda_1^{n-i-1} \end{bmatrix} \tag{1.4.57}$$

而 $\boldsymbol{p}_{i+1}$ 中元素 1 的位置位于第 $i+1$ 行，那么矩阵 $\boldsymbol{A}\boldsymbol{p}_{i+1}$ 的最后一行也就是第 n 行，即

$$-a_i\cdots-\frac{1}{i!}a_{n-2}(n-2)(n-3)\cdots(n-i-1)\lambda_1^{n-i-2}-$$
$$\frac{1}{i!}a_{n-1}(n-1)(n-2)\cdots(n-i)\lambda_1^{n-i-1} \tag{1.4.58}$$

另一方面，定义系统的特征多项式为

$$f(\lambda)=\lambda^n+a_{n-1}\lambda^{n-1}+a_{n-2}\lambda^{n-2}+\cdots+a_3\lambda^3+a_2\lambda^2+a_1\lambda+a_0 \tag{1.4.59}$$

由于矩阵 $\boldsymbol{A}$ 的特征值为 q 重根 λ_1 和 $n-q$ 个单根 $\lambda_{q+1},\lambda_{q+2},\cdots,\lambda_n$，那么上式可以表示为

$$\begin{aligned} f(\lambda)&=\underbrace{(\lambda-\lambda_1)\cdots(\lambda-\lambda_1)}_{q}\underbrace{(\lambda-\lambda_{q+1})\cdots(\lambda-\lambda_n)}_{n-q} \\ &=\underbrace{(\lambda-\lambda_1)^q\underbrace{(\lambda-\lambda_{q+1})\cdots(\lambda-\lambda_n)}_{n-q}}_{n-q+1} \end{aligned} \tag{1.4.60}$$

式中：共有 $n-q+1$ 项乘积。

按照复合函数的求导法则，有

$$\frac{\mathrm{d}f(\lambda)}{\mathrm{d}\lambda}=q(\lambda-\lambda_1)^{q-1}(\lambda-\lambda_{q+1})\cdots(\lambda-\lambda_n)+(\lambda-\lambda_1)^q(\lambda-\lambda_{q+2})\cdots(\lambda-\lambda_n)+\cdots \tag{1.4.61}$$

式中：共有 $n-q+1$ 项求和，注意这 $n-q+1$ 项中每一项都含有 $\lambda-\lambda_1$，这意味着 λ_1 同样是 $\dfrac{\mathrm{d}f(\lambda)}{\mathrm{d}\lambda}=0$ 的根。

同理，对 $f(\lambda)$进行第 2 次直至第 $q-1$ 次求导，λ_1 同样是$\dfrac{\mathrm{d}^2f(\lambda)}{\mathrm{d}\lambda^2}=0\cdots\dfrac{\mathrm{d}^{q-1}f(\lambda)}{\mathrm{d}\lambda^{q-1}}=0$ 各项的根。那么，可以给出结论

$$\left.\frac{\mathrm{d}^if(\lambda)}{\mathrm{d}\lambda^i}\right|_{\lambda=\lambda_1}=0,\quad i=1,2,\cdots,q-1 \tag{1.4.62}$$

根据式(1.4.59)，则

第 1 次求导有

$$\frac{\mathrm{d}f(\lambda)}{\mathrm{d}\lambda}=n\lambda^{n-1}+$$

$$a_{n-1}(n-1)\lambda^{n-2}+a_{n-2}(n-2)\lambda^{n-3}\cdots+a_3 3\lambda^2+a_2 2\lambda+a_1 \tag{1.4.63}$$

第 2 次求导有

$$\frac{\mathrm{d}^2 f(\lambda)}{\mathrm{d}\lambda^2}=n(n-1)\lambda^{n-2}+$$

$$a_{n-1}(n-1)(n-2)\lambda^{n-3}+a_{n-2}(n-2)(n-3)\lambda^{n-4}\cdots+a_3 3\times 2\lambda+2a_2 \tag{1.4.64}$$

第 3 次求导有

$$\frac{\mathrm{d}^3 f(\lambda)}{\mathrm{d}\lambda^3}=n(n-1)(n-2)\lambda^{n-3}+$$

$$a_{n-1}(n-1)(n-2)(n-3)\lambda^{n-4}+a_{n-2}(n-2)(n-3)(n-4)\lambda^{n-5}\cdots+3\times 2a_3 \tag{1.4.65}$$

故而递推可以给出第 i 次求导有

$$\begin{aligned}\frac{\mathrm{d}^i f(\lambda)}{\mathrm{d}\lambda^i}=&n(n-1)(n-2)\cdots(n-i+1)\lambda^{n-i}+\\&a_{n-1}(n-1)(n-2)\cdots(n-i)\lambda^{n-i-1}+\\&a_{n-2}(n-2)(n-3)\cdots(n-i-1)\lambda^{n-i-2}\cdots+i!\ a_i\end{aligned} \tag{1.4.66}$$

考虑到性质(1.4.61),从式(1.4.66)有

$$\begin{aligned}&n(n-1)(n-2)\cdots(n-i+1)\lambda_1^{n-i}+\\&a_{n-1}(n-1)(n-2)\cdots(n-i)\lambda_1^{n-i-1}+\\&a_{n-2}(n-2)(n-3)\cdots(n-i-1)\lambda_1^{n-i-2}\cdots+i!\ a_i=0\end{aligned} \tag{1.4.67}$$

即

$$\begin{aligned}&-a_i\cdots-\frac{1}{i!}a_{n-2}(n-2)(n-3)\cdots(n-i-1)\lambda_1^{n-i-2}-\\&\frac{1}{i!}a_{n-1}(n-1)(n-2)\cdots(n-i)\lambda_1^{n-i-1}\\=&\frac{1}{i!}n(n-1)(n-2)\cdots(n-i+1)\lambda_1^{n-i}\end{aligned} \tag{1.4.68}$$

式(1.4.68)也就意味着矩阵 $\boldsymbol{A}\boldsymbol{p}_{i+1}$ 的最后一行即第 n 行,同时也就是式(1.4.58)等于

$$\frac{1}{i!}n(n-1)(n-2)\cdots(n-i+1)\lambda_1^{n-i} \tag{1.4.69}$$

通过式(1.4.54)可以知道 $\lambda\boldsymbol{p}_{i+1}+\boldsymbol{p}_i$ 的第 n 行恰恰也为式(1.4.69),这说明矩阵 $\boldsymbol{A}\boldsymbol{p}_{i+1}$ 的第 n 行即为矩阵 $\lambda\boldsymbol{p}_{i+1}+\boldsymbol{p}_i$ 的第 n 行。那么结合式(1.4.54)、(1.4.55)以及(1.4.69),则结论是

$$\boldsymbol{A}\boldsymbol{p}_{i+1}=\lambda\boldsymbol{p}_{i+1}+\boldsymbol{p}_i,\quad i=1,\cdots,q-1 \tag{1.4.70}$$

因此,式(1.4.32)得证。

1.5　离散系统的状态空间表达式

以上各节讨论的系统中，系统状态、输入和输出都是时间的连续函数，这样的系统被称为连续系统，与连续系统相对应的系统为离散系统。离散系统中系统组成部分的变量具有离散信号形式，即系统状态、输入和输出仅在时间的离散时刻上取值，是时间间隔相等的数字序列。通常假定离散时间间隔用 T 表示，并称该时间间隔 T 为采样周期。对于离散系统变量 $\boldsymbol{v}$，为了简便，一般用 $\boldsymbol{v}(k)$代表 $\boldsymbol{v}(kT)$，$k=0,1,\cdots$ 来表示系统变量的数字序列。

前面阐述的连续系统状态空间描述方法，对于离散系统也是完全适用的。在离散系统中，连续系统微分方程对应替换为差分方程，即连续系统中的积分器替换为单位延迟器。线性定常离散系统状态空间表达式为

$$\begin{cases}\boldsymbol{x}(k+1)=\boldsymbol{A}\boldsymbol{x}(k)+\boldsymbol{B}\boldsymbol{u}(k)\\ \boldsymbol{y}(k)=\boldsymbol{C}\boldsymbol{x}(k)+\boldsymbol{D}\boldsymbol{u}(k)\end{cases} \tag{1.5.1}$$

式中：$\boldsymbol{x}(k)$为系统状态，是 n 维列向量；

$\boldsymbol{u}(k)$为系统输入，是 r 维列向量；

$\boldsymbol{y}(k)$为系统输出，是 m 维列向量；

$\boldsymbol{A}$ 为$n\times n$ 维系统矩阵；

$\boldsymbol{B}$ 为$n\times r$ 维输入矩阵；

$\boldsymbol{C}$ 为$m\times n$ 为输出矩阵；

$\boldsymbol{D}$ 为$m\times r$ 维直接传递矩阵。

习　题

1. 电路系统如习题图 1 所示，试列写系统状态空间表达式。

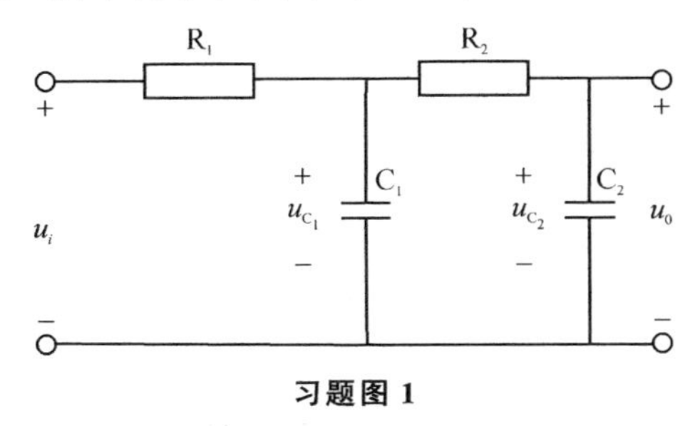

习题图 1

2. 电动机系统如习题 2 图所示，试列写系统状态空间表达式。

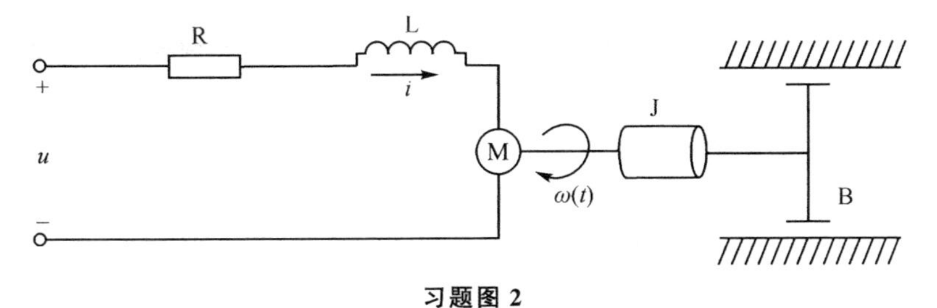

习题图 2

3. 系统微分方程分别为

(1) $y^{(4)}+6y^{(3)}+y^{(2)}-3\dot{y}+4y=5u$

(2) $y^{(4)}+6y^{(3)}+y^{(2)}-3\dot{y}+4y=u^{(2)}+3\dot{u}+5u$

试列出相应的状态空间表达式。

4. 系统传递函数分别为

(1) $W(s)=\dfrac{s^2+s+1}{(s-1)(s-2)(s-3)}$

(2) $W(s)=\dfrac{s^3+2s+1}{(s-5)^4}$

(3) $W(s)=\dfrac{3s+7}{s(s+1)(s+3)^2}$

试列出相应的状态空间表达式。

5. 如果在式(1.2.89)中按照式(1.2.100)和式(1.2.101)定义系统状态变量和输出变量,试列出微分方程(1.2.29)的状态空间表达式。

6. 系统状态空间表达式为

$$\begin{bmatrix}\dot{x}_1\\\dot{x}_2\\\dot{x}_3\end{bmatrix}=\begin{bmatrix}0&1&0\\0&0&1\\-2&-5&-4\end{bmatrix}\begin{bmatrix}x_1\\x_2\\x_3\end{bmatrix}+\begin{bmatrix}2\\6\\-1\end{bmatrix}\begin{bmatrix}u_1\\u_2\end{bmatrix}$$

$$y=\begin{bmatrix}3&2&1\end{bmatrix}\begin{bmatrix}x_1\\x_2\\x_3\end{bmatrix}$$

试计算系统的特征值多项式、特征值和特征向量。

7. 系统状态空间表达式为

$$\begin{bmatrix}\dot{x}_1\\\dot{x}_2\\\dot{x}_3\end{bmatrix}=\begin{bmatrix}0&1&-1\\-6&-11&6\\-6&-11&5\end{bmatrix}\begin{bmatrix}x_1\\x_2\\x_3\end{bmatrix}+\begin{bmatrix}0&1\\2&-5\\-3&3\end{bmatrix}\begin{bmatrix}u_1\\u_2\end{bmatrix}$$

$$y=\begin{bmatrix}-4&0&1\end{bmatrix}\begin{bmatrix}x_1\\x_2\\x_3\end{bmatrix}$$

试选取不同的变换矩阵,将状态空间表达式变换为约当标准型,并对结果进行比较分析。

8. 试将习题6中的状态空间表达式变换为约当标准型。

9. 试分析式(1.2.79)中的实现和习题5中的实现与约当标准型之间的关系(约当标准型的实现)。

10. 系统状态空间表达式为

$$\begin{bmatrix}\dot{x}_1\\\dot{x}_2\\\dot{x}_3\end{bmatrix}=\begin{bmatrix}0&1&0\\0&-4&3\\-1&-1&-2\end{bmatrix}\begin{bmatrix}x_1\\x_2\\x_3\end{bmatrix}+\begin{bmatrix}2&-1\\8&-5\\0&3\end{bmatrix}\begin{bmatrix}u_1\\u_2\end{bmatrix}$$

$$\begin{bmatrix} y_1 \\ y_2 \end{bmatrix} = \begin{bmatrix} 1 & 0 & -4 \\ 2 & -3 & 0 \end{bmatrix} \begin{bmatrix} x_1 \\ x_2 \\ x_3 \end{bmatrix}$$

试计算其传递函数。

11. 离散系统差分方程为

$$y(k+3) + a_2 y(k+2) + a_1 y(k+1) + a_0 y(k) = b_0 u(k)$$

试列出系统状态空间表达式。

第 2 章

状态空间表达式的解

在上一章建立了控制系统状态空间表达式，接下来介绍其求解问题。因为系统状态空间表达式中的状态方程为矩阵微分方程（离散系统的状态方程为矩阵差分方程），而输出方程是系统状态与系统输入构成的矩阵组合方程，所以系统状态空间表达式的解主要是求状态方程的解，也就是给出系统状态的解析式。

本章将重点介绍状态转移矩阵的定义和计算方法，进而推导出连续和离散系统状态方程的求解公式。此外考虑到对连续受控对象实行计算机在线控制，或者采用计算机对连续时间状态方程求解，本章介绍的另一个重要问题是连续时间系统状态方程的离散化问题。

2.1 连续系统齐次状态方程的解

齐次状态方程的解也称为系统状态方程的自由解，是指自治系统中状态方程的解，也就是在系统输入为零的情况下，由系统初始状态引起的系统自由运动。

对于自治系统，其状态方程为齐次微分方程

$$\dot{\boldsymbol{x}}(t)=\boldsymbol{A}\boldsymbol{x}(t) \tag{2.1.1}$$

式中：$\boldsymbol{x}(t)$为系统状态，是 n 维列向量；

$\boldsymbol{A}$ 为 $n\times n$ 维系统矩阵。

若初始时刻从 $t=0$ 开始，即系统状态初值为 $\boldsymbol{x}(0)$。依照标量微分方程的求解方法，假设微分方程(2.1.1)的解 $\boldsymbol{x}(t)$为 t 的向量幂级数，即

$$\boldsymbol{x}(t)=\boldsymbol{v}_0+\boldsymbol{v}_1 t+\boldsymbol{v}_2 t^2+\cdots+\boldsymbol{v}_k t^k+\cdots \tag{2.1.2}$$

式中：$\boldsymbol{v}_j(j=0,1,2,\cdots,k,\cdots)$为 $\boldsymbol{x}(t)$同维列向量。

在式(2.1.2)左右两侧同时对时间 t 求导，有

$$\dot{\boldsymbol{x}}(t)=\boldsymbol{v}_1+2\boldsymbol{v}_2 t+\cdots+k\boldsymbol{v}_k t^{k-1}+\cdots \tag{2.1.3}$$

将式(2.1.3)代入微分方程(2.1.1)的左侧，同时将式(2.1.2)代入微分方程(2.1.1)的右侧，得

$$\boldsymbol{v}_1+2\boldsymbol{v}_2 t+3\boldsymbol{v}_3 t^2+\cdots+k\boldsymbol{v}_k t^{k-1}+\cdots=\boldsymbol{A}(\boldsymbol{v}_0+\boldsymbol{v}_1 t+\boldsymbol{v}_2 t^2+\cdots+\boldsymbol{v}_{k-1} t^{k-1}+\boldsymbol{v}_k t^k+\cdots) \tag{2.1.4}$$

既然式(2.1.2)是微分方程(2.1.1)的解，则式(2.1.4)对任意时刻 t 都成立，故 t 的同次幂项的系数应相等，有

$$\begin{cases} \boldsymbol{v}_1 = \boldsymbol{A}\boldsymbol{v}_0 \\ \boldsymbol{v}_2 = \dfrac{1}{2}\boldsymbol{A}\boldsymbol{v}_1 = \dfrac{1}{2}\boldsymbol{A}\boldsymbol{A}\boldsymbol{v}_0 = \dfrac{1}{2!}\boldsymbol{A}^2\boldsymbol{v}_0 \\ \boldsymbol{v}_3 = \dfrac{1}{3}\boldsymbol{A}\boldsymbol{v}_2 = \dfrac{1}{3}\boldsymbol{A}\ \dfrac{1}{2!}\boldsymbol{A}^2\boldsymbol{v}_0 = \dfrac{1}{3!}\boldsymbol{A}^3\boldsymbol{v}_0 \\ \quad\vdots \\ \boldsymbol{v}_k = \dfrac{1}{k}\boldsymbol{A}\boldsymbol{v}_{k-1} = \dfrac{1}{k}\boldsymbol{A}\ \dfrac{1}{(k-1)!}\boldsymbol{A}^{k-1}\boldsymbol{v}_0 = \dfrac{1}{k!}\boldsymbol{A}^k\boldsymbol{v}_0 \\ \quad\vdots \end{cases} \tag{2.1.5}$$

在式(2.1.2)中，令 $t=0$，可得

$$\boldsymbol{v}_0 = \boldsymbol{x}(0) \tag{2.1.6}$$

则式(2.1.5)变为

$$\begin{cases} \boldsymbol{v}_1 = \boldsymbol{A}\boldsymbol{x}(0) \\ \boldsymbol{v}_2 = \dfrac{1}{2!}\boldsymbol{A}^2\boldsymbol{x}(0) \\ \boldsymbol{v}_3 = \dfrac{1}{3!}\boldsymbol{A}^3\boldsymbol{x}(0) \\ \quad\vdots \\ \boldsymbol{v}_k = \dfrac{1}{k!}\boldsymbol{A}^k\boldsymbol{x}(0) \\ \quad\vdots \end{cases} \tag{2.1.7}$$

结合式(2.1.2)、(2.1.6)以及(2.1.7)，有

$$\boldsymbol{x}(t) = \left(\boldsymbol{I} + \boldsymbol{A}t + \frac{1}{2!}\boldsymbol{A}^2t^2 + \cdots + \frac{1}{k!}\boldsymbol{A}^kt^k + \cdots\right)\boldsymbol{x}(0) \tag{2.1.8}$$

式中：等式右侧括号内的级数式为 $n\times n$ 维矩阵。

考虑到标量指数函数 e^a 泰勒级数展开式为

$$\mathrm{e}^a = 1 + a + \frac{1}{2!}a^2 + \cdots + \frac{1}{k!}a^k + \cdots \tag{2.1.9}$$

将上式中 a 的更换为 $\boldsymbol{A}t$，可以得到 $\mathrm{e}^{\boldsymbol{A}t}$ 的展开式为

$$\mathrm{e}^{\boldsymbol{A}t} = \boldsymbol{I} + \boldsymbol{A}t + \frac{1}{2!}\boldsymbol{A}^2t^2 + \cdots + \frac{1}{k!}\boldsymbol{A}^kt^k + \cdots \tag{2.1.10}$$

这是一个矩阵指数函数，它即是式(2.1.8)右侧括号内的级数式。

结合式(2.1.8)和式(2.1.10)，给出状态方程(2.1.1)的解 $\boldsymbol{x}(t)$ 为

$$\boldsymbol{x}(t) = \mathrm{e}^{\boldsymbol{A}t}\boldsymbol{x}(0),\quad t \geqslant 0 \tag{2.1.11}$$

式(2.1.11)中 $\boldsymbol{x}(t)$ 的形式是微分方程(2.1.1)的解，下面对其正确性进行验证。在对等式(2.1.11)中 $\boldsymbol{x}(t)$ 的求时间导数之前，首先讨论函数 $\mathrm{e}^{\boldsymbol{A}t}$ 的导数，按照矩阵指数函数的展开式(2.1.10)，可以有

$$\begin{aligned} \frac{\mathrm{d}(\mathrm{e}^{\boldsymbol{A}t})}{\mathrm{d}t} &= \frac{\mathrm{d}}{\mathrm{d}t}\left(\boldsymbol{I} + \boldsymbol{A}t + \frac{1}{2!}\boldsymbol{A}^2t^2 + \frac{1}{3!}\boldsymbol{A}^3t^3 + \cdots + \frac{1}{k!}\boldsymbol{A}^kt^k + \frac{1}{(k+1)!}\boldsymbol{A}^{k+1}t^{k+1} + \cdots\right) \\ &= \boldsymbol{A} + \boldsymbol{A}^2t + \frac{1}{2!}\boldsymbol{A}^3t^2 + \cdots + \frac{1}{(k-1)!}\boldsymbol{A}^kt^{k-1} + \frac{1}{k!}\boldsymbol{A}^{k+1}t^k + \cdots \end{aligned} \tag{2.1.12}$$

上式中最后等号右侧的级数式既可以表示为

$$\boldsymbol{A}+\boldsymbol{A}\boldsymbol{A}t+\frac{1}{2!}\boldsymbol{A}^2\boldsymbol{A}t^2+\cdots+\frac{1}{k!}\boldsymbol{A}^k\boldsymbol{A}t^k+\cdots=$$

$$\left(\boldsymbol{I}+\boldsymbol{A}t+\frac{1}{2!}\boldsymbol{A}^2t^2+\cdots+\frac{1}{k!}\boldsymbol{A}^kt^k+\cdots\right)\boldsymbol{A}=\mathrm{e}^{\boldsymbol{A}t}\boldsymbol{A} \tag{2.1.13}$$

也可以表示为

$$\boldsymbol{A}+\boldsymbol{A}\boldsymbol{A}t+\frac{1}{2!}\boldsymbol{A}\boldsymbol{A}^2t^2+\cdots+\frac{1}{k!}\boldsymbol{A}\boldsymbol{A}^kt^k+\cdots=$$

$$\boldsymbol{A}\left(\boldsymbol{I}+\boldsymbol{A}t+\frac{1}{2!}\boldsymbol{A}^2t^2+\cdots+\frac{1}{k!}\boldsymbol{A}^kt^k+\cdots\right)=\boldsymbol{A}\,\mathrm{e}^{\boldsymbol{A}t} \tag{2.1.14}$$

对式(2.1.11)左右两侧同时求导并依照式(2.1.12)和式(2.1.13)或(2.1.14),有

$$\dot{\boldsymbol{x}}(t)=\frac{\mathrm{d}(\mathrm{e}^{\boldsymbol{A}t}\boldsymbol{x}(0))}{\mathrm{d}t}=\frac{\mathrm{d}(\mathrm{e}^{\boldsymbol{A}t})\boldsymbol{x}(0)}{\mathrm{d}t}=\mathrm{e}^{\boldsymbol{A}t}\boldsymbol{A}\boldsymbol{x}(0)=\boldsymbol{A}\,\mathrm{e}^{\boldsymbol{A}t}\boldsymbol{x}(0) \tag{2.1.15}$$

则结论(2.1.11)的正确性得证。

通过式(2.1.12)～(2.1.15)验证了式(2.1.11)中 $\boldsymbol{x}(t)$的形式是微分方程(2.1.1)的解,在验证过程中还获得了函数 $\mathrm{e}^{\boldsymbol{A}t}$ 的一个重要性质,即从式(2.1.13)和式(2.1.14)可知

$$\boldsymbol{A}\,\mathrm{e}^{\boldsymbol{A}t}=\mathrm{e}^{\boldsymbol{A}t}\boldsymbol{A} \tag{2.1.16}$$

上式表明矩阵指数函数 $\mathrm{e}^{\boldsymbol{A}t}$ 与系统矩阵 $\boldsymbol{A}$ 的乘积满足交换律。

若初始时刻从 $t=t_0$ 开始,即系统状态初值为 $\boldsymbol{x}(t_0)$,可以在等式(2.1.11)右侧用 $t-t_0$ 代替 $t-0$、用 t_0 代替 0,结论依然成立,则给出此时状态方程(2.1.1)的解 $\boldsymbol{x}(t)$为

$$\boldsymbol{x}(t)=\mathrm{e}^{\boldsymbol{A}(t-t_0)}\boldsymbol{x}(t_0),\quad t\geqslant t_0 \tag{2.1.17}$$

由于系统中没有输入向量,系统状态 $\boldsymbol{x}(t)$的运动(转移)完全是由系统初始状态 $\boldsymbol{x}(0)$或 $\boldsymbol{x}(t_0)$激励的,这种情况下的运动称之为系统的自由运动。很明显,系统的这种自由运动轨迹是由 $\mathrm{e}^{\boldsymbol{A}t}$ 或 $\mathrm{e}^{\boldsymbol{A}(t-t_0)}$唯一地决定(也就是由系统矩阵 $\boldsymbol{A}$ 唯一地决定)。$\mathrm{e}^{\boldsymbol{A}t}$ 或 $\mathrm{e}^{\boldsymbol{A}(t-t_0)}$中包含了系统运动的所有信息,体现了系统运动的全部特征。

2.2 状态转移矩阵

2.2.1 状态转移矩阵的定义

系统状态方程(2.1.1)的自由解为

$$\boldsymbol{x}(t)=\mathrm{e}^{\boldsymbol{A}t}\boldsymbol{x}(0) \tag{2.2.1}$$

或

$$\boldsymbol{x}(t)=\mathrm{e}^{\boldsymbol{A}(t-t_0)}\boldsymbol{x}(t_0) \tag{2.2.2}$$

从这个解的表达式可知,它反映了系统从初始时刻的状态 $\boldsymbol{x}(0)$或 $\boldsymbol{x}(t_0)$,到任意 $t>0$ 或 $t>t_0$ 时刻的状态 $\boldsymbol{x}(t)$的一种状态变换关系,这个变换是通过矩阵指数函数 $\mathrm{e}^{\boldsymbol{A}t}$ 来实现的。需要注意的是,这个变换矩阵 $\mathrm{e}^{\boldsymbol{A}t}$ 不同于第1.4.1节中的线性变换矩阵 $\boldsymbol{P}$,它不是一个常数矩阵,它的元素是时间 t 的函数,即是一个 $n\times n$ 维时变函数矩阵;从时间的角度而言,意味着它使状态向量随着时间的推移,不断地在状态空间中作转移,所以 $\mathrm{e}^{\boldsymbol{A}t}$ 被称为状态转移矩阵。利用状态

转移矩阵，可以使系统从任意指定的初始时刻状态 $\boldsymbol{x}(0)$ 或 $\boldsymbol{x}(t_0)$，求得任意时刻 t 的状态 $\boldsymbol{x}(t)$。$\mathrm{e}^{\boldsymbol{A}t}$ 表示系统状态从 $\boldsymbol{x}(0)$ 到 $\boldsymbol{x}(t)$ 的转移矩阵，而 $\mathrm{e}^{\boldsymbol{A}(t-t_0)}$ 表示系统状态从 $\boldsymbol{x}(t_0)$ 到 $\boldsymbol{x}(t)$ 的转移矩阵。

以二维系统状态向量为例，它的几何意义可用图形表示，如图 2.2.1 所示。从图 2.2.1 可知，在 $t=0$ 时，初始条件为 $\boldsymbol{x}(0)=\begin{bmatrix} x_1(0) \\ x_2(0) \end{bmatrix}$。以此初始条件来说明系统状态的转移过程。

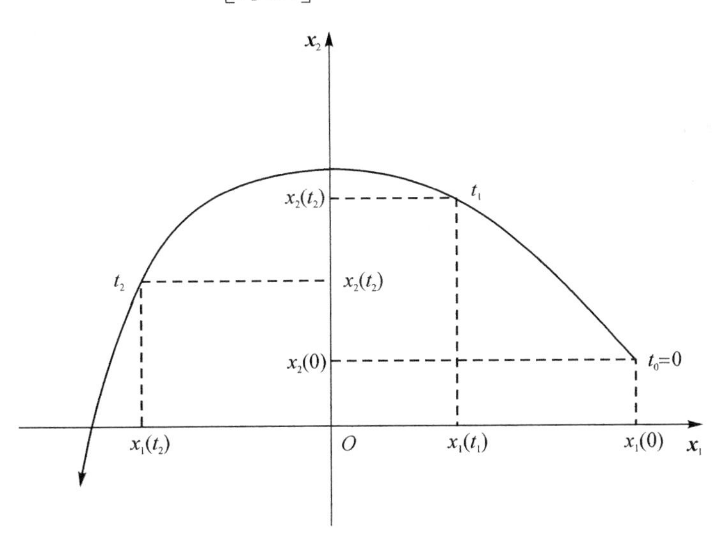

图 2.2.1　状态转移轨线

若已知 $\mathrm{e}^{\boldsymbol{A}t_1}$，那么在 $t=t_1$ 时的状态将变为

$$\boldsymbol{x}(t_1)=\begin{bmatrix} x_1(t_1) \\ x_2(t_1) \end{bmatrix}=\mathrm{e}^{\boldsymbol{A}t_1}\boldsymbol{x}(0) \tag{2.2.3}$$

若已知 $\mathrm{e}^{\boldsymbol{A}t_2}$，那么在 $t=t_2$ 时的状态将变为

$$\boldsymbol{x}(t_2)=\begin{bmatrix} x_1(t_2) \\ x_2(t_2) \end{bmatrix}=\mathrm{e}^{\boldsymbol{A}t_2}\boldsymbol{x}(0) \tag{2.2.4}$$

即系统状态从 $\boldsymbol{x}(0)$ 开始，通过状态转移矩阵 $\mathrm{e}^{\boldsymbol{A}t_1}$ 或 $\mathrm{e}^{\boldsymbol{A}t_2}$ 转移到 $\boldsymbol{x}(t_1)$ 或 $\boldsymbol{x}(t_2)$，在状态空间中描绘出一条运动轨线。

若以 $t=t_1$ 作为初始时刻，则系统状态 $\boldsymbol{x}(t_1)$ 是初始状态从 t_1 转移到 t_2，此时状态将变为

$$\boldsymbol{x}(t_2)=\mathrm{e}^{\boldsymbol{A}(t_2-t_1)}\boldsymbol{x}(t_1) \tag{2.2.5}$$

将式(2.2.3)的 $\boldsymbol{x}(t_1)$ 代入上式中，可得

$$\boldsymbol{x}(t_2)=\mathrm{e}^{\boldsymbol{A}(t_2-t_1)}\mathrm{e}^{\boldsymbol{A}t_1}\boldsymbol{x}(0) \tag{2.2.6}$$

该式表示系统状态从 $\boldsymbol{x}(0)$ 转移到 $\boldsymbol{x}(t_1)$，再由 $\boldsymbol{x}(t_1)$ 转移到 $\boldsymbol{x}(t_2)$ 的运动规律。

比较式(2.2.4)和式(2.2.6)，可知状态转移矩阵有以下性质

$$\mathrm{e}^{\boldsymbol{A}(t_2-t_1)}\mathrm{e}^{\boldsymbol{A}t_1}=\mathrm{e}^{\boldsymbol{A}t_2} \tag{2.2.7}$$

这种性质称为状态转移矩阵的组合性质。从几何意义来说，上式也描述了系统状态从 $\boldsymbol{x}(0)$ 转移到 $\boldsymbol{x}(t_2)$ 过程中是按照时间段逐渐转移的。

2.2.2 状态转移矩阵 e^{At} 的计算

1. 根据定义计算 e^{At}

利用 e^{At} 的展开式直接计算

$$e^{At}=I+At+\frac{1}{2!}A^2t^2+\cdots+\frac{1}{k!}A^kt^k+\cdots \tag{2.2.8}$$

由于上式等号右侧为无穷级数,该方法难以获得 e^{At} 的解析式,一般在考虑精度的情况下,取 k 的有限值,也就是等式右侧取有限项,进而计算 e^{At} 的近似值。

2. 利用约当标准型计算 e^{At}

① 如果 A 为对角矩阵,即

$$A=\begin{bmatrix}\lambda_1 & & & \mathbf{0}\\ & \lambda_2 & & \\ & & \ddots & \\ \mathbf{0} & & & \lambda_n\end{bmatrix} \tag{2.2.9}$$

在这种情况下有

$$e^{At}=\begin{bmatrix}e^{\lambda_1 t} & & & \mathbf{0}\\ & e^{\lambda_2 t} & & \\ & & \ddots & \\ \mathbf{0} & & & e^{\lambda_n t}\end{bmatrix} \tag{2.2.10}$$

这是因为

$$A^k=\begin{bmatrix}\lambda_1 & & & \mathbf{0}\\ & \lambda_2 & & \\ & & \ddots & \\ \mathbf{0} & & & \lambda_n\end{bmatrix}^k=\begin{bmatrix}\lambda_1^k & & & \mathbf{0}\\ & \lambda_2^k & & \\ & & \ddots & \\ \mathbf{0} & & & \lambda_n^k\end{bmatrix} \tag{2.2.11}$$

再按照矩阵指数函数的展开式(2.1.10)并结合上式,有

$$e^{At}=I+At+\frac{1}{2!}A^2t^2+\cdots+\frac{1}{k!}A^kt^k+\cdots=\begin{bmatrix}w_1 & & & \mathbf{0}\\ & w_2 & & \\ & & \ddots & \\ \mathbf{0} & & & w_n\end{bmatrix} \tag{2.2.12}$$

式中:

$$w_i=1+\lambda_i t+\frac{1}{2!}\lambda_i^2t^2+\cdots+\frac{1}{k!}\lambda_i^kt^k+\cdots,\quad i=1,2,\cdots,n \tag{2.2.13}$$

再次按照矩阵指数函数的展开式(2.1.10),从式(2.2.13)得

$$w_i=e^{\lambda_i t},\quad i=1,2,\cdots,n \tag{2.2.14}$$

于是,结合式(2.2.12)和式(2.2.14)容易获得式(2.2.10)。

② 如果 A 为一般形式的矩阵,且矩阵 A 的 n 个特征值 $\lambda_1,\lambda_2,\cdots,\lambda_n$ 都为单根,若能找到合适的非奇异矩阵 P,通过线性变换将系统状态空间表达式变换为相应的约当标准型,使得矩

阵 $\boldsymbol{A}$ 能够变换为式(2.2.9)形式的对角矩阵，即

$$\boldsymbol{P}^{-1}\boldsymbol{A}\boldsymbol{P}=\begin{bmatrix}\lambda_1 & & & \boldsymbol{0}\\ & \lambda_2 & & \\ & & \ddots & \\ \boldsymbol{0} & & & \lambda_n\end{bmatrix} \tag{2.2.15}$$

在这种情况下，有

$$\mathrm{e}^{\boldsymbol{A}t}=\boldsymbol{P}\begin{bmatrix}\mathrm{e}^{\lambda_1 t} & & & \boldsymbol{0}\\ & \mathrm{e}^{\lambda_2 t} & & \\ & & \ddots & \\ \boldsymbol{0} & & & \mathrm{e}^{\lambda_n t}\end{bmatrix}\boldsymbol{P}^{-1} \tag{2.2.16}$$

这是因为按照矩阵指数函数的展开式(2.1.10)，有

$$\begin{aligned}\mathrm{e}^{\boldsymbol{P}^{-1}\boldsymbol{A}\boldsymbol{P}t}&=\boldsymbol{I}+\boldsymbol{P}^{-1}\boldsymbol{A}\boldsymbol{P}t+\frac{1}{2!}(\boldsymbol{P}^{-1}\boldsymbol{A}\boldsymbol{P})^2t^2+\frac{1}{3!}(\boldsymbol{P}^{-1}\boldsymbol{A}\boldsymbol{P})^3t^3+\cdots+\frac{1}{k!}(\boldsymbol{P}^{-1}\boldsymbol{A}\boldsymbol{P})^kt^k+\cdots\\ &=\boldsymbol{P}^{-1}\boldsymbol{P}+\boldsymbol{P}^{-1}\boldsymbol{A}\boldsymbol{P}t+\frac{1}{2!}\boldsymbol{P}^{-1}\boldsymbol{A}\boldsymbol{P}\boldsymbol{P}^{-1}\boldsymbol{A}\boldsymbol{P}t^2+\frac{1}{3!}\boldsymbol{P}^{-1}\boldsymbol{A}\boldsymbol{P}\boldsymbol{P}^{-1}\boldsymbol{A}\boldsymbol{P}\boldsymbol{P}^{-1}\boldsymbol{A}\boldsymbol{P}t^3+\\ &\quad\cdots+\frac{1}{k!}\boldsymbol{P}^{-1}\boldsymbol{A}\boldsymbol{P}\boldsymbol{P}^{-1}\boldsymbol{A}\boldsymbol{P}\cdots\boldsymbol{P}^{-1}\boldsymbol{A}\boldsymbol{P}t^k+\cdots\\ &=\boldsymbol{P}^{-1}\boldsymbol{P}+\boldsymbol{P}^{-1}\boldsymbol{A}\boldsymbol{P}t+\frac{1}{2!}\boldsymbol{P}^{-1}\boldsymbol{A}^2\boldsymbol{P}t^2+\frac{1}{3!}\boldsymbol{P}^{-1}\boldsymbol{A}^3\boldsymbol{P}t^3+\cdots+\frac{1}{k!}\boldsymbol{P}^{-1}\boldsymbol{A}^k\boldsymbol{P}t^k+\cdots\\ &=\boldsymbol{P}^{-1}\left(\boldsymbol{I}+\boldsymbol{A}t+\frac{1}{2!}\boldsymbol{A}^2t^2+\cdots+\frac{1}{k!}\boldsymbol{A}^kt^k+\cdots\right)\boldsymbol{P}\end{aligned} \tag{2.2.17}$$

再次按照矩阵指数函数的展开式(2.1.10)，从式(2.2.17)得

$$\mathrm{e}^{\boldsymbol{P}^{-1}\boldsymbol{A}\boldsymbol{P}t}=\boldsymbol{P}^{-1}\mathrm{e}^{\boldsymbol{A}t}\boldsymbol{P} \tag{2.2.18}$$

在式(2.2.18)等号左右两侧同时左乘矩阵 $\boldsymbol{P}$ 和右乘矩阵 $\boldsymbol{P}^{-1}$，同时结合式(2.2.10)，可得

$$\mathrm{e}^{\boldsymbol{A}t}=\boldsymbol{P}\mathrm{e}^{\boldsymbol{P}^{-1}\boldsymbol{A}\boldsymbol{P}t}\boldsymbol{P}^{-1}=\boldsymbol{P}\begin{bmatrix}\mathrm{e}^{\lambda_1 t} & & & \boldsymbol{0}\\ & \mathrm{e}^{\lambda_2 t} & & \\ & & \ddots & \\ \boldsymbol{0} & & & \mathrm{e}^{\lambda_n t}\end{bmatrix}\boldsymbol{P}^{-1} \tag{2.2.19}$$

③ 如果 $\boldsymbol{A}$ 为如下形式的上三角矩阵

$$\boldsymbol{A}=\begin{bmatrix}\lambda & 1 & & & & \boldsymbol{0}\\ & \lambda & 1 & & & \\ & & \lambda & \ddots & & \\ & & & \ddots & 1 & \\ & & & & \lambda & 1\\ \boldsymbol{0} & & & & & \lambda\end{bmatrix}_{n\times n} \tag{2.2.20}$$

在这种情况下，有

$$
e^{At}=\begin{bmatrix}
e^{\lambda t} & e^{\lambda t}t & \frac{1}{2!}e^{\lambda t}t^2 & \frac{1}{3!}e^{\lambda t}t^3 & \cdots & \frac{1}{(n-1)!}e^{\lambda t}t^{n-1} \\
 & e^{\lambda t} & e^{\lambda t}t & \frac{1}{2!}e^{\lambda t}t^2 & \ddots & \vdots \\
 & & e^{\lambda t} & \ddots & \ddots & \frac{1}{3!}e^{\lambda t}t^3 \\
 & & & \ddots & e^{\lambda t}t & \frac{1}{2!}e^{\lambda t}t^2 \\
 & & & & e^{\lambda t} & e^{\lambda t}t \\
\mathbf{0} & & & & & e^{\lambda t}
\end{bmatrix} \tag{2.2.21}
$$

下面给出这个结论的证明。考虑到 $0!=1$，将 e^{At} 展开式写为

$$
e^{At}=\boldsymbol{I}+\boldsymbol{A}t+\frac{1}{2!}\boldsymbol{A}^2t^2+\cdots=\sum_{k=0}^{\infty}\frac{1}{k!}\boldsymbol{A}^kt^k \tag{2.2.22}
$$

接下来的关键在于给出矩阵 $\boldsymbol{A}^k$ 的计算式。对于这个矩阵的计算，可以采用递推法，通过递增系统维数 n 的取值来寻找计算规律，最终给出 $n=k$ 时 $\boldsymbol{A}^k$ 的计算式。

当 $n-2$ 时

$$
\begin{cases}
k=2, & \boldsymbol{A}^2=\begin{bmatrix}\lambda & 1\\ 0 & \lambda\end{bmatrix}^2=\begin{bmatrix}\lambda^2 & 2\lambda\\ 0 & \lambda^2\end{bmatrix}\\
k=3, & \boldsymbol{A}^3=\begin{bmatrix}\lambda & 1\\ 0 & \lambda\end{bmatrix}^3=\begin{bmatrix}\lambda^3 & 3\lambda^2\\ 0 & \lambda^3\end{bmatrix}\\
k=4, & \boldsymbol{A}^4=\begin{bmatrix}\lambda & 1\\ 0 & \lambda\end{bmatrix}^4=\begin{bmatrix}\lambda^4 & 4\lambda^3\\ 0 & \lambda^4\end{bmatrix}\\
k=5, & \boldsymbol{A}^5=\begin{bmatrix}\lambda & 1\\ 0 & \lambda\end{bmatrix}^5=\begin{bmatrix}\lambda^5 & 5\lambda^4\\ 0 & \lambda^5\end{bmatrix}\\
 & \vdots
\end{cases} \tag{2.2.23}
$$

当 $n=3$ 时

$$
\begin{cases}
k=2, & \boldsymbol{A}^2=\begin{bmatrix}\lambda & 1 & 0\\ 0 & \lambda & 1\\ 0 & 0 & \lambda\end{bmatrix}^2=\begin{bmatrix}\lambda^2 & 2\lambda & 1\\ 0 & \lambda^2 & 2\lambda\\ 0 & 0 & \lambda^2\end{bmatrix}\\
k=3, & \boldsymbol{A}^3=\begin{bmatrix}\lambda & 1 & 0\\ 0 & \lambda & 1\\ 0 & 0 & \lambda\end{bmatrix}^3=\begin{bmatrix}\lambda^3 & 3\lambda^2 & 3\lambda\\ 0 & \lambda^3 & 3\lambda^2\\ 0 & 0 & \lambda^3\end{bmatrix}\\
k=4, & \boldsymbol{A}^4=\begin{bmatrix}\lambda & 1 & 0\\ 0 & \lambda & 1\\ 0 & 0 & \lambda\end{bmatrix}^4=\begin{bmatrix}\lambda^4 & 4\lambda^3 & 6\lambda^2\\ 0 & \lambda^4 & 4\lambda^3\\ 0 & 0 & \lambda^4\end{bmatrix}\\
k=5, & \boldsymbol{A}^5=\begin{bmatrix}\lambda & 1 & 0\\ 0 & \lambda & 1\\ 0 & 0 & \lambda\end{bmatrix}^5=\begin{bmatrix}\lambda^5 & 5\lambda^4 & 10\lambda^3\\ 0 & \lambda^5 & 5\lambda^4\\ 0 & 0 & \lambda^5\end{bmatrix}\\
 & \vdots
\end{cases} \tag{2.2.24}
$$

当 $n=4$ 时

$$
\left\{
\begin{aligned}
&k=2,\quad \boldsymbol{A}^2=\begin{bmatrix}\lambda & 1 & 0 & 0\\ 0 & \lambda & 1 & 0\\ 0 & 0 & \lambda & 1\\ 0 & 0 & 0 & \lambda\end{bmatrix}^2=\begin{bmatrix}\lambda^2 & 2\lambda & 1 & 0\\ 0 & \lambda^2 & 2\lambda & 1\\ 0 & 0 & \lambda^2 & 2\lambda\\ 0 & 0 & 0 & \lambda^2\end{bmatrix}\\
&k=3,\quad \boldsymbol{A}^3=\begin{bmatrix}\lambda & 1 & 0 & 0\\ 0 & \lambda & 1 & 0\\ 0 & 0 & \lambda & 1\\ 0 & 0 & 0 & \lambda\end{bmatrix}^3=\begin{bmatrix}\lambda^3 & 3\lambda^2 & 3\lambda & 1\\ 0 & \lambda^3 & 3\lambda^2 & 3\lambda\\ 0 & 0 & \lambda^3 & 3\lambda^2\\ 0 & 0 & 0 & \lambda^3\end{bmatrix}\\
&k=4,\quad \boldsymbol{A}^4=\begin{bmatrix}\lambda & 1 & 0 & 0\\ 0 & \lambda & 1 & 0\\ 0 & 0 & \lambda & 1\\ 0 & 0 & 0 & \lambda\end{bmatrix}^4=\begin{bmatrix}\lambda^4 & 4\lambda^3 & 6\lambda^2 & 4\lambda\\ 0 & \lambda^4 & 4\lambda^3 & 6\lambda^2\\ 0 & 0 & \lambda^4 & 4\lambda^3\\ 0 & 0 & 0 & \lambda^4\end{bmatrix}\\
&k=5,\quad \boldsymbol{A}^5=\begin{bmatrix}\lambda & 1 & 0 & 0\\ 0 & \lambda & 1 & 0\\ 0 & 0 & \lambda & 1\\ 0 & 0 & 0 & \lambda\end{bmatrix}^5=\begin{bmatrix}\lambda^5 & 5\lambda^4 & 10\lambda^3 & 10\lambda^2\\ 0 & \lambda^5 & 5\lambda^4 & 10\lambda^3\\ 0 & 0 & \lambda^5 & 5\lambda^4\\ 0 & 0 & 0 & \lambda^5\end{bmatrix}\\
&\qquad\qquad\qquad\vdots
\end{aligned}
\right.
\tag{2.2.25}
$$

以此类推。当 $n=k$ 时,则

$$
\boldsymbol{A}^k=
\begin{bmatrix}
\lambda^k & k\lambda^{k-1} & \dfrac{k(k-1)}{2!}\lambda^{k-2} & \dfrac{k(k-1)(k-2)}{3!}\lambda^{k-3} & \cdots & \dfrac{k(k-1)\cdots(k-n+2)}{(n-1)!}\lambda^{k-n+1}\\
 & \lambda^k & k\lambda^{k-1} & \dfrac{k(k-1)}{2!}\lambda^{k-2} & \ddots & \vdots\\
 & & \lambda^k & \ddots & \ddots & \dfrac{k(k-1)(k-2)}{3!}\lambda^{k-3}\\
 & & & \ddots & k\lambda^{k-1} & \dfrac{k(k-1)}{2!}\lambda^{k-2}\\
 & & & & \lambda^k & k\lambda^{k-1}\\
\boldsymbol{0} & & & & & \lambda^k
\end{bmatrix}
\tag{2.2.26}
$$

给出 $\boldsymbol{A}^k$ 的计算式(2.2.26)后,将其代入式(2.2.22)中,可得

$$
e^{At}=\sum_{k=0}^{\infty}\frac{1}{k!}\begin{bmatrix}
\lambda^k & k\lambda^{k-1} & \frac{k(k-1)}{2!}\lambda^{k-2} & \frac{k(k-1)(k-2)}{3!}\lambda^{k-3} & \cdots & \frac{k(k-1)\cdots(k-n+2)}{(n-1)!}\lambda^{k-n+1}\\
 & \lambda^k & k\lambda^{k-1} & \frac{k(k-1)}{2!}\lambda^{k-2} & \ddots & \vdots\\
 & & \lambda^k & \ddots & \ddots & \frac{k(k-1)(k-2)}{3!}\lambda^{k-3}\\
 & & & \ddots & k\lambda^{k-1} & \frac{k(k-1)}{2!}\lambda^{k-2}\\
 & & & & \lambda^k & k\lambda^{k-1}\\
\mathbf{0} & & & & & \lambda^k
\end{bmatrix}t^k \tag{2.2.27}
$$

对上式等号右侧矩阵中各个元素进行分析整理，有

$$
\sum_{k=0}^{\infty}\frac{1}{k!}\lambda^k t^k=1+\lambda t+\frac{1}{2!}\lambda^2t^2+\cdots=e^{\lambda t} \tag{2.2.28}
$$

$$
\sum_{k=0}^{\infty}\frac{1}{k!}k\lambda^{k-1}t^k=\sum_{k-1=0}^{\infty}\frac{1}{(k-1)!}\lambda^{k-1}t^{k-1}t=\left(1+\lambda t+\frac{1}{2!}\lambda^2t^2+\cdots\right)t=e^{\lambda t}t \tag{2.2.29}
$$

$$
\begin{aligned}
\sum_{k=0}^{\infty}\frac{1}{k!}\frac{k(k-1)}{2!}\lambda^{k-2}t^k&=\frac{1}{2!}\sum_{k-2=0}^{\infty}\frac{1}{(k-2)!}\lambda^{k-2}t^{k-2}t^2\\
&=\frac{1}{2!}\left(1+\lambda t+\frac{1}{2!}\lambda^2t^2+\cdots\right)t^2\\
&=\frac{1}{2!}e^{\lambda t}t^2
\end{aligned} \tag{2.2.30}
$$

$$
\begin{aligned}
\sum_{k=0}^{\infty}\frac{1}{k!}\frac{k(k-1)(k-2)}{3!}\lambda^{k-3}t^k&=\frac{1}{3!}\sum_{k-3=0}^{\infty}\frac{1}{(k-3)!}\lambda^{k-3}t^{k-3}t^3\\
&=\frac{1}{3!}\left(1+\lambda t+\frac{1}{2!}\lambda^2t^2+\cdots\right)t^3\\
&=\frac{1}{3!}e^{\lambda t}t^3
\end{aligned} \tag{2.2.31}
$$

$$
\begin{aligned}
\sum_{k=0}^{\infty}\frac{1}{k!}\frac{k(k-1)\cdots(k-n+2)}{(n-1)!}\lambda^{k-n+1}t^k&=\frac{1}{(n-1)!}\sum_{k-n+1=0}^{\infty}\frac{1}{(k-n+1)!}\lambda^{k-n+1}t^{k-n+1}t^{n-1}\\
&=\frac{1}{(n-1)!}\left(1+\lambda t+\frac{1}{2!}\lambda^2t^2+\cdots\right)t^{n-1}\\
&=\frac{1}{(n-1)!}e^{\lambda t}t^{n-1}
\end{aligned} \tag{2.2.32}
$$

结合式(2.2.27)～(2.2.32)，可以给出 e^{At} 的计算式(2.2.21)。

④ 如果 $\boldsymbol{A}$ 为一般形式的矩阵，且矩阵 $\boldsymbol{A}$ 的特征值为 n 重根 λ，若能找到合适的非奇异矩阵 $\boldsymbol{P}$，通过线性变换将系统状态空间表达式变换为相应的约当标准型，使得矩阵 $\boldsymbol{A}$ 能够变换为式(2.2.20)形式的上三角矩阵，即

$$P^{-1}AP=\begin{bmatrix}\lambda & 1 & & & & \mathbf{0}\\ & \lambda & 1 & & & \\ & & \lambda & \ddots & & \\ & & & \ddots & 1 & \\ & & & & \lambda & 1\\ \mathbf{0} & & & & & \lambda\end{bmatrix}_{n\times n} \tag{2.2.33}$$

在这种情况下，有

$$e^{At}=P\begin{bmatrix}e^{\lambda t} & e^{\lambda t}t & \frac{1}{2!}e^{\lambda t}t^2 & \frac{1}{3!}e^{\lambda t}t^3 & \cdots & \frac{1}{(n-1)!}e^{\lambda t}t^{n-1}\\ & e^{\lambda t} & e^{\lambda t}t & \frac{1}{2!}e^{\lambda t}t^2 & \ddots & \vdots\\ & & e^{\lambda t} & \ddots & \ddots & \frac{1}{3!}e^{\lambda t}t^3\\ & & & \ddots & e^{\lambda t}t & \frac{1}{2!}e^{\lambda t}t^2\\ & & & & e^{\lambda t} & e^{\lambda t}t\\ \mathbf{0} & & & & & e^{\lambda t}\end{bmatrix}P^{-1} \tag{2.2.34}$$

这个结论的获得与情况②相同，这里不再赘述。

⑤ 如果 A 为如下形式的矩阵

$$A=\left[\begin{array}{cccc|ccc}\lambda_1 & 1 & & \mathbf{0} & & & \mathbf{0}\\ & \lambda_1 & \ddots & & & & \\ & & \ddots & 1 & & & \\ \mathbf{0} & & & \lambda_1 & & & \\ \hline & & & & \lambda_{q+1} & & \mathbf{0}\\ & & & & & \ddots & \\ \mathbf{0} & & & & \mathbf{0} & & \lambda_n\end{array}\right] \tag{2.2.35}$$

在这种情况下，有

$$e^{At}=\left[\begin{array}{ccccc|ccc}e^{\lambda_1 t} & e^{\lambda_1 t}t & \frac{1}{2!}e^{\lambda_1 t}t^2 & \cdots & \frac{1}{(q-1)!}e^{\lambda_1 t}t^{q-1} & & & \mathbf{0}\\ & e^{\lambda_1 t} & e^{\lambda_1 t}t & \ddots & \vdots & & & \\ & & \ddots & \ddots & \frac{1}{2!}e^{\lambda_1 t}t^2 & & & \\ & & & e^{\lambda_1 t} & e^{\lambda_1 t}t & & & \\ \mathbf{0} & & & & e^{\lambda_1 t} & & & \\ \hline & & & & & e^{\lambda_{q+1} t} & & \mathbf{0}\\ & & & & & & \ddots & \\ \mathbf{0} & & & & & \mathbf{0} & & e^{\lambda_n t}\end{array}\right] \tag{2.2.36}$$

这个结论可以从情况①和③直接获得。

⑥ 如果 A 为一般形式的矩阵，且 A 的特征值为 q 重根 λ_1 和 $n-q$ 个单根 $\lambda_{q+1},\lambda_{q+2},\cdots,\lambda_n$，

若能找到合适的非奇异矩阵 $\boldsymbol{P}$，通过线性变换将系统状态空间表达式变换为相应的约当标准型，使得矩阵 $\boldsymbol{A}$ 能够变换为式(2.2.35)形式的矩阵，即

$$\boldsymbol{P}^{-1}\boldsymbol{A}\boldsymbol{P}=\left[\begin{array}{cccc:ccc}\lambda_1 & 1 & & \boldsymbol{0} & & & \boldsymbol{0}\\ & \lambda_1 & \ddots & & & & \\ & & \ddots & 1 & & & \\ \boldsymbol{0} & & & \lambda_1 & & & \\ \hdashline & & & & \lambda_{q+1} & & \boldsymbol{0}\\ & & & & & \ddots & \\ \boldsymbol{0} & & & & \boldsymbol{0} & & \lambda_n\end{array}\right] \tag{2.2.37}$$

在这种情况下，有

$$\mathrm{e}^{\boldsymbol{A}t}=\boldsymbol{P}\left[\begin{array}{ccccc:ccc}\mathrm{e}^{\lambda_1 t} & \mathrm{e}^{\lambda_1 t}t & \frac{1}{2!}\mathrm{e}^{\lambda_1 t}t^2 & \cdots & \frac{1}{(q-1)!}\mathrm{e}^{\lambda_1 t}t^{q-1} & & & \boldsymbol{0}\\ & \mathrm{e}^{\lambda_1 t} & \mathrm{e}^{\lambda_1 t}t & \ddots & \vdots & & & \\ & & \ddots & \ddots & \frac{1}{2!}\mathrm{e}^{\lambda_1 t}t^2 & & & \\ & & & \mathrm{e}^{\lambda_1 t} & \mathrm{e}^{\lambda_1 t}t & & & \\ \boldsymbol{0} & & & & \mathrm{e}^{\lambda_1 t} & & & \\ \hdashline & & & & & \mathrm{e}^{\lambda_{q+1} t} & & \boldsymbol{0}\\ & & & & & & \ddots & \\ \boldsymbol{0} & & & & & \boldsymbol{0} & & \mathrm{e}^{\lambda_n t}\end{array}\right]\boldsymbol{P}^{-1} \tag{2.2.38}$$

这个结论的获得与情况②或者④相同，这里不再赘述。

通过①～⑥中的阐述可以知道，将系统状态空间表达式变换为相应的约当标准型可以容易计算状态转移矩阵 $\mathrm{e}^{\boldsymbol{A}t}$。结合第 1.4.3 节中状态空间表达式的约当标准型可知：如果矩阵 $\boldsymbol{A}$ 的特征值无重根，式(2.2.19)中的非奇异矩阵 $\boldsymbol{P}$ 为约当标准型中式(1.4.11)中的变换矩阵 $\boldsymbol{P}$；如果矩阵 $\boldsymbol{A}$ 的特征值有重根，式(2.2.34)和式(2.2.38)中的非奇异矩阵 $\boldsymbol{P}$ 分别为约当标准型中式(1.4.12)和式(1.4.13)中的变换矩阵 $\boldsymbol{P}$。

【例 2.2.1】 系统状态方程为

$$\dot{\boldsymbol{x}}=\begin{bmatrix}0 & 1 & 0\\ 3 & 0 & 2\\ -12 & -7 & -6\end{bmatrix}\boldsymbol{x} \tag{2.2.39}$$

试计算状态转移矩阵 $\mathrm{e}^{\boldsymbol{A}t}$。

解： 由式(2.2.39)知，系统中

$$\boldsymbol{A}=\begin{bmatrix}0 & 1 & 0\\ 3 & 0 & 2\\ -12 & -7 & -6\end{bmatrix} \tag{2.2.40}$$

系统的特征值已在**【例 1.4.1】**中给出为

$$\lambda_1=-1,\quad \lambda_2=-2,\quad \lambda_3=-3 \tag{2.2.41}$$

全部为单根,且变换矩阵为

$$P=\begin{bmatrix}4&-2&1\\-4&4&-3\\-4&-1&3\end{bmatrix},\quad P^{-1}=\frac{1}{8}\begin{bmatrix}9&5&2\\24&16&8\\20&12&8\end{bmatrix} \tag{2.2.42}$$

根据式(2.2.16),则系统的状态转移矩阵为

$$\begin{aligned}e^{At}&=P\begin{bmatrix}e^{\lambda_1 t}&0&0\\0&e^{\lambda_2 t}&0\\0&0&e^{\lambda_3 t}\end{bmatrix}P^{-1}\\&=\begin{bmatrix}4&-2&1\\-4&4&-3\\-4&-1&3\end{bmatrix}\begin{bmatrix}e^{-t}&0&0\\0&e^{-2t}&0\\0&0&e^{-3t}\end{bmatrix}\frac{1}{8}\begin{bmatrix}9&5&2\\24&16&8\\20&12&8\end{bmatrix}\\&=\frac{1}{2}\begin{bmatrix}9e^{-t}-12e^{-2t}+5e^{-3t}&5e^{-t}-8e^{-2t}+3e^{-3t}&2e^{-t}-4e^{-2t}+2e^{-3t}\\-9e^{-t}+24e^{-2t}-15e^{-3t}&-5e^{-t}+16e^{-2t}-9e^{-3t}&-2e^{-t}+8e^{-2t}-6e^{-3t}\\-9e^{-t}-6e^{-2t}+15e^{-3t}&-5e^{-t}-4e^{-2t}+9e^{-3t}&-2e^{-t}-2e^{-2t}+6e^{-3t}\end{bmatrix}\end{aligned} \tag{2.2.43}$$

【例 2.2.2】 系统状态方程为

$$\dot{x}=\begin{bmatrix}4&1&-2\\1&0&2\\1&-1&3\end{bmatrix}x \tag{2.2.44}$$

试计算状态转移矩阵 e^{At}。

解: 由式(2.2.44)知,系统中

$$A=\begin{bmatrix}4&1&-2\\1&0&2\\1&-1&3\end{bmatrix} \tag{2.2.45}$$

系统的特征值已在**【例 1.4.2】**中给出为

$$\lambda_{1,2}=3,\quad \lambda_3=1 \tag{2.2.46}$$

其中 $\lambda_{1,2}=3$ 为二重根,$\lambda_3=1$ 为单根,且变换矩阵为

$$P=\begin{bmatrix}-4&-2&0\\-4&2&-2\\-4&2&-1\end{bmatrix},\quad P^{-1}=\frac{1}{8}\begin{bmatrix}-1&1&-2\\-2&-2&4\\0&-8&8\end{bmatrix} \tag{2.2.47}$$

根据式(2.2.38),则系统的状态转移矩阵为

$$\begin{aligned}e^{At}&=P\begin{bmatrix}e^{\lambda_1 t}&e^{\lambda_1 t}t&0\\0&e^{\lambda_1 t}&0\\0&0&e^{\lambda_3 t}\end{bmatrix}P^{-1}\\&=\begin{bmatrix}-4&-2&0\\-4&2&-2\\-4&2&-1\end{bmatrix}\begin{bmatrix}e^{3t}&e^{3t}t&0\\0&e^{3t}&0\\0&0&e^{t}\end{bmatrix}\frac{1}{8}\begin{bmatrix}-1&1&-2\\-2&-2&4\\0&-8&8\end{bmatrix}\end{aligned}$$

$$=\begin{bmatrix}(t+1)e^{3t} & te^{3t} & -2te^{3t}\\ te^{3t} & (t-1)e^{3t}+2e^{t} & (2-2t)e^{3t}-2e^{t}\\ te^{3t} & (t-1)e^{3t}+e^{t} & (2-2t)e^{3t}-e^{t}\end{bmatrix} \tag{2.2.48}$$

3. 利用拉普拉斯变换法计算 e^{At}

定义时域内的函数 $\boldsymbol{x}(t)$对应于 s 域的象函数为 $\boldsymbol{X}(s)$，也就是 $\boldsymbol{x}(t)$的拉普拉斯变换为 $\boldsymbol{X}(s)$，即$\wp[\boldsymbol{x}(t)]=\boldsymbol{X}(s)$。利用拉普拉斯变换的微分性质，有

$$\wp[\dot{\boldsymbol{x}}(t)]=s\boldsymbol{X}(s)-\boldsymbol{x}(0) \tag{2.2.49}$$

那么，在微分方程(2.1.1)等号左右两侧同时取拉普拉斯变换，可得

$$s\boldsymbol{X}(s)-\boldsymbol{x}(0)=\boldsymbol{A}\boldsymbol{X}(s) \tag{2.2.50}$$

也就是

$$(s\boldsymbol{I}-\boldsymbol{A})\boldsymbol{X}(s)=\boldsymbol{x}(0) \tag{2.2.51}$$

整理上式后，有

$$\boldsymbol{X}(s)=(s\boldsymbol{I}-\boldsymbol{A})^{-1}\boldsymbol{x}(0) \tag{2.2.52}$$

在式(2.2.52)等号左右两侧同时取拉普拉斯反变换，从而得到齐次微分方程(2.1.1)的解 $\boldsymbol{x}(t)$为

$$\boldsymbol{x}(t)=\wp^{-1}[(s\boldsymbol{I}-\boldsymbol{A})^{-1}]\boldsymbol{x}(0) \tag{2.2.53}$$

将上式和式(2.1.11)相比较，则有状态转移矩阵 e^{At} 的计算式为

$$e^{\boldsymbol{A}t}=\wp^{-1}[(s\boldsymbol{I}-\boldsymbol{A})^{-1}] \tag{2.2.54}$$

式(2.2.54)即为利用拉普拉斯变换法计算状态转移矩阵 e^{At} 的方程式。该方程式需首先计算矩阵 $s\boldsymbol{I}-\boldsymbol{A}$ 的逆矩阵，然后计算该逆矩阵的拉普拉斯反变换。除此之外，通过方程式(2.2.54)，还可以得到一个结论，也就是状态转移矩阵 e^{At} 的拉普拉斯变换为$(s\boldsymbol{I}-\boldsymbol{A})^{-1}$，即

$$\wp[e^{\boldsymbol{A}t}]=(s\boldsymbol{I}-\boldsymbol{A})^{-1} \tag{2.2.55}$$

【例 2.2.3】 系统状态方程为

$$\dot{\boldsymbol{x}}=\begin{bmatrix}0 & 1 & 0\\ 3 & 0 & 2\\ -12 & -7 & -6\end{bmatrix}\boldsymbol{x} \tag{2.2.56}$$

试利用拉普拉斯变换法计算状态转移矩阵 e^{At}。

解：由式(2.5.56)知，系统中

$$\boldsymbol{A}=\begin{bmatrix}0 & 1 & 0\\ 3 & 0 & 2\\ -12 & -7 & -6\end{bmatrix} \tag{2.2.57}$$

首先计算矩阵 $s\boldsymbol{I}-\boldsymbol{A}$，得

$$s\boldsymbol{I}-\boldsymbol{A}=\begin{bmatrix}s & 0 & 0\\ 0 & s & 0\\ 0 & 0 & s\end{bmatrix}-\begin{bmatrix}0 & 1 & 0\\ 3 & 0 & 2\\ -12 & -7 & -6\end{bmatrix}=\begin{bmatrix}s & -1 & 0\\ -3 & s & -2\\ 12 & 7 & s+6\end{bmatrix} \tag{2.2.58}$$

于是，矩阵 $s\boldsymbol{I}-\boldsymbol{A}$ 的行列式为

$$|s\boldsymbol{I}-\boldsymbol{A}|=\begin{vmatrix}s & -1 & 0\\ -3 & s & -2\\ 12 & 7 & s+6\end{vmatrix}=(s+1)(s+2)(s+3) \tag{2.2.59}$$

其次利用伴随矩阵方法计算$(s\boldsymbol{I}-\boldsymbol{A})^{-1}$。矩阵$s\boldsymbol{I}-\boldsymbol{A}$的伴随矩阵$\mathrm{adj}(s\boldsymbol{I}-\boldsymbol{A})$为

$$\mathrm{adj}(s\boldsymbol{I}-\boldsymbol{A})=\begin{bmatrix} s^2+6s+14 & s+6 & 2 \\ 3s-6 & s^2+6s & 2s \\ -12s-21 & -7s-12 & s^2-3 \end{bmatrix} \tag{2.2.60}$$

结合式(2.2.59)和式(2.2.60)，则

$$\begin{aligned}
&(s\boldsymbol{I}-\boldsymbol{A})^{-1} \\
&=\frac{1}{|s\boldsymbol{I}-\boldsymbol{A}|}\mathrm{adj}(s\boldsymbol{I}-\boldsymbol{A}) \\
&=\frac{1}{(s+1)(s+2)(s+3)}\begin{bmatrix} s^2+6s+14 & s+6 & 2 \\ 3s-6 & s^2+6s & 2s \\ -12s-21 & -7s-12 & s^2-3 \end{bmatrix} \\
&=\begin{bmatrix} \frac{s^2+6s+14}{(s+1)(s+2)(s+3)} & \frac{s+6}{(s+1)(s+2)(s+3)} & \frac{2}{(s+1)(s+2)(s+3)} \\ \frac{3s-6}{(s+1)(s+2)(s+3)} & \frac{s^2+6s}{(s+1)(s+2)(s+3)} & \frac{2s}{(s+1)(s+2)(s+3)} \\ \frac{-12s-21}{(s+1)(s+2)(s+3)} & \frac{-7s-12}{(s+1)(s+2)(s+3)} & \frac{s^2-3}{(s+1)(s+2)(s+3)} \end{bmatrix} \\
&=\begin{bmatrix} \frac{\frac{9}{2}}{s+1}-\frac{6}{s+2}+\frac{\frac{5}{2}}{s+3} & \frac{\frac{5}{2}}{s+1}-\frac{4}{s+2}+\frac{\frac{3}{2}}{s+3} & \frac{1}{s+1}-\frac{2}{s+2}+\frac{1}{s+3} \\ \frac{-\frac{9}{2}}{s+1}+\frac{12}{s+2}-\frac{\frac{15}{2}}{s+3} & \frac{-\frac{5}{2}}{s+1}+\frac{8}{s+2}-\frac{\frac{9}{2}}{s+3} & \frac{-1}{s+1}+\frac{4}{s+2}-\frac{3}{s+3} \\ \frac{-\frac{9}{2}}{s+1}-\frac{3}{s+2}+\frac{\frac{15}{2}}{s+3} & \frac{-\frac{5}{2}}{s+1}-\frac{2}{s+2}+\frac{\frac{9}{2}}{s+3} & \frac{-1}{s+1}-\frac{1}{s+2}+\frac{3}{s+3} \end{bmatrix}
\end{aligned} \tag{2.2.61}$$

从式(2.2.54)和式(2.2.61)可以给出系统(2.2.56)的状态转移矩阵为

$$\begin{aligned}
\mathrm{e}^{\boldsymbol{A}t}&=\mathscr{L}^{-1}\left[(s\boldsymbol{I}-\boldsymbol{A})^{-1}\right] \\
&=\frac{1}{2}\begin{bmatrix} 9\mathrm{e}^{-t}-12\mathrm{e}^{-2t}+5\mathrm{e}^{-3t} & 5\mathrm{e}^{-t}-8\mathrm{e}^{-2t}+3\mathrm{e}^{-3t} & 2\mathrm{e}^{-t}-4\mathrm{e}^{-2t}+2\mathrm{e}^{-3t} \\ -9\mathrm{e}^{-t}+24\mathrm{e}^{-2t}-15\mathrm{e}^{-3t} & -5\mathrm{e}^{-t}+16\mathrm{e}^{-2t}-9\mathrm{e}^{-3t} & -2\mathrm{e}^{-t}+8\mathrm{e}^{-2t}-6\mathrm{e}^{-3t} \\ -9\mathrm{e}^{-t}-6\mathrm{e}^{-2t}+15\mathrm{e}^{-3t} & -5\mathrm{e}^{-t}-4\mathrm{e}^{-2t}+9\mathrm{e}^{-3t} & -2\mathrm{e}^{-t}-2\mathrm{e}^{-2t}+6\mathrm{e}^{-3t} \end{bmatrix}
\end{aligned} \tag{2.2.62}$$

4. 利用凯莱-哈密顿定理计算 $\mathrm{e}^{\boldsymbol{A}t}$

由凯莱-哈密顿定理，方阵$\boldsymbol{A}$满足其自身的特征方程，即

$$\boldsymbol{A}^n+a_{n-1}\boldsymbol{A}^{n-1}+\cdots+a_1\boldsymbol{A}+a_0\boldsymbol{I}=\boldsymbol{0} \tag{2.2.63}$$

于是，可得

$$\boldsymbol{A}^n=-a_{n-1}\boldsymbol{A}^{n-1}-a_{n-2}\boldsymbol{A}^{n-2}-\cdots-a_1\boldsymbol{A}-a_0\boldsymbol{I} \tag{2.2.64}$$

明显地，$\boldsymbol{A}^n$是$\boldsymbol{A}^{n-1},\boldsymbol{A}^{n-2},\cdots,\boldsymbol{A},\boldsymbol{I}$的线性组合。

从而有

$$\begin{aligned}\boldsymbol{A}^{n+1}&=\boldsymbol{A}\cdot\boldsymbol{A}^{n}\\&=\boldsymbol{A}(-a_{n-1}\boldsymbol{A}^{n-1}-a_{n-2}\boldsymbol{A}^{n-2}-\cdots-a_{1}\boldsymbol{A}-a_{0}\boldsymbol{I})\\&=-a_{n-1}\boldsymbol{A}^{n}-a_{n-2}\boldsymbol{A}^{n-1}-\cdots-a_{1}\boldsymbol{A}^{2}-a_{0}\boldsymbol{A}\\&=-a_{n-1}(-a_{n-1}\boldsymbol{A}^{n-1}-a_{n-2}\boldsymbol{A}^{n-2}-\cdots-a_{1}\boldsymbol{A}-a_{0}\boldsymbol{I})-a_{n-2}\boldsymbol{A}^{n-1}-\cdots-a_{1}\boldsymbol{A}^{2}-a_{0}\boldsymbol{A}\\&=-\beta_{n-1}\boldsymbol{A}^{n-1}-\beta_{n-2}\boldsymbol{A}^{n-2}-\cdots-\beta_{1}\boldsymbol{A}-\beta_{0}\boldsymbol{I}\end{aligned}\tag{2.2.65}$$

同样地，$\boldsymbol{A}^{n+1}$ 也是 $\boldsymbol{A}^{n-1},\boldsymbol{A}^{n-2},\cdots,\boldsymbol{A},\boldsymbol{I}$ 的线性组合。

以此类推，$\boldsymbol{A}^{n+2},\boldsymbol{A}^{n+3},\cdots$ 都是 $\boldsymbol{A}^{n-1},\boldsymbol{A}^{n-2},\cdots,\boldsymbol{A},\boldsymbol{I}$ 的线性组合。这意味着在 $e^{\boldsymbol{A}t}$ 定义式(2.1.10)中，$\boldsymbol{A}$ 的 n 及 n 以上的幂次项都可以用 $\boldsymbol{A}^{n-1},\boldsymbol{A}^{n-2},\cdots,\boldsymbol{A},\boldsymbol{I}$ 进行线性表示，将这些线性表示代入 $e^{\boldsymbol{A}t}$ 定义式(2.1.10)中，那么在可以消去 $\boldsymbol{A}$ 的 n 及 n 以上的幂次项，也就是 $e^{\boldsymbol{A}t}$ 中仅仅剩下 $\boldsymbol{A}^{n-1},\boldsymbol{A}^{n-2},\cdots,\boldsymbol{A},\boldsymbol{I}$ 这 n 项的组合，即

$$\begin{aligned}e^{\boldsymbol{A}t}&=\boldsymbol{I}+\boldsymbol{A}t+\frac{1}{2!}\boldsymbol{A}^{2}t^{2}+\cdots+\frac{1}{(n-1)!}\boldsymbol{A}^{n-1}t^{n-1}+\frac{1}{n!}\boldsymbol{A}^{n}t^{n}+\cdots\\&=\alpha_{n-1}(t)\boldsymbol{A}^{n-1}+\alpha_{n-2}(t)\boldsymbol{A}^{n-2}+\cdots+\alpha_{1}(t)\boldsymbol{A}+\alpha_{0}(t)\boldsymbol{I}\end{aligned}\tag{2.2.66}$$

式中：系数 $\alpha_i(i=0,1,\cdots,n-1)$是时间 t 的函数。

对于具体的系统，给出系统矩阵 $\boldsymbol{A}$，再利用由凯莱-哈密顿定理计算状态转移矩阵 $e^{\boldsymbol{A}t}$，其实即为计算式(2.2.66)中的系数 $\alpha_i(t)(i=0,1,\cdots,n-1)$。

下面给出 $\alpha_i(t)$的一般性计算方法。式(2.2.66)中的系数 $\alpha_i(t)(i=0,1,\cdots,n-1)$一共有 n 个，如果要计算出这 n 个系数，需要 n 个互不等价的方程式。

(1) 矩阵 A 的特征值无重根

假设矩阵 $\boldsymbol{A}$ 的 n 个特征值 $\lambda_1,\lambda_2,\cdots,\lambda_n$ 都为单根，将式(2.2.66)中的矩阵 $\boldsymbol{A}$ 用 $\lambda_1,\lambda_2,\cdots,\lambda_n$ 分别进行替换，则有方程组

$$\begin{cases}e^{\lambda_1 t}=\alpha_0(t)+\alpha_1(t)\lambda_1+\cdots+\alpha_{n-1}(t)\lambda_1^{n-1}\\e^{\lambda_2 t}=\alpha_0(t)+\alpha_1(t)\lambda_2+\cdots+\alpha_{n-1}(t)\lambda_2^{n-1}\\\qquad\vdots\\e^{\lambda_n t}=\alpha_0(t)+\alpha_1(t)\lambda_n+\cdots+\alpha_{n-1}(t)\lambda_n^{n-1}\end{cases}\tag{2.2.67}$$

将上式整理成矩阵形式为

$$\begin{bmatrix}e^{\lambda_1 t}\\e^{\lambda_2 t}\\\vdots\\e^{\lambda_n t}\end{bmatrix}=\begin{bmatrix}1&\lambda_1&\lambda_1^2&\cdots&\lambda_1^{n-1}\\1&\lambda_2&\lambda_2^2&\cdots&\lambda_2^{n-1}\\\vdots&\vdots&\vdots&\vdots&\vdots\\1&\lambda_n&\lambda_n^2&\cdots&\lambda_n^{n-1}\end{bmatrix}\begin{bmatrix}\alpha_0(t)\\\alpha_1(t)\\\vdots\\\alpha_{n-1}(t)\end{bmatrix}\tag{2.2.68}$$

由于 $\lambda_1,\lambda_2,\cdots,\lambda_n$ 是互异的，这意味着方程组(2.2.67)中的各方程式互不等价(线性无关)，也就是矩阵 $\begin{bmatrix}1&\lambda_1&\lambda_1^2&\cdots&\lambda_1^{n-1}\\1&\lambda_2&\lambda_2^2&\cdots&\lambda_2^{n-1}\\\vdots&\vdots&\vdots&\vdots&\vdots\\1&\lambda_n&\lambda_n^2&\cdots&\lambda_n^{n-1}\end{bmatrix}$ 是非奇异的，那么改写式(2.2.68)可以给出这种情况下系数 $\alpha_i(t)(i=0,1,\cdots,n-1)$的计算式为

$$\begin{bmatrix} \alpha_0(t) \\ \alpha_1(t) \\ \vdots \\ \alpha_{n-1}(t) \end{bmatrix} = \begin{bmatrix} 1 & \lambda_1 & \lambda_1^2 & \cdots & \lambda_1^{n-1} \\ 1 & \lambda_2 & \lambda_2^2 & \cdots & \lambda_2^{n-1} \\ \vdots & \vdots & \vdots & \vdots & \vdots \\ 1 & \lambda_n & \lambda_n^2 & \cdots & \lambda_n^{n-1} \end{bmatrix}^{-1} \begin{bmatrix} e^{\lambda_1 t} \\ e^{\lambda_2 t} \\ \vdots \\ e^{\lambda_n t} \end{bmatrix} \tag{2.2.69}$$

(2) 矩阵 $\boldsymbol{A}$ 的特征值为 n 重根

假设矩阵 $\boldsymbol{A}$ 的 n 个特征值相同，均为 λ，则

$$\alpha_0(t)+\alpha_1(t)\lambda+\alpha_2(t)\lambda^2+\alpha_3(t)\lambda^3+\cdots+\alpha_{n-1}(t)\lambda^{n-1}=e^{\lambda t} \tag{2.2.70}$$

在式(2.2.70)等号左右两侧同时对 λ 求 1 阶导数，有

$$\alpha_1(t)+2\alpha_2(t)\lambda+3\alpha_3(t)\lambda^2+\cdots+(n-1)\alpha_{n-1}(t)\lambda^{n-2}=te^{\lambda t} \tag{2.2.71}$$

在式(2.2.70)等号左右两侧同时对 λ 求 2 阶导数，有

$$2\alpha_2(t)+6\alpha_3(t)\lambda+\cdots+(n-1)(n-2)\alpha_{n-1}(t)\lambda^{n-3}=t^2e^{\lambda t} \tag{2.2.72}$$

以此类推，在式(2.2.70)等号左右两侧同时对 λ 求 k 阶导数，有

$$k!\ \alpha_k(t)+(k+1)k(k-1)\cdots 2\alpha_{k+1}(t)\lambda+\cdots+(n-1)(n-2)\cdots(n-k)\alpha_{n-1}(t)\lambda^{n-k-1}=t^ke^{\lambda t} \tag{2.2.73}$$

即

$$\alpha_k(t)+\frac{(k+1)k(k-1)\cdots 2}{k!}\lambda\alpha_{k+1}(t)+\cdots+\frac{(n-1)(n-2)\cdots(n-k)}{k!}\lambda^{n-k-1}\alpha_{n-1}(t)=\frac{1}{k!}t^ke^{\lambda t} \tag{2.2.74}$$

最终，在式(2.2.70)等号左右两侧同时对 λ 求 $n-1$ 阶导数，有

$$(n-1)!\ \alpha_{n-1}(t)=t^{n-1}e^{\lambda t} \tag{2.2.75}$$

即

$$\alpha_{n-1}(t)=\frac{1}{(n-1)!}t^{n-1}e^{\lambda t} \tag{2.2.76}$$

从式(2.2.70)开始（相当于对 λ 求 0 阶导数）到式(2.2.76)对 λ 求 $n-1$ 阶导数，一共获得 n 个方程，即

$$\begin{aligned}
&\alpha_0(t)+\lambda\alpha_1(t)+\lambda^2\alpha_2(t)+\lambda^3\alpha_3(t)+\cdots+\lambda^k\alpha_k(t)\cdots+\lambda^{n-1}\alpha_{n-1}(t)=e^{\lambda t}\\
&\alpha_1(t)+\frac{2}{1!}\lambda\alpha_2(t)+\frac{3}{1!}\lambda^2\alpha_3(t)+\cdots+\frac{k}{1!}\lambda^{k-1}\alpha_k(t)\cdots+\frac{(n-1)}{1!}\lambda^{n-2}\alpha_{n-1}(t)=\frac{1}{1!}te^{\lambda t}\\
&\alpha_2(t)+\frac{3\times 2}{2!}\lambda\alpha_3(t)+\cdots+\frac{k(k-1)}{2!}\lambda^{k-2}\alpha_k(t)\cdots+\frac{(n-1)(n-2)}{2!}\lambda^{n-3}\alpha_{n-1}(t)=\frac{1}{2!}t^2e^{\lambda t}\\
&\alpha_3(t)+\frac{4\times 3\times 2}{3!}\lambda\alpha_4(t)+\cdots+\frac{k(k-1)(k-2)}{3!}\lambda^{k-3}\alpha_k(t)\cdots\\
&\qquad\qquad+\frac{(n-1)(n-2)(n-3)}{3!}\alpha_{n-1}(t)\lambda^{n-4}=\frac{1}{3!}t^3e^{\lambda t}\\
&\qquad\vdots\\
&\alpha_k(t)+\frac{(k+1)k(k-1)\cdots 2}{k!}\lambda\alpha_{k+1}(t)+\cdots+\frac{(n-1)(n-2)\cdots(n-k)}{k!}\lambda^{n-k-1}\alpha_{n-1}(t)=\frac{1}{k!}t^ke^{\lambda t}\\
&\qquad\vdots\\
&\alpha_{n-1}(t)=\frac{1}{(n-1)!}t^{n-1}e^{\lambda t}
\end{aligned} \tag{2.2.77}$$

利用这 n 个方程可以对 $\alpha_i(i=0,1,\cdots,n-1)$ 进行求解，也就是将上式整理成矩阵形式，有

$$\begin{bmatrix} 1 & \lambda & \lambda^2 & \lambda^3 & \cdots & \lambda^k & \cdots & \lambda^{n-1} \\ & 1 & \frac{2}{1!}\lambda & \frac{3}{1!}\lambda^2 & \cdots & \frac{k}{1!}\lambda^{k-1} & \cdots & \frac{(n-1)}{1!}\lambda^{n-2} \\ & & 1 & \frac{3\times 2}{2!}\lambda & \cdots & \frac{k(k-1)}{2!}\lambda^{k-2} & \cdots & \frac{(n-1)(n-2)}{2!}\lambda^{n-3} \\ & & & 1 & \cdots & \frac{k(k-1)(k-2)}{3!}\lambda^{k-3} & \cdots & \frac{(n-1)(n-2)(n-3)}{3!}\lambda^{n-4} \\ & & & & \ddots & \vdots & \vdots & \vdots \\ & & & & & 1 & \cdots & \frac{(n-1)(n-2)\cdots(n-k)}{k!}\lambda^{n-k-1} \\ & & & & & & \ddots & \vdots \\ \mathbf{0} & & & & & & & 1 \end{bmatrix} \times \begin{bmatrix} \alpha_0(t) \\ \alpha_1(t) \\ \alpha_2(t) \\ \alpha_3(t) \\ \vdots \\ \alpha_k(t) \\ \vdots \\ \alpha_{n-1}(t) \end{bmatrix} = \begin{bmatrix} e^{\lambda t} \\ \frac{1}{1!}t e^{\lambda t} \\ \frac{1}{2!}t^2 e^{\lambda t} \\ \frac{1}{3!}t^3 e^{\lambda t} \\ \vdots \\ \frac{1}{k!}t^k e^{\lambda t} \\ \vdots \\ \frac{1}{(n-1)!}t^{n-1} e^{\lambda t} \end{bmatrix} \tag{2.2.78}$$

上式等号左侧第一个矩阵是上三角矩阵，且主对角线上的元素都为 1，因此不论特征值 λ 如何取值，该矩阵一定是满秩的，也就是非奇异的。那么系数 $\alpha_i(i=0,1,\cdots,n-1)$ 的计算式为

$$\begin{bmatrix} \alpha_0(t) \\ \alpha_1(t) \\ \alpha_2(t) \\ \alpha_3(t) \\ \vdots \\ \alpha_k(t) \\ \vdots \\ \alpha_{n-1}(t) \end{bmatrix} =$$

$$\begin{bmatrix} 1 & \lambda & \lambda^2 & \lambda^3 & \cdots & \lambda^k & \cdots & \lambda^{n-1} \\ & 1 & \frac{2}{1!}\lambda & \frac{3}{1!}\lambda^2 & \cdots & \frac{k}{1!}\lambda^{k-1} & \cdots & \frac{(n-1)}{1!}\lambda^{n-2} \\ & & 1 & \frac{3\times 2}{2!}\lambda & \cdots & \frac{k(k-1)}{2!}\lambda^{k-2} & \cdots & \frac{(n-1)(n-2)}{2!}\lambda^{n-3} \\ & & & 1 & \cdots & \frac{k(k-1)(k-2)}{3!}\lambda^{k-3} & \cdots & \frac{(n-1)(n-2)(n-3)}{3!}\lambda^{n-4} \\ & & & & \ddots & \vdots & \vdots & \vdots \\ & & & & & 1 & \cdots & \frac{(n-1)(n-2)\cdots(n-k)}{k!}\lambda^{n-k-1} \\ & & & & & & \ddots & \vdots \\ \mathbf{0} & & & & & & & 1 \end{bmatrix}^{-1} \times$$

$$\begin{bmatrix} e^{\lambda t} \\ \frac{1}{1!}te^{\lambda t} \\ \frac{1}{2!}t^2e^{\lambda t} \\ \frac{1}{3!}t^3e^{\lambda t} \\ \vdots \\ \frac{1}{k!}t^ke^{\lambda t} \\ \vdots \\ \frac{1}{(n-1)!}t^{n-1}e^{\lambda t} \end{bmatrix} \tag{2.2.79}$$

(3) 矩阵 *A* 的特征值单根和重根同时存在

假设 $\boldsymbol{A}$ 的特征值为 q 重根 λ_1 和 $n-q$ 个单根 $\lambda_{q+1},\lambda_{q+2},\cdots,\lambda_n$，此时系数 $\alpha_i(t)$ 的计算式为

$$\begin{bmatrix} \alpha_0(t) \\ \alpha_1(t) \\ \alpha_2(t) \\ \vdots \\ \alpha_{q-1}(t) \\ \alpha_q(t) \\ \vdots \\ \alpha_{n-1}(t) \end{bmatrix} =$$

$$
\begin{bmatrix}
1 & \lambda_1 & \lambda_1^2 & \cdots & \lambda_1^{q-1} & \lambda_1^{q} & \cdots & \lambda_1^{n-1} \\
0 & 1 & \frac{2}{1!}\lambda_1 & \cdots & \frac{q-1}{1!}\lambda_1^{q-2} & \frac{q}{1!}\lambda_1^{q-1} & \cdots & \frac{n-1}{1!}\lambda_1^{n-2} \\
0 & 0 & 1 & \cdots & \frac{(q-1)(q-2)}{2!}\lambda_1^{q-3} & \frac{q(q-1)}{2!}\lambda_1^{q-2} & \cdots & \frac{(n-1)(n-2)}{2!}\lambda_1^{n-3} \\
\vdots & \vdots & \vdots & \vdots & \vdots & \vdots & \vdots & \vdots \\
0 & 0 & 0 & \cdots & 1 & \frac{q(q-1)\cdots 2}{(q-1)!} & \cdots & \frac{(n-1)(n-2)\cdots(n-q+1)}{(q-1)!}\lambda_1^{n-q} \\
1 & \lambda_{q+1} & \lambda_{q+1}^2 & \cdots & \lambda_{q+1}^{q-1} & \lambda_{q+1}^{q} & \cdots & \lambda_{q+1}^{n-1} \\
\vdots & \vdots & \vdots & \vdots & \vdots & \vdots & \vdots & \vdots \\
1 & \lambda_n & \lambda_n^2 & \cdots & \lambda_n^{q-1} & \lambda_n^{q} & \cdots & \lambda_n^{n-1}
\end{bmatrix}^{-1} \times
\begin{bmatrix}
e^{\lambda_1 t} \\
\frac{1}{1!}te^{\lambda_1 t} \\
\frac{1}{2!}t^2 e^{\lambda_1 t} \\
\vdots \\
\frac{1}{(q-1)!}t^{q-1}e^{\lambda_1 t} \\
e^{\lambda_{q+1} t} \\
\vdots \\
e^{\lambda_n t}
\end{bmatrix}
\tag{2.2.80}
$$

这个结论很容易从(1)和(2)中获得,这里不再赘述。

2.3 连续系统非齐次状态方程的解

系统非齐次状态方程即受控系统状态方程,指的是控制输入不为零时的系统状态方程。研究受控系统状态方程的解也就是研究系统在控制输入作用下的强制运动或受控运动,此时系统状态方程为非齐次矩阵微分方程。

考虑连续系统非齐次矩阵微分方程

$$\dot{\boldsymbol{x}}(t)=\boldsymbol{A}\boldsymbol{x}(t)+\boldsymbol{B}\boldsymbol{u}(t) \tag{2.3.1}$$

式中:$\boldsymbol{x}$ 为系统状态,是 n 维列向量;

$\boldsymbol{u}$ 为系统输入,是 r 维列向量;

$\boldsymbol{A}$ 为 $n\times n$ 维系统矩阵;

$\boldsymbol{B}$ 为 $n\times r$ 维输入矩阵。

对于非齐次矩阵微分方程(2.3.1)的解,根据系统初始时刻分为两种情况进行讨论。

1. 初始时刻从 $t=0$ 开始,即初始状态为 $\boldsymbol{x}(0)$

对于初始时刻从 $t=0$ 开始的情况,非齐次矩阵微分方程的解(2.3.1)可以由两种方法给出。

方法 1　首先将式(2.3.1)改写成

$$\dot{\boldsymbol{x}}(t)-\boldsymbol{A}\boldsymbol{x}(t)=\boldsymbol{B}\boldsymbol{u}(t) \tag{2.3.2}$$

在上式等号左右两侧同时左乘矩阵 $\mathrm{e}^{-\boldsymbol{A}t}$，得

$$\mathrm{e}^{-\boldsymbol{A}t}(\dot{\boldsymbol{x}}(t)-\boldsymbol{A}\boldsymbol{x}(t))=\mathrm{e}^{-\boldsymbol{A}t}\boldsymbol{B}\boldsymbol{u}(t) \tag{2.3.3}$$

在对式(2.3.3)进一步处理之前，需要考虑状态转移矩阵 $\mathrm{e}^{\boldsymbol{A}t}$ 的导数性质。将式(2.1.12)中的 $\boldsymbol{A}$ 换成 $-\boldsymbol{A}$，并依据式(2.1.13)和式(2.1.14)，得

$$\frac{\mathrm{d}(\mathrm{e}^{-\boldsymbol{A}t})}{\mathrm{d}t}=-\mathrm{e}^{-\boldsymbol{A}t}\boldsymbol{A} \tag{2.3.4}$$

和

$$\frac{\mathrm{d}(\mathrm{e}^{-\boldsymbol{A}t})}{\mathrm{d}t}=-\boldsymbol{A}\mathrm{e}^{-\boldsymbol{A}t} \tag{2.3.5}$$

当然，也可以有

$$-\boldsymbol{A}\mathrm{e}^{-\boldsymbol{A}t}=\mathrm{e}^{-\boldsymbol{A}t}(-\boldsymbol{A})=-\mathrm{e}^{-\boldsymbol{A}t}\boldsymbol{A} \tag{2.3.6}$$

按照复合函数的求导法则并结合式(2.3.5)中的结果，可得

$$\frac{\mathrm{d}}{\mathrm{d}t}(\mathrm{e}^{-\boldsymbol{A}t}\boldsymbol{x}(t))=\mathrm{e}^{-\boldsymbol{A}t}\dot{\boldsymbol{x}}(t)-\boldsymbol{A}\mathrm{e}^{-\boldsymbol{A}t}\boldsymbol{x}(t) \tag{2.3.7}$$

上式可以写成

$$\frac{\mathrm{d}}{\mathrm{d}t}(\mathrm{e}^{-\boldsymbol{A}t}\boldsymbol{x}(t))=\mathrm{e}^{-\boldsymbol{A}t}(\dot{\boldsymbol{x}}(t)-\boldsymbol{A}\boldsymbol{x}(t)) \tag{2.3.8}$$

根据式(2.3.3)，方程式(2.3.8)即为

$$\frac{\mathrm{d}}{\mathrm{d}t}(\mathrm{e}^{-\boldsymbol{A}t}\boldsymbol{x}(t))=\mathrm{e}^{-\boldsymbol{A}t}\boldsymbol{B}\boldsymbol{u}(t) \tag{2.3.9}$$

在上式等号左右两侧同时取$[0,t]$的积分，有

$$\mathrm{e}^{-\boldsymbol{A}t}\boldsymbol{x}(t)\Big|_0^t=\int_0^t \mathrm{e}^{-\boldsymbol{A}\tau}\boldsymbol{B}\boldsymbol{u}(\tau)\mathrm{d}\tau \tag{2.3.10}$$

即

$$\mathrm{e}^{-\boldsymbol{A}t}\boldsymbol{x}(t)-\boldsymbol{x}(0)=\int_0^t \mathrm{e}^{-\boldsymbol{A}\tau}\boldsymbol{B}\boldsymbol{u}(\tau)\mathrm{d}\tau \tag{2.3.11}$$

整理后可得非齐次矩阵微分方程(2.3.1)的解为

$$\boldsymbol{x}(t)=\mathrm{e}^{\boldsymbol{A}t}\boldsymbol{x}(0)+\int_0^t \mathrm{e}^{\boldsymbol{A}(t-\tau)}\boldsymbol{B}\boldsymbol{u}(\tau)\mathrm{d}\tau \tag{2.3.12}$$

方法 2　式(2.3.12)中的结果也可利用拉普拉斯变换法求得。定义时域内的函数 $\boldsymbol{x}(t)$ 的拉普拉斯变换为 $\boldsymbol{X}(s)$、$\boldsymbol{u}(t)$ 的拉普拉斯变换为 $\boldsymbol{U}(s)$，即 $\wp[\boldsymbol{x}(t)]=\boldsymbol{X}(s)$、$\wp[\boldsymbol{u}(t)]=\boldsymbol{U}(s)$。利用拉普拉斯变换的微分性质式(2.2.49)，在微分方程(2.3.1)等号左右两侧同时取拉普拉斯变换，则有

$$s\boldsymbol{X}(s)-\boldsymbol{x}(0)=\boldsymbol{A}\boldsymbol{X}(s)+\boldsymbol{B}\boldsymbol{U}(s) \tag{2.3.13}$$

即

$$(s\boldsymbol{I}-\boldsymbol{A})\boldsymbol{X}(s)=\boldsymbol{x}(0)+\boldsymbol{B}\boldsymbol{U}(s) \tag{2.3.14}$$

在上式等号左右两侧同时左乘矩阵$(s\boldsymbol{I}-\boldsymbol{A})^{-1}$，得到

$$\boldsymbol{X}(s)=(s\boldsymbol{I}-\boldsymbol{A})^{-1}\boldsymbol{x}(0)+(s\boldsymbol{I}-\boldsymbol{A})^{-1}\boldsymbol{B}\boldsymbol{U}(s) \tag{2.3.15}$$

注意式(2.3.15)等号右侧第二项,根据式(2.2.55),有

$$(s\boldsymbol{I}-\boldsymbol{A})^{-1}=\wp\left[\mathrm{e}^{\boldsymbol{A}t}\right], \quad \boldsymbol{B}\boldsymbol{U}(s)=\wp\left[\boldsymbol{B}\boldsymbol{u}(t)\right] \tag{2.3.16}$$

这说明等式(2.3.15)等号右侧第二项为函数 $\mathrm{e}^{\boldsymbol{A}t}$ 和 $\boldsymbol{B}\boldsymbol{u}(t)$ 拉普拉斯变换的乘积,即

$$(s\boldsymbol{I}-\boldsymbol{A})^{-1}\boldsymbol{B}\boldsymbol{U}(s)=\wp\left[\mathrm{e}^{\boldsymbol{A}t}\right]\wp\left[\boldsymbol{B}\boldsymbol{u}(t)\right] \tag{2.3.17}$$

卷积定理指出,两个函数拉普拉斯变换的乘积是这两个函数卷积的拉普拉斯变换。按照卷积的定义,函数 $\mathrm{e}^{\boldsymbol{A}t}$ 和 $\boldsymbol{B}\boldsymbol{u}(t)$ 的卷积为

$$\mathrm{e}^{\boldsymbol{A}t}*\boldsymbol{B}\boldsymbol{u}(t)=\int_0^t \mathrm{e}^{\boldsymbol{A}(t-\tau)}\boldsymbol{B}\boldsymbol{u}(\tau)\mathrm{d}\tau \tag{2.3.18}$$

根据卷积定理,上式则有

$$\wp\left[\mathrm{e}^{\boldsymbol{A}t}\right]\wp\left[\boldsymbol{B}\boldsymbol{u}(t)\right]=\wp\left[\mathrm{e}^{\boldsymbol{A}t}*\boldsymbol{B}\boldsymbol{u}(t)\right]=\wp\left[\int_0^t \mathrm{e}^{\boldsymbol{A}(t-\tau)}\boldsymbol{B}\boldsymbol{u}(\tau)\mathrm{d}\tau\right] \tag{2.3.19}$$

结合式(2.3.17)和式(2.3.19),则有

$$(s\boldsymbol{I}-\boldsymbol{A})^{-1}\boldsymbol{B}\boldsymbol{U}(s)=\wp\left[\int_0^t \mathrm{e}^{\boldsymbol{A}(t-\tau)}\boldsymbol{B}\boldsymbol{u}(\tau)\mathrm{d}\tau\right] \tag{2.3.20}$$

于是,根据上式和式(2.2.55),则式(2.3.15)改写为

$$\boldsymbol{X}(s)=\wp\left[\mathrm{e}^{\boldsymbol{A}t}\boldsymbol{x}(0)\right]+\wp\left[\int_0^t \mathrm{e}^{\boldsymbol{A}(t-\tau)}\boldsymbol{B}\boldsymbol{u}(\tau)\mathrm{d}\tau\right] \tag{2.3.21}$$

在式(2.3.21)等式左右两侧同时取拉普拉斯反变换,可得非齐次矩阵微分方程(2.3.1)的解为

$$\boldsymbol{x}(t)=\mathrm{e}^{\boldsymbol{A}t}\boldsymbol{x}(0)+\int_0^t \mathrm{e}^{\boldsymbol{A}(t-\tau)}\boldsymbol{B}\boldsymbol{u}(\tau)\mathrm{d}\tau \tag{2.3.22}$$

可以容易地看出,非齐次矩阵微分方程(2.3.1)两种方法给出的解式(2.3.12)与式(2.3.22)是相同的。

下面来验证非齐次矩阵微分方程(2.3.1)的解式(2.3.12)或式(2.3.22)的正确性。首先将式(2.3.12)或式(2.3.22)整理为

$$\boldsymbol{x}(t)=\mathrm{e}^{\boldsymbol{A}t}\boldsymbol{x}(0)+\mathrm{e}^{\boldsymbol{A}t}\int_0^t \mathrm{e}^{-\boldsymbol{A}\tau}\boldsymbol{B}\boldsymbol{u}(\tau)\mathrm{d}\tau \tag{2.3.23}$$

在对式(2.3.23)求导之前,考虑一个微积分的重要性质,即对于一个函数

$$\Phi(x)=\int_a^x f(\tau)\mathrm{d}\tau \tag{2.3.24}$$

其导数为

$$\frac{\mathrm{d}(\Phi(x))}{\mathrm{d}x}=\frac{\mathrm{d}\left(\int_a^x f(\tau)\mathrm{d}\tau\right)}{\mathrm{d}x}=f(x) \tag{2.3.25}$$

根据这个性质,则有

$$\frac{\mathrm{d}\left(\int_0^t \mathrm{e}^{-\boldsymbol{A}\tau}\boldsymbol{B}\boldsymbol{u}(\tau)\mathrm{d}\tau\right)}{\mathrm{d}t}=\mathrm{e}^{-\boldsymbol{A}t}\boldsymbol{B}\boldsymbol{u}(t) \tag{2.3.26}$$

利用复合函数的求导法则,在式(2.3.23)等式左右两侧同时对时间 t 求导,并依据式(2.3.26)有

$$\frac{\mathrm{d}(\boldsymbol{x}(t))}{\mathrm{d}t}=\frac{\mathrm{d}\left(\mathrm{e}^{\boldsymbol{A}t}\boldsymbol{x}(0)+\mathrm{e}^{\boldsymbol{A}t}\int_0^t \mathrm{e}^{-\boldsymbol{A}\tau}\boldsymbol{B}\boldsymbol{u}(\tau)\mathrm{d}\tau\right)}{\mathrm{d}t}$$

$$=\boldsymbol{A}\mathrm{e}^{\boldsymbol{A}t}\boldsymbol{x}(0)+\boldsymbol{A}\mathrm{e}^{\boldsymbol{A}t}\int_0^t \mathrm{e}^{-\boldsymbol{A}\tau}\boldsymbol{B}\boldsymbol{u}(\tau)\mathrm{d}\tau+\mathrm{e}^{\boldsymbol{A}t}(\mathrm{e}^{-\boldsymbol{A}t}\boldsymbol{B}\boldsymbol{u}(t)) \tag{2.3.27}$$

整理上式并结合式(2.3.23)，可得

$$\begin{aligned}\dot{\boldsymbol{x}}(t)&=\boldsymbol{A}\mathrm{e}^{\boldsymbol{A}t}\boldsymbol{x}(0)+\boldsymbol{A}\mathrm{e}^{\boldsymbol{A}t}\int_0^t \mathrm{e}^{-\boldsymbol{A}\tau}\boldsymbol{B}\boldsymbol{u}(\tau)\mathrm{d}\tau+\boldsymbol{B}\boldsymbol{u}(t)\\&=\boldsymbol{A}\left(\mathrm{e}^{\boldsymbol{A}t}\boldsymbol{x}(0)+\mathrm{e}^{\boldsymbol{A}t}\int_0^t \mathrm{e}^{-\boldsymbol{A}\tau}\boldsymbol{B}\boldsymbol{u}(\tau)\mathrm{d}\tau\right)+\boldsymbol{B}\boldsymbol{u}(t)\\&=\boldsymbol{A}\left(\mathrm{e}^{\boldsymbol{A}t}\boldsymbol{x}(0)+\int_0^t \mathrm{e}^{\boldsymbol{A}(t-\tau)}\boldsymbol{B}\boldsymbol{u}(\tau)\mathrm{d}\tau\right)+\boldsymbol{B}\boldsymbol{u}(t)\\&=\boldsymbol{A}\boldsymbol{x}(t)+\boldsymbol{B}\boldsymbol{u}(t)\end{aligned} \tag{2.3.28}$$

因此，式(2.3.12)和式(2.3.22)的正确性得证。

2. 初始时刻为 t_0，即初始状态为 $\boldsymbol{x}(t_0)$

重复式(2.3.2)～(2.3.9)的步骤，在式(2.3.9)等式左右两侧同时取$[t_0,t]$的积分，有

$$\mathrm{e}^{-\boldsymbol{A}t}\boldsymbol{x}(t)\Big|_{t_0}^{t}=\int_{t_0}^t \mathrm{e}^{-\boldsymbol{A}\tau}\boldsymbol{B}\boldsymbol{u}(\tau)\mathrm{d}\tau \tag{2.3.29}$$

即

$$\mathrm{e}^{-\boldsymbol{A}t}\boldsymbol{x}(t)-\mathrm{e}^{-\boldsymbol{A}t_0}\boldsymbol{x}(t_0)=\int_{t_0}^t \mathrm{e}^{-\boldsymbol{A}\tau}\boldsymbol{B}\boldsymbol{u}(\tau)\mathrm{d}\tau \tag{2.3.30}$$

整理上式后可获得非齐次矩阵微分方程(2.3.1)的解为

$$\boldsymbol{x}(t)=\mathrm{e}^{\boldsymbol{A}(t-t_0)}\boldsymbol{x}(t_0)+\int_{t_0}^t \mathrm{e}^{\boldsymbol{A}(t-\tau)}\boldsymbol{B}\boldsymbol{u}(\tau)\mathrm{d}\tau \tag{2.3.31}$$

下面来验证非齐次矩阵微分方程(2.3.1)的解式(2.3.31)的正确性。首先将式(2.3.31)整理为

$$\boldsymbol{x}(t)=\mathrm{e}^{\boldsymbol{A}(t-t_0)}\boldsymbol{x}(t_0)+\mathrm{e}^{\boldsymbol{A}t}\int_{t_0}^t \mathrm{e}^{-\boldsymbol{A}\tau}\boldsymbol{B}\boldsymbol{u}(\tau)\mathrm{d}\tau \tag{2.3.32}$$

考虑微积分的性质式(2.3.24)和式(2.3.25)，则有

$$\frac{\mathrm{d}\left(\int_{t_0}^t \mathrm{e}^{-\boldsymbol{A}\tau}\boldsymbol{B}\boldsymbol{u}(\tau)\mathrm{d}\tau\right)}{\mathrm{d}t}=\mathrm{e}^{-\boldsymbol{A}t}\boldsymbol{B}\boldsymbol{u}(t) \tag{2.3.33}$$

利用复合函数的求导法则，在式(2.3.32)等式左右两侧同时对时间 t 求导，并依据式(2.3.33)有

$$\begin{aligned}\frac{\mathrm{d}(\boldsymbol{x}(t))}{\mathrm{d}t}&=\frac{\mathrm{d}\left(\mathrm{e}^{\boldsymbol{A}(t-t_0)}\boldsymbol{x}(t_0)+\mathrm{e}^{\boldsymbol{A}t}\int_{t_0}^t \mathrm{e}^{-\boldsymbol{A}\tau}\boldsymbol{B}\boldsymbol{u}(\tau)\mathrm{d}\tau\right)}{\mathrm{d}t}\\&=\boldsymbol{A}\mathrm{e}^{\boldsymbol{A}(t-t_0)}\boldsymbol{x}(t_0)+\boldsymbol{A}\mathrm{e}^{\boldsymbol{A}t}\int_{t_0}^t \mathrm{e}^{-\boldsymbol{A}\tau}\boldsymbol{B}\boldsymbol{u}(\tau)\mathrm{d}\tau+\mathrm{e}^{\boldsymbol{A}t}(\mathrm{e}^{-\boldsymbol{A}t}\boldsymbol{B}\boldsymbol{u}(t))\end{aligned} \tag{2.3.34}$$

整理上式并结合式(2.3.31)，可得

$$\begin{aligned}\dot{\boldsymbol{x}}(t)&=\boldsymbol{A}\mathrm{e}^{\boldsymbol{A}(t-t_0)}\boldsymbol{x}(t_0)+\boldsymbol{A}\mathrm{e}^{\boldsymbol{A}t}\int_{t_0}^t \mathrm{e}^{-\boldsymbol{A}\tau}\boldsymbol{B}\boldsymbol{u}(\tau)\mathrm{d}\tau+\boldsymbol{B}\boldsymbol{u}(t)\\&=\boldsymbol{A}\left(\mathrm{e}^{\boldsymbol{A}(t-t_0)}\boldsymbol{x}(t_0)+\mathrm{e}^{\boldsymbol{A}t}\int_{t_0}^t \mathrm{e}^{-\boldsymbol{A}\tau}\boldsymbol{B}\boldsymbol{u}(\tau)\mathrm{d}\tau\right)+\boldsymbol{B}\boldsymbol{u}(t)\\&=\boldsymbol{A}\left(\mathrm{e}^{\boldsymbol{A}(t-t_0)}\boldsymbol{x}(t_0)+\int_{t_0}^t \mathrm{e}^{\boldsymbol{A}(t-\tau)}\boldsymbol{B}\boldsymbol{u}(\tau)\mathrm{d}\tau\right)+\boldsymbol{B}\boldsymbol{u}(t)\end{aligned}$$

$$=\boldsymbol{A}\boldsymbol{x}(t)+\boldsymbol{B}\boldsymbol{u}(t) \tag{2.3.35}$$

因此,式(2.3.31)的正确性得证。

式(2.3.12)、式(2.3.22)和式(2.3.31)即为非齐次矩阵微分方程(2.3.1)的解,也即系统(2.3.1)在控制输入 $\boldsymbol{u}(t)$ 作用下的运动解析式。明显地,微分方程解 $\boldsymbol{x}(t)$ 由两部分组成:等式(2.3.12)、式(2.3.22)和式(2.3.31)等号右侧第一部分表示由初始状态引起的系统自由运动;第二部分表示由控制激励作用引起的系统强制运动。正是由于第二部分的存在,为系统的控制提供了可能性,也就是可以通过选择控制输入向量 $\boldsymbol{u}(t)$,使得系统状态 $\boldsymbol{x}(t)$ 的运动形态满足期望的或者指定的性能要求。与此同时,由于有了系统状态 $\boldsymbol{x}(t)$ 的解析式,可以对系统在控制输入作用下的运动形态进行定性的分析,从而可以知道系统的性能。

【例 2.3.1】 连续系统状态方程为

$$\dot{\boldsymbol{x}}=\begin{bmatrix}0 & 1 & 0\\ 3 & 0 & 2\\ -12 & -7 & -6\end{bmatrix}\boldsymbol{x}+\begin{bmatrix}0\\0\\1\end{bmatrix}u \tag{2.3.36}$$

系统初始状态为 $\boldsymbol{x}(0)=\begin{bmatrix}1\\0\\0\end{bmatrix}$、系统输入为单位阶跃函数即 $u(t)=1$,试计算状态方程的解。

解: 由式(2.3.36)知,系统中

$$\boldsymbol{A}=\begin{bmatrix}0 & 1 & 0\\ 3 & 0 & 2\\ -12 & -7 & -6\end{bmatrix},\quad \boldsymbol{b}=\begin{bmatrix}0\\0\\1\end{bmatrix} \tag{2.3.37}$$

根据式(2.3.12)求系统状态方程(2.3.37)的解。首先计算状态转移矩阵 $\mathrm{e}^{\boldsymbol{A}t}$,其已在**【例 2.2.1】**中求得为

$$\mathrm{e}^{\boldsymbol{A}t}=\frac{1}{2}\begin{bmatrix}9\mathrm{e}^{-t}-12\mathrm{e}^{-2t}+5\mathrm{e}^{-3t} & 5\mathrm{e}^{-t}-8\mathrm{e}^{-2t}+3\mathrm{e}^{-3t} & 2\mathrm{e}^{-t}-4\mathrm{e}^{-2t}+2\mathrm{e}^{-3t}\\ -9\mathrm{e}^{-t}+24\mathrm{e}^{-2t}-15\mathrm{e}^{-3t} & -5\mathrm{e}^{-t}+16\mathrm{e}^{-2t}-9\mathrm{e}^{-3t} & -2\mathrm{e}^{-t}+8\mathrm{e}^{-2t}-6\mathrm{e}^{-3t}\\ -9\mathrm{e}^{-t}-6\mathrm{e}^{-2t}+15\mathrm{e}^{-3t} & -5\mathrm{e}^{-t}-4\mathrm{e}^{-2t}+9\mathrm{e}^{-3t} & -2\mathrm{e}^{-t}-2\mathrm{e}^{-2t}+6\mathrm{e}^{-3t}\end{bmatrix} \tag{2.3.38}$$

根据上式中的 $\mathrm{e}^{\boldsymbol{A}t}$、$\boldsymbol{x}(0)=\begin{bmatrix}1\\0\\0\end{bmatrix}$、$\boldsymbol{b}=\begin{bmatrix}0\\0\\1\end{bmatrix}$ 以及 $u(t)=1$ 有

$$\mathrm{e}^{\boldsymbol{A}t}\boldsymbol{x}(0)=\frac{1}{2}\begin{bmatrix}9\mathrm{e}^{-t}-12\mathrm{e}^{-2t}+5\mathrm{e}^{-3t}\\ -9\mathrm{e}^{-t}+24\mathrm{e}^{-2t}-15\mathrm{e}^{-3t}\\ -9\mathrm{e}^{-t}-6\mathrm{e}^{-2t}+15\mathrm{e}^{-3t}\end{bmatrix} \tag{2.3.39}$$

和

$$\int_0^t \mathrm{e}^{\boldsymbol{A}(t-\tau)}\boldsymbol{b}u(\tau)\mathrm{d}\tau=\int_0^t\begin{bmatrix}\mathrm{e}^{-(t-\tau)}-2\mathrm{e}^{-2(t-\tau)}+\mathrm{e}^{-3(t-\tau)}\\ -\mathrm{e}^{-(t-\tau)}+4\mathrm{e}^{-2(t-\tau)}-3\mathrm{e}^{-3(t-\tau)}\\ -\mathrm{e}^{-(t-\tau)}-\mathrm{e}^{-2(t-\tau)}+3\mathrm{e}^{-3(t-\tau)}\end{bmatrix}\mathrm{d}\tau$$

$$=\begin{bmatrix}\frac{1}{3}-e^{-t}+e^{-2t}-\frac{1}{3}e^{-3t}\\ e^{-t}-2e^{-2t}+e^{-3t}\\ -\frac{1}{2}+e^{-t}+\frac{1}{2}e^{-2t}-e^{-3t}\end{bmatrix} \tag{2.3.40}$$

将式(2.3.39)与式(2.3.40)代入式(2.3.12)中,则有系统状态方程(2.3.36)的解为

$$\boldsymbol{x}(t)=\begin{bmatrix}x_1(t)\\ x_2(t)\\ x_3(t)\end{bmatrix}=\begin{bmatrix}\frac{1}{3}+\frac{7}{2}e^{-t}-5e^{-2t}+\frac{13}{6}e^{-3t}\\ -\frac{7}{2}e^{-t}+10e^{-2t}-\frac{13}{2}e^{-3t}\\ -\frac{1}{2}-\frac{7}{2}e^{-t}-\frac{5}{2}e^{-2t}+\frac{13}{2}e^{-3t}\end{bmatrix} \tag{2.3.41}$$

2.4　离散系统状态方程的解

2.4.1　离散系统齐次状态方程的解

1. 初始时刻从 $k=0$ 开始,即初始状态为 $\boldsymbol{x}(0)$

离散系统状态方程为 1 阶差分方程

$$\boldsymbol{x}(k+1)=\boldsymbol{A}\boldsymbol{x}(k),\quad \boldsymbol{x}(k)|_{k=0}=\boldsymbol{x}(0) \tag{2.4.1}$$

下面采用递推法求差分方程(2.4.1)的解。

当 $k=0$ 时

$$\boldsymbol{x}(1)=\boldsymbol{A}\boldsymbol{x}(0) \tag{2.4.2}$$

当 $k=1$ 时

$$\boldsymbol{x}(2)=\boldsymbol{A}\boldsymbol{x}(1)=\boldsymbol{A}(\boldsymbol{A}\boldsymbol{x}(0))=\boldsymbol{A}^2\boldsymbol{x}(0) \tag{2.4.3}$$

当 $k=2$ 时

$$\boldsymbol{x}(3)=\boldsymbol{A}\boldsymbol{x}(2)=\boldsymbol{A}(\boldsymbol{A}^2\boldsymbol{x}(0))=\boldsymbol{A}^3\boldsymbol{x}(0) \tag{2.4.4}$$

当 $k=3$ 时

$$\boldsymbol{x}(4)=\boldsymbol{A}\boldsymbol{x}(3)=\boldsymbol{A}(\boldsymbol{A}^3\boldsymbol{x}(0))=\boldsymbol{A}^4\boldsymbol{x}(0) \tag{2.4.5}$$

以此类推,当 $k=k-1$ 时

$$\boldsymbol{x}(k)=\boldsymbol{A}\boldsymbol{x}(k-1)=\boldsymbol{A}(\boldsymbol{A}^{k-1}\boldsymbol{x}(0))=\boldsymbol{A}^k\boldsymbol{x}(0) \tag{2.4.6}$$

即最后通式为

$$\boldsymbol{x}(k)=\boldsymbol{A}^k\boldsymbol{x}(0) \tag{2.4.7}$$

2. 初始时刻从 $k=h$ 开始,即初始状态为 $\boldsymbol{x}(h)$

离散系统状态方程为 1 阶差分方程

$$\boldsymbol{x}(k+1)=\boldsymbol{A}\boldsymbol{x}(k),\quad \boldsymbol{x}(k)|_{k=h}=\boldsymbol{x}(h) \tag{2.4.8}$$

下面采用递推法求差分方程(2.4.8)的解。

当 $k=h$ 时

$$\boldsymbol{x}(h+1)=\boldsymbol{A}\boldsymbol{x}(h) \tag{2.4.9}$$

当 $k=h+1$ 时

$$x(h+2)=Ax(h+1)=A(Ax(h))=A^2x(h) \tag{2.4.10}$$

当 $k=h+2$ 时

$$x(h+3)=Ax(h+2)=A(A^2x(h))=A^3x(h) \tag{2.4.11}$$

当 $k=h+3$ 时

$$x(h+4)=Ax(h+3)=A(A^3x(h))=A^4x(h) \tag{2.4.12}$$

以此类推，当 $k=k-1$ 时

$$x(k)=Ax(k-1)=A(A^{k-h-1}x(h))=A^{k-h}x(h) \tag{2.4.13}$$

即最后通式为

$$x(k)=A^{k-h}x(h) \tag{2.4.14}$$

式(2.4.7)和式(2.4.14)分别为离散齐次状态方程(2.4.1)和(2.4.8)的解，其中，A^k 或 A^{k-h} 为离散控制系统的状态转移矩阵，分别对应于连续系统中的状态转移矩阵 e^{At} 或 $e^{A(t-t_0)}$。由于该系统没有输入向量，系统的响应完全是由系统的初始状态激励的。

2.4.2 状态转移矩阵 A^k 的计算

1. 根据矩阵 A 直接计算 A^k

如果矩阵 A 的结构比较简单，例如对角矩阵、三角矩阵等，同时 A 的维数不高，可以利用矩阵的乘法直接计算状态转移矩阵 A^k。当然，如果 A 为一般形式的矩阵且维数较高，矩阵的乘法将导致很大的计算量，因此该方法很难得到 A^k 的解析式。

2. 利用约当标准型计算 A^k

对于离散系统状态转移矩阵 A^k 的计算可以采用约当标准型法。与连续系统类似，也根据系统矩阵 A 的特征值分为以下 6 种情况。

① 如果 A 为对角矩阵，即

$$A=\begin{bmatrix} \lambda_1 & & & \mathbf{0} \\ & \lambda_2 & & \\ & & \ddots & \\ \mathbf{0} & & & \lambda_n \end{bmatrix} \tag{2.4.15}$$

在这种情况下，有

$$A^k=\begin{bmatrix} \lambda_1 & & & \mathbf{0} \\ & \lambda_2 & & \\ & & \ddots & \\ \mathbf{0} & & & \lambda_n \end{bmatrix}^k=\begin{bmatrix} \lambda_1^k & & & \mathbf{0} \\ & \lambda_2^k & & \\ & & \ddots & \\ \mathbf{0} & & & \lambda_n^k \end{bmatrix} \tag{2.4.16}$$

② 如果 A 为一般形式的矩阵，且矩阵 A 的 n 个特征值 $\lambda_1,\lambda_2,\cdots,\lambda_n$ 都为单根，若能找到合适的非奇异矩阵 P，通过线性变换将系统状态空间表达式变换为相应的约当标准型，使得矩阵 A 能够变换为式(2.4.15)形式的对角矩阵，即

$$
\boldsymbol{P}^{-1}\boldsymbol{A}\boldsymbol{P}=\begin{bmatrix}\lambda_1 & & & \mathbf{0}\\ & \lambda_2 & & \\ & & \ddots & \\ \mathbf{0} & & & \lambda_n\end{bmatrix} \tag{2.4.17}
$$

在这种情况下，有

$$
\boldsymbol{A}^k=\boldsymbol{P}\begin{bmatrix}\lambda_1^k & & & \mathbf{0}\\ & \lambda_2^k & & \\ & & \ddots & \\ \mathbf{0} & & & \lambda_n^k\end{bmatrix}\boldsymbol{P}^{-1} \tag{2.4.18}
$$

这是因为

$$
(\boldsymbol{P}^{-1}\boldsymbol{A}\boldsymbol{P})^k=\underbrace{\boldsymbol{P}^{-1}\boldsymbol{A}\boldsymbol{P}}_{1}\underbrace{\boldsymbol{P}^{-1}\boldsymbol{A}\boldsymbol{P}}_{2}\cdots\underbrace{\boldsymbol{P}^{-1}\boldsymbol{A}\boldsymbol{P}}_{k}=\boldsymbol{P}^{-1}\boldsymbol{A}^k\boldsymbol{P} \tag{2.4.19}
$$

由于矩阵 $\boldsymbol{P}^{-1}\boldsymbol{A}\boldsymbol{P}$ 为对角矩阵，并结合式(2.4.16)，则有

$$
\boldsymbol{P}^{-1}\boldsymbol{A}^k\boldsymbol{P}=\begin{bmatrix}\lambda_1^k & & & \mathbf{0}\\ & \lambda_2^k & & \\ & & \ddots & \\ \mathbf{0} & & & \lambda_n^k\end{bmatrix} \tag{2.4.20}
$$

在上式等号左右两侧同时左乘矩阵 $\boldsymbol{P}$ 和右乘矩阵 $\boldsymbol{P}^{-1}$ 可得式(2.4.18)。

③ 如果 $\boldsymbol{A}$ 为如下形式的上三角矩阵

$$
\boldsymbol{A}=\begin{bmatrix}\lambda & 1 & & & & \mathbf{0}\\ & \lambda & 1 & & & \\ & & \lambda & \ddots & & \\ & & & \ddots & 1 & \\ & & & & \lambda & 1\\ \mathbf{0} & & & & & \lambda\end{bmatrix}_{n\times n} \tag{2.4.21}
$$

在这种情况下，有

$$
\boldsymbol{A}^k=
\begin{bmatrix}
\lambda^k & k\lambda^{k-1} & \frac{k(k-1)}{2!}\lambda^{k-2} & \frac{k(k-1)(k-2)}{3!}\lambda^{k-3} & \cdots & \frac{k(k-1)\cdots(k-n+2)}{(n-1)!}\lambda^{k-n+1}\\
 & \lambda^k & k\lambda^{k-1} & \frac{k(k-1)}{2!}\lambda^{k-2} & \ddots & \vdots\\
 & & \lambda^k & \ddots & \ddots & \frac{k(k-1)(k-2)}{3!}\lambda^{k-3}\\
 & & & \ddots & k\lambda^{k-1} & \frac{k(k-1)}{2!}\lambda^{k-2}\\
 & & & & \lambda^k & k\lambda^{k-1}\\
\mathbf{0} & & & & & \lambda^k
\end{bmatrix} \tag{2.4.22}
$$

这个结论已经在连续系统中的式(2.2.26)给出，这里不再赘述。

④ 如果 $\boldsymbol{A}$ 为一般形式的矩阵，且矩阵 $\boldsymbol{A}$ 的特征值为 n 重根 λ，若能找到合适的非奇异矩阵 $\boldsymbol{P}$，通过线性变换将系统状态空间表达式变换为相应的约当标准型，使得矩阵 $\boldsymbol{A}$ 能够变换为式(2.4.21)形式的上三角矩阵，即

$$\boldsymbol{P}^{-1}\boldsymbol{A}\boldsymbol{P}=\begin{bmatrix}\lambda & 1 & & & & \boldsymbol{0}\\ & \lambda & 1 & & & \\ & & \lambda & \ddots & & \\ & & & \ddots & 1 & \\ & & & & \lambda & 1\\ \boldsymbol{0} & & & & & \lambda\end{bmatrix}_{n\times n} \tag{2.4.23}$$

在这种情况下，有

$$\boldsymbol{A}^k=\boldsymbol{P}\begin{bmatrix}\lambda^k & k\lambda^{k-1} & \dfrac{k(k-1)}{2!}\lambda^{k-2} & \dfrac{k(k-1)(k-2)}{3!}\lambda^{k-3} & \cdots & \dfrac{k(k-1)\cdots(k-n+2)}{(n-1)!}\lambda^{k-n+1}\\ & \lambda^k & k\lambda^{k-1} & \dfrac{k(k-1)}{2!}\lambda^{k-2} & \ddots & \vdots\\ & & \lambda^k & \ddots & \ddots & \dfrac{k(k-1)(k-2)}{3!}\lambda^{k-3}\\ & & & \ddots & k\lambda^{k-1} & \dfrac{k(k-1)}{2!}\lambda^{k-2}\\ & & & & \lambda^k & k\lambda^{k-1}\\ \boldsymbol{0} & & & & & \lambda^k\end{bmatrix}\boldsymbol{P}^{-1} \tag{2.4.24}$$

这个结论的获得与式(2.4.18)的获得类似，这里不再赘述。

⑤ 如果 $\boldsymbol{A}$ 为如下形式的矩阵

$$\boldsymbol{A}=\left[\begin{array}{cccc|ccc}\lambda_1 & 1 & & \boldsymbol{0} & & & \boldsymbol{0}\\ & \lambda_1 & \ddots & & & & \\ & & \ddots & 1 & & & \\ \boldsymbol{0} & & & \lambda_1 & & & \\ \hline & & & & \lambda_{q+1} & & \boldsymbol{0}\\ & & & & & \ddots & \\ \boldsymbol{0} & & & & \boldsymbol{0} & & \lambda_n\end{array}\right] \tag{2.4.25}$$

在这种情况下，有

$$\boldsymbol{A}^k=\left[\begin{array}{cccc|ccc}\lambda_1^k & k\lambda_1^{k-1} & \cdots & \dfrac{k(k-1)\cdots(k-q+2)}{(q-1)!}\lambda_1^{k-q+1} & & & \boldsymbol{0}\\ & \lambda_1^k & \ddots & \vdots & & & \\ & & \ddots & k\lambda_1^{k-1} & & & \\ \boldsymbol{0} & & & \lambda_1^k & & & \\ \hline & & & & \lambda_{q+1}^k & & \boldsymbol{0}\\ & & & & & \ddots & \\ \boldsymbol{0} & & & & \boldsymbol{0} & & \lambda_n^k\end{array}\right] \tag{2.4.26}$$

这个结论可以容易地从式(2.4.16)和式(2.4.22)获得。

⑥ 如果 $\boldsymbol{A}$ 为一般形式的矩阵，且 $\boldsymbol{A}$ 的特征值为 q 重根 λ_1 和 $n-q$ 个单根 $\lambda_{q+1},\lambda_{q+2},\cdots,\lambda_n$，若能找到合适的非奇异矩阵 $\boldsymbol{P}$，通过线性变换将系统状态空间表达式变换为相应的约当标准型，使得矩阵 $\boldsymbol{A}$ 能够变换为式(2.4.25)形式的矩阵，即

$$\boldsymbol{P}^{-1}\boldsymbol{A}\boldsymbol{P}=\left[\begin{array}{cccc|ccc}\lambda_1 & 1 & & \boldsymbol{0} & & & \boldsymbol{0}\\ & \lambda_1 & \ddots & & & & \\ & & \ddots & 1 & & & \\ \boldsymbol{0} & & & \lambda_1 & & & \\ \hline & & & & \lambda_{q+1} & & \boldsymbol{0}\\ & & & & & \ddots & \\ \boldsymbol{0} & & & & \boldsymbol{0} & & \lambda_n\end{array}\right] \tag{2.4.27}$$

在这种情况下，有

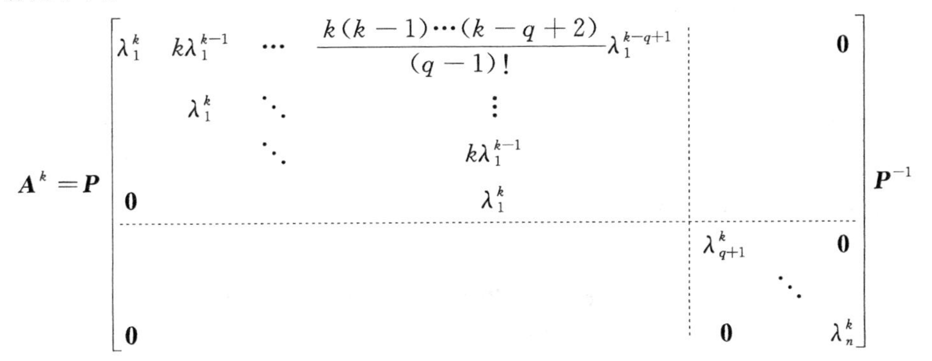

$$\boldsymbol{A}^k=\boldsymbol{P}\left[\begin{array}{cccc|ccc}\lambda_1^k & k\lambda_1^{k-1} & \cdots & \dfrac{k(k-1)\cdots(k-q+2)}{(q-1)!}\lambda_1^{k-q+1} & & & \boldsymbol{0}\\ & \lambda_1^k & \ddots & \vdots & & & \\ & & \ddots & k\lambda_1^{k-1} & & & \\ \boldsymbol{0} & & & \lambda_1^k & & & \\ \hline & & & & \lambda_{q+1}^k & & \boldsymbol{0}\\ & & & & & \ddots & \\ \boldsymbol{0} & & & & \boldsymbol{0} & & \lambda_n^k\end{array}\right]\boldsymbol{P}^{-1}$$

(2.4.28)

这个结论的获得与式(2.4.18)的获得类似，这里不再赘述。

3. 利用 Z 变换法计算 $\boldsymbol{A}^k$

假设离散函数 $\boldsymbol{x}(k)$ 的 Z 变换为 $\boldsymbol{X}(z)$，根据 Z 变换的定义式，有

$$\boldsymbol{X}(z)=\sum_{k=0}^{\infty}\boldsymbol{x}(k)z^{-k}=\boldsymbol{x}(0)+\boldsymbol{x}(1)z^{-1}+\boldsymbol{x}(2)z^{-2}+\cdots \tag{2.4.29}$$

在上式等号左右两侧同时乘以 z，可得

$$z\boldsymbol{X}(z)=z\boldsymbol{x}(0)+\boldsymbol{x}(1)+\boldsymbol{x}(2)z^{-1}+\boldsymbol{x}(3)z^{-2}+\cdots \tag{2.4.30}$$

即

$$z\boldsymbol{X}(z)-z\boldsymbol{x}(0)=\boldsymbol{x}(1)+\boldsymbol{x}(2)z^{-1}+\boldsymbol{x}(3)z^{-2}+\cdots \tag{2.4.31}$$

考虑离散函数 $\boldsymbol{x}(k+1)$ 的 Z 变换为

$$Z\left[\boldsymbol{x}(k+1)\right]=\sum_{k=0}^{\infty}\boldsymbol{x}(k+1)z^{-k}=\boldsymbol{x}(1)+\boldsymbol{x}(2)z^{-1}+\boldsymbol{x}(3)z^{-2}+\cdots \tag{2.4.32}$$

比较式(2.4.31)和式(2.4.32)可知，离散函数 $\boldsymbol{x}(k+1)$ 的 Z 变换为

$$Z\left[\boldsymbol{x}(k+1)\right]=z\boldsymbol{X}(z)-z\boldsymbol{x}(0) \tag{2.4.33}$$

这个结论也可以通过 Z 变换的平移定理给出。

在离散系统状态方程(2.4.1)左右两侧同时进行 Z 变换，有

$$z\boldsymbol{X}(z)-z\boldsymbol{x}(0)=\boldsymbol{A}\boldsymbol{X}(z) \tag{2.4.34}$$

即

$$(z\boldsymbol{I}-\boldsymbol{A})\boldsymbol{X}(z)=z\boldsymbol{x}(0) \tag{2.4.35}$$

整理后,有

$$\boldsymbol{X}(z)=(z\boldsymbol{I}-\boldsymbol{A})^{-1}z\boldsymbol{x}(0) \tag{2.4.36}$$

在上式等号左右两侧同时取 Z 反变换,得到

$$\boldsymbol{x}(k)=Z^{-1}\left[(z\boldsymbol{I}-\boldsymbol{A})^{-1}z\right]\boldsymbol{x}(0) \tag{2.4.37}$$

对式(2.4.7)和式(2.4.37)进行比较,则有

$$\boldsymbol{A}^{k}\boldsymbol{x}(0)=Z^{-1}\left[(z\boldsymbol{I}-\boldsymbol{A})^{-1}z\right]\boldsymbol{x}(0) \tag{2.4.38}$$

即状态转移矩阵为

$$\boldsymbol{A}^{k}=Z^{-1}\left[(z\boldsymbol{I}-\boldsymbol{A})^{-1}z\right] \tag{2.4.39}$$

2.4.3 离散系统非齐次状态方程的解

离散系统非齐次状态方程的解有两种求法:递推法和 Z 变换法。递推法也称为迭代法。

1. 递推法

类似于齐次状态方程,对于离散系统非齐次状态方程的求解也根据系统初始时刻分为两种情况进行讨论。

(1) 初始时刻从 $k=0$ 开始,即初始状态为 $x(0)$

离散控制系统状态方程为1阶差分方程

$$\boldsymbol{x}(k+1)=\boldsymbol{A}\boldsymbol{x}(k)+\boldsymbol{B}\boldsymbol{u}(k),\quad \boldsymbol{x}(k)\big|_{k=0}=\boldsymbol{x}(0) \tag{2.4.40}$$

下面采用递推法求差分方程(2.4.40)的解。

当 $k=0$ 时

$$\boldsymbol{x}(1)=\boldsymbol{A}\boldsymbol{x}(0)+\boldsymbol{B}\boldsymbol{u}(0) \tag{2.4.41}$$

当 $k=1$ 时

$$\begin{aligned}\boldsymbol{x}(2)&=\boldsymbol{A}\boldsymbol{x}(1)+\boldsymbol{B}\boldsymbol{u}(1)\\&=\boldsymbol{A}(\boldsymbol{A}\boldsymbol{x}(0)+\boldsymbol{B}\boldsymbol{u}(0))+\boldsymbol{B}\boldsymbol{u}(1)\\&=\boldsymbol{A}^{2}\boldsymbol{x}(0)+\boldsymbol{A}\boldsymbol{B}\boldsymbol{u}(0)+\boldsymbol{B}\boldsymbol{u}(1)\end{aligned} \tag{2.4.42}$$

当 $k=2$ 时

$$\begin{aligned}\boldsymbol{x}(3)&=\boldsymbol{A}\boldsymbol{x}(2)+\boldsymbol{B}\boldsymbol{u}(2)\\&=\boldsymbol{A}(\boldsymbol{A}^{2}\boldsymbol{x}(0)+\boldsymbol{A}\boldsymbol{B}\boldsymbol{u}(0)+\boldsymbol{B}\boldsymbol{u}(1))+\boldsymbol{B}\boldsymbol{u}(2)\\&=\boldsymbol{A}^{3}\boldsymbol{x}(0)+\boldsymbol{A}^{2}\boldsymbol{B}\boldsymbol{u}(0)+\boldsymbol{A}\boldsymbol{B}\boldsymbol{u}(1)+\boldsymbol{B}\boldsymbol{u}(2)\end{aligned} \tag{2.4.43}$$

当 $k=3$ 时

$$\begin{aligned}\boldsymbol{x}(4)&=\boldsymbol{A}\boldsymbol{x}(3)+\boldsymbol{B}\boldsymbol{u}(3)\\&=\boldsymbol{A}(\boldsymbol{A}^{3}\boldsymbol{x}(0)+\boldsymbol{A}^{2}\boldsymbol{B}\boldsymbol{u}(0)+\boldsymbol{A}\boldsymbol{B}\boldsymbol{u}(1)+\boldsymbol{B}\boldsymbol{u}(2))+\boldsymbol{B}\boldsymbol{u}(3)\\&=\boldsymbol{A}^{4}\boldsymbol{x}(0)+\boldsymbol{A}^{3}\boldsymbol{B}\boldsymbol{u}(0)+\boldsymbol{A}^{2}\boldsymbol{B}\boldsymbol{u}(1)+\boldsymbol{A}\boldsymbol{B}\boldsymbol{u}(2)+\boldsymbol{B}\boldsymbol{u}(3)\end{aligned} \tag{2.4.44}$$

以此类推,当 $k=k-1$ 时

$$\begin{aligned}\boldsymbol{x}(k)&=\boldsymbol{A}\boldsymbol{x}(k-1)+\boldsymbol{B}\boldsymbol{u}(k-1)\\&=\boldsymbol{A}(\boldsymbol{A}^{k-1}\boldsymbol{x}(0)+\boldsymbol{A}^{k-2}\boldsymbol{B}\boldsymbol{u}(0)+\boldsymbol{A}^{k-3}\boldsymbol{B}\boldsymbol{u}(1)+\cdots+\boldsymbol{A}\boldsymbol{B}\boldsymbol{u}(k-3)+\boldsymbol{B}\boldsymbol{u}(k-2))\\&\quad+\boldsymbol{B}\boldsymbol{u}(k-1)\end{aligned}$$

$$=\boldsymbol{A}^{k}\boldsymbol{x}(0)+\boldsymbol{A}^{k-1}\boldsymbol{Bu}(0)+\boldsymbol{A}^{k-2}\boldsymbol{Bu}(1)+\cdots+\boldsymbol{A}^{2}\boldsymbol{Bu}(k-3)+\boldsymbol{ABu}(k-2)+\boldsymbol{Bu}(k-1) \tag{2.4.45}$$

最后通式即

$$\boldsymbol{x}(k)=\boldsymbol{A}^{k}\boldsymbol{x}(0)+\boldsymbol{A}^{k-1}\boldsymbol{Bu}(0)+\boldsymbol{A}^{k-2}\boldsymbol{Bu}(1)+\cdots+\boldsymbol{ABu}(k-2)+\boldsymbol{Bu}(k-1) \tag{2.4.46}$$

将上式等号右侧进行归纳，可得差分方程(2.4.40)的解为

$$\boldsymbol{x}(k)=\boldsymbol{A}^{k}\boldsymbol{x}(0)+\sum_{i=0}^{k-1}\boldsymbol{A}^{k-i-1}\boldsymbol{Bu}(i) \tag{2.4.47}$$

(2) 初始时刻从 $k=h$ 开始，即初始状态为 $\boldsymbol{x}(h)$

离散控制系统状态方程为 1 阶差分方程

$$\boldsymbol{x}(k+1)=\boldsymbol{Ax}(k)+\boldsymbol{Bu}(k),\quad \boldsymbol{x}(k)\big|_{k=h}=\boldsymbol{x}(h) \tag{2.4.48}$$

当 $k=h$ 时

$$\boldsymbol{x}(h+1)=\boldsymbol{Ax}(h)+\boldsymbol{Bu}(h) \tag{2.4.49}$$

当 $k=h+1$ 时

$$\begin{aligned}\boldsymbol{x}(h+2)&=\boldsymbol{Ax}(h+1)+\boldsymbol{Bu}(h+1)\\&=\boldsymbol{A}(\boldsymbol{Ax}(h)+\boldsymbol{Bu}(h))+\boldsymbol{Bu}(h+1)\\&=\boldsymbol{A}^{2}\boldsymbol{x}(h)+\boldsymbol{ABu}(h)+\boldsymbol{Bu}(h+1)\end{aligned} \tag{2.4.50}$$

当 $k=h+2$ 时

$$\begin{aligned}&\boldsymbol{x}(h+3)=\boldsymbol{Ax}(h+2)+\boldsymbol{Bu}(h+2)\\&=\boldsymbol{A}(\boldsymbol{A}^{2}\boldsymbol{x}(h)+\boldsymbol{ABu}(h)+\boldsymbol{Bu}(h+1))+\boldsymbol{Bu}(h+2)\\&=\boldsymbol{A}^{3}\boldsymbol{x}(h)+\boldsymbol{A}^{2}\boldsymbol{Bu}(h)+\boldsymbol{ABu}(h+1)+\boldsymbol{Bu}(h+2)\end{aligned} \tag{2.4.51}$$

当 $k=h+3$ 时

$$\begin{aligned}\boldsymbol{x}(h+4)&=\boldsymbol{Ax}(h+3)+\boldsymbol{Bu}(h+3)\\&=\boldsymbol{A}(\boldsymbol{A}^{3}\boldsymbol{x}(h)+\boldsymbol{A}^{2}\boldsymbol{Bu}(h)+\boldsymbol{ABu}(h+1)+\boldsymbol{Bu}(h+2))+\boldsymbol{Bu}(h+3)\\&=\boldsymbol{A}^{4}\boldsymbol{x}(h)+\boldsymbol{A}^{3}\boldsymbol{Bu}(h)+\boldsymbol{A}^{2}\boldsymbol{Bu}(h+1)+\boldsymbol{ABu}(h+2)+\boldsymbol{Bu}(h+3)\end{aligned} \tag{2.4.52}$$

以此类推，当 $k=k-1$ 时

$$\begin{aligned}\boldsymbol{x}(k)&=\boldsymbol{Ax}(k-1)+\boldsymbol{Bu}(k-1)\\&=\boldsymbol{A}(\boldsymbol{A}^{k-h-1}\boldsymbol{x}(h)+\boldsymbol{A}^{k-h-2}\boldsymbol{Bu}(h)+\boldsymbol{A}^{k-h-3}\boldsymbol{Bu}(h+1)+\cdots+\boldsymbol{ABu}(k-3)+\boldsymbol{Bu}(k-2))\\&\quad+\boldsymbol{Bu}(k-1)\\&=\boldsymbol{A}^{k-h}\boldsymbol{x}(h)+\boldsymbol{A}^{k-h-1}\boldsymbol{Bu}(h)+\boldsymbol{A}^{k-h-2}\boldsymbol{Bu}(h+1)+\cdots+\boldsymbol{A}^{2}\boldsymbol{Bu}(k-3)+\boldsymbol{ABu}(k-2)\\&\quad+\boldsymbol{Bu}(k-1)\end{aligned} \tag{2.4.53}$$

最后通式为

$$\boldsymbol{x}(k)=\boldsymbol{A}^{k-h}\boldsymbol{x}(h)+\boldsymbol{A}^{k-h-1}\boldsymbol{Bu}(h)+\boldsymbol{A}^{k-h-2}\boldsymbol{Bu}(h+1)+\cdots+\boldsymbol{A}^{2}\boldsymbol{Bu}(k-3)+\boldsymbol{ABu}(k-2)+\boldsymbol{Bu}(k-1) \tag{2.4.54}$$

将上式等号右侧进行归纳，可得差分方程(2.4.40)的解为

$$x(k)=A^{k-h}x(h)+\sum_{i=h}^{k-1}A^{k-i-1}Bu(i) \tag{2.4.55}$$

同时,从式(2.4.47)和式(2.4.55)可以看出,离散系统状态方程的求解公式和连续系统状态方程的求解公式在形式上是类似的,它也由两部分响应组成:第一部分是控制输入为 $\mathbf{0}$,由初始状态所引起的响应;第二部分是由控制输入信号所引起的响应。所不同的是,离散系统状态方程的解是状态空间的一条离散轨迹。同时需要注意的是,在由控制输入引起的响应中,第 D 个时刻也就是第 D 个采样周期的状态 $\boldsymbol{x}(k)$,只取决于此采样时刻以前的控制输入采样值,也就是只与 $\boldsymbol{u}(k-1)$、$\boldsymbol{u}(k-2)$、$\boldsymbol{u}(k-3)$、$\cdots$ 有关,而与该时刻当前的输入采样值 $\boldsymbol{u}(k)$无关。

【例 2.4.1】 离散系统状态方程为

$$x(k+1)=\begin{bmatrix}0 & 1\\ -2 & -3\end{bmatrix}x(k)+\begin{bmatrix}1\\ 1\end{bmatrix}u(k) \tag{2.4.56}$$

系统初始状态为 $\boldsymbol{x}(0)=\begin{bmatrix}1\\ -1\end{bmatrix}$、系统输入为 $u(k)=1$,试计算系统的状态转移矩阵 $\boldsymbol{A}^k$ 和状态方程的解 $\boldsymbol{x}(k)$。

解: 由式(2.4.56)知,系统中

$$A=\begin{bmatrix}0 & 1\\ -2 & -3\end{bmatrix},\quad b=\begin{bmatrix}1\\ 1\end{bmatrix} \tag{2.4.57}$$

根据状态转移矩阵的定义,有

$$A^k=\begin{bmatrix}0 & 1\\ -2 & -3\end{bmatrix}^k \tag{2.4.58}$$

如果按上式直接计算 $\boldsymbol{A}^k$ 有一定困难,为此,将状态方程(2.4.56)变换为约当标准型。

系统的特征方程为

$$|\lambda I-A|=\begin{vmatrix}\lambda & -1\\ 2 & \lambda+3\end{vmatrix}=\lambda^2+3\lambda+2=(\lambda+1)(\lambda+2)=0 \tag{2.4.59}$$

则解得系统特征值为 $\lambda_1=-1$ 和 $\lambda_2=-2$。

参考**【例 1.3.2】**中特征向量的计算,给出变换矩阵 $\boldsymbol{P}$ 中的关系式为

$$\begin{cases}-p_{11}-p_{21}=0\\ 2p_{12}+p_{22}=0\end{cases} \tag{2.4.60}$$

于是,可以取变换矩阵 $\boldsymbol{P}$ 为

$$P=\begin{bmatrix}2 & 1\\ -2 & -2\end{bmatrix} \tag{2.4.61}$$

并可得

$$P^{-1}=\begin{bmatrix}1 & \frac{1}{2}\\ -1 & -1\end{bmatrix} \tag{2.4.62}$$

定义线性变换

$$x(k)=P\tilde{x}(k) \tag{2.4.63}$$

于是,系统(2.4.56)的约当标准型为

$$\tilde{x}(k+1)=P^{-1}AP\tilde{x}(k)+P^{-1}bu(k) \tag{2.4.64}$$

式中：

$$\boldsymbol{P}^{-1}\boldsymbol{A}\boldsymbol{P}=\begin{bmatrix}-1 & 0\\ 0 & -2\end{bmatrix} \tag{2.4.65}$$

根据式(2.4.47)，离散系统非齐次状态方程(2.4.64)的解为

$$\tilde{\boldsymbol{x}}(k)=(\boldsymbol{P}^{-1}\boldsymbol{A}\boldsymbol{P})^{k}\tilde{\boldsymbol{x}}(0)+\sum_{i=0}^{k-1}(\boldsymbol{P}^{-1}\boldsymbol{A}\boldsymbol{P})^{k-i-1}\boldsymbol{P}^{-1}\boldsymbol{b}u(i) \tag{2.4.66}$$

对于状态转移矩阵 $\boldsymbol{A}^{k}$ 的计算，考虑式(2.4.65)中对角矩阵 $\boldsymbol{P}^{-1}\boldsymbol{A}\boldsymbol{P}$，有

$$(\boldsymbol{P}^{-1}\boldsymbol{A}\boldsymbol{P})^{k}=\begin{bmatrix}-1 & 0\\ 0 & -2\end{bmatrix}^{k}=\begin{bmatrix}(-1)^{k} & 0\\ 0 & (-2)^{k}\end{bmatrix} \tag{2.4.67}$$

则根据式(2.4.18)容易求得

$$\begin{aligned}\boldsymbol{A}^{k}=\boldsymbol{P}(\boldsymbol{P}^{-1}\boldsymbol{A}\boldsymbol{P})^{k}\boldsymbol{P}^{-1}&=\begin{bmatrix}2 & 1\\ -2 & -2\end{bmatrix}\begin{bmatrix}(-1)^{k} & 0\\ 0 & (-2)^{k}\end{bmatrix}\begin{bmatrix}1 & \frac{1}{2}\\ -1 & -1\end{bmatrix}\\ &=\begin{bmatrix}2(-1)^{k}-(-2)^{k} & (-1)^{k}-(-2)^{k}\\ -2(-1)^{k}+2(-2)^{k} & -(-1)^{k}+2(-2)^{k}\end{bmatrix}\end{aligned} \tag{2.4.68}$$

接下来计算状态方程(2.4.56)的解。按式(2.4.66)先计算 $\tilde{\boldsymbol{x}}(k)$，此时等式(2.4.66)右侧第一项为

$$(\boldsymbol{P}^{-1}\boldsymbol{A}\boldsymbol{P})^{k}\tilde{\boldsymbol{x}}(0)=(\boldsymbol{P}^{-1}\boldsymbol{A}\boldsymbol{P})^{k}\boldsymbol{P}^{-1}\boldsymbol{x}(0)=\begin{bmatrix}(-1)^{k} & 0\\ 0 & (-2)^{k}\end{bmatrix}\begin{bmatrix}1 & \frac{1}{2}\\ -1 & -1\end{bmatrix}\begin{bmatrix}1\\ -1\end{bmatrix}=\begin{bmatrix}\frac{1}{2}(-1)^{k}\\ 0\end{bmatrix} \tag{2.4.69}$$

等式(2.4.66)右侧第二项为

$$\begin{aligned}\sum_{i=0}^{k-1}(\boldsymbol{P}^{-1}\boldsymbol{A}\boldsymbol{P})^{k-i-1}\boldsymbol{P}^{-1}\boldsymbol{b}u(i)&=\sum_{i=0}^{k-1}(\boldsymbol{P}^{-1}\boldsymbol{A}\boldsymbol{P})^{k-i-1}\begin{bmatrix}1 & \frac{1}{2}\\ -1 & -1\end{bmatrix}\begin{bmatrix}1\\ 1\end{bmatrix}\times 1\\ &=\sum_{i=0}^{k-1}\begin{bmatrix}(-1)^{k-i-1} & 0\\ 0 & (-2)^{k-i-1}\end{bmatrix}\begin{bmatrix}\frac{3}{2}\\ -2\end{bmatrix}\\ &=\sum_{i=0}^{k-1}\begin{bmatrix}\frac{3}{2}(-1)^{k-i-1}\\ -2(-2)^{k-i-1}\end{bmatrix}\\ &=\begin{bmatrix}\frac{3}{2}((-1)^{k-1}+(-1)^{k-2}+\cdots+(-1)^{2}+(-1)+1)\\ -2((-2)^{k-1}+(-2)^{k-2}+\cdots+(-2)^{2}+(-2)+1)\end{bmatrix}\\ &=\begin{bmatrix}\frac{3}{2}\,\frac{(1-(-1)^{k})}{1-(-1)}\\ -2\,\frac{(1-(-2)^{k})}{1-(-2)}\end{bmatrix}\end{aligned}$$

$$=\begin{bmatrix}\dfrac{3(1-(-1)^k)}{4}\\ \dfrac{-2(1-(-2)^k)}{3}\end{bmatrix} \tag{2.4.70}$$

结合式(2.4.66)、(2.4.69)以及(2.4.70)可以有

$$\tilde{\boldsymbol{x}}(k)=\begin{bmatrix}\dfrac{1}{2}(-1)^k\\ 0\end{bmatrix}+\begin{bmatrix}\dfrac{3(1-(-1)^k)}{4}\\ \dfrac{-2(1-(-2)^k)}{3}\end{bmatrix}=\begin{bmatrix}-\dfrac{1}{4}(-1)^k+\dfrac{3}{4}\\ \dfrac{2}{3}(-2)^k-\dfrac{2}{3}\end{bmatrix} \tag{2.4.71}$$

于是,根据线性变换的定义(2.4.63),可得非齐次状态方程(2.4.56)的解为

$$\boldsymbol{x}(k)=\boldsymbol{P}\tilde{\boldsymbol{x}}(k)=\begin{bmatrix}2 & 1\\ -2 & -2\end{bmatrix}\begin{bmatrix}-\dfrac{1}{4}(-1)^k+\dfrac{3}{4}\\ \dfrac{2}{3}(-2)^k-\dfrac{2}{3}\end{bmatrix}=\begin{bmatrix}-\dfrac{1}{2}(-1)^k+\dfrac{2}{3}(-2)^k+\dfrac{5}{6}\\ \dfrac{1}{2}(-1)^k-\dfrac{4}{3}(-2)^k-\dfrac{1}{6}\end{bmatrix} \tag{2.4.72}$$

2. Z 变换法

对于离散系统非齐次状态方程,也可以用 Z 变换法来求解。离散系统非齐次状态方程为

$$\boldsymbol{x}(k+1)=\boldsymbol{A}\boldsymbol{x}(k)+\boldsymbol{B}\boldsymbol{u}(k),\quad \boldsymbol{x}(k)|_{k=0}=\boldsymbol{x}(0) \tag{2.4.73}$$

式中:$\boldsymbol{x}(k)$为系统状态,是 n 维列向量;

$\boldsymbol{u}(k)$系统输入,是 r 维列向量;

$\boldsymbol{A}$ 为$n\times n$ 维系统矩阵;

$\boldsymbol{B}$ 为$n\times r$ 维输入矩阵。

假设离散函数 $\boldsymbol{x}(k)$的 Z 变换为$\boldsymbol{X}(z)$,从式(2.4.33)可知,离散函数 $\boldsymbol{x}(k+1)$的 Z 变换为$z\boldsymbol{X}(z)-z\boldsymbol{x}(0)$。同时,假定离散函数 $\boldsymbol{u}(k)$的 Z 变换为$\boldsymbol{U}(z)$,在式(2.4.73)等号左右两侧同时取 Z 变换,有

$$z\boldsymbol{X}(z)-z\boldsymbol{x}(0)=\boldsymbol{A}\boldsymbol{X}(z)+\boldsymbol{B}\boldsymbol{U}(z) \tag{2.4.74}$$

即

$$(z\boldsymbol{I}-\boldsymbol{A})\boldsymbol{X}(z)=z\boldsymbol{x}(0)+\boldsymbol{B}\boldsymbol{U}(z) \tag{2.4.75}$$

整理上式后有

$$\boldsymbol{X}(z)=(z\boldsymbol{I}-\boldsymbol{A})^{-1}z\boldsymbol{x}(0)+(z\boldsymbol{I}-\boldsymbol{A})^{-1}\boldsymbol{B}\boldsymbol{U}(z) \tag{2.4.76}$$

在上式等号左右两侧同时取 Z 反变换,可得

$$\boldsymbol{x}(k)=Z^{-1}\left[(z\boldsymbol{I}-\boldsymbol{A})^{-1}z\right]\boldsymbol{x}(0)+Z^{-1}\left[(z\boldsymbol{I}-\boldsymbol{A})^{-1}\boldsymbol{B}\boldsymbol{U}(z)\right] \tag{2.4.77}$$

对式(2.4.47)和式(2.4.77)进行比较,则有

$$\boldsymbol{A}^k\boldsymbol{x}(0)=Z^{-1}\left[(z\boldsymbol{I}-\boldsymbol{A})^{-1}z\right]\boldsymbol{x}(0) \tag{2.4.78}$$

$$\sum_{i=0}^{k-1}\boldsymbol{A}^{k-i-1}\boldsymbol{B}\boldsymbol{u}(i)=Z^{-1}\left[(z\boldsymbol{I}-\boldsymbol{A})^{-1}\boldsymbol{B}\boldsymbol{U}(z)\right] \tag{2.4.79}$$

即

$$\boldsymbol{A}^k=Z^{-1}\left[(z\boldsymbol{I}-\boldsymbol{A})^{-1}z\right] \tag{2.4.80}$$

$$\sum_{i=0}^{k-1}\boldsymbol{A}^{k-i-1}\boldsymbol{B}\boldsymbol{u}(i)=Z^{-1}\left[(z\boldsymbol{I}-\boldsymbol{A})^{-1}\boldsymbol{B}\boldsymbol{U}(z)\right] \tag{2.4.81}$$

在式(2.4.80)和(2.4.81)中，等式左右两侧二者形式上虽是不同，但实际上是完全相等的。证明如下：

先求 $\boldsymbol{A}^k$ 的 Z 变换，根据 Z 变换可以有

$$Z[\boldsymbol{A}^k]=\sum_{k=0}^{\infty}\boldsymbol{A}^k z^{-k}=\boldsymbol{I}+\boldsymbol{A}z^{-1}+\boldsymbol{A}^2 z^{-2}+\cdots \tag{2.4.82}$$

上式等号左右两侧同时左乘矩阵 $\boldsymbol{A}z^{-1}$，有

$$\boldsymbol{A}z^{-1}Z[\boldsymbol{A}^k]=\boldsymbol{A}z^{-1}+\boldsymbol{A}^2 z^{-2}+\boldsymbol{A}^3 z^{-3}+\cdots \tag{2.4.83}$$

用式(2.4.82)减去式(2.4.83)，可得

$$(\boldsymbol{I}-\boldsymbol{A}z^{-1})Z[\boldsymbol{A}^k]=\boldsymbol{I} \tag{2.4.84}$$

于是，对 $\boldsymbol{A}^k$ 的 Z 变换可以求解为

$$Z[\boldsymbol{A}^k]=(\boldsymbol{I}-\boldsymbol{A}z^{-1})^{-1}=(z\boldsymbol{I}-\boldsymbol{A})^{-1}z \tag{2.4.85}$$

在上式等号左右两侧同时取 Z 反变换，可得式(2.4.80)。当然，这个结论也可以从式(2.4.39)直接获得。

接下来考虑式(2.4.81)。首先按照离散卷积的定义，离散函数 $\boldsymbol{A}^{k-1}$ 和 $\boldsymbol{Bu}(k)$ 的卷积

$$\boldsymbol{A}^{k-1}*\boldsymbol{Bu}(k)=\sum_{j=0}^{\infty}\boldsymbol{A}^{j-1}\boldsymbol{Bu}(k-j) \tag{2.4.86}$$

因为需要求解 $\boldsymbol{x}(k)$，根据状态方程(2.4.73)可知，$\boldsymbol{u}(k)$ 的采样周期有效范围应为 $\boldsymbol{u}(0)-\boldsymbol{u}(k-1)$，其他值可以看作为零，于是式(2.4.86)可以改写为

$$\boldsymbol{A}^{k-1}*\boldsymbol{Bu}(k)=\sum_{j=1}^{k}\boldsymbol{A}^{j-1}\boldsymbol{Bu}(k-j) \tag{2.4.87}$$

定义 $k-j=i$，即 $j=k-i$，于是式(2.4.87)等号的右侧为

$$\sum_{j=1}^{k}\boldsymbol{A}^{j-1}\boldsymbol{Bu}(k-j)=\sum_{i=k-1}^{0}\boldsymbol{A}^{k-i-1}\boldsymbol{Bu}(i)=\sum_{i=0}^{k-1}\boldsymbol{A}^{k-i-1}\boldsymbol{Bu}(i) \tag{2.4.88}$$

结合式(2.4.87)和式(2.4.88)，可得

$$\boldsymbol{A}^{k-1}*\boldsymbol{Bu}(k)=\sum_{i=0}^{k-1}\boldsymbol{A}^{k-i-1}\boldsymbol{Bu}(i) \tag{2.4.89}$$

上式说明等式(2.4.81)左侧部分为离散函数 $\boldsymbol{A}^{k-1}$ 和 $\boldsymbol{Bu}(k)$ 的卷积。

根据卷积定理，两个离散函数卷积的 Z 变换等于这两个函数的 Z 变换的乘积，则可以有

$$Z[\boldsymbol{A}^{k-1}*\boldsymbol{Bu}(k)]=Z[\boldsymbol{A}^{k-1}]Z[\boldsymbol{Bu}(k)] \tag{2.4.90}$$

根据式(2.4.89)，上式即为

$$Z\left[\sum_{i=0}^{k-1}\boldsymbol{A}^{k-i-1}\boldsymbol{Bu}(i)\right]=Z[\boldsymbol{A}^{k-1}]Z[\boldsymbol{Bu}(k)] \tag{2.4.91}$$

利用 Z 变换的平移定理，可得 $[\boldsymbol{A}^{k-1}]$ 的 Z 变换为

$$Z[\boldsymbol{A}^{k-1}]=Z[\boldsymbol{A}^k]z^{-1} \tag{2.4.92}$$

将上式代入到式(2.4.91)中，有

$$Z\left[\sum_{i=0}^{k-1}\boldsymbol{A}^{k-i-1}\boldsymbol{Bu}(i)\right]=Z[\boldsymbol{A}^{k-1}]Z[\boldsymbol{Bu}(k)]=Z[\boldsymbol{A}^k]z^{-1}Z[\boldsymbol{Bu}(k)] \tag{2.4.93}$$

根据式(2.4.85)中 $\boldsymbol{A}^k$ 的 Z 变换，则式(2.4.93)可以为

$$Z\left[\sum_{i=0}^{k-1}\boldsymbol{A}^{k-i-1}\boldsymbol{Bu}(i)\right]=(z\boldsymbol{I}-\boldsymbol{A})^{-1}\boldsymbol{BU}(z) \tag{2.4.94}$$

在上式等号左右两侧同时取 Z 反变换，即可得式(2.4.81)。

因此，式(2.4.80)和式(2.4.81)得证。

【例 2.4.2】 离散系统状态方程为

$$\boldsymbol{x}(k+1)=\begin{bmatrix}0 & 1\\ -2 & -3\end{bmatrix}\boldsymbol{x}(k)+\begin{bmatrix}1\\ 1\end{bmatrix}u(k) \tag{2.4.95}$$

系统初始状态为 $\boldsymbol{x}(0)=\begin{bmatrix}1\\ -1\end{bmatrix}$、系统输入为 $u(k)=1$，试利用 Z 变换法计算系统的状态转移矩阵 $\boldsymbol{A}^k$ 和状态方程的解 $\boldsymbol{x}(k)$。

解： 由式(2.4.95)知，系统中

$$\boldsymbol{A}=\begin{bmatrix}0 & 1\\ -2 & -3\end{bmatrix},\quad \boldsymbol{b}=\begin{bmatrix}1\\ 1\end{bmatrix} \tag{2.4.96}$$

控制输入 $u(k)=1$，则其 Z 变换为

$$U(z)=\frac{z}{z-1} \tag{2.4.97}$$

根据式(2.4.96)，有

$$z\boldsymbol{I}-\boldsymbol{A}=\begin{bmatrix}z & -1\\ 2 & z+3\end{bmatrix} \tag{2.4.98}$$

于是，可得

$$(z\boldsymbol{I}-\boldsymbol{A})^{-1}=\frac{1}{(z+1)(z+2)}\begin{bmatrix}z+3 & 1\\ -2 & z\end{bmatrix} \tag{2.4.99}$$

根据式(2.4.80)和式(2.4.99)，可以有

$$\begin{aligned}\boldsymbol{A}^k&=Z^{-1}\left[(z\boldsymbol{I}-\boldsymbol{A})^{-1}z\right]\\&=Z^{-1}\left\{\frac{z}{(z+1)(z+2)}\begin{bmatrix}z+3 & 1\\ -2 & z\end{bmatrix}\right\}\\&=Z^{-1}\left\{z\begin{bmatrix}\dfrac{2}{z+1}+\dfrac{-1}{z+2} & \dfrac{1}{z+1}+\dfrac{-1}{z+2}\\ \dfrac{-2}{z+1}+\dfrac{2}{z+2} & \dfrac{-1}{z+1}+\dfrac{2}{z+2}\end{bmatrix}\right\}\\&=\begin{bmatrix}2(-1)^k-(-2)^k & (-1)^k-(-2)^k\\ -2(-1)^k+2(-2)^k & -1(-1)^k+2(-2)^k\end{bmatrix}\end{aligned} \tag{2.4.100}$$

接下来计算

$$z\boldsymbol{x}(0)+\boldsymbol{b}U(z)=z\begin{bmatrix}1\\ -1\end{bmatrix}+\begin{bmatrix}1\\ 1\end{bmatrix}\frac{z}{z-1}=\begin{bmatrix}z\\ -z\end{bmatrix}+\begin{bmatrix}\dfrac{z}{z-1}\\ \dfrac{z}{z-1}\end{bmatrix}=\begin{bmatrix}\dfrac{z^2}{z-1}\\ \dfrac{-z^2+2z}{z-1}\end{bmatrix} \tag{2.4.101}$$

结合式(2.4.76)、(2.4.99)以及(2.4.101)可得

$$\begin{aligned}\boldsymbol{X}(z)&=(z\boldsymbol{I}-\boldsymbol{A})^{-1}z\boldsymbol{x}(0)+(z\boldsymbol{I}-\boldsymbol{A})^{-1}\boldsymbol{b}U(z)\\&=(z\boldsymbol{I}-\boldsymbol{A})^{-1}(z\boldsymbol{x}(0)+\boldsymbol{b}U(z))\end{aligned}$$

$$=\frac{1}{(z+1)(z+2)}\begin{bmatrix}z+3 & 1\\ -2 & z\end{bmatrix}\begin{bmatrix}\dfrac{z^2}{z-1}\\ \dfrac{-z^2+2z}{z-1}\end{bmatrix}$$

$$=\begin{bmatrix}\dfrac{(z^2+2z+2)z}{(z+1)(z+2)(z-1)}\\ \dfrac{-z^3}{(z+1)(z+2)(z-1)}\end{bmatrix}$$

$$=\begin{bmatrix}-\dfrac{1}{2}\dfrac{z}{z+1}+\dfrac{2}{3}\dfrac{z}{z+2}+\dfrac{5}{6}\dfrac{z}{z-1}\\ \dfrac{1}{2}\dfrac{z}{z+1}-\dfrac{4}{3}\dfrac{z}{z+2}-\dfrac{1}{6}\dfrac{z}{z-1}\end{bmatrix} \tag{2.4.102}$$

在上式等号左右两侧同时取 Z 反变换，则可得状态方程(2.4.95)的解为

$$\boldsymbol{x}(k)=Z^{-1}[\boldsymbol{X}(z)]=\begin{bmatrix}-\dfrac{1}{2}(-1)^k+\dfrac{2}{3}(-2)^k+\dfrac{5}{6}\\ \dfrac{1}{2}(-1)^k-\dfrac{4}{3}(-2)^k-\dfrac{1}{6}\end{bmatrix} \tag{2.4.103}$$

2.5　连续状态空间表达式的离散化

数字计算机运算和处理的数据都是数字量，它不仅体现在数值上是量化的，而且在时间上也是离散化的。如果利用数字计算机对连续状态方程进行求解，那么必须先将连续状态方程转化为离散状态方程。当然，在对连续受控系统进行在线控制时(例如网络化控制技术等)，同样也有一个将连续数学模型的受控对象离散化的问题。

2.5.1　离散化方法

在对连续系统推导离散化系统方程时，通常假设在连续系统上连接一个开关，该开关以 T 为周期进行开和关。这样的开关称为采样开关，周期 T 称为采样周期。离散化按一个等采样周期 T 的采样过程处理，即将 t 变为 kT，$k=0,1,2,\cdots$ 为正整数，系统的状态值由原来的连续量 $\boldsymbol{x}(t)$ 转化为离散量 $\boldsymbol{x}(kT)$，即

$$\boldsymbol{x}(kT)=\begin{cases}\boldsymbol{x}(t), & t=kT\\ \boldsymbol{0}, & t\neq kT\end{cases} \tag{2.5.1}$$

在离散化过程中，系统输入向量 $\boldsymbol{u}(t)$ 则认为只在采样时刻发生变化，在相邻两采样时刻之间，$\boldsymbol{u}(t)$ 通过零阶保持器是保持不变的，且等于前一采样时刻的值，换句话说，在 kT 和 $(k+1)T$ 之间，$\boldsymbol{u}(t)=\boldsymbol{u}(kT)$ 为常数。

在后续的阐述中，为了简便，使用符号 k 代替符号 kT，使用符号 $k+1$ 代替符号 $(k+1)T$，例如，$\boldsymbol{x}(kT)$ 简写为 $\boldsymbol{x}(k)$，$\boldsymbol{x}((k+1)T)$ 简写为 $\boldsymbol{x}(k+1)$ 等。

在以上假设情况下，对于连续状态空间表达式

$$\begin{cases}\dot{\boldsymbol{x}}(t)=\boldsymbol{A}\boldsymbol{x}(t)+\boldsymbol{B}\boldsymbol{u}(t)\\ \boldsymbol{y}(t)=\boldsymbol{C}\boldsymbol{x}(t)+\boldsymbol{D}\boldsymbol{u}(t)\end{cases} \tag{2.5.2}$$

式中：$\boldsymbol{x}$ 为连续系统状态，是 n 维列向量；

$\boldsymbol{u}$ 为连续系统输入，是 r 维列向量；

$\boldsymbol{y}$ 为连续系统输出，是 m 维列向量；

$\boldsymbol{A}$ 为 $n\times n$ 维系统矩阵；

$\boldsymbol{B}$ 为 $n\times r$ 维输入矩阵；

$\boldsymbol{C}$ 为 $m\times n$ 维输出矩阵；

$\boldsymbol{D}$ 为 $m\times r$ 维直接传递矩阵。

将该系统离散化之后，则得离散时间状态空间表达式为

$$\begin{cases}\boldsymbol{x}(k+1)=\boldsymbol{A}(T)\boldsymbol{x}(k)+\boldsymbol{B}(T)\boldsymbol{u}(k)\\ \boldsymbol{y}(k)=\boldsymbol{C}(T)\boldsymbol{x}(k)+\boldsymbol{D}(T)\boldsymbol{u}(k)\end{cases} \tag{2.5.3}$$

式中：$\boldsymbol{x}(k)$为离散系统状态，是 n 维列向量；

$\boldsymbol{u}(k)$为离散系统输入，是 r 维列向量；

$\boldsymbol{y}(k)$为离散系统输出，是 m 维列向量；

$\boldsymbol{A}(T)$为 $n\times n$ 维系统矩阵；

$\boldsymbol{B}(T)$为 $n\times r$ 维输入矩阵；

$\boldsymbol{C}(T)$为 $m\times n$ 维输出矩阵；

$\boldsymbol{D}(T)$为 $m\times r$ 维直接传递矩阵。

在该离散系统中，其参数矩阵和连续系统(2.5.2)参数矩阵之间的关系为

$$\boldsymbol{A}(T)=\mathrm{e}^{\boldsymbol{A}T},\quad \boldsymbol{B}(T)=\int_0^T \mathrm{e}^{\boldsymbol{A}t}\mathrm{d}t\cdot\boldsymbol{B},\quad \boldsymbol{C}(T)=\boldsymbol{C},\quad \boldsymbol{D}(T)=\boldsymbol{D} \tag{2.5.4}$$

证明：因为系统输出方程是状态变量和输入变量的某种线性组合，离散化之后，组合关系并不改变，故参数矩阵 $\boldsymbol{C}$ 和 $\boldsymbol{D}$ 是不变的。为了确定参数矩阵 $\boldsymbol{A}(T)$和 $\boldsymbol{B}(T)$，现从式(2.5.2)中状态方程的解入手，其解按式(2.3.31)为

$$\boldsymbol{x}(t)=\mathrm{e}^{\boldsymbol{A}(t-t_0)}\boldsymbol{x}(t_0)+\int_{t_0}^{t}\mathrm{e}^{\boldsymbol{A}(t-\tau)}\boldsymbol{B}\boldsymbol{u}(\tau)\mathrm{d}\tau \tag{2.5.5}$$

上式反映的是系统状态从 $\boldsymbol{x}(t_0)$到 $\boldsymbol{x}(t)$的转移，为了实现其离散化，这里只考察从 $t_0=kT$ 到 $t=(k+1)T$ 这一段的响应，并考虑到在这一段时间间隔内输入向量的不变性，即 $\boldsymbol{u}(t)=\boldsymbol{u}(kT)$为常数，从而有

$$\boldsymbol{x}((k+1)T)=\mathrm{e}^{\boldsymbol{A}T}\boldsymbol{x}(kT)+\int_{kT}^{(k+1)T}\mathrm{e}^{\boldsymbol{A}[(k+1)T-\tau]}\boldsymbol{B}\mathrm{d}\tau\boldsymbol{u}(kT) \tag{2.5.6}$$

上式可简写为

$$\boldsymbol{x}(k+1)=\mathrm{e}^{\boldsymbol{A}T}\boldsymbol{x}(k)+\int_{kT}^{(k+1)T}\mathrm{e}^{\boldsymbol{A}[(k+1)T-\tau]}\boldsymbol{B}\mathrm{d}\tau\boldsymbol{u}(k) \tag{2.5.7}$$

将离散系统状态空间表达式(2.5.3)中的状态方程与式(2.5.7)相比较，可得

$$\boldsymbol{A}(T)=\mathrm{e}^{\boldsymbol{A}T},\quad \boldsymbol{B}(T)=\int_{kT}^{(k+1)T}\mathrm{e}^{\boldsymbol{A}[(k+1)T-\tau]}\boldsymbol{B}\mathrm{d}\tau \tag{2.5.8}$$

在式(2.5.8)第二个等式中，令 $t=(k+1)T-\tau$，则 $\mathrm{d}\tau=-\mathrm{d}t$，而积分下限 $\tau=kT$ 时，相应于 $t=T$；积分上限 $\tau=(k+1)T$ 相应于 $t=0$。因此，式(2.5.8)第二个等式可以简化为

$$\boldsymbol{B}(T)=\int_T^0 \mathrm{e}^{\boldsymbol{A}t}\boldsymbol{B}\mathrm{d}(-t)=\int_0^T \mathrm{e}^{\boldsymbol{A}t}\mathrm{d}t\cdot\boldsymbol{B} \tag{2.5.9}$$

因此，式(2.5.4)得证。

2.5.2 近似离散化

在采样周期 T 较小时，一般当其为系统最小时间常数的 1/10 左右时，离散化状态方程中的参数矩阵 $\boldsymbol{A}(T)$ 和 $\boldsymbol{B}(T)$ 可近似表示为

$$\boldsymbol{A}(T) \approx T\boldsymbol{A} + \boldsymbol{I}, \quad \boldsymbol{B}(T) \approx T\boldsymbol{B} \tag{2.5.10}$$

这是因为根据导数的定义

$$\dot{\boldsymbol{x}}(t_0) = \lim_{\Delta t \to 0} \frac{\boldsymbol{x}(t_0 + \Delta t) - \boldsymbol{x}(t_0)}{\Delta t} \tag{2.5.11}$$

现讨论 $t_0 = kT$ 到 $t = (k+1)T$ 这一段的导数，且考虑到采样周期 T 足够小，则有

$$\dot{\boldsymbol{x}}(kT) \approx \frac{\boldsymbol{x}((k+1)T) - \boldsymbol{x}(kT)}{T} \tag{2.5.12}$$

将连续系统状态方程 $\dot{\boldsymbol{x}}(t) = \boldsymbol{A}\boldsymbol{x}(t) + \boldsymbol{B}\boldsymbol{u}(t)$ 中的 t 替换成 kT，可得

$$\dot{\boldsymbol{x}}(kT) = \boldsymbol{A}\boldsymbol{x}(kT) + \boldsymbol{B}\boldsymbol{u}(kT) \tag{2.5.13}$$

结合式(2.5.12)和式(2.5.13)，有

$$\frac{\boldsymbol{x}((k+1)T) - \boldsymbol{x}(kT)}{T} = \boldsymbol{A}\boldsymbol{x}(kT) + \boldsymbol{B}\boldsymbol{u}(kT) \tag{2.5.14}$$

整理上式可得

$$\boldsymbol{x}((k+1)T) = (T\boldsymbol{A} + \boldsymbol{I})\boldsymbol{x}(kT) + T\boldsymbol{B}\boldsymbol{u}(kT) \tag{2.5.15}$$

【例 2.5.1】 连续系统状态方程为

$$\dot{\boldsymbol{x}}(t) = \begin{bmatrix} 0 & 1 & 0 \\ 3 & 0 & 2 \\ -12 & -7 & -6 \end{bmatrix} \boldsymbol{x}(t) + \begin{bmatrix} 0 \\ 0 \\ 1 \end{bmatrix} u(t) \tag{2.5.16}$$

试将其离散化。

解：由式(2.5.16)知，系统中

$$\boldsymbol{A} = \begin{bmatrix} 0 & 1 & 0 \\ 3 & 0 & 2 \\ -12 & -7 & -6 \end{bmatrix}, \quad \boldsymbol{b} = \begin{bmatrix} 0 \\ 0 \\ 1 \end{bmatrix} \tag{2.5.17}$$

下面利用第 2.5.1 和 2.5.2 节中的两种方法对系统(2.5.16)进行离散化。

方法 1　按第 2.5.1 节中式(2.5.4)计算。

在**【例 2.2.1】**中已给出系统的状态转移矩阵为

$$e^{\boldsymbol{A}t} = \frac{1}{2} \begin{bmatrix} 9e^{-t} - 12e^{-2t} + 5e^{-3t} & 5e^{-t} - 8e^{-2t} + 3e^{-3t} & 2e^{-t} - 4e^{-2t} + 2e^{-3t} \\ -9e^{-t} + 24e^{-2t} - 15e^{-3t} & -5e^{-t} + 16e^{-2t} - 9e^{-3t} & -2e^{-t} + 8e^{-2t} - 6e^{-3t} \\ -9e^{-t} - 6e^{-2t} + 15e^{-3t} & -5e^{-t} - 4e^{-2t} + 9e^{-3t} & -2e^{-t} - 2e^{-2t} + 6e^{-3t} \end{bmatrix} \tag{2.5.18}$$

于是，根据式(2.5.4)和式(2.5.17)，可得

$$\boldsymbol{A}(T) = e^{\boldsymbol{A}T} = \frac{1}{2} \begin{bmatrix} 9e^{-T} - 12e^{-2T} + 5e^{-3T} & 5e^{-T} - 8e^{-2T} + 3e^{-3T} & 2e^{-T} - 4e^{-2T} + 2e^{-3T} \\ -9e^{-T} + 24e^{-2T} - 15e^{-3T} & -5e^{-T} + 16e^{-2T} - 9e^{-3T} & -2e^{-T} + 8e^{-2T} - 6e^{-3T} \\ -9e^{-T} - 6e^{-2T} + 15e^{-3T} & -5e^{-T} - 4e^{-2T} + 9e^{-3T} & -2e^{-T} - 2e^{-2T} + 6e^{-3T} \end{bmatrix} \tag{2.5.19}$$

和

$$\boldsymbol{b}(T)=\int_0^T \mathrm{e}^{\boldsymbol{A}t}\mathrm{d}t\cdot\boldsymbol{b}=\int_0^T \mathrm{e}^{\boldsymbol{A}t}\mathrm{d}t\cdot\begin{bmatrix}0\\0\\1\end{bmatrix}=\begin{bmatrix}\frac{1}{3}-\mathrm{e}^{-T}+\mathrm{e}^{-2T}-\frac{1}{3}\mathrm{e}^{-3T}\\ \mathrm{e}^{-T}-2\mathrm{e}^{-2T}+\mathrm{e}^{-3T}\\ -\frac{1}{2}+\mathrm{e}^{-T}+\frac{1}{2}\mathrm{e}^{-2T}-\mathrm{e}^{-3T}\end{bmatrix} \tag{2.5.20}$$

方法 2 按第 2.5.2 节中式(2.5.10)做近似计算。

根据式(2.5.10)和式(2.5.17),可得

$$\begin{aligned}\boldsymbol{A}(T)&=T\boldsymbol{A}+\boldsymbol{I}\\&=\begin{bmatrix}0&T&0\\3T&0&2T\\-12T&-7T&-6T\end{bmatrix}+\begin{bmatrix}1&0&0\\0&1&0\\0&0&1\end{bmatrix}\\&=\begin{bmatrix}1&T&0\\3T&1&2T\\-12T&-7T&1-6T\end{bmatrix}\end{aligned} \tag{2.5.21}$$

和

$$\boldsymbol{b}(T)=T\boldsymbol{b}=\begin{bmatrix}0\\0\\T\end{bmatrix} \tag{2.5.22}$$

现将以上两种计算方法给出的结果在不同采样周期 T 时进行比较。

(1) 当 $T=0.05$ s 时

在方法 1 中,式(2.5.19)和式(2.5.20)给出的结果为

$$\boldsymbol{A}(T)=\begin{bmatrix}1.0033&0.0498&0.0023\\0.1222&0.9874&0.0860\\-0.5397&-0.3146&0.7261\end{bmatrix},\quad \boldsymbol{b}(T)=\begin{bmatrix}0.0000\\0.0023\\0.0429\end{bmatrix} \tag{2.5.23}$$

在方法 2 中,式(2.5.21)和式(2.5.22)给出的结果为

$$\boldsymbol{A}(T)=\begin{bmatrix}1.0000&0.0500&0.0000\\0.1500&1.0000&0.1000\\-0.6000&-0.3500&0.7000\end{bmatrix},\quad \boldsymbol{b}(T)=\begin{bmatrix}0.0000\\0.0000\\0.0500\end{bmatrix} \tag{2.5.24}$$

(2) 当 $T=0.01$ s 时

在方法 1 中,式(2.5.19)和式(2.5.20)给出的结果为

$$\boldsymbol{A}(T)=\begin{bmatrix}1.0001&0.0100&0.0001\\0.0288&0.9995&0.0194\\-0.1175&-0.0685&0.9411\end{bmatrix},\quad \boldsymbol{b}(T)=\begin{bmatrix}0.0000\\0.0001\\0.0097\end{bmatrix} \tag{2.5.25}$$

在方法 2 中,式(2.5.21)和式(2.5.22)给出的结果为

$$\boldsymbol{A}(T)=\begin{bmatrix}1.0000&0.0100&0.0000\\0.0300&1.0000&0.0200\\-0.1200&-0.0700&0.9400\end{bmatrix},\quad \boldsymbol{b}(T)=\begin{bmatrix}0.0000\\0.0000\\0.0100\end{bmatrix} \tag{2.5.26}$$

从比较结果可以看出,当采样周期 $T=0.01$ s 时,两种方法的值已经非常接近。

习　题

1. 系统矩阵为

$$\boldsymbol{A}=\begin{bmatrix}0&1&0\\0&0&1\\2&3&0\end{bmatrix}$$

试用约当标准型法计算状态转移矩阵 $\mathrm{e}^{\boldsymbol{A}t}$。

2. 系统矩阵为

$$\boldsymbol{A}=\begin{bmatrix}0&1&0\\0&-4&3\\-1&-1&-2\end{bmatrix}$$

试用拉普拉斯变换法计算状态转移矩阵 $\mathrm{e}^{\boldsymbol{A}t}$。

3. 系统矩阵为

$$\boldsymbol{A}=\begin{bmatrix}0&1&0\\3&0&2\\-12&-7&-6\end{bmatrix}$$

试利用凯莱-哈密顿定理计算状态转移矩阵 $\mathrm{e}^{\boldsymbol{A}t}$，并将结果与**【例 2.2.1】**、**【例 2.2.3】**进行比较。

4. 连续系统状态方程为

$$\dot{\boldsymbol{x}}=\begin{bmatrix}0&1&0\\0&0&1\\2&-5&4\end{bmatrix}\boldsymbol{x}+\begin{bmatrix}0\\0\\1\end{bmatrix}u$$

系统初始状态为 $\boldsymbol{x}(0)=\begin{bmatrix}1\\0\\0\end{bmatrix}$、系统输入 $u(t)$ 为单位阶跃函数，试计算该系统状态方程的解。

5. 离散系统状态方程为

$$\boldsymbol{x}(k+1)=\begin{bmatrix}0&0&0\\0&0&1\\-6&-11&-6\end{bmatrix}\boldsymbol{x}(k)+\begin{bmatrix}0\\1\\4\end{bmatrix}u(k)$$

系统初始状态为 $\boldsymbol{x}(0)=\begin{bmatrix}1\\1\\1\end{bmatrix}$、系统输入 $u(k)$ 为单位阶跃函数，试用 Z 变换法计算该系统的状态转移矩阵 $\boldsymbol{A}^k$ 和状态方程的解 $\boldsymbol{x}(k)$。

6. 连续系统状态方程为

$$\dot{\boldsymbol{x}}=\begin{bmatrix}1&0&0\\-1&-2&0\\0&1&4\end{bmatrix}\boldsymbol{x}+\begin{bmatrix}0\\0\\1\end{bmatrix}u$$

试利用状态转移矩阵法和近似法将其离散化，并对结果比较分析。

第3章 系统的能控性和能观性

系统的能控性和能观性是卡尔曼(Kalman)在1960年提出来的，是现代控制理论中两个重要的概念。系统的能控性对研究系统是否能进行控制、系统的能观性对研究系统是否能进行状态观测等基本问题都有着重要的意义。

在第1章中已经指出，现代控制理论是建立在状态空间描述的基础上的，系统利用状态方程和输出方程来描述系统的输入-输出关系。系统状态方程描述了输入 $\boldsymbol{u}$ 引起状态 $\boldsymbol{x}$ 的变化过程；系统输出方程则描述了由状态变化引起的输出 $\boldsymbol{y}$ 的变化。能控性和能观性正是分别分析 $\boldsymbol{u}$ 对状态 $\boldsymbol{x}$ 的控制能力以及输出 $\boldsymbol{y}$ 对状态 $\boldsymbol{x}$ 的反映能力。显然，这两个概念是与状态空间表达式对系统分段内部描述相对应的，是状态空间描述系统所带来的新概念。

在经典控制理论中，只限于研究系统控制输入作用对系统输出的控制，系统的输出量既是被控量，同时也是输出量，二者之间的关系唯一地由系统微分方程或者传递函数所确定。系统输出明显地受输入信号的控制，给定输入信号则一定会存在唯一的输出与之对应，而对于期望的输出也总可以找到相应的输入信号使系统按要求进行控制。于是，只要满足稳定性条件，系统对输出就是能控制的；而输出量对一个实际物理系统而言，它一般是能直接或间接观测到的，否则就不存在系统反馈控制或状态观测等问题。因此，对于经典控制理论中的单入-单出系统而言，系统不存在能控、不能控和能观、不能观的问题。

本章将在详细阐述能控性和能观性定义的基础上，介绍有关判断系统能控性和能观性的准则，以及能控性与能观性之间的对偶关系。然后介绍如何通过线性变换把能控系统和能观系统的状态空间表达式变换成能控标准型和能观标准型，以及把不完全能控系统和不完全能观系统的状态空间表达式进行结构分解。

3.1 系统的能控性定义

系统的能控性所考虑的只是系统在输入 $\boldsymbol{u}$ 的作用下，系统状态 $\boldsymbol{x}$ 的转移情况，而与系统输出 $\boldsymbol{y}$ 无关，所以只需从系统状态方程研究出发即可。

3.1.1 连续系统的能控性定义

对于连续系统

$$\dot{\boldsymbol{x}} = \boldsymbol{A}\boldsymbol{x} + \boldsymbol{B}\boldsymbol{u} \tag{3.1.1}$$

假设存在控制输入 $\boldsymbol{u}$，能在有限时间区间 $[t_0, t_f]$ 内，使得系统由某一初始状态 $\boldsymbol{x}(t_0)$，转移到指定的任一终端状态 $\boldsymbol{x}(t_f)$，则称此状态是能控的。若系统的所有状态都是能控的，则称此系统是状态完全能控的，或简称为系统是能控的。需要注意的是，必须是系统状态向量中所有分量都是能控的，系统才称为能控的；系统所有状态分量中只要有一个分量不能控，尽管其他状态分量都能控的系统也是不能控的。从这个角度来说，系统中某一状态的能控和系统状态完全能控在含义上是不同的。

系统能控性定义中的初始状态 $\boldsymbol{x}(t_0)$ 指的是状态空间中的任意非零点，控制的目标是将系统状态由初始状态 $\boldsymbol{x}(t_0)$ 转移到状态空间中的坐标原点。简单来说，可以假定系统初始时刻 $t_0=0$，初始状态为 $\boldsymbol{x}(0)$，而终端状态就指定为零状态，即 $\boldsymbol{x}(t_f)=\boldsymbol{0}$；也可以假定系统初始状态为 $\boldsymbol{x}(t_0)=\boldsymbol{0}$，而任意终端状态为 $\boldsymbol{x}(t_f)$，如果存在一个无约束控制输入 $\boldsymbol{u}$，在有限时间 $[t_0,t_f]$ 内，能将系统状态 $\boldsymbol{x}(t)$ 由零状态 $\boldsymbol{x}(t_0)=\boldsymbol{0}$ 驱动到任意状态 $\boldsymbol{x}(t_f)$。对于这种情况称为系统状态的能达性。在线性定常系统中，系统的能控性与能达性是可以等价的，即系统是能控的也一定是能达的，而系统能达的也一定是能控的。在阐述系统能控性问题时，控制输入从理论上说是无约束的，其取值并非唯一的，因为通常只关心它能否将 $\boldsymbol{x}(t_0)$ 驱动到 $\boldsymbol{x}(t_f)$，而不关心 $\boldsymbol{x}(t)$ 的轨迹如何移动。

3.1.2　离散系统的能控性定义

对于离散系统

$$\boldsymbol{x}(k+1)=\boldsymbol{A}\boldsymbol{x}(k)+\boldsymbol{b}u(k) \tag{3.1.2}$$

假设系统初始时刻为 h，对于系统任意一个初始状态 $\boldsymbol{x}(h)$，存在 $l>h$，在有限时间 $[h,l]$ 内，如果能找到合适的控制输入序列 $\boldsymbol{u}(h),\boldsymbol{u}(h+1),\cdots,\boldsymbol{u}(l-1)$ 使得系统状态在第 l 步上达到零状态，也就是 $\boldsymbol{x}(l)=\boldsymbol{0}$，则称离散系统(3.1.2)是能控的。

3.2　系统的能控性判据

系统的能控性所考虑的只是系统在控制输入 $\boldsymbol{u}$ 的作用下，系统状态 $\boldsymbol{x}$ 的转移情况，而与系统输出 $\boldsymbol{y}$ 无关，因此，对于能控性判据只需从系统状态方程出发即可。

3.2.1　连续系统的能控性判据

对于连续系统状态方程

$$\dot{\boldsymbol{x}}=\boldsymbol{A}\boldsymbol{x}+\boldsymbol{B}\boldsymbol{u} \tag{3.2.1}$$

式中：$\boldsymbol{x}$ 为系统状态，是 n 维列向量；

$\boldsymbol{u}$ 为系统输入，是 r 维列向量；

$\boldsymbol{A}$ 为 $n\times n$ 维系统矩阵；

$\boldsymbol{B}$ 为 $n\times r$ 维输入矩阵。

对于系统矩阵 $\boldsymbol{A}$ 为一般形式的系统(3.2.1)，判断其是否能控有两种方法：一种方法是先直接利用系统参数矩阵 $\boldsymbol{A}$ 与 $\boldsymbol{B}$ 构造能控性矩阵，再根据能控性矩阵判断能控性；另一种方法是约当标准型法，先将系统状态方程变换为相应约当标准型，也即把系统参数矩阵 $\boldsymbol{A}$ 与 $\boldsymbol{B}$ 变换为 $\boldsymbol{P}^{-1}\boldsymbol{A}\boldsymbol{P}$ 与 $\boldsymbol{P}^{-1}\boldsymbol{B}$，再根据矩阵 $\boldsymbol{P}^{-1}\boldsymbol{A}\boldsymbol{P}$ 与 $\boldsymbol{P}^{-1}\boldsymbol{B}$ 来判断能控性。

1. 直接从参数矩阵 A 与 B 判断系统的能控性

对于连续系统(3.2.1)，可由其系统矩阵 $\boldsymbol{A}$ 和输入矩阵 $\boldsymbol{B}$ 构成能控性矩阵

$$\boldsymbol{M}=[\boldsymbol{B}\quad \boldsymbol{AB}\quad \boldsymbol{A}^2\boldsymbol{B}\quad \cdots\quad \boldsymbol{A}^{n-1}\boldsymbol{B}] \tag{3.2.2}$$

这是个 $n\times(n\times r)$ 维矩阵，则该系统能控的充分必要条件是能控性矩阵 $\boldsymbol{M}$ 是行满秩的，即 $\text{rank}\boldsymbol{M}=n$。否则，当 $\text{rank}\boldsymbol{M}<n$ 时，系统为不能控的。

证明：由第 2.3 节中式(2.3.31)可知，状态方程(3.2.1)的解为

$$\boldsymbol{x}(t)=\mathrm{e}^{\boldsymbol{A}(t-t_0)}\boldsymbol{x}(t_0)+\int_{t_0}^{t}\mathrm{e}^{\boldsymbol{A}(t-\tau)}\boldsymbol{Bu}(\tau)\mathrm{d}\tau,\quad t\geqslant t_0 \tag{3.2.3}$$

根据连续系统的能控性定义，对任意的初始状态向量 $\boldsymbol{x}(t_0)$，总能找到(或称为设计)合适的输入 $\boldsymbol{u}$，使系统状态 $\boldsymbol{x}$ 在有限时间 $t_f\geqslant t_0$ 内由 $\boldsymbol{x}(t_0)$ 转移到零状态，即 $\boldsymbol{x}(t_f)=\boldsymbol{0}$。于是，由式(3.2.3)，并令 $t=t_f$，$\boldsymbol{x}(t_f)=\boldsymbol{0}$，可得

$$\mathrm{e}^{\boldsymbol{A}(t_f-t_0)}\boldsymbol{x}(t_0)=-\int_{t_0}^{t_f}\mathrm{e}^{\boldsymbol{A}(t_f-\tau)}\boldsymbol{Bu}(\tau)\mathrm{d}\tau \tag{3.2.4}$$

即

$$\boldsymbol{x}(t_0)=-\int_{t_0}^{t_f}\mathrm{e}^{\boldsymbol{A}(t_0-\tau)}\boldsymbol{Bu}(\tau)\mathrm{d}\tau \tag{3.2.5}$$

因此，系统的能控性归结为对于任意的初始状态 $\boldsymbol{x}(t_0)$，总能找到合适的输入 $\boldsymbol{u}$ 使得式(3.2.5)成立，则系统是能控的；否则，系统是不能控的。

根据凯莱-哈密顿定理，状态转移矩阵 $\mathrm{e}^{\boldsymbol{A}t}$ 可以写成第 2.2.2 节中式(2.2.66)的形式，即

$$\begin{aligned}\mathrm{e}^{\boldsymbol{A}t}&=\boldsymbol{I}+\boldsymbol{A}t+\frac{1}{2!}\boldsymbol{A}^2t^2+\cdots+\frac{1}{(n-1)!}\boldsymbol{A}^{n-1}t^{n-1}+\frac{1}{n!}\boldsymbol{A}^nt^n+\cdots\\&=a_0(t)\boldsymbol{I}+a_1(t)\boldsymbol{A}+\cdots+a_{n-2}(t)\boldsymbol{A}^{n-2}+a_{n-1}(t)\boldsymbol{A}^{n-1}\\&=\sum_{i=0}^{n-1}\alpha_i(t)\boldsymbol{A}^i\end{aligned} \tag{3.2.6}$$

于是根据上式，可以将式(3.2.5)中的 $\mathrm{e}^{\boldsymbol{A}(t_0-\tau)}$ 改写为

$$\mathrm{e}^{\boldsymbol{A}(t_0-\tau)}=\sum_{i=0}^{n-1}\alpha_i(t_0-\tau)\boldsymbol{A}^i \tag{3.2.7}$$

将其代入式(3.2.5)中，则有

$$\begin{aligned}\boldsymbol{x}(t_0)&=-\int_{t_0}^{t_f}\mathrm{e}^{\boldsymbol{A}(t_0-\tau)}\boldsymbol{Bu}(\tau)\mathrm{d}\tau\\&=-\int_{t_0}^{t_f}\sum_{i=0}^{n-1}a_i(t_0-\tau)\boldsymbol{A}^i\boldsymbol{Bu}(\tau)\mathrm{d}\tau\\&=-\sum_{i=0}^{n-1}\boldsymbol{A}^i\boldsymbol{B}\int_{t_0}^{t_f}\alpha_i(t_0-\tau)\boldsymbol{u}(\tau)\mathrm{d}\tau\end{aligned} \tag{3.2.8}$$

由于式(3.2.8)中的积分上限 t_f 是已知的，也就意味着这个积分式是一个确定的数值，于是可以定义

$$\int_{t_0}^{t_f}\alpha_i(t_0-\tau)\boldsymbol{u}(\tau)\mathrm{d}\tau=\boldsymbol{\beta}_i \tag{3.2.9}$$

式中：$\boldsymbol{\beta}_i$ 与输入 $\boldsymbol{u}$ 为相同维数的列向量，即如果 $\boldsymbol{u}$ 为 r 维列向量，那么 $\boldsymbol{\beta}_i$ 也同为 r 维列向量。

根据定义(3.2.9)，则式(3.2.8)可以被改写成

$$\boldsymbol{x}(t_0)=-\sum_{i=0}^{n-1}\boldsymbol{A}^i\boldsymbol{B}\boldsymbol{\beta}_i \tag{3.2.10}$$

整理上式后，可得

$$x(t_0)=-(B\beta_0+AB\beta_1+A^2B\beta_2+\cdots+A^{n-1}B\beta_{n-1})$$

$$=-\begin{bmatrix}B & AB & A^2B & \cdots & A^{n-1}B\end{bmatrix}\begin{bmatrix}\beta_0\\ \beta_1\\ \beta_2\\ \vdots\\ \beta_{n-1}\end{bmatrix} \tag{3.2.11}$$

如果系统(3.2.1)是能控的，也就是对任意给定的初始状态 $x(t_0)$，总会找到合适的输入 u 使其满足式(3.2.5)。这就意味着对任意给定的初始状态 $x(t_0)$ 和已知的系统参数 A 与 B 可由式(3.2.11)求解出 $\beta_i(i=0,1,\cdots,n-1)$，然后可以利用式(3.2.9)找到合适的输入 u 使其满足将系统状态 x 在有限时间 $t_f\geqslant t_0$ 内由 $x(t_0)$ 转移到零状态 $x(t_f)=0$ 的要求。

由于矩阵 $\begin{bmatrix}B & AB & A^2B & \cdots & A^{n-1}B\end{bmatrix}$ 的维数为 $n\times(n\times r)$，而矩阵 $\begin{bmatrix}\beta_0\\ \beta_1\\ \beta_2\\ \vdots\\ \beta_{n-1}\end{bmatrix}$ 的维数为 $(n\times r)\times 1$，因此式(3.2.11)为具有 $n\times r$ 个未知数(β_i，$i=0,1,\cdots,n-1$，共 n 个 β，每个 β 中含有 r 分量)和 n 个方程的方程组。为了从式(3.2.11)解出 $\beta_i(i=0,1,\cdots,n-1)$，也即该方程组有解，其充分必要条件是矩阵 $M=\begin{bmatrix}B & AB & A^2B & \cdots & A^{n-1}B\end{bmatrix}$ 和增广矩阵 $\begin{bmatrix}M & x(t_0)\end{bmatrix}$ 的秩相同，即需要

$$\mathrm{rank}M=\mathrm{rank}\begin{bmatrix}M & x(t_0)\end{bmatrix} \tag{3.2.12}$$

然而由于 $x(t_0)$ 是任意的，要使得上式成立，则矩阵 M 应是满秩的，即 $\mathrm{rank}M=n$。因此，式(3.2.2)中给出判据得证。

需要指出的是，由于矩阵 $M=\begin{bmatrix}B & AB & A^2B & \cdots & A^{n-1}B\end{bmatrix}$ 的维数为 $n\times(n\times r)$，只有在 $r=1$ 也即系统为单入系统时，矩阵 M 为方阵。对于其他情况，矩阵 M 并不是方阵，那么对于确定它的秩一般来说会很复杂。为了解决这个问题，可以考虑矩阵 M 与其转置 M^{T} 的乘积 MM^{T}。明显地，矩阵 MM^{T} 为 $n\times n$ 的方阵。同时根据矩阵理论，矩阵 MM^{T} 的非奇异性和矩阵 M 的满秩性是等价的。换句话说，如果矩阵 M 是满秩的，则矩阵 MM^{T} 是非奇异的，也就是可逆的，反之亦然。因此，可以利用矩阵 MM^{T} 是否可逆来判断矩阵 M 是否满秩。

下面论述一个特殊情况，当 $r=1$，即系统(3.2.1)为单入系统时，能控性矩阵 M 为方阵，那么在式(3.2.11)求解 $\beta_i(i=0,1,\cdots,n-1)$ 时，可以有

$$\begin{bmatrix}\beta_0\\ \beta_1\\ \beta_2\\ \vdots\\ \beta_{n-1}\end{bmatrix}=-\begin{bmatrix}B & AB & A^2B & \cdots & A^{n-1}B\end{bmatrix}^{-1}x(t_0) \tag{3.2.13}$$

【例 3.2.1】 系统状态方程为

$$\dot{x}=\begin{bmatrix}1 & 0 & 1\\ 1 & 1 & 0\\ 1 & 0 & 2\end{bmatrix}x+\begin{bmatrix}1 & 0\\ 0 & 1\\ 1 & 0\end{bmatrix}u \tag{3.2.14}$$

试判别其能控性。

解：由式(3.2.14)知，系统中

$$\boldsymbol{A}=\begin{bmatrix}1&0&1\\1&1&0\\1&0&2\end{bmatrix},\quad \boldsymbol{B}=\begin{bmatrix}1&0\\0&1\\1&0\end{bmatrix} \tag{3.2.15}$$

构造能控性矩阵

$$\boldsymbol{M}=[\boldsymbol{B}\quad \boldsymbol{AB}\quad \boldsymbol{A}^2\boldsymbol{B}] \tag{3.2.16}$$

由式(3.2.15)可得

$$\begin{cases}\boldsymbol{B}=\begin{bmatrix}1&0\\0&1\\1&0\end{bmatrix}\\ \boldsymbol{AB}=\begin{bmatrix}1&0&1\\1&1&0\\1&0&2\end{bmatrix}\begin{bmatrix}1&0\\0&1\\1&0\end{bmatrix}=\begin{bmatrix}2&0\\1&1\\3&0\end{bmatrix}\\ \boldsymbol{A}^2\boldsymbol{B}=\begin{bmatrix}2&0&3\\2&1&1\\3&0&5\end{bmatrix}\begin{bmatrix}1&0\\0&1\\1&0\end{bmatrix}=\begin{bmatrix}5&0\\3&1\\8&0\end{bmatrix}\end{cases} \tag{3.2.17}$$

于是，式(3.2.16)的能控性矩阵为

$$\boldsymbol{M}=\begin{bmatrix}1&0&2&0&5&0\\0&1&1&1&3&1\\1&0&3&0&8&0\end{bmatrix} \tag{3.2.18}$$

因为矩阵 $\boldsymbol{M}$ 不是方阵，可以计算矩阵 $\boldsymbol{MM}^{\mathrm{T}}$ 为

$$\boldsymbol{MM}^{\mathrm{T}}=\begin{bmatrix}30&17&47\\17&13&27\\47&27&74\end{bmatrix} \tag{3.2.19}$$

由于矩阵 $\boldsymbol{MM}^{\mathrm{T}}$ 是非奇异的，故矩阵 $\boldsymbol{M}$ 是满秩的，即 $\mathrm{rank}\boldsymbol{M}=3$，因此系统(3.2.14)是能控的。

对于本例中的能控性矩阵 $\boldsymbol{M}$，对其前 3 列进行线性变换可以有

$$\begin{bmatrix}1&0&2\\0&1&1\\1&0&3\end{bmatrix}\rightarrow\begin{bmatrix}1&0&2\\0&1&0\\1&0&3\end{bmatrix}\rightarrow\begin{bmatrix}1&0&2\\0&1&0\\0&0&1\end{bmatrix} \tag{3.2.20}$$

明显地，可以看出这 3 列线性无关，那么矩阵 $\boldsymbol{M}$ 的满秩可以从这前 3 列直接看出，它包含了矩阵 $\boldsymbol{B}$ 和矩阵 $\boldsymbol{AB}$ 的第 1 列，即

$$[\boldsymbol{B}\ \vdots\ \boldsymbol{AB}]=\begin{bmatrix}1&0&\vdots&2&0\\0&1&\vdots&1&1\\1&0&\vdots&3&0\end{bmatrix} \tag{3.2.21}$$

上述说明了在多入系统的能控性分析中，有时并不一定需要计算出能控性矩阵 $\boldsymbol{M}$ 的全部值。同时，也说明了对于多入系统，系统的能控条件是比较容易满足的。

2. 利用约当标准型判断系统的能控性

从上述可知，对于系统(3.2.1)，其能控性归结为对于任意的初始状态 $\boldsymbol{x}(t_0)$，总能找到合

适的输入 $\boldsymbol{u}$ 使得式(3.2.5)满足,即

$$\boldsymbol{x}(t_0)=-\int_{t_0}^{t_f}\mathrm{e}^{\boldsymbol{A}(t_0-\tau)}\boldsymbol{B}\boldsymbol{u}(\tau)\mathrm{d}\tau \tag{3.2.22}$$

则系统是能控的;否则,系统是不能控的。

考虑非奇异矩阵 $\boldsymbol{P}$,利用线性变换

$$\boldsymbol{x}=\boldsymbol{P}\bar{\boldsymbol{x}} \tag{3.2.23}$$

将系统状态方程(3.2.1)变换为

$$\dot{\bar{\boldsymbol{x}}}=\boldsymbol{P}^{-1}\boldsymbol{A}\boldsymbol{P}\bar{\boldsymbol{x}}+\boldsymbol{P}^{-1}\boldsymbol{B}\boldsymbol{u} \tag{3.2.24}$$

如果系统(3.2.24)是能控的,则其对应式(3.2.22)也是满足的,即

$$\bar{\boldsymbol{x}}(t_0)=-\int_{t_0}^{t_f}\mathrm{e}^{\boldsymbol{P}^{-1}\boldsymbol{A}\boldsymbol{P}(t_0-\tau)}\boldsymbol{P}^{-1}\boldsymbol{B}\boldsymbol{u}(\tau)\mathrm{d}\tau \tag{3.2.25}$$

根据第 2.2.2 节中式(2.2.18)的结论 $\mathrm{e}^{\boldsymbol{P}^{-1}\boldsymbol{A}\boldsymbol{P}t}=\boldsymbol{P}^{-1}\mathrm{e}^{\boldsymbol{A}t}\boldsymbol{P}$,可以有

$$\mathrm{e}^{\boldsymbol{P}^{-1}\boldsymbol{A}\boldsymbol{P}(t_0-\tau)}=\boldsymbol{P}^{-1}\mathrm{e}^{\boldsymbol{A}(t_0-\tau)}\boldsymbol{P} \tag{3.2.26}$$

将上式代入式(3.2.25)中,得

$$\bar{\boldsymbol{x}}(t_0)=-\int_{t_0}^{t_f}\boldsymbol{P}^{-1}\mathrm{e}^{\boldsymbol{A}(t_0-\tau)}\boldsymbol{P}\boldsymbol{P}^{-1}\boldsymbol{B}\boldsymbol{u}(\tau)\mathrm{d}\tau=-\boldsymbol{P}^{-1}\int_{t_0}^{t_f}\mathrm{e}^{\boldsymbol{A}(t_0-\tau)}\boldsymbol{B}\boldsymbol{u}(\tau)\mathrm{d}\tau \tag{3.2.27}$$

在上式等号左右两侧同时左乘矩阵 $\boldsymbol{P}$,则有

$$\boldsymbol{P}\bar{\boldsymbol{x}}(t_0)=-\int_{t_0}^{t_f}\mathrm{e}^{\boldsymbol{A}(t_0-\tau)}\boldsymbol{B}\boldsymbol{u}(\tau)\mathrm{d}\tau \tag{3.2.28}$$

根据线性变换的定义(3.2.23),则式(3.2.28)等价于式(3.2.22),这也就意味着如果系统(3.2.24)是能控的,系统(3.2.1)同样是能控的,反之亦然。

当然,也可以通过判断能控性矩阵的秩给出线性变换不会改变系统能控性的结论。根据能控性矩阵的定义(3.2.2),线性变换后得到的系统(3.2.24)的能控性矩阵为

$$\begin{aligned}\overline{\boldsymbol{M}}&=[\boldsymbol{P}^{-1}\boldsymbol{B}\quad \boldsymbol{P}^{-1}\boldsymbol{A}\boldsymbol{P}\boldsymbol{P}^{-1}\boldsymbol{B}\quad (\boldsymbol{P}^{-1}\boldsymbol{A}\boldsymbol{P})^2\boldsymbol{P}^{-1}\boldsymbol{B}\quad \cdots\quad (\boldsymbol{P}^{-1}\boldsymbol{A}\boldsymbol{P})^{n-1}\boldsymbol{P}^{-1}\boldsymbol{B}]\\&=[\boldsymbol{P}^{-1}\boldsymbol{B}\quad \boldsymbol{P}^{-1}\boldsymbol{A}\boldsymbol{B}\quad \boldsymbol{P}^{-1}\boldsymbol{A}^2\boldsymbol{B}\quad \cdots\quad \boldsymbol{P}^{-1}\boldsymbol{A}^{n-1}\boldsymbol{B}]\\&=\boldsymbol{P}^{-1}[\boldsymbol{B}\quad \boldsymbol{A}\boldsymbol{B}\quad \boldsymbol{A}^2\boldsymbol{B}\quad \cdots\quad \boldsymbol{A}^{n-1}\boldsymbol{B}]\end{aligned} \tag{3.2.29}$$

由于矩阵 $\boldsymbol{P}$ 是可逆的,这就意味着

$$\operatorname{rank}\overline{\boldsymbol{M}}=\operatorname{rank}[\boldsymbol{B}\quad \boldsymbol{A}\boldsymbol{B}\quad \boldsymbol{A}^2\boldsymbol{B}\quad \cdots\quad \boldsymbol{A}^{n-1}\boldsymbol{B}] \tag{3.2.30}$$

而矩阵 $[\boldsymbol{B}\quad \boldsymbol{A}\boldsymbol{B}\quad \boldsymbol{A}^2\boldsymbol{B}\quad \cdots\quad \boldsymbol{A}^{n-1}\boldsymbol{B}]$ 即为线性变换之前原系统的能控性矩阵 $\boldsymbol{M}$,因此有

$$\operatorname{rank}\overline{\boldsymbol{M}}=\operatorname{rank}\boldsymbol{M} \tag{3.2.31}$$

这充分说明了线性变换后系统(3.2.24)和原系统(3.2.1)的能控性是等价的。

以上说明了线性变换不会改变系统的能控性,也就是说通过线性变换得到的系统的能控性即是原系统的能控性。因此,可以通过分析系统(3.2.1)的约当标准型系统的能控性来判断其是否能控。

下面利用系统(3.2.1)的约当标准型来阐述其能控性。为了阐述的直观,首先考虑几个简单的 2 阶单入系统状态方程,对状态方程是否能控进行分析。根据分析的结果总结规律,进而给出一般性系统的能控性判据。

① 系统状态方程为

$$\begin{bmatrix}\dot{x}_1\\ \dot{x}_2\end{bmatrix}=\begin{bmatrix}\lambda_1 & 0\\ 0 & \lambda_2\end{bmatrix}\begin{bmatrix}x_1\\ x_2\end{bmatrix}+\begin{bmatrix}a\\ 0\end{bmatrix}u \tag{3.2.32}$$

其展开式为

$$\begin{cases}\dot{x}_1=\lambda_1 x_1+au\\ \dot{x}_2=\lambda_2 x_2\end{cases} \tag{3.2.33}$$

从式(3.2.33)可以看出，状态 x_1 的状态方程中包含了控制输入 u，而状态 x_2 的状态方程中未包含控制输入 u，这说明控制输入 u 对状态 x_1 有着直接控制，而对状态 x_2 未有直接控制。与此同时，状态 x_2 的状态方程中也未包含能控状态 x_1，也就是状态 x_2 与状态 x_1 无关，这说明了控制输入 u 对状态 x_2 也未有间接控制。综上所述，系统(3.2.32)的状态 x_1 是能控的，状态 x_2 是不能控的，故而该系统是不完全能控的，也就是不能控的。

从上述分析可知，系统状态 x_2 不能控的原因包含了两个方面，也就是不直接能控也不间接能控。系统状态 x_2 不直接能控是因为状态 x_2 的状态方程中未包含控制输入 u，出现这个情况的原因是因为系统控制输入矩阵 $\begin{bmatrix}a\\ 0\end{bmatrix}$ 中第 2 行为零行；系统状态 x_2 不间接能控是因为状态 x_2 的状态方程中未包含能控状态 x_1，出现这个情况的原因是因为系统矩阵 $\begin{bmatrix}\lambda_1 & 0\\ 0 & \lambda_2\end{bmatrix}$ 中左下角的元素为 0。就是因为这两个情况的同时存在，导致了系统状态 x_2 不能控。换句话说，如果两种情况只要其中一种不存在，系统状态 x_2 即为能控状态，该系统也变为能控系统。

② 系统状态方程为

$$\begin{bmatrix}\dot{x}_1\\ \dot{x}_2\end{bmatrix}=\begin{bmatrix}\lambda_1 & 0\\ 0 & \lambda_2\end{bmatrix}\begin{bmatrix}x_1\\ x_2\end{bmatrix}+\begin{bmatrix}0\\ a\end{bmatrix}u \tag{3.2.34}$$

其展开式为

$$\begin{cases}\dot{x}_1=\lambda_1 x_1\\ \dot{x}_2=\lambda_2 x_2+au\end{cases} \tag{3.2.35}$$

与系统(3.2.32)相类似，系统(3.2.34)同样是不能控的，这是因为系统(3.2.34)中虽然状态 x_2 是能控的但状态 x_1 是不能控的。从展开式(3.2.35)中可以看出，系统状态 x_1 不直接能控是因为状态 x_1 的状态方程中未包含控制输入 u，出现这个情况的原因是因为系统控制输入矩阵 $\begin{bmatrix}0\\ a\end{bmatrix}$ 中第 1 行为零行；系统状态 x_1 不间接能控是因为状态 x_1 的状态方程中未包含能控状态 x_2，出现这个情况的原因是因为系统矩阵 $\begin{bmatrix}\lambda_1 & 0\\ 0 & \lambda_2\end{bmatrix}$ 中右上角的元素为 0。

③ 系统状态方程为

$$\begin{bmatrix}\dot{x}_1\\ \dot{x}_2\end{bmatrix}=\begin{bmatrix}\lambda & 1\\ 0 & \lambda\end{bmatrix}\begin{bmatrix}x_1\\ x_2\end{bmatrix}+\begin{bmatrix}a\\ 0\end{bmatrix}u \tag{3.2.36}$$

其展开式为

$$\begin{cases}\dot{x}_1=\lambda x_1+x_2+au\\ \dot{x}_2=\lambda x_2\end{cases} \tag{3.2.37}$$

系统(3.2.36)依然是不能控的，这个原因与系统(3.2.32)不能控是一样的，即系统状态 x_1 能控而状态 x_2 不能控。导致系统状态 x_2 不能控是因为系统控制输入矩阵 $\begin{bmatrix} a \\ 0 \end{bmatrix}$ 中第 2 行为零行，同时系统矩阵 $\begin{bmatrix} \lambda & 1 \\ 0 & \lambda \end{bmatrix}$ 中左下角的元素为 0。从展开式(3.2.37)可以看出，虽然相对于式(3.2.33)中状态 x_1 的状态方程，系统(3.2.36)状态 x_1 的状态方程中包含了状态 x_2，也说明了状态 x_2 直接影响状态 x_1，但状态 x_2 的状态方程中依然未包含能控状态 x_1，也就是状态 x_2 还是与能控状态 x_1 无关。

④ 系统状态方程为

$$\begin{bmatrix} \dot{x}_1 \\ \dot{x}_2 \end{bmatrix} = \begin{bmatrix} \lambda & 1 \\ 0 & \lambda \end{bmatrix} \begin{bmatrix} x_1 \\ x_2 \end{bmatrix} + \begin{bmatrix} 0 \\ a \end{bmatrix} u \tag{3.2.38}$$

其展开式为

$$\begin{cases} \dot{x}_1 = \lambda x_1 + x_2 \\ \dot{x}_2 = \lambda x_2 + au \end{cases} \tag{3.2.39}$$

系统(3.2.38)是能控的。从展开式(3.2.39)可以看出，状态 x_2 的状态方程中包含了控制输入 u，状态 x_2 是能控的；而对于状态 x_1，尽管其状态方程未包含控制输入 u(不是直接能控的)，但状态 x_1 的状态方程包含了状态 x_2，由于状态 x_2 是能控的，因此状态 x_1 同样是能控的(间接能控)。

下面对上述的结论进行总结并发现规律。

在系统(3.2.32)和(3.2.34)中的系统矩阵 $\boldsymbol{A}$ 为对角矩阵，在此情况下若想使得系统能控，那么输入矩阵 $\boldsymbol{B}$ 中不能出现零行；在系统(3.2.36)和(3.2.38)中的系统矩阵 $\boldsymbol{A}$ 为上三角矩阵，在此情况下若想使得系统能控，那么输入矩阵 $\boldsymbol{B}$ 中无零行或者有零行但该零行不能是矩阵 $\boldsymbol{B}$ 的最后一行。

在系统(3.2.32)～(3.2.38)中的系统矩阵即为一般形式的系统矩阵变换后的约当标准型系统矩阵 $\boldsymbol{P}^{-1}\boldsymbol{AP}$，输入矩阵即为一般形式的输入矩阵变换后的约当标准型输入矩阵 $\boldsymbol{P}^{-1}\boldsymbol{B}$。系统(3.2.32)和(3.2.34)对应于系统特征值都为单根的情况，系统(3.2.36)和(3.2.38)对应于系统特征值为重根的情况。通过对上述的分析，利用约当标准型可以给出一般性系统(3.2.1)的能控性判据。

判据 1　如果系统矩阵 $\boldsymbol{A}$ 的特征值都为单根，系统能控的充分必要条件是矩阵 $\boldsymbol{P}^{-1}\boldsymbol{B}$ 中无零行；

判据 2　如果系统矩阵 $\boldsymbol{A}$ 的特征值为 n 重根，系统能控的充分必要条件是矩阵 $\boldsymbol{P}^{-1}\boldsymbol{B}$ 中最后 1 行不为零行；

判据 3　如果系统矩阵 $\boldsymbol{A}$ 的特征值为多个单根和多个重根，系统能控的充分必要条件是在重根部分矩阵 $\boldsymbol{P}^{-1}\boldsymbol{AP}$ 中每个约当块(对应每个重根)最后 1 行对应于矩阵 $\boldsymbol{P}^{-1}\boldsymbol{B}$ 中的那 1 行不为零行；并且在单根部分矩阵 $\boldsymbol{P}^{-1}\boldsymbol{AP}$ 对应于矩阵 $\boldsymbol{P}^{-1}\boldsymbol{B}$ 中的那 1 行不为零行。

【例 3.2.2】　系统状态方程为

$$
\dot{x}=\left[\begin{array}{cc:ccc:cc}
-2 & 1 & & & & & \mathbf{0} \\
 & -2 & 0 & & & & \\
\hdashline
 & & 5 & 1 & & & \\
 & & & 5 & 1 & & \\
 & & & & 5 & 0 & \\
\hdashline
 & & & & & -4 & 0 \\
\mathbf{0} & & & & & & 6
\end{array}\right]x+\left[\begin{array}{cc}
a_1 & a_2 \\
b_1 & b_2 \\
\hdashline
c_1 & c_2 \\
d_1 & d_2 \\
e_1 & e_2 \\
\hdashline
f_1 & f_2 \\
g_1 & g_2
\end{array}\right]u \tag{3.2.40}
$$

如果该系统是能控的,试判断输入矩阵应满足的条件。

解: 由式(3.2.40)知,系统中

$$
A=\left[\begin{array}{cc:ccc:cc}
-2 & 1 & & & & & \mathbf{0} \\
 & -2 & 0 & & & & \\
\hdashline
 & & 5 & 1 & & & \\
 & & & 5 & 1 & & \\
 & & & & 5 & 0 & \\
\hdashline
 & & & & & -4 & 0 \\
\mathbf{0} & & & & & & 6
\end{array}\right],\quad B=\left[\begin{array}{cc}
a_1 & a_2 \\
b_1 & b_2 \\
\hdashline
c_1 & c_2 \\
d_1 & d_2 \\
e_1 & e_2 \\
\hdashline
f_1 & f_2 \\
g_1 & g_2
\end{array}\right] \tag{3.2.41}
$$

通过系统矩阵 A 可以看出,该状态方程已为约当标准型,其中系统特征值-2为 2 重根、5 为 3 重根、-4 和 6 为单根,该系统是否能控可以根据上述能控性**判据 3** 通过系统矩阵 A 和输入矩阵 B 直接判断。

根据能控性**判据 3**,如果要求系统(3.2.40)能控,对于重根-2,其约当块最后 1 行为矩阵 A 的第 2 行,对应矩阵 B 的第 2 行不能为零行,即 b_1 和 b_2 不能同时为 0;对于重根 5,其约当块最后 1 行为矩阵 A 的第 5 行,对应矩阵 B 的第 5 行不能为零行,即 e_1 和 e_2 不能同时为 0;单根-4 位于矩阵 A 的第 6 行,对应矩阵 B 的第 6 行不能为零行,即 f_1 和 f_2 不能同时为 0;单根 6 位于矩阵 A 的第 7 行,对应矩阵 B 的第 7 行不能为零行,即 g_1 和 g_2 不能同时为 0。

综上所述,系统(3.2.40)能控的充分必要条件为:b_1 和 b_2 不同时为 0、e_1 和 e_2 不同时为 0、f_1 和 f_2 不同时为 0、g_1 和 g_2 不同时为 0。各个子条件间是“且”的关系,也就是这 4 个子条件必须同时满足系统(3.2.40)才是能控的。

【例 3.2.3】 系统状态方程为

$$
\dot{x}=\begin{bmatrix}4 & 1 & -2 \\ 1 & 0 & 2 \\ 1 & -1 & 3\end{bmatrix}x+\begin{bmatrix}3 \\ 1 \\ 2\end{bmatrix}u \tag{3.2.42}
$$

试判断其能控性。

解: 由式(3.2.42)知,系统中

$$
A=\begin{bmatrix}4 & 1 & -2 \\ 1 & 0 & 2 \\ 1 & -1 & 3\end{bmatrix},\quad b=\begin{bmatrix}3 \\ 1 \\ 2\end{bmatrix} \tag{3.2.43}
$$

列出特征方程为

$$|\lambda \boldsymbol{I}-\boldsymbol{A}|=\begin{vmatrix}\lambda-4 & -1 & 2\\ -1 & \lambda & -2\\ -1 & 1 & \lambda-3\end{vmatrix}=(\lambda-3)^2(\lambda-1)=0 \tag{3.2.44}$$

于是,可得系统的特征值为

$$\lambda_{1,2}=3,\quad \lambda_3=1 \tag{3.2.45}$$

其中,$\lambda_{1,2}=3$ 为 2 重根,$\lambda_3=1$ 为单根。

参阅**【例 1.4.2】**,其约当标准型变换矩阵为

$$\boldsymbol{P}=\begin{bmatrix}-4 & -2 & 0\\ -4 & 2 & -2\\ -4 & 2 & -1\end{bmatrix},\quad \boldsymbol{P}^{-1}=\frac{1}{8}\begin{bmatrix}-1 & 1 & -2\\ -2 & -2 & 4\\ 0 & -8 & 8\end{bmatrix} \tag{3.2.46}$$

于是,可得系统状态方程(3.2.42)的约当标准型为

$$\dot{\bar{\boldsymbol{x}}}=\boldsymbol{P}^{-1}\boldsymbol{A}\boldsymbol{P}\bar{\boldsymbol{x}}+\boldsymbol{P}^{-1}\boldsymbol{b}u \tag{3.2.47}$$

式中:

$$\boldsymbol{P}^{-1}\boldsymbol{A}\boldsymbol{P}=\begin{bmatrix}3 & 1 & 0\\ 0 & 3 & 0\\ 0 & 0 & 1\end{bmatrix},\quad \boldsymbol{P}^{-1}\boldsymbol{b}=\frac{1}{8}\begin{bmatrix}-6\\ 0\\ 8\end{bmatrix} \tag{3.2.48}$$

从约当标准型(3.2.47)和式(3.2.48)可以看出,系统特征值重根 $\lambda_{1,2}=3$ 约当块的最后 1 行为矩阵 $\boldsymbol{P}^{-1}\boldsymbol{A}\boldsymbol{P}$ 的第 2 行,而对应矩阵 $\boldsymbol{P}^{-1}\boldsymbol{b}$ 的第 2 行为零行。根据能控性**判据 3**,系统(3.2.42)是不能控的。

3.2.2　离散系统的能控性判据

当系统为单入系统时,离散系统状态方程为

$$\boldsymbol{x}(k+1)=\boldsymbol{A}\boldsymbol{x}(k)+\boldsymbol{b}u(k) \tag{3.2.49}$$

式中:$\boldsymbol{x}(k)$为系统状态,是 n 维列向量;

$u(k)$为系统输入,是标量;

$\boldsymbol{A}$ 为 $n\times n$ 维系统矩阵;

$\boldsymbol{b}$ 为 $n\times 1$ 维输入矩阵。

根据第 3.1.2 节中离散系统的能控性定义,在有限个采样周期内,若能找到阶梯控制信号,使得任意一个初始状态转移到零状态,那么系统是状态完全能控的,如何才能判定是否找到了这个控制信号呢?可以通过 1 个实例来说明这个问题,假设系统(3.2.49)中的参数矩阵为

$$\boldsymbol{A}=\begin{bmatrix}1 & 3 & 0\\ 0 & 1 & 2\\ -2 & 1 & 1\end{bmatrix},\quad \boldsymbol{b}=\begin{bmatrix}1\\ 1\\ 0\end{bmatrix} \tag{3.2.50}$$

对于这个系统,目前的问题明确为任意给定一个初始状态 $\boldsymbol{x}(0)$,看是否找到阶梯控制信号 $u(0)$、$u(1)$和 $u(2)$,在 3 个采样周期内使得系统状态 $\boldsymbol{x}(3)=\boldsymbol{0}$。

现在假设系统初始状态为 $\boldsymbol{x}(0)=\begin{bmatrix}1\\ 2\\ 0\end{bmatrix}$,可以采用递推法计算。

当 $k=0$ 时

$$x(1)=Ax(0)+bu(0) \tag{3.2.51}$$

将系统参数矩阵(3.2.50)和初始状态 $x(0)$代入上式中,有

$$\begin{aligned} x(1)&=Ax(0)+bu(0)\\ &=\begin{bmatrix}1&3&0\\0&1&2\\-2&1&1\end{bmatrix}\begin{bmatrix}1\\2\\0\end{bmatrix}+\begin{bmatrix}1\\1\\0\end{bmatrix}u(0)\\ &=\begin{bmatrix}7\\2\\0\end{bmatrix}+\underbrace{\begin{bmatrix}1\\1\\0\end{bmatrix}}_{b}u(0) \end{aligned} \tag{3.2.52}$$

当 $k=1$ 时

$$x(2)=Ax(1)+bu(1) \tag{3.2.53}$$

将上一时刻状态式(3.3.51)代入上式中,得

$$\begin{aligned} x(2)&=Ax(1)+bu(1)\\ &=A(Ax(0)+bu(0))+bu(1)\\ &=A^2x(0)+Abu(0)+bu(1)\\ &=A^2x(0)+bu(1)+Abu(0) \end{aligned} \tag{3.2.54}$$

再将系统参数矩阵(3.2.50)和初始状态 $x(0)$代入上式中,可得

$$\begin{aligned} x(2)&=\begin{bmatrix}1&6&6\\-4&3&4\\-4&-4&3\end{bmatrix}\begin{bmatrix}1\\2\\0\end{bmatrix}+\begin{bmatrix}1\\1\\0\end{bmatrix}u(1)+\begin{bmatrix}1&3&0\\0&1&2\\-2&1&1\end{bmatrix}\begin{bmatrix}1\\1\\0\end{bmatrix}u(0)\\ &=\begin{bmatrix}13\\2\\-12\end{bmatrix}+\underbrace{\begin{bmatrix}1\\1\\0\end{bmatrix}}_{b}u(1)+\underbrace{\begin{bmatrix}4\\1\\-1\end{bmatrix}}_{Ab}u(0) \end{aligned} \tag{3.2.55}$$

当 $k=2$ 时

$$x(3)=Ax(2)+bu(2) \tag{3.2.56}$$

将上一时刻状态式(3.2.54)代入上式中,有

$$\begin{aligned} x(3)&=Ax(2)+bu(2)\\ &=A(A^2x(0)+Abu(0)+bu(1))+bu(2)\\ &=A^3x(0)+A^2bu(0)+Abu(1)+bu(2)\\ &=A^3x(0)+bu(2)+Abu(1)+A^2bu(0) \end{aligned} \tag{3.2.57}$$

再将系统参数矩阵(3.2.50)和初始状态 $x(0)$代入上式中,可得

$$x(3)=\begin{bmatrix}-11&15&18\\-12&-5&10\\-10&-13&-5\end{bmatrix}\begin{bmatrix}1\\2\\0\end{bmatrix}+\begin{bmatrix}1\\1\\0\end{bmatrix}u(2)+\begin{bmatrix}4\\1\\-1\end{bmatrix}u(1)+\begin{bmatrix}1&6&6\\-4&3&4\\-4&-4&3\end{bmatrix}\begin{bmatrix}1\\1\\0\end{bmatrix}u(0)$$

$$= \begin{bmatrix} 19 \\ -22 \\ -36 \end{bmatrix} + \underbrace{\begin{bmatrix} 1 \\ 1 \\ 0 \end{bmatrix}}_{\boldsymbol{b}} u(2) + \underbrace{\begin{bmatrix} 4 \\ 1 \\ -1 \end{bmatrix}}_{\boldsymbol{Ab}} u(1) + \underbrace{\begin{bmatrix} 7 \\ -1 \\ -8 \end{bmatrix}}_{\boldsymbol{A}^2\boldsymbol{b}} u(0) \tag{3.2.58}$$

现令 $\boldsymbol{x}(3)=\boldsymbol{0}$，从上式得以 3 个方程求解 3 个待求量 $u(0)$、$u(1)$ 和 $u(2)$，写成矩阵方程形式，即

$$\underbrace{\begin{bmatrix} 1 & 4 & 7 \\ 1 & 1 & -1 \\ 0 & -1 & -8 \end{bmatrix}}_{[\boldsymbol{b}\ \ \boldsymbol{Ab}\ \ \boldsymbol{A}^2\boldsymbol{b}]} \begin{bmatrix} u(2) \\ u(1) \\ u(0) \end{bmatrix} = -\begin{bmatrix} 19 \\ -22 \\ -36 \end{bmatrix} \tag{3.2.59}$$

如果该矩阵方程有解，也就是能找到 $u(0)$、$u(1)$ 和 $u(2)$，使 $\boldsymbol{x}(0)$ 在第 3 步时将系统状态转移到 $\boldsymbol{0}$，因而为能控系统。而矩阵方程有解的充分必要条件，即系统是能控的充分必要条件，是系数矩阵 $\begin{bmatrix} 1 & 4 & 7 \\ 1 & 1 & -1 \\ 0 & -1 & -8 \end{bmatrix}$ 满秩。而这个系数矩阵是如何构成的呢？只要回顾一下式（3.2.59），不难看出它就是

$$\boldsymbol{M} = [\boldsymbol{b}\quad \boldsymbol{Ab}\quad \boldsymbol{A}^2\boldsymbol{b}] \tag{3.2.60}$$

因此，只要式(3.2.60)中的矩阵 $\boldsymbol{M}$ 满秩，系统就是能控的，将此系数矩阵 $\boldsymbol{M}$ 称为能控性矩阵。

由于 $\begin{bmatrix} u(2) \\ u(1) \\ u(0) \end{bmatrix}$ 的系数矩阵 $\boldsymbol{M}=\begin{bmatrix} 1 & 4 & 7 \\ 1 & 1 & -1 \\ 0 & -1 & -8 \end{bmatrix}$ 是非奇异的，所以方程(3.2.59)有解，其解为

$$\begin{bmatrix} u(2) \\ u(1) \\ u(0) \end{bmatrix} = -\begin{bmatrix} 1 & 4 & 7 \\ 1 & 1 & -1 \\ 0 & -1 & -8 \end{bmatrix}^{-1} \begin{bmatrix} 19 \\ -22 \\ -36 \end{bmatrix} = \frac{1}{16}\begin{bmatrix} 325 \\ -40 \\ -67 \end{bmatrix} \tag{3.2.61}$$

下面对于能控性矩阵 $\boldsymbol{M}$ 满秩，则离散系统就是能控的这一结论给出更一般的阐释。通过第 2.4.3 节中式(2.4.47)可知，当初始状态为 $\boldsymbol{x}(0)$ 时，离散系统非齐次状态方程(3.2.49)的解为

$$\boldsymbol{x}(k) = \boldsymbol{A}^k\boldsymbol{x}(0) + \sum_{j=0}^{k-1}\boldsymbol{A}^{k-j-1}\boldsymbol{b}u(j) \tag{3.2.62}$$

根据第 3.1.2 节中离散系统的能控性定义，若系统(3.2.49)是能控的，则应在 $k=n$ 时，从式(3.2.62)解得 $u(0),u(1),\cdots,u(n-1)$，使 $\boldsymbol{x}(k)$ 在第 n 个采样时刻为 $\boldsymbol{0}$，即 $\boldsymbol{x}(n)=\boldsymbol{0}$，从而有

$$\sum_{j=0}^{n-1}\boldsymbol{A}^{n-j-1}\boldsymbol{b}u(j) = -\boldsymbol{A}^n\boldsymbol{x}(0) \tag{3.2.63}$$

即

$$\boldsymbol{A}^{n-1}\boldsymbol{b}u(0) + \boldsymbol{A}^{n-2}\boldsymbol{b}u(1) + \cdots + \boldsymbol{Ab}u(n-2) + \boldsymbol{b}u(n-1) = -\boldsymbol{A}^n\boldsymbol{x}(0) \tag{3.2.64}$$

将上式改写成矩阵形式，有

$$\begin{bmatrix} b & Ab & \cdots & A^{n-2}b & A^{n-1}b \end{bmatrix} \begin{bmatrix} u(n-1) \\ u(n-2) \\ \vdots \\ u(1) \\ u(0) \end{bmatrix} = -A^n x(0) \tag{3.2.65}$$

故方程(3.2.65)有解的充分必要条件是能控性矩阵

$$M = \begin{bmatrix} b & Ab & \cdots & A^{n-2}b & A^{n-1}b \end{bmatrix} \tag{3.2.66}$$

的秩等于 n。换句话说，当能控性矩阵 M 是满秩的，就可以从式(3.2.65)中解得 $u(0)$，$u(1)$，…，$u(n-1)$，使得系统状态 $x(n)=0$，即系统(3.2.49)是能控的。

对于单入系统，式(3.2.49)中的 b 是 n 维列向量，因此矩阵 M 是 $n\times n$ 的方阵。对于多入系统，b 不再是 n 维列向量而是 $n\times r$ 维矩阵 B，r 为系统输入向量 u 的维数，此时矩阵 M 不再是方阵而是一个 $n\times(n\times r)$ 维矩阵。下面以一个例子来说明，考虑 1 个 3 阶($n=3$)的 3 输入($r=3$)系统

$$x(k+1) = \begin{bmatrix} 1 & 2 & 3 \\ 0 & 1 & 2 \\ -2 & 0 & 1 \end{bmatrix} x(k) + \begin{bmatrix} 1 & 0 & 1 \\ 0 & 1 & 2 \\ -2 & 0 & 1 \end{bmatrix} \begin{bmatrix} u_1(k) \\ u_2(k) \\ u_3(k) \end{bmatrix} \tag{3.2.67}$$

可以计算出

$$B = \begin{bmatrix} 1 & 0 & 1 \\ 0 & 1 & 2 \\ -2 & 0 & 1 \end{bmatrix}, \quad AB = \begin{bmatrix} -5 & 2 & 8 \\ -4 & 1 & 4 \\ -4 & 0 & -1 \end{bmatrix}, \quad A^2B = \begin{bmatrix} -25 & 4 & 13 \\ -12 & 1 & 2 \\ 6 & -4 & -17 \end{bmatrix} \tag{3.2.68}$$

于是，能控性矩阵为

$$M = \begin{bmatrix} B & AB & A^2B \end{bmatrix} = \begin{bmatrix} 1 & 0 & 1 & -5 & 2 & 8 & -25 & 4 & 13 \\ 0 & 1 & 2 & -4 & 1 & 4 & -12 & 1 & 2 \\ -2 & 0 & 1 & -4 & 0 & -1 & 6 & -4 & -17 \end{bmatrix} \tag{3.2.69}$$

这是一个 $3\times(3\times3)=3\times9$ 的矩阵，显然该矩阵是满秩的，即 M 的秩等于 3，系统是能控的。根据式(3.2.69)有

$$\begin{bmatrix} 1 & 0 & 1 & -5 & 2 & 8 & -25 & 4 & 13 \\ 0 & 1 & 2 & -4 & 1 & 4 & -12 & 1 & 2 \\ -2 & 0 & 1 & -4 & 0 & -1 & 6 & -4 & -17 \end{bmatrix} \begin{bmatrix} u_1(2) \\ u_2(2) \\ u_3(2) \\ u_1(1) \\ u_2(1) \\ u_3(1) \\ u_1(0) \\ u_2(0) \\ u_3(0) \end{bmatrix} = -\begin{bmatrix} 1 & 2 & 3 \\ 0 & 1 & 2 \\ -2 & 0 & 1 \end{bmatrix}^3 \begin{bmatrix} x_1(0) \\ x_2(0) \\ x_3(0) \end{bmatrix} \tag{3.2.70}$$

可以看出，上式是一个具有 9 个待求变量而只有 3 个方程的方程组。

一般地说，在输入维数为 r 的 n 阶系统，方程的个数 n（系统状态个数）总是小于未知数的个数 $n\times r(0,1,\cdots,n-1$，共 n 个采样周期），在这种情况下，只要矩阵 $\boldsymbol{M}$ 满秩，方程组就有无穷多组解。在研究系统的能控性问题时，关心的问题只是方程组是否有解，即系统是否能控，至于求解出来是什么样的控制信号，在此是无关紧要的。

3.3　系统的能观性定义

在现代控制理论中，控制系统大多采用反馈控制形式，反馈信息是由系统状态变量组合而成。但并非所有的系统状态变量在物理上都能测量到，于是提出能否通过对输出的测量获得全部状态变量的信息，这便是系统的能观问题。

系统的能观性所表示的是系统输出 $\boldsymbol{y}$ 反映系统状态 $\boldsymbol{x}$ 的能力，与系统输入 $\boldsymbol{u}$ 没有直接关系，所以分析系统的能观性问题时，只需从系统状态方程和输出方程出发即可。

3.3.1　连续系统的能观性定义

对于连续系统

$$\begin{cases}\dot{\boldsymbol{x}}=\boldsymbol{A}\boldsymbol{x}\\ \boldsymbol{y}=\boldsymbol{C}\boldsymbol{x}\end{cases}\tag{3.3.1}$$

假设系统初始时刻为 t_0，初始状态为 $\boldsymbol{x}(t_0)$。在有限观测时间 $t_f\geqslant t_0$，根据$[t_0,t_f]$期间的输出 $\boldsymbol{y}$ 能唯一地确定系统在初始时刻状态 $\boldsymbol{x}(t_0)$，如果对于任意的初始状态 $\boldsymbol{x}(t_0)$都能确定，则称系统(3.3.1)是状态完全能观测的，或简称是能观的。在有限观测时间 $t_f\geqslant t_0$，根据$[t_0,t_f]$期间的输出 $\boldsymbol{y}$ 能唯一地确定任意指定的系统状态 $\boldsymbol{x}(t_f)$，则称系统(3.3.1)是状态能检测的。对于连续线性定常系统的能观性和能检测性是等价的。在定义中之所以把能观性规定为对初始状态的确定，这是因为一旦确定了初始状态，利用状态转移方程，可求出各个瞬间的状态。

3.3.2　离散系统的能观性定义

对于离散系统

$$\begin{cases}\boldsymbol{x}(k+1)=\boldsymbol{A}\boldsymbol{x}(k)\\ \boldsymbol{y}(k)=\boldsymbol{C}\boldsymbol{x}(k)\end{cases}\tag{3.3.2}$$

假设系统初始时刻为 h，根据有限个采样周期的 $\boldsymbol{y}(l)$，可以唯一地确定系统的任意一个初始状态 $\boldsymbol{x}(h)$，则称离散系统(3.3.2)是能观的，也称为第 l 步能观。

3.4　系统的能观性判据

3.4.1　连续系统的能观性判据

对于连续系统

$$\begin{cases}\dot{\boldsymbol{x}}=\boldsymbol{A}\boldsymbol{x}\\ \boldsymbol{y}=\boldsymbol{C}\boldsymbol{x}\end{cases}\tag{3.4.1}$$

式中：$\boldsymbol{x}$ 为系统状态，是 n 维列向量；

$\boldsymbol{y}$ 为系统输出，是 m 维列向量；

$\boldsymbol{A}$ 为 $n\times n$ 维系统矩阵；

$\boldsymbol{C}$ 为 $m\times n$ 维输出矩阵。

对于系统矩阵为一般形式的系统，判断其是否能观有两种方法：一种方法是先直接利用系统参数矩阵 $\boldsymbol{A}$ 与 $\boldsymbol{C}$ 构造能观性矩阵，再根据能观性矩阵判断其是否能观；另一种方法为约当标准型法，先将系统状态空间表达式变换为相应约当标准型，也就是把系统参数矩阵 $\boldsymbol{A}$ 与 $\boldsymbol{C}$ 变换为 $\boldsymbol{P}^{-1}\boldsymbol{AP}$ 与 $\boldsymbol{CP}$，再根据矩阵 $\boldsymbol{P}^{-1}\boldsymbol{AP}$ 与 $\boldsymbol{CP}$ 来判断其是否能观。

1. 直接从参数矩阵 A 与 C 判断系统的能观性

对于连续系统(3.4.1)，可由其系统矩阵 $\boldsymbol{A}$ 和输出矩阵 $\boldsymbol{C}$ 构成能观性矩阵

$$\boldsymbol{N}=\begin{bmatrix}\boldsymbol{C}\\ \boldsymbol{CA}\\ \boldsymbol{CA}^2\\ \vdots\\ \boldsymbol{CA}^{n-1}\end{bmatrix} \tag{3.4.2}$$

这是个$(m\times n)\times n$ 维矩阵，该系统能观的充分必要条件是能观性矩阵 $\boldsymbol{N}$ 是列满秩的，即 $\mathrm{rank}\boldsymbol{N}=n$。否则，当 $\mathrm{rank}\boldsymbol{N}<n$ 时，系统为不能观的。

证明：根据第 2.1 节中式(2.1.17)，给出系统(3.4.1)状态方程的解为

$$\boldsymbol{x}(t)=\mathrm{e}^{\boldsymbol{A}(t-t_0)}\boldsymbol{x}(t_0),\quad t\geqslant t_0 \tag{3.4.3}$$

此时系统输出方程为

$$\boldsymbol{y}(t)=\boldsymbol{C}\mathrm{e}^{\boldsymbol{A}(t-t_0)}\boldsymbol{x}(t_0) \tag{3.4.4}$$

根据式(3.2.7)，可以将上式中的 $\mathrm{e}^{\boldsymbol{A}(t-t_0)}$ 改写为

$$\mathrm{e}^{\boldsymbol{A}(t-t_0)}=\sum_{i=0}^{n-1}\alpha_i(t-t_0)\boldsymbol{A}^i \tag{3.4.5}$$

将其代入式(3.4.4)中，则有

$$\boldsymbol{y}(t)=\boldsymbol{C}\sum_{i=0}^{n-1}\alpha_i(t-t_0)\boldsymbol{A}^i\boldsymbol{x}(t_0)=\sum_{i=0}^{n-1}\alpha_i(t-t_0)\boldsymbol{CA}^i\boldsymbol{x}(t_0) \tag{3.4.6}$$

将上式整理成矩阵形式为

$$\boldsymbol{y}(t)=\begin{bmatrix}\alpha_0(t-t_0)\boldsymbol{I} & \alpha_1(t-t_0)\boldsymbol{I} & \alpha_2(t-t_0)\boldsymbol{I} & \cdots & \alpha_{n-1}(t-t_0)\boldsymbol{I}\end{bmatrix}\begin{bmatrix}\boldsymbol{C}\\ \boldsymbol{CA}\\ \boldsymbol{CA}^2\\ \vdots\\ \boldsymbol{CA}^{n-1}\end{bmatrix}\boldsymbol{x}(t_0) \tag{3.4.7}$$

式中：$\boldsymbol{I}$ 为 m 维单位阵。

如果系统(3.4.1)是能观的，也就是对任意给定的系统初始状态 $\boldsymbol{x}(t_0)$，要求系统输出 $\boldsymbol{y}(t)$能从上式中唯一地确定 $\boldsymbol{x}(t_0)$。

由于矩阵 $[\alpha_0(t-t_0)\boldsymbol{I}\quad \alpha_1(t-t_0)\boldsymbol{I}\quad \alpha_2(t-t_0)\boldsymbol{I}\quad \cdots\quad \alpha_{n-1}(t-t_0)\boldsymbol{I}]$ 的维数为 $m\times$

$(m\times n)$，而矩阵 $\begin{bmatrix} \boldsymbol{C} \\ \boldsymbol{CA} \\ \boldsymbol{CA}^2 \\ \vdots \\ \boldsymbol{CA}^{n-1} \end{bmatrix}$ 的维数为 $(m\times n)\times n$，因此式(3.4.7)为具有 n 个未知数($\boldsymbol{x}(t_0)$的 n 个分量)和 m 个方程的方程组($\boldsymbol{y}(t)$的维数为 $m\times 1$)。当 $m<n$ 时，方程式无唯一解(也就是有无穷多解，或者说解不唯一)。如果要唯一地解出初始状态 $\boldsymbol{x}(t_0)$的 n 个值，应在不同时刻测量 n 组输出数据 $\boldsymbol{y}(t_1),\boldsymbol{y}(t_2),\cdots,\boldsymbol{y}(t_n)$，使之能构成 n 个线性方程式。由于测量时间点 $t_1,t_2,\cdots,t_n$ 的取值是不同，获得的 n 个线性方程式是相互独立的。但如果 $t_1,t_2,\cdots,t_n$ 的时间间隔太近，$\boldsymbol{y}(t_1),\boldsymbol{y}(t_2),\cdots,\boldsymbol{y}(t_n)$的数值相差不多，可能会导致方程式的独立性被破坏。因此，在系统的能观性定义中，观测时间在满足 $t_f\geqslant t_0$ 的前提下，尽可能加大测量时间间隔。此外，有的情况下尽管测量时间间隔取的够大，但仍然可能出现部分输出数据比较接近。对于这样的问题，可以多测量几组输出数据 $\boldsymbol{y}(t_1),\boldsymbol{y}(t_2),\cdots,\boldsymbol{y}(t_f)$，可以选择不同的输出数据构成具有 n 个独立方程式。

利用输出数据 $\boldsymbol{y}(t_1),\boldsymbol{y}(t_2),\cdots,\boldsymbol{y}(t_n)$构成 n 个线性方程式，即

$$\begin{bmatrix} \boldsymbol{y}(t_1) \\ \boldsymbol{y}(t_2) \\ \vdots \\ \boldsymbol{y}(t_n) \end{bmatrix} = \begin{bmatrix} \alpha_0(t_1-t_0)\boldsymbol{I} & \alpha_1(t_1-t_0)\boldsymbol{I} & \cdots & \alpha_{n-1}(t_1-t_0)\boldsymbol{I} \\ \alpha_0(t_2-t_0)\boldsymbol{I} & \alpha_1(t_2-t_0)\boldsymbol{I} & \cdots & \alpha_{n-1}(t_2-t_0)\boldsymbol{I} \\ \vdots & \vdots & \vdots & \vdots \\ \alpha_0(t_n-t_0)\boldsymbol{I} & \alpha_1(t_n-t_0)\boldsymbol{I} & \cdots & \alpha_{n-1}(t_n-t_0)\boldsymbol{I} \end{bmatrix} \begin{bmatrix} \boldsymbol{C} \\ \boldsymbol{CA} \\ \vdots \\ \boldsymbol{CA}^{n-1} \end{bmatrix} \boldsymbol{x}(t_0) \tag{3.4.8}$$

式中：$\boldsymbol{I}$ 为 m 维单位阵；

矩阵 $\begin{bmatrix} \alpha_0(t_1-t_0)\boldsymbol{I} & \alpha_1(t_1-t_0)\boldsymbol{I} & \cdots & \alpha_{n-1}(t_1-t_0)\boldsymbol{I} \\ \alpha_0(t_2-t_0)\boldsymbol{I} & \alpha_1(t_2-t_0)\boldsymbol{I} & \cdots & \alpha_{n-1}(t_2-t_0)\boldsymbol{I} \\ \vdots & \vdots & \vdots & \vdots \\ \alpha_0(t_n-t_0)\boldsymbol{I} & \alpha_1(t_n-t_0)\boldsymbol{I} & \cdots & \alpha_{n-1}(t_n-t_0)\boldsymbol{I} \end{bmatrix}$ 的维数为 $(m\times n)\times(m\times n)$；

矩阵 $\begin{bmatrix} \boldsymbol{C} \\ \boldsymbol{CA} \\ \boldsymbol{CA}^2 \\ \vdots \\ \boldsymbol{CA}^{n-1} \end{bmatrix}$ 的维数为 $(m\times n)\times n$；

矩阵 $\begin{bmatrix} \boldsymbol{y}(t_1) \\ \boldsymbol{y}(t_2) \\ \vdots \\ \boldsymbol{y}(t_n) \end{bmatrix}$ 的维数为 $(m\times n)\times 1$。

根据第 2.2.2 节中式(2.2.69)、(2.2.79)以及(2.2.80)，可以知道矩阵 $\begin{bmatrix} \alpha_0(t_1-t_0)\boldsymbol{I} & \alpha_1(t_1-t_0)\boldsymbol{I} & \cdots & \alpha_{n-1}(t_1-t_0)\boldsymbol{I} \\ \alpha_0(t_2-t_0)\boldsymbol{I} & \alpha_1(t_2-t_0)\boldsymbol{I} & \cdots & \alpha_{n-1}(t_2-t_0)\boldsymbol{I} \\ \vdots & \vdots & \vdots & \vdots \\ \alpha_0(t_n-t_0)\boldsymbol{I} & \alpha_1(t_n-t_0)\boldsymbol{I} & \cdots & \alpha_{n-1}(t_n-t_0)\boldsymbol{I} \end{bmatrix}$ 为满秩的，可以改写式(3.4.8)为

$$\begin{bmatrix}\alpha_0(t_1-t_0)\boldsymbol{I} & \alpha_1(t_1-t_0)\boldsymbol{I} & \cdots & \alpha_{n-1}(t_1-t_0)\boldsymbol{I}\\ \alpha_0(t_2-t_0)\boldsymbol{I} & \alpha_1(t_2-t_0)\boldsymbol{I} & \cdots & \alpha_{n-1}(t_2-t_0)\boldsymbol{I}\\ \vdots & \vdots & \vdots & \vdots\\ \alpha_0(t_n-t_0)\boldsymbol{I} & \alpha_1(t_n-t_0)\boldsymbol{I} & \cdots & \alpha_{n-1}(t_n-t_0)\boldsymbol{I}\end{bmatrix}^{-1}\begin{bmatrix}\boldsymbol{y}(t_1)\\ \boldsymbol{y}(t_2)\\ \vdots\\ \boldsymbol{y}(t_n)\end{bmatrix}=\begin{bmatrix}\boldsymbol{C}\\ \boldsymbol{CA}\\ \vdots\\ \boldsymbol{CA}^{n-1}\end{bmatrix}\boldsymbol{x}(t_0) \tag{3.4.9}$$

如果要从方程式(3.4.9)中唯一地确定 $\boldsymbol{x}(t_0)$，即要求该式有唯一解，则要求$(m\times n)\times n$ 维矩阵即能观性判别矩阵

$$\boldsymbol{N}=\begin{bmatrix}\boldsymbol{C}\\ \boldsymbol{CA}\\ \boldsymbol{CA}^2\\ \vdots\\ \boldsymbol{CA}^{n-1}\end{bmatrix} \tag{3.4.10}$$

满秩，也就是要求

$$\operatorname{rank}\boldsymbol{N}=\operatorname{rank}\begin{bmatrix}\boldsymbol{C}\\ \boldsymbol{CA}\\ \boldsymbol{CA}^2\\ \vdots\\ \boldsymbol{CA}^{n-1}\end{bmatrix}=n \tag{3.4.11}$$

需要指出的是，由于矩阵 $\begin{bmatrix}\boldsymbol{C}\\ \boldsymbol{CA}\\ \boldsymbol{CA}^2\\ \vdots\\ \boldsymbol{CA}^{n-1}\end{bmatrix}$ 的维数为$(m\times n)\times n$，只有在 $m=1$ 时也就是系统为单出系统时能观性矩阵 $\boldsymbol{N}$ 为方阵。对于其他情况，矩阵 $\boldsymbol{N}$ 并不是方阵，那么对于确定它的秩一般来说会很复杂。为了解决这个问题，可以考虑矩阵 $\boldsymbol{N}$ 的转置 $\boldsymbol{N}^{\mathrm{T}}$ 与其的乘积 $\boldsymbol{N}^{\mathrm{T}}\boldsymbol{N}$，明显地，矩阵 $\boldsymbol{N}^{\mathrm{T}}\boldsymbol{N}$ 为 $n\times n$ 的方阵。同时，根据矩阵理论，矩阵 $\boldsymbol{N}^{\mathrm{T}}\boldsymbol{N}$ 的非奇异性和矩阵 $\boldsymbol{N}$ 的满秩性是等价的。换句话说，如果矩阵 $\boldsymbol{N}$ 是满秩的，则矩阵 $\boldsymbol{N}^{\mathrm{T}}\boldsymbol{N}$ 是非奇异的，即可逆的，反之亦然。因此，可以利用矩阵 $\boldsymbol{N}^{\mathrm{T}}\boldsymbol{N}$ 是否可逆来判断矩阵 $\boldsymbol{N}$ 是否满秩。

【例 3.4.1】 系统状态空间表达式为

$$\begin{cases}\dot{\boldsymbol{x}}=\begin{bmatrix}1 & 0 & 1\\ 1 & 1 & 0\\ 1 & 0 & 2\end{bmatrix}\boldsymbol{x}\\ \boldsymbol{y}=\begin{bmatrix}0 & 1 & -1\\ 1 & 0 & 1\end{bmatrix}\boldsymbol{x}\end{cases} \tag{3.4.12}$$

试判断其能观性。

解： 由式(3.4.12)知，系统中

$$\boldsymbol{A}=\begin{bmatrix}1 & 0 & 1\\ 1 & 1 & 0\\ 1 & 0 & 2\end{bmatrix},\quad \boldsymbol{C}=\begin{bmatrix}0 & 1 & -1\\ 1 & 0 & 1\end{bmatrix} \tag{3.4.13}$$

构造能观性矩阵

$$N = \begin{bmatrix} C \\ CA \\ CA^2 \end{bmatrix} \tag{3.4.14}$$

根据系统状态空间表达式，有

$$C = \begin{bmatrix} 0 & 1 & -1 \\ 1 & 0 & 1 \end{bmatrix}$$

$$CA = \begin{bmatrix} 0 & 1 & -1 \\ 1 & 0 & 1 \end{bmatrix} \begin{bmatrix} 1 & 0 & 1 \\ 1 & 1 & 0 \\ 1 & 0 & 2 \end{bmatrix} = \begin{bmatrix} 0 & 1 & -2 \\ 2 & 0 & 3 \end{bmatrix}$$

$$CA^2 = \begin{bmatrix} 0 & 1 & -1 \\ 1 & 0 & 1 \end{bmatrix} \begin{bmatrix} 1 & 0 & 1 \\ 1 & 1 & 0 \\ 1 & 0 & 2 \end{bmatrix}^2 = \begin{bmatrix} -1 & 1 & -4 \\ 5 & 0 & 8 \end{bmatrix} \tag{3.4.15}$$

于是，式(3.4.14)的能观性矩阵为

$$N = \begin{bmatrix} 0 & 1 & -1 \\ 1 & 0 & 1 \\ 0 & 1 & -2 \\ 2 & 0 & 3 \\ -1 & 1 & -4 \\ 5 & 0 & 8 \end{bmatrix} \tag{3.4.16}$$

因为矩阵 N 不是方阵，可以计算矩阵 $N^{\mathrm{T}}N$ 为

$$N^{\mathrm{T}}N = \begin{bmatrix} 31 & -1 & 51 \\ -1 & 3 & -7 \\ 51 & -7 & 95 \end{bmatrix} \tag{3.4.17}$$

由于矩阵 $N^{\mathrm{T}}N$ 是非奇异的，故矩阵 N 满秩，因此系统(3.4.13)是能观的。

对于本例中的能观性矩阵 N，对其前 3 行进行线性变换可以有

$$\begin{bmatrix} 0 & 1 & -1 \\ 1 & 0 & 1 \\ 0 & 1 & -2 \end{bmatrix} \to \begin{bmatrix} 1 & 0 & 1 \\ 0 & 1 & -1 \\ 0 & 1 & -2 \end{bmatrix} \to \begin{bmatrix} 1 & 0 & 1 \\ 0 & 1 & -1 \\ 0 & 0 & -1 \end{bmatrix} \tag{3.4.18}$$

明显地，矩阵 N 的满秩可以从这前 3 行直接看出，它包含了矩阵 C 和矩阵 CA 的第 1 行，即

$$\begin{bmatrix} C \\ CA \end{bmatrix} = \begin{bmatrix} 0 & 1 & -1 \\ 1 & 0 & 1 \\ \hdashline 0 & 1 & -2 \\ 2 & 0 & 3 \end{bmatrix} \tag{3.4.19}$$

上式说明了在多入系统的能观性分析中，有时并不一定需要计算出能观性矩阵 N 的全部值。同时也说明了对于多入系统，系统的能观条件是比较容易满足的。

2. 利用约当标准型判断系统的能观性

首先阐述线性变换不会改变系统的能观性，也就是说通过线性变换得到的系统和原系统

的能观性是等价的，因此可以通过分析系统(3.4.1)的约当标准型来判断系统(3.4.1)的能观性。

根据第2.1节中式(2.1.17)，则系统(3.4.1)状态方程的解为

$$\boldsymbol{x}(t)=\mathrm{e}^{\boldsymbol{A}(t-t_0)}\boldsymbol{x}(t_0),\quad t\geqslant t_0 \tag{3.4.20}$$

相应的系统输出方程为

$$\boldsymbol{y}(t)=\boldsymbol{C}\mathrm{e}^{\boldsymbol{A}(t-t_0)}\boldsymbol{x}(t_0) \tag{3.4.21}$$

考虑非奇异矩阵 $\boldsymbol{P}$，利用线性变换

$$\boldsymbol{x}=\boldsymbol{P}\bar{\boldsymbol{x}} \tag{3.4.22}$$

将系统状态空间表达式(3.4.1)变换为

$$\begin{cases}\dot{\bar{\boldsymbol{x}}}=\boldsymbol{P}^{-1}\boldsymbol{A}\boldsymbol{P}\bar{\boldsymbol{x}}\\ \boldsymbol{y}=\boldsymbol{C}\boldsymbol{P}\bar{\boldsymbol{x}}\end{cases} \tag{3.4.23}$$

同样根据第2.1节中式(2.1.17)，则线性变换后的系统(3.4.23)状态方程的解为

$$\bar{\boldsymbol{x}}(t)=\mathrm{e}^{\boldsymbol{P}^{-1}\boldsymbol{A}\boldsymbol{P}(t-t_0)}\bar{\boldsymbol{x}}(t_0),\quad t\geqslant t_0 \tag{3.4.24}$$

相应的系统输出方程为

$$\boldsymbol{y}(t)=\boldsymbol{C}\boldsymbol{P}\mathrm{e}^{\boldsymbol{P}^{-1}\boldsymbol{A}\boldsymbol{P}(t-t_0)}\bar{\boldsymbol{x}}(t_0) \tag{3.4.25}$$

如果系统(3.4.23)是能观的，即在有限观测时间 $t_f\geqslant t_0$，根据 $[t_0,t_f]$ 期间的输出 $\boldsymbol{y}(t)$ 能利用式(3.4.25)唯一地确定系统在初始时刻的状态 $\bar{\boldsymbol{x}}(t_0)$。如果将式(3.4.25)改写为

$$\boldsymbol{y}(t)=\boldsymbol{C}\boldsymbol{P}\mathrm{e}^{\boldsymbol{P}^{-1}\boldsymbol{A}\boldsymbol{P}(t-t_0)}\boldsymbol{P}^{-1}\boldsymbol{P}\bar{\boldsymbol{x}}(t_0) \tag{3.4.26}$$

考虑线性变换的定义(3.4.22)，上式则有

$$\boldsymbol{y}(t)=\boldsymbol{C}\boldsymbol{P}\mathrm{e}^{\boldsymbol{P}^{-1}\boldsymbol{A}\boldsymbol{P}(t-t_0)}\boldsymbol{P}^{-1}\boldsymbol{x}(t_0) \tag{3.4.27}$$

这也就意味着如果系统(3.4.23)是能观的，$\boldsymbol{y}(t)$能利用式(3.4.27)唯一地确定原系统(3.4.1)在初始时刻的状态 $\boldsymbol{x}(t_0)$。

根据第2.2.2节中式(2.2.18)的结论 $\mathrm{e}^{\boldsymbol{P}^{-1}\boldsymbol{A}\boldsymbol{P}t}=\boldsymbol{P}^{-1}\mathrm{e}^{\boldsymbol{A}t}\boldsymbol{P}$，有

$$\boldsymbol{C}\boldsymbol{P}\mathrm{e}^{\boldsymbol{P}^{-1}\boldsymbol{A}\boldsymbol{P}(t-t_0)}\boldsymbol{P}^{-1}=\boldsymbol{C}\boldsymbol{P}\boldsymbol{P}^{-1}\mathrm{e}^{\boldsymbol{A}(t-t_0)}\boldsymbol{P}\boldsymbol{P}^{-1}=\boldsymbol{C}\mathrm{e}^{\boldsymbol{A}(t-t_0)} \tag{3.4.28}$$

将上式代入式(3.4.27)中，得

$$\boldsymbol{y}(t)=\boldsymbol{C}\mathrm{e}^{\boldsymbol{A}(t-t_0)}\boldsymbol{x}(t_0) \tag{3.4.29}$$

这说明了式(3.4.27)和(3.4.29)是相等的，即如果 $\boldsymbol{y}(t)$能利用式(3.4.27)唯一地确定原系统(3.4.1)在初始时刻的状态 $\boldsymbol{x}(t_0)$，也就是 $\boldsymbol{y}(t)$也能利用式(3.4.29)唯一地确定状态 $\boldsymbol{x}(t_0)$，而后者为系统(3.4.1)能观的定义。

综上所述，如果线性变换后的系统(3.4.23)是能观的，则原系统(3.4.1)同样是能观的，反之亦然。这就充分说明线性变换不会改变系统的能观性。当然，也可以通过判断能观性矩阵的秩给出线性变换不会改变系统能观性的结论。考虑线性变换后得到的系统(3.4.23)，根据能观性矩阵的定义，系统的能观性矩阵为

$$\overline{\boldsymbol{N}}=\begin{bmatrix}\boldsymbol{CP}\\\boldsymbol{CP}(\boldsymbol{P}^{-1}\boldsymbol{AP})\\\boldsymbol{CP}(\boldsymbol{P}^{-1}\boldsymbol{AP})^2\\\vdots\\\boldsymbol{CP}(\boldsymbol{P}^{-1}\boldsymbol{AP})^{n-1}\end{bmatrix}=\begin{bmatrix}\boldsymbol{CP}\\\boldsymbol{CAP}\\\boldsymbol{CA}^2\boldsymbol{P}\\\vdots\\\boldsymbol{CA}^{n-1}\boldsymbol{P}\end{bmatrix}=\begin{bmatrix}\boldsymbol{C}\\\boldsymbol{CA}\\\boldsymbol{CA}^2\\\vdots\\\boldsymbol{CA}^{n-1}\end{bmatrix}\boldsymbol{P}\tag{3.4.30}$$

由于矩阵 $\boldsymbol{P}$ 是非奇异的，即是满秩的，于是

$$\text{rank}\overline{\boldsymbol{N}}=\text{rank}\begin{bmatrix}\boldsymbol{C}\\\boldsymbol{CA}\\\boldsymbol{CA}^2\\\vdots\\\boldsymbol{CA}^{n-1}\end{bmatrix}\boldsymbol{P}=\text{rank}\begin{bmatrix}\boldsymbol{C}\\\boldsymbol{CA}\\\boldsymbol{CA}^2\\\vdots\\\boldsymbol{CA}^{n-1}\end{bmatrix}\tag{3.4.31}$$

而矩阵$\begin{bmatrix}\boldsymbol{C}\\\boldsymbol{CA}\\\boldsymbol{CA}^2\\\vdots\\\boldsymbol{CA}^{n-1}\end{bmatrix}$即为线性变换之前原系统的能观性矩阵 $\boldsymbol{N}$，因此有

$$\text{rank}\overline{\boldsymbol{N}}=\text{rank}\boldsymbol{N}\tag{3.4.32}$$

这充分说明了线性变换后的系统和原系统的能观性是等价的。

因为线性变换不会改变系统能观性，下面阐述利用系统(3.4.1)的约当标准型来判断其能观性。为了阐述的直观，首先考虑如下几个简单的 2 阶单出系统状态空间表达式，对其能观性进行分析。根据分析的结果总结规律，进而给出一般性系统的能观性判据。

① 状态空间表达式为

$$\begin{cases}\begin{bmatrix}\dot{x}_1\\\dot{x}_2\end{bmatrix}=\begin{bmatrix}\lambda_1 & 0\\0 & \lambda_2\end{bmatrix}\begin{bmatrix}x_1\\x_2\end{bmatrix}\\y=\begin{bmatrix}a & 0\end{bmatrix}\begin{bmatrix}x_1\\x_2\end{bmatrix}\end{cases}\tag{3.4.33}$$

其展开式为

$$\begin{cases}\dot{x}_1=\lambda_1x_1\\\dot{x}_2=\lambda_2x_2\\y=ax_1\end{cases}\tag{3.4.34}$$

从式(3.4.34)可以看出，输出方程 y 中包含了状态 x_1，而未包含状态 x_2，这说明系统输出 y 对状态 x_1 是直接能观测的，而对状态 x_2 未直接能观测。同时，状态 x_1 的状态方程中也未包含状态 x_2，也就是状态 x_1 与状态 x_2 无关，这就说明了系统输出 y 对状态 x_2 也未有间接观测。综上所述，系统(3.4.33)的状态 x_1 是能观的，状态 x_2 是不能观的，故而该系统是不完全能观的，也就是不能观的。

从上述分析可知，系统状态 x_2 不能观的原因包含了两个方面，也就是不直接能观也不间接能观。系统状态 x_2 不直接能观是因为输出方程 y 中未包含状态 x_2，出现这个情况的原因是因为系统输出矩阵 $[a\quad 0]$ 中第 2 列为零列；系统状态 x_2 不间接能观是因为能观状态 x_1 的

状态方程中未包含状态 x_2，出现这个情况的原因是因为系统矩阵 $\begin{bmatrix}\lambda_1 & 0\\ 0 & \lambda_2\end{bmatrix}$ 中右上角的元素为 0。因为这两个情况的同时存在，导致了系统状态 x_2 不能观。换句话说，如果两种情况只要其中一种不存在，系统状态 x_2 即为能观状态，该系统也变为能观系统。

② 状态空间表达式为

$$\begin{cases}\begin{bmatrix}\dot{x}_1\\ \dot{x}_2\end{bmatrix}=\begin{bmatrix}\lambda_1 & 0\\ 0 & \lambda_2\end{bmatrix}\begin{bmatrix}x_1\\ x_2\end{bmatrix}\\ y=\begin{bmatrix}0 & a\end{bmatrix}\begin{bmatrix}x_1\\ x_2\end{bmatrix}\end{cases} \tag{3.4.35}$$

其展开式为

$$\begin{cases}\dot{x}_1=\lambda_1 x_1\\ \dot{x}_2=\lambda_2 x_2\\ y=ax_2\end{cases} \tag{3.4.36}$$

与系统(3.4.33)的类似，系统(3.4.35)同样是不能观的。因为系统(3.4.35)中虽然状态 x_2 是能观的但状态 x_1 是不能观的。从展开式(3.4.36)中可以看出，系统状态 x_1 不直接能观是因为输出方程 y 中未包含状态 x_1，出现这个情况的原因是因为系统输出矩阵 $[0 \quad a]$ 中第 1 列为零列；系统状态 x_1 不间接能观是因为能观状态 x_2 的状态方程中未包含状态 x_1，出现这个情况的原因是因为系统矩阵 $\begin{bmatrix}\lambda_1 & 0\\ 0 & \lambda_2\end{bmatrix}$ 中左下角的元素为 0。

③ 状态空间表达式为

$$\begin{cases}\begin{bmatrix}\dot{x}_1\\ \dot{x}_2\end{bmatrix}=\begin{bmatrix}\lambda & 1\\ 0 & \lambda\end{bmatrix}\begin{bmatrix}x_1\\ x_2\end{bmatrix}\\ y=\begin{bmatrix}0 & a\end{bmatrix}\begin{bmatrix}x_1\\ x_2\end{bmatrix}\end{cases} \tag{3.4.37}$$

其展开式为

$$\begin{cases}\dot{x}_1=\lambda x_1+x_2\\ \dot{x}_2=\lambda x_2\\ y=ax_2\end{cases} \tag{3.4.38}$$

系统(3.4.37)依然是不能观的，这个原因与系统(3.4.35)不能观是一致的，即系统状态 x_2 能观而状态 x_1 不能观。导致系统状态 x_1 不能观是因为系统输出矩阵 $[0 \quad a]$ 中第 1 列为零列，同时系统矩阵 $\begin{bmatrix}\lambda & 1\\ 0 & \lambda\end{bmatrix}$ 中左下角的元素为 0。从展开式(3.4.38)可以看出，虽然相对于式(3.4.36)中状态 x_1 的状态方程，系统(3.4.37)的状态 x_1 的状态方程中包含了状态 x_2，但可观状态 x_2 的状态方程中依然未包含状态 x_1。

④ 状态空间表达式为

$$\begin{cases}\begin{bmatrix}\dot{x}_1\\ \dot{x}_2\end{bmatrix}=\begin{bmatrix}\lambda & 1\\ 0 & \lambda\end{bmatrix}\begin{bmatrix}x_1\\ x_2\end{bmatrix}\\ y=\begin{bmatrix}a & 0\end{bmatrix}\begin{bmatrix}x_1\\ x_2\end{bmatrix}\end{cases}\tag{3.4.39}$$

其展开式为

$$\begin{cases}\dot{x}_1=\lambda x_1+x_2\\ \dot{x}_2=\lambda x_2\\ y=ax_1\end{cases}\tag{3.4.40}$$

系统(3.4.39)是能观的。从展开式(3.4.40)可以看出，输出方程 y 中包含了状态 x_1，状态 x_1 是能观的；而对于状态 x_2，尽管输出方程 y 中未包含状态 x_2(不是直接能观的)，但状态 x_1 的状态方程包含了状态 x_2，由于状态 x_1 是能观的，因此状态 x_2 同样是能观的(间接能观)。

下面对上述的结论进行总结并发现规律。系统(3.4.33)和(3.4.35)中的系统矩阵 $\boldsymbol{A}$ 为对角矩阵，在此情况下若想使得系统能观，那么输出矩阵 $\boldsymbol{C}$ 中不能出现零列；系统(3.4.37)和(3.4.39)中的系统矩阵 $\boldsymbol{A}$ 为上三角矩阵，在此情况下若想使得系统能观，那么输出矩阵 $\boldsymbol{C}$ 中无零列或者有零列但该零列不能是矩阵 $\boldsymbol{C}$ 的第 1 列，也就是不能与系统矩阵 $\boldsymbol{A}$ 第 1 列为同一列。

系统(3.4.33)～(3.4.39)中的系统矩阵即为一般形式的系统变换后的约当标准型系统矩阵 $\boldsymbol{P}^{-1}\boldsymbol{AP}$，输出矩阵即为一般形式的系统变换后的约当标准型输出矩阵 $\boldsymbol{CP}$。系统(3.4.33)和(3.4.35)的对应于系统特征值都为单根的情况，系统(3.4.37)和(3.4.39)对应于系统特征值为重根的情况。通过对上述的分析，利用约当标准型可以给出具有一般性系统(3.4.1)的能观性判据。

判据 1　如果系统矩阵 $\boldsymbol{A}$ 的特征值都为单根，系统能观的充分必要条件是矩阵 $\boldsymbol{CP}$ 中无零列；

判据 2　如果系统矩阵 $\boldsymbol{A}$ 的特征值为 n 重根，系统能观的充分必要条件是矩阵 $\boldsymbol{CP}$ 中第 1 列不为零列；

判据 3　如果系统矩阵 $\boldsymbol{A}$ 的特征值为多个单根和多个重根，系统能观的充分必要条件是在重根部分矩阵 $\boldsymbol{P}^{-1}\boldsymbol{AP}$ 中每个约当块(对应每个重根)第 1 列对应于矩阵 $\boldsymbol{CP}$ 中的那一列不为零列；并且在单根部分矩阵 $\boldsymbol{P}^{-1}\boldsymbol{AP}$ 对应于矩阵 $\boldsymbol{CP}$ 中的那一列不为零列。

【例 3.4.2】　系统状态空间表达式为

$$\begin{cases}\dot{\boldsymbol{x}}=\left[\begin{array}{cc:ccc:cc}-2 & 1 & & & & & \boldsymbol{0}\\ & -2 & 0 & & & & \\ \hdashline & & 5 & 1 & & & \\ & & & 5 & 1 & & \\ & & & & 5 & 0 & \\ \hdashline & & & & & -4 & 0\\ \boldsymbol{0} & & & & & & 6\end{array}\right]\boldsymbol{x}\\ \boldsymbol{y}=\left[\begin{array}{cc:ccc:cc}a_1 & b_1 & c_1 & d_1 & e_1 & f_1 & g_1\\ a_2 & b_2 & c_2 & d_2 & e_2 & f_2 & g_2\end{array}\right]\boldsymbol{x}\end{cases}\tag{3.4.41}$$

如果该系统是能观的，试判断输出矩阵应满足的条件。

解： 由式(3.4.41)知，系统中

$$\boldsymbol{A}=\left[\begin{array}{cc:ccc:cc}-2 & 1 & & & & & \boldsymbol{0}\\ & -2 & 0 & & & & \\ \hdashline & & 5 & 1 & & & \\ & & & 5 & 1 & & \\ & & & & 5 & 0 & \\ \hdashline & & & & & -4 & 0\\ \boldsymbol{0} & & & & & & 6\end{array}\right],\quad \boldsymbol{C}=\left[\begin{array}{cc:ccc:cc}a_1 & b_1 & c_1 & d_1 & e_1 & f_1 & g_1\\ a_2 & b_2 & c_2 & d_2 & e_2 & f_2 & g_2\end{array}\right]$$

(3.4.42)

通过系统矩阵 **A** 可以看出该状态空间表达式已为约当标准型，其中系统特征值-2为2重根、5为3重根、-4和6为单根，该系统是否能观可以根据上述能观性**判据3**通过系统矩阵 **A** 和输出矩阵 **C** 直接判断。

依据能观性**判据3**，如果要系统(3.4.41)能观，对于重根-2，其约当块第1列为矩阵 **A** 的第1列，对应矩阵 **C** 的第1列不能为零列，也就是 a_1 和 a_2 不能同时为0；对于重根5，其约当块第1列为矩阵 **A** 的第3列，对应矩阵 **C** 的第3列不能为零列，也就是 c_1 和 c_2 不能同时为0；单根-4位于矩阵 **A** 的第6列，对应矩阵 **C** 的第6列不能为零列，也就是 f_1 和 f_2 不能同时为0；单根6位于矩阵 **A** 的第7列，对应矩阵 **C** 的第7列不能为零列，也就是 g_1 和 g_2 不能同时为0。

综上所述，系统(3.4.41)能观的充分必要条件为：a_1 和 a_2 不同时为0、c_1 和 c_2 不同时为0、f_1 和 f_2 不同时为0、g_1 和 g_2 不同时为0。各个子条件间是“且”的关系，也就是这个4个子条件必须同时满足则系统(3.4.41)才是能观的。

【例 3.4.3】 系统状态空间表达式为

$$\begin{cases}\dot{\boldsymbol{x}}=\begin{bmatrix}4 & 1 & -2\\ 1 & 0 & 2\\ 1 & -1 & 3\end{bmatrix}\boldsymbol{x}\\ y=\begin{bmatrix}-2 & 1 & 0\end{bmatrix}\boldsymbol{x}\end{cases}\tag{3.4.43}$$

试判断其能观性。

解： 由式(3.4.43)知，系统中

$$\boldsymbol{A}=\begin{bmatrix}4 & 1 & -2\\ 1 & 0 & 2\\ 1 & -1 & 3\end{bmatrix},\quad \boldsymbol{C}=\begin{bmatrix}-2 & 1 & 0\end{bmatrix}\tag{3.4.44}$$

列出特征方程有

$$|\lambda\boldsymbol{I}-\boldsymbol{A}|=\begin{vmatrix}\lambda-4 & -1 & 2\\ -1 & \lambda & -2\\ -1 & 1 & \lambda-3\end{vmatrix}=(\lambda-3)^2(\lambda-1)=0\tag{3.4.45}$$

于是，可得系统的特征值为

$$\lambda_{1,2}=3,\quad \lambda_3=1\tag{3.4.46}$$

其中，$\lambda_{1,2}=3$为2重根，$\lambda_3=1$为单根。

参阅**【例 1.4.2】**，其约当标准型变换矩阵为

$$\boldsymbol{P}=\begin{bmatrix}-4 & -2 & 0\\ -4 & 2 & -2\\ -4 & 2 & -1\end{bmatrix},\quad \boldsymbol{P}^{-1}=\frac{1}{8}\begin{bmatrix}-1 & 1 & -2\\ -2 & -2 & 4\\ 0 & -8 & 8\end{bmatrix} \tag{3.4.47}$$

于是，可得系统状态空间表达式(3.4.43)的约当标准型为

$$\begin{cases}\dot{\bar{x}}=\boldsymbol{P}^{-1}\boldsymbol{AP}\bar{x}\\ y=\boldsymbol{CP}\bar{x}\end{cases} \tag{3.4.48}$$

式中：

$$\boldsymbol{P}^{-1}\boldsymbol{AP}=\begin{bmatrix}3 & 1 & 0\\ 0 & 3 & 0\\ 0 & 0 & 1\end{bmatrix},\quad \boldsymbol{CP}=\begin{bmatrix}4 & 6 & -2\end{bmatrix} \tag{3.4.49}$$

从式(3.4.48)和式(3.4.49)可以看出，系统特征值重根 $\lambda_{1,2}=3$ 约当块的第 1 列为矩阵 $\boldsymbol{P}^{-1}\boldsymbol{AP}$ 的第 1 列，对应矩阵 $\boldsymbol{CP}$ 的第 1 列不为零列；同时，单根 $\lambda_3=1$ 对应矩阵 $\boldsymbol{CP}$ 的第 3 列也不为零列。根据能观性**判据 3**，系统(3.4.43)是能观的。

3.4.2 离散系统的能观性判据

离散系统的能观性，是从系统状态方程和输出方程出发的，即

$$\begin{cases}\boldsymbol{x}(k+1)=\boldsymbol{Ax}(k)\\ \boldsymbol{y}(k)=\boldsymbol{Cx}(k)\end{cases} \tag{3.4.50}$$

式中：$\boldsymbol{x}(k)$为系统状态，是 n 维列向量；

$\boldsymbol{y}(k)$为系统输出，是 m 维列向量；

$\boldsymbol{A}$ 为 $n\times n$ 维系统矩阵；

$\boldsymbol{C}$ 为 $m\times n$ 维输出矩阵。

假设系统(3.4.50)的初始时刻为 $k=0$，根据第 3.3.2 节中离散系统的能观性定义，如果知道有限采样周期内的输出 $\boldsymbol{y}(l)$，就能唯一地确定任意初始状态 $\boldsymbol{x}(0)$，则系统是完全能观的。下面根据此定义推导离散系统的能观性判别条件。从第 2.4.1 节中式(2.4.7)，可以有离散系统(3.4.50)的解为

$$\begin{cases}\boldsymbol{x}(k)=\boldsymbol{A}^k\boldsymbol{x}(0)\\ \boldsymbol{y}(k)=\boldsymbol{CA}^k\boldsymbol{x}(0)\end{cases} \tag{3.4.51}$$

将 k 从 $0,1,\cdots,k-1$ 取值，从上式可以有

$$\begin{cases}\boldsymbol{y}(0)=\boldsymbol{Cx}(0)\\ \boldsymbol{y}(1)=\boldsymbol{CAx}(0)\\ \qquad\vdots\\ \boldsymbol{y}(k-1)=\boldsymbol{CA}^{k-1}\boldsymbol{x}(0)\end{cases} \tag{3.4.52}$$

改写成矩阵形式为

$$\begin{bmatrix}\boldsymbol{y}(0)\\ \boldsymbol{y}(1)\\ \vdots\\ \boldsymbol{y}(k-1)\end{bmatrix}=\begin{bmatrix}\boldsymbol{C}\\ \boldsymbol{CA}\\ \vdots\\ \boldsymbol{CA}^{k-1}\end{bmatrix}\boldsymbol{x}(0) \tag{3.4.53}$$

式中：矩阵 $\begin{bmatrix} \boldsymbol{C} \\ \boldsymbol{CA} \\ \boldsymbol{CA}^2 \\ \vdots \\ \boldsymbol{CA}^{k-1} \end{bmatrix}$ 的维数为$(m\times k)\times n$；

$\begin{bmatrix} \boldsymbol{y}(0) \\ \boldsymbol{y}(1) \\ \vdots \\ \boldsymbol{y}(k-1) \end{bmatrix}$ 的维数为$(m\times k)\times 1$。

因此，式(3.4.53)为具有 n 个未知数($\boldsymbol{x}(0)$的 n 个分量)和 $m\times k$ 个方程的方程组($\boldsymbol{y}(k)$的维数为 $m\times 1$)。当 $m\times k<n$ 时，方程式无唯一解。如果要唯一的解出初始状态 $\boldsymbol{x}(0)$的 n 个分量值，应用不同时刻的测量输出数据构成 n 个独立方程式，即要求 $m\times k\geqslant n$，换句话说，只有当 $k\geqslant\dfrac{n}{m}$时，才有可能构成 n 个方程式。如果取 $k=n$，则要求 $m\times k\geqslant n$ 必定是满足的，那么在式(3.4.53)中 $\boldsymbol{x}(0)$有唯一解的充分必要条件是其系数矩阵 $\begin{bmatrix} \boldsymbol{C} \\ \boldsymbol{CA} \\ \vdots \\ \boldsymbol{CA}^{n-1} \end{bmatrix}$ 的秩等于 n，这个系数矩阵称为能观性矩阵，仿照连续系统，离散系统中也记为 $\boldsymbol{N}$，即

$$\boldsymbol{N}=\begin{bmatrix} \boldsymbol{C} \\ \boldsymbol{CA} \\ \vdots \\ \boldsymbol{CA}^{n-1} \end{bmatrix} \tag{3.4.54}$$

也就是系统(3.4.50)能观的充分必要条件是 $\mathrm{rank}\boldsymbol{N}=n$。

3.5 状态空间表达式的能控标准型

对于一个系统，由于状态变量选择的非唯一性，系统状态空间表达式也不是唯一的。系统状态空间表达式通过线性变换变成简单而又标准的形式，对于简化所研究的问题以及揭示系统的一些本质特征都有很重要的意义。在前面的阐述中已经知道，通过线性变换将一般形式的系统状态空间表达式变换成约当标准型，将一般形式的系统矩阵 $\boldsymbol{A}$ 变换为 $\boldsymbol{P}^{-1}\boldsymbol{AP}$ 的标准形式，其对于系统状态转移矩阵的计算以及能控性和能观性的分析都是十分方便的。在实际应用中，常常根据所研究问题的需要，还可以通过线性变换将状态空间表达式变换成能控标准型，它对于系统状态反馈控制的综合是比较方便的。目前，能控标准型已经成为了现代控制理论中的一个基础性概念，在解决系统的极点配置、最优控制等问题中具有重要作用。

状态空间表达式的线性变换是利用非奇异变换矩阵进行的。从第 1.4.2 节、3.2.1 节和 3.2.2 节可知，系统经过线性变换后，其特征值、传递函数以及能控性和能观性等重要的特性都保持不变。一个系统变换成能控标准型的理论根据是线性变换不改变其能控性，只有能控的系统才能变换成能控标准型。

本书仅讨论单入-单出系统的能控标准型问题，有关多入-多出系统的能控标准型问题可参阅相关文献。

假设系统

$$\dot{\boldsymbol{x}}=\boldsymbol{A}\boldsymbol{x}+\boldsymbol{b}u \tag{3.5.1}$$

式中：$\boldsymbol{x}$ 为系统状态，是 n 维列向量；

u 为系统输入，是标量；

$\boldsymbol{A}$ 为 $n\times n$ 维系统矩阵；

$\boldsymbol{b}$ 为 $n\times 1$ 维输入矩阵。

是能控的。

考虑非奇异矩阵 $\boldsymbol{P}_c$，利用状态线性变换

$$\boldsymbol{x}=\boldsymbol{P}_c\bar{\boldsymbol{x}} \tag{3.5.2}$$

将状态空间表达式(3.5.1)变换为

$$\dot{\bar{\boldsymbol{x}}}=\boldsymbol{P}_c^{-1}\boldsymbol{A}\boldsymbol{P}_c\bar{\boldsymbol{x}}+\boldsymbol{P}_c^{-1}\boldsymbol{b}u \tag{3.5.3}$$

在式(3.5.3)中的系统矩阵 $\boldsymbol{P}_c^{-1}\boldsymbol{A}\boldsymbol{P}_c$ 和输入矩阵 $\boldsymbol{P}_c^{-1}\boldsymbol{b}$ 具有一定标准形式时，式(3.5.3)称为系统(3.5.1)的能控标准型。约当标准型和能控标准型是不同的，约当标准型是为了分析系统性能(例如能控性和能观性等)的方便，利用相应的变换矩阵 $\boldsymbol{P}$ 将系统矩阵 $\boldsymbol{A}$ 变换为 $\boldsymbol{P}^{-1}\boldsymbol{A}\boldsymbol{P}$ 的标准形式；而能控标准型是为了方便系统状态反馈控制的综合，利用相应的变换矩阵将一般形式的系统矩阵 $\boldsymbol{A}$ 和输入矩阵 $\boldsymbol{b}$ 分别变换为 $\boldsymbol{P}_c^{-1}\boldsymbol{A}\boldsymbol{P}_c$ 和 $\boldsymbol{P}_c^{-1}\boldsymbol{b}$，使它们具有简单而又标准的形式。为了区分约当标准型的变换矩阵 $\boldsymbol{P}$，本书中能控标准型的变换矩阵用 $\boldsymbol{P}_c$ 表示。由于系统矩阵 $\boldsymbol{A}$ 和输入矩阵 $\boldsymbol{b}$ 变换为 $\boldsymbol{P}_c^{-1}\boldsymbol{A}\boldsymbol{P}_c$ 和 $\boldsymbol{P}_c^{-1}\boldsymbol{b}$ 时，能控标准形式主要分 2 种类型，下面对其分别进行介绍。

3.5.1　能控标准Ⅰ型

对于能控标准Ⅰ型，其状态线性变换为

$$\boldsymbol{x}=\boldsymbol{P}_{c1}\bar{\boldsymbol{x}} \tag{3.5.4}$$

式中：$\boldsymbol{P}_{c1}$ 为非奇异的变换矩阵。

对于系统(3.5.1)，通过状态线性变换(3.5.4)得到变换后的系统状态方程为

$$\dot{\bar{\boldsymbol{x}}}=\boldsymbol{P}_{c1}^{-1}\boldsymbol{A}\boldsymbol{P}_{c1}\bar{\boldsymbol{x}}+\boldsymbol{P}_{c1}^{-1}\boldsymbol{b}u \tag{3.5.5}$$

如果存在合适的变换矩阵 $\boldsymbol{P}_{c1}$ 使得上式中的矩阵 $\boldsymbol{P}_{c1}^{-1}\boldsymbol{A}\boldsymbol{P}_{c1}$ 和 $\boldsymbol{P}_{c1}^{-1}\boldsymbol{b}$ 分别具有标准形式

$$\boldsymbol{P}_{c1}^{-1}\boldsymbol{A}\boldsymbol{P}_{c1}=\begin{bmatrix}0 & 1 & \cdots & 0 & 0\\ 0 & 0 & \ddots & 0 & 0\\ \vdots & \vdots & \vdots & \ddots & \vdots\\ 0 & 0 & \cdots & 0 & 1\\ -a_0 & -a_1 & \cdots & -a_{n-2} & -a_{n-1}\end{bmatrix},\quad \boldsymbol{P}_{c1}^{-1}\boldsymbol{b}=\begin{bmatrix}0\\0\\ \vdots\\0\\1\end{bmatrix} \tag{3.5.6}$$

则称式(3.5.5)为系统(3.5.1)的能控标准Ⅰ型，式(3.5.6)中的矩阵 $\boldsymbol{P}_{c1}^{-1}\boldsymbol{A}\boldsymbol{P}_{c1}$ 为友矩阵，其中 $a_i(i=0,1,\cdots,n-1)$ 为系统(3.5.1)的特征多项式

$$|\lambda\boldsymbol{I}-\boldsymbol{A}|=\lambda^n+a_{n-1}\lambda^{n-1}+\cdots+a_1\lambda+a_0 \tag{3.5.7}$$

的各项系数，而列向量 $\boldsymbol{P}_{c1}^{-1}\boldsymbol{b}$ 中最后一行的元素为 1，其余元素都为 0。

对于系统(3.5.1)的能控标准Ⅰ型式(3.5.5)和式(3.5.6),满足其成立的变换矩阵 $\boldsymbol{P}_{c1}$ 定义为

$$\boldsymbol{P}_{c1}=\begin{bmatrix}\boldsymbol{A}^{n-1}\boldsymbol{b} & \boldsymbol{A}^{n-2}\boldsymbol{b} & \cdots & \boldsymbol{A}\boldsymbol{b} & \boldsymbol{b}\end{bmatrix}\begin{bmatrix}1 & & & & \boldsymbol{0}\\ a_{n-1} & 1 & & & \\ \vdots & \vdots & \ddots & & \\ a_2 & a_3 & \cdots & 1 & \\ a_1 & a_2 & \cdots & a_{n-1} & 1\end{bmatrix} \tag{3.5.8}$$

证明: 假设系统(3.5.1)是能控的,因此 $n\times 1$ 维向量 $\boldsymbol{b},\boldsymbol{A}\boldsymbol{b},\cdots,\boldsymbol{A}^{n-1}\boldsymbol{b}$ 是线性无关的,下列组合方式构成的 n 个新的向量 $\boldsymbol{p}_1,\boldsymbol{p}_2,\cdots,\boldsymbol{p}_{n-1},\boldsymbol{p}_n$ 也是线性无关的。

$$\begin{cases}\boldsymbol{p}_1=\boldsymbol{A}^{n-1}\boldsymbol{b}+a_{n-1}\boldsymbol{A}^{n-2}\boldsymbol{b}+a_{n-2}\boldsymbol{A}^{n-3}\boldsymbol{b}+\cdots+a_1\boldsymbol{b}\\ \boldsymbol{p}_2=\boldsymbol{A}^{n-2}\boldsymbol{b}+a_{n-1}\boldsymbol{A}^{n-3}\boldsymbol{b}+\cdots+a_2\boldsymbol{b}\\ \qquad\vdots\\ \boldsymbol{p}_{n-1}=\boldsymbol{A}\boldsymbol{b}+a_{n-1}\boldsymbol{b}\\ \boldsymbol{p}_n=\boldsymbol{b}\end{cases} \tag{3.5.9}$$

在式(3.5.9)中第一个等式的左右两侧同时左乘矩阵 $\boldsymbol{A}$,并结合凯莱-哈密顿定理,即

$$\boldsymbol{A}^n+a_{n-1}\boldsymbol{A}^{n-1}+\cdots+a_1\boldsymbol{A}+a_0\boldsymbol{I}=\boldsymbol{0} \tag{3.5.10}$$

可得

$$\begin{aligned}\boldsymbol{A}\boldsymbol{p}_1&=\boldsymbol{A}(\boldsymbol{A}^{n-1}\boldsymbol{b}+a_{n-1}\boldsymbol{A}^{n-2}\boldsymbol{b}+\cdots+a_1\boldsymbol{b})\\ &=\boldsymbol{A}^n\boldsymbol{b}+a_{n-1}\boldsymbol{A}^{n-1}\boldsymbol{b}+\cdots+a_1\boldsymbol{A}\boldsymbol{b}\\ &=(\boldsymbol{A}^n+a_{n-1}\boldsymbol{A}^{n-1}+\cdots+a_1\boldsymbol{A})\boldsymbol{b}\\ &=(\boldsymbol{A}^n+a_{n-1}\boldsymbol{A}^{n-1}+\cdots+a_1\boldsymbol{A}+a_0\boldsymbol{I})\boldsymbol{b}-a_0\boldsymbol{b}\\ &=-a_0\boldsymbol{b}\\ &=-a_0\boldsymbol{p}_n\end{aligned} \tag{3.5.11}$$

顺序在式(3.5.9)中其它等式的左右两侧同时左乘矩阵 $\boldsymbol{A}$,可得

$$\begin{cases}\boldsymbol{A}\boldsymbol{p}_2=\boldsymbol{A}(\boldsymbol{A}^{n-2}\boldsymbol{b}+a_{n-1}\boldsymbol{A}^{n-3}\boldsymbol{b}+\cdots+a_2\boldsymbol{b})\\ \qquad=(\boldsymbol{A}^{n-1}\boldsymbol{b}+a_{n-1}\boldsymbol{A}^{n-2}\boldsymbol{b}+\cdots+a_2\boldsymbol{A}\boldsymbol{b}+a_1\boldsymbol{b})-a_1\boldsymbol{b}\\ \qquad=\boldsymbol{p}_1-a_1\boldsymbol{p}_n\\ \qquad\quad\vdots\\ \boldsymbol{A}\boldsymbol{p}_{n-1}=\boldsymbol{A}(\boldsymbol{A}\boldsymbol{b}+a_{n-1}\boldsymbol{b})\\ \qquad=(\boldsymbol{A}^2\boldsymbol{b}+a_{n-1}\boldsymbol{A}\boldsymbol{b}+a_{n-2}\boldsymbol{b})-a_{n-2}\boldsymbol{b}\\ \qquad=\boldsymbol{p}_{n-2}-a_{n-2}\boldsymbol{p}_n\\ \boldsymbol{A}\boldsymbol{p}_n=\boldsymbol{A}\boldsymbol{b}=(\boldsymbol{A}\boldsymbol{b}+a_{n-1}\boldsymbol{b})-a_{n-1}\boldsymbol{b}\\ \qquad=\boldsymbol{p}_{n-1}-a_{n-1}\boldsymbol{p}_n\end{cases} \tag{3.5.12}$$

结合式(3.5.11)和式(3.5.12),则有

$$\begin{aligned}&\begin{bmatrix}\boldsymbol{A}\boldsymbol{p}_1 & \boldsymbol{A}\boldsymbol{p}_2 & \cdots & \boldsymbol{A}\boldsymbol{p}_{n-1} & \boldsymbol{A}\boldsymbol{p}_n\end{bmatrix}\\ =&\begin{bmatrix}-a_0\boldsymbol{p}_n & \boldsymbol{p}_1-a_1\boldsymbol{p}_n & \cdots & \boldsymbol{p}_{n-2}-a_{n-2}\boldsymbol{p}_n & \boldsymbol{p}_{n-1}-a_{n-1}\boldsymbol{p}_n\end{bmatrix}\end{aligned}$$

$$=[\boldsymbol{p}_1 \quad \boldsymbol{p}_2 \quad \cdots \quad \boldsymbol{p}_{n-1} \quad \boldsymbol{p}_n]\begin{bmatrix} 0 & 1 & \cdots & 0 & 0 \\ 0 & 0 & \ddots & 0 & 0 \\ \vdots & \vdots & \vdots & \ddots & \vdots \\ 0 & 0 & \cdots & 0 & 1 \\ -a_0 & -a_1 & \cdots & -a_{n-2} & -a_{n-1} \end{bmatrix} \tag{3.5.13}$$

因为 $\boldsymbol{p}_1,\boldsymbol{p}_2,\cdots,\boldsymbol{p}_{n-1},\boldsymbol{p}_n$ 是线性无关的，其构成的矩阵是非奇异的，可以利用 $\boldsymbol{p}_1,\boldsymbol{p}_2,\cdots,\boldsymbol{p}_{n-1},\boldsymbol{p}_n$ 来构造变换矩阵 $\boldsymbol{P}_{c1}$，即

$$\boldsymbol{P}_{c1}=[\boldsymbol{p}_1 \quad \boldsymbol{p}_2 \quad \cdots \quad \boldsymbol{p}_{n-1} \quad \boldsymbol{p}_n] \tag{3.5.14}$$

进而有

$$[\boldsymbol{A}\boldsymbol{p}_1 \quad \boldsymbol{A}\boldsymbol{p}_2 \quad \cdots \quad \boldsymbol{A}\boldsymbol{p}_{n-1} \quad \boldsymbol{A}\boldsymbol{p}_n]=\boldsymbol{A}[\boldsymbol{p}_1 \quad \boldsymbol{p}_2 \quad \cdots \quad \boldsymbol{p}_{n-1} \quad \boldsymbol{p}_n]=\boldsymbol{A}\boldsymbol{P}_{c1} \tag{3.5.15}$$

结合式(3.5.13)～(3.5.15)，可得

$$\boldsymbol{A}\boldsymbol{P}_{c1}=\boldsymbol{P}_{c1}\begin{bmatrix} 0 & 1 & \cdots & 0 & 0 \\ 0 & 0 & \ddots & 0 & 0 \\ \vdots & \vdots & \vdots & \ddots & \vdots \\ 0 & 0 & \cdots & 0 & 1 \\ -a_0 & -a_1 & \cdots & -a_{n-2} & -a_{n-1} \end{bmatrix} \tag{3.5.16}$$

因为矩阵 $\boldsymbol{P}_{c1}$ 是可逆的，于是在上式等号左右两侧同时左乘矩阵 $\boldsymbol{P}_{c1}^{-1}$，则有

$$\boldsymbol{P}_{c1}^{-1}\boldsymbol{A}\boldsymbol{P}_{c1}=\begin{bmatrix} 0 & 1 & \cdots & 0 & 0 \\ 0 & 0 & \ddots & 0 & 0 \\ \vdots & \vdots & \vdots & \ddots & \vdots \\ 0 & 0 & \cdots & 0 & 1 \\ -a_0 & -a_1 & \cdots & -a_{n-2} & -a_{n-1} \end{bmatrix} \tag{3.5.17}$$

因此，系统(3.5.1)的能控标准Ⅰ型也即式(3.5.6)中的第 1 个等式得证。

下面求证第 2 个等式，将式(3.5.9)改写为

$$[\boldsymbol{p}_1 \quad \boldsymbol{p}_2 \quad \cdots \quad \boldsymbol{p}_{n-1} \quad \boldsymbol{p}_n]=[\boldsymbol{A}^{n-1}\boldsymbol{b} \quad \boldsymbol{A}^{n-2}\boldsymbol{b} \quad \cdots \quad \boldsymbol{A}\boldsymbol{b} \quad \boldsymbol{b}]\begin{bmatrix} 1 & & & & \boldsymbol{0} \\ a_{n-1} & 1 & & & \\ \vdots & \vdots & \ddots & & \\ a_2 & a_3 & \cdots & 1 & \\ a_1 & a_2 & \cdots & a_{n-1} & 1 \end{bmatrix} \tag{3.5.18}$$

即

$$\boldsymbol{P}_{c1}=[\boldsymbol{A}^{n-1}\boldsymbol{b} \quad \boldsymbol{A}^{n-2}\boldsymbol{b} \quad \cdots \quad \boldsymbol{A}\boldsymbol{b} \quad \boldsymbol{b}]\begin{bmatrix} 1 & & & & \boldsymbol{0} \\ a_{n-1} & 1 & & & \\ \vdots & \vdots & \ddots & & \\ a_2 & a_3 & \cdots & 1 & \\ a_1 & a_2 & \cdots & a_{n-1} & 1 \end{bmatrix} \tag{3.5.19}$$

根据等式

$$[\boldsymbol{A}^{n-1}\boldsymbol{b} \quad \boldsymbol{A}^{n-2}\boldsymbol{b} \quad \cdots \quad \boldsymbol{A}\boldsymbol{b} \quad \boldsymbol{b}]\begin{bmatrix} 1 & & & & \boldsymbol{0} \\ a_{n-1} & 1 & & & \\ \vdots & \vdots & \ddots & & \\ a_2 & a_3 & \cdots & 1 & \\ a_1 & a_2 & \cdots & a_{n-1} & 1 \end{bmatrix}\begin{bmatrix} 0 \\ 0 \\ \vdots \\ 0 \\ 1 \end{bmatrix}=\boldsymbol{b} \tag{3.5.20}$$

并结合式(3.5.19),则有

$$\boldsymbol{P}_{c1}\begin{bmatrix} 0 \\ 0 \\ \vdots \\ 0 \\ 1 \end{bmatrix}=\boldsymbol{b} \tag{3.5.21}$$

因为矩阵 $\boldsymbol{P}_{c1}$ 是可逆的,于是在上式等号左右两侧同时左乘矩阵 $\boldsymbol{P}_{c1}^{-1}$,则有

$$\boldsymbol{P}_{c1}^{-1}\boldsymbol{b}=\begin{bmatrix} 0 \\ 0 \\ \vdots \\ 0 \\ 1 \end{bmatrix} \tag{3.5.22}$$

因此,系统(3.5.1)的能控标准Ⅰ型也即式(3.5.6)中的第2个等式得证。

【例 3.5.1】 系统状态空间表达式为

$$\begin{cases} \dot{\boldsymbol{x}}=\begin{bmatrix} 1 & 0 & 2 \\ 2 & 1 & 1 \\ 1 & 0 & -2 \end{bmatrix}\boldsymbol{x}+\begin{bmatrix} 1 \\ 2 \\ 1 \end{bmatrix}u \\ y=[0 \quad 1 \quad 1]\boldsymbol{x} \end{cases} \tag{3.5.23}$$

试将其变换为能控标准Ⅰ型。

解: 由式(3.5.23)知,系统中

$$\boldsymbol{A}=\begin{bmatrix} 1 & 0 & 2 \\ 2 & 1 & 1 \\ 1 & 0 & -2 \end{bmatrix}, \quad \boldsymbol{b}=\begin{bmatrix} 1 \\ 2 \\ 1 \end{bmatrix}, \quad \boldsymbol{c}=[0 \quad 1 \quad 1] \tag{3.5.24}$$

先判别系统的能控性,能控性矩阵为

$$\boldsymbol{M}=[\boldsymbol{b} \quad \boldsymbol{A}\boldsymbol{b} \quad \boldsymbol{A}^2\boldsymbol{b}]=\begin{bmatrix} 1 & 3 & 1 \\ 2 & 5 & 10 \\ 1 & -1 & 5 \end{bmatrix} \tag{3.5.25}$$

且 $\mathrm{rank}\boldsymbol{M}=3$,所以系统是能控的。

再计算系统的特征多项式为

$$|\lambda\boldsymbol{I}-\boldsymbol{A}|=\lambda^3-5\lambda+4 \tag{3.5.26}$$

则特征多项式系数为

$$a_2=0, \quad a_1=-5, \quad a_0=4 \tag{3.5.27}$$

根据式(3.5.6)、(3.5.24)以及式(3.5.27),可得

$$\begin{cases} P_{c1}^{-1}AP_{c1} = \begin{bmatrix} 0 & 1 & 0 \\ 0 & 0 & 1 \\ -a_0 & -a_1 & -a_2 \end{bmatrix} = \begin{bmatrix} 0 & 1 & 0 \\ 0 & 0 & 1 \\ -4 & 5 & 0 \end{bmatrix} \\ cP_{c1} = c\begin{bmatrix} A^2b & Ab & b \end{bmatrix} \begin{bmatrix} 1 & 0 & 0 \\ a_2 & 1 & 0 \\ a_1 & a_2 & 1 \end{bmatrix} \\ \quad = \begin{bmatrix} 0 & 1 & 1 \end{bmatrix} \begin{bmatrix} 1 & 3 & 1 \\ 10 & 5 & 2 \\ 5 & -1 & 1 \end{bmatrix} \begin{bmatrix} 1 & 0 & 0 \\ 0 & 1 & 0 \\ -5 & 0 & 1 \end{bmatrix} = \begin{bmatrix} 0 & 4 & 3 \end{bmatrix} \end{cases} \tag{3.5.28}$$

于是，系统(3.5.23)的能控标准Ⅰ型为

$$\begin{cases} \dot{\bar{x}} = \begin{bmatrix} 0 & 1 & 0 \\ 0 & 0 & 1 \\ -4 & 5 & 0 \end{bmatrix} \bar{x} + \begin{bmatrix} 0 \\ 0 \\ 1 \end{bmatrix} u \\ y = \begin{bmatrix} 0 & 4 & 3 \end{bmatrix} \bar{x} \end{cases} \tag{3.5.29}$$

3.5.2　能控标准Ⅱ型

对于能控标准Ⅱ型，其状态线性变换为

$$x = P_{c2}\bar{x} \tag{3.5.30}$$

式中：P_{c2} 为非奇异的变换矩阵。

对于系统(3.5.1)，通过状态线性变换(3.5.30)得到变换后的系统状态方程为

$$\dot{\bar{x}} = P_{c2}^{-1}AP_{c2}\bar{x} + P_{c2}^{-1}bu \tag{3.5.31}$$

如果存在合适的变换矩阵 P_{c2} 使得上式中的矩阵 $P_{c2}^{-1}AP_{c2}$ 和 $P_{c2}^{-1}b$ 分别具有标准形式

$$P_{c2}^{-1}AP_{c2} = \begin{bmatrix} 0 & 0 & \cdots & 0 & -a_0 \\ 1 & 0 & \cdots & 0 & -a_1 \\ \vdots & \ddots & \vdots & \vdots & \vdots \\ 0 & \vdots & \ddots & 0 & -a_{n-2} \\ 0 & 0 & \cdots & 1 & -a_{n-1} \end{bmatrix}, \quad P_{c2}^{-1}b = \begin{bmatrix} 1 \\ 0 \\ \vdots \\ 0 \\ 0 \end{bmatrix} \tag{3.5.32}$$

则称式(3.5.31)为系统(3.5.1)的能控标准Ⅱ型，式(3.5.32)中的矩阵 $P_{c2}^{-1}AP_{c2}$ 为式(3.5.6)中友矩阵的转置，其中 $a_i(i=0,1,\cdots,n-1)$ 为系统(3.5.1)的特征多项式

$$|\lambda I - A| = \lambda^n + a_{n-1}\lambda^{n-1} + \cdots + a_1\lambda + a_0 \tag{3.5.33}$$

的各项系数，而列向量 $P_{c2}^{-1}b$ 中第一行的元素为 1，其余元素都为 0。

对于系统(3.5.1)的能控标准Ⅱ型式(3.5.31)和式(3.5.32)，满足其成立的变换矩阵 P_{c2} 定义为

$$P_{c2} = \begin{bmatrix} b & Ab & \cdots & A^{n-2}b & A^{n-1}b \end{bmatrix} \tag{3.5.34}$$

证明：因为系统是能控的，所以能控性矩阵

$$M = \begin{bmatrix} b & Ab & \cdots & A^{n-2}b & A^{n-1}b \end{bmatrix} \tag{3.5.35}$$

且 $\mathrm{rank}M = n$，即是非奇异的。

令能控性矩阵作变换矩阵，即 $M = P_{c2}$，则有

$$\boldsymbol{A}\boldsymbol{P}_{c2}=\boldsymbol{A}\begin{bmatrix}\boldsymbol{b} & \boldsymbol{A}\boldsymbol{b} & \cdots & \boldsymbol{A}^{n-2}\boldsymbol{b} & \boldsymbol{A}^{n-1}\boldsymbol{b}\end{bmatrix}=\begin{bmatrix}\boldsymbol{A}\boldsymbol{b} & \boldsymbol{A}^2\boldsymbol{b} & \cdots & \boldsymbol{A}^{n-1}\boldsymbol{b} & \boldsymbol{A}^n\boldsymbol{b}\end{bmatrix} \quad (3.5.36)$$

利用凯莱-哈密顿定理

$$\boldsymbol{A}^n+a_{n-1}\boldsymbol{A}^{n-1}+\cdots+a_1\boldsymbol{A}+a_0\boldsymbol{I}=\boldsymbol{0} \quad (3.5.37)$$

即

$$\boldsymbol{A}^n=-a_{n-1}\boldsymbol{A}^{n-1}-a_{n-2}\boldsymbol{A}^{n-2}-\cdots-a_1\boldsymbol{A}-a_0\boldsymbol{I} \quad (3.5.38)$$

将上式代入式(3.5.36)中,可得

$$\boldsymbol{A}\boldsymbol{P}_{c2}=\begin{bmatrix}\boldsymbol{A}\boldsymbol{b} & \boldsymbol{A}^2\boldsymbol{b} & \cdots & \boldsymbol{A}^{n-1}\boldsymbol{b} & (-a_{n-1}\boldsymbol{A}^{n-1}-a_{n-2}\boldsymbol{A}^{n-2}-\cdots-a_1\boldsymbol{A}-a_0\boldsymbol{I})\boldsymbol{b}\end{bmatrix} \quad (3.5.39)$$

整理上式有

$$\boldsymbol{A}\boldsymbol{P}_{c2}=\begin{bmatrix}\boldsymbol{A}\boldsymbol{b} & \boldsymbol{A}^2\boldsymbol{b} & \cdots & \boldsymbol{A}^{n-1}\boldsymbol{b} & -a_0\boldsymbol{b}-a_1\boldsymbol{A}\boldsymbol{b}-\cdots-a_{n-2}\boldsymbol{A}^{n-2}\boldsymbol{b}-a_{n-1}\boldsymbol{A}^{n-1}\boldsymbol{b}\end{bmatrix} \quad (3.5.40)$$

将式(3.5.40)改写成矩阵形式有

$$\boldsymbol{A}\boldsymbol{P}_{c2}=\begin{bmatrix}\boldsymbol{b} & \boldsymbol{A}\boldsymbol{b} & \cdots & \boldsymbol{A}^{n-2}\boldsymbol{b} & \boldsymbol{A}^{n-1}\boldsymbol{b}\end{bmatrix}\begin{bmatrix}0 & 0 & \cdots & 0 & -a_0\\ 1 & 0 & \cdots & 0 & -a_1\\ \vdots & \ddots & \vdots & \vdots & \vdots\\ 0 & \vdots & \ddots & 0 & -a_{n-2}\\ 0 & 0 & \cdots & 1 & -a_{n-1}\end{bmatrix} \quad (3.5.41)$$

即

$$\boldsymbol{A}\boldsymbol{P}_{c2}=\boldsymbol{P}_{c2}\begin{bmatrix}0 & 0 & \cdots & 0 & -a_0\\ 1 & 0 & \cdots & 0 & -a_1\\ \vdots & \ddots & \vdots & \vdots & \vdots\\ 0 & \vdots & \ddots & 0 & -a_{n-2}\\ 0 & 0 & \cdots & 1 & -a_{n-1}\end{bmatrix} \quad (3.5.42)$$

因为矩阵 $\boldsymbol{P}_{c2}$ 是可逆的,于是在上式等号左右两侧同时左乘矩阵 $\boldsymbol{P}_{c2}^{-1}$,则有

$$\boldsymbol{P}_{c2}^{-1}\boldsymbol{A}\boldsymbol{P}_{c2}=\begin{bmatrix}0 & 0 & \cdots & 0 & -a_0\\ 1 & 0 & \cdots & 0 & -a_1\\ \vdots & \ddots & \vdots & \vdots & \vdots\\ 0 & \vdots & \ddots & 0 & -a_{n-2}\\ 0 & 0 & \cdots & 1 & -a_{n-1}\end{bmatrix} \quad (3.5.43)$$

因此,系统(3.5.1)的能控标准Ⅱ型也即式(3.5.32)中的第 1 个等式得证。

下面求证第 2 个等式,因为

$$\begin{bmatrix}\boldsymbol{b} & \boldsymbol{A}\boldsymbol{b} & \cdots & \boldsymbol{A}^{n-2}\boldsymbol{b} & \boldsymbol{A}^{n-1}\boldsymbol{b}\end{bmatrix}\begin{bmatrix}1\\ 0\\ \vdots\\ 0\\ 0\end{bmatrix}=\boldsymbol{b} \quad (3.5.44)$$

即

$$P_{c2}\begin{bmatrix}1\\0\\\vdots\\0\\0\end{bmatrix}=b \tag{3.5.45}$$

因为矩阵 P_{c2} 是可逆的，于是在上式等号左右两侧同时左乘矩阵 P_{c2}^{-1}，则有

$$P_{c2}^{-1}b=\begin{bmatrix}1\\0\\\vdots\\0\\0\end{bmatrix} \tag{3.5.46}$$

因此，系统(3.5.1)的能控标准Ⅱ型也即式(3.5.32)中的第 2 个等式得证。

【例 3.5.2】 系统状态空间表达式为

$$\begin{cases}\dot{x}=\begin{bmatrix}1&0&2\\2&1&1\\1&0&-2\end{bmatrix}x+\begin{bmatrix}1\\2\\1\end{bmatrix}u\\ y=\begin{bmatrix}0&1&1\end{bmatrix}x\end{cases} \tag{3.5.47}$$

试将其变换为能控标准Ⅱ型。

解： 由式(3.5.47)知，系统中

$$A=\begin{bmatrix}1&0&2\\2&1&1\\1&0&-2\end{bmatrix},\quad b=\begin{bmatrix}1\\2\\1\end{bmatrix},\quad c=\begin{bmatrix}0&1&1\end{bmatrix} \tag{3.5.48}$$

在**【例 3.5.1】**中已验证系统(3.5.47)是能控的且求得其系统特征多项式系数为

$$a_2=0,\quad a_1=-5,\quad a_0=4 \tag{3.5.49}$$

根据式(3.5.32)、(3.5.48)及式(3.5.49)，可得

$$\begin{cases}P_{c2}^{-1}AP_{c2}=\begin{bmatrix}0&0&-a_0\\1&0&-a_1\\0&1&-a_2\end{bmatrix}=\begin{bmatrix}0&0&-4\\1&0&5\\0&1&0\end{bmatrix}\\ cP_{c2}=\begin{bmatrix}cb&cAb&cA^2b\end{bmatrix}=\begin{bmatrix}3&4&15\end{bmatrix}\end{cases} \tag{3.5.50}$$

于是，系统(3.5.47)的能控标准Ⅱ型为

$$\begin{cases}\dot{\bar{x}}=\begin{bmatrix}0&0&-4\\1&0&5\\0&1&0\end{bmatrix}\bar{x}+\begin{bmatrix}1\\0\\0\end{bmatrix}u\\ y=\begin{bmatrix}3&4&15\end{bmatrix}\bar{x}\end{cases} \tag{3.5.51}$$

3.6　状态空间表达式的能观标准型

在实际应用中，常常根据所研究问题的需要，还可以通过线性变换将状态空间表达式变换

成相应的能观标准形式，它对于系统状态观测以及系统辨识是比较方便的。目前，能观标准型已经成为了现代控制理论中的一个基础性概念，在解决系统状态观测器的综合等问题中具有重要作用。状态空间表达式的线性变换是利用非奇异变换矩阵进行的变换，同能控性一致，系统经过线性变换后，其能观性也保持不变。一个系统变换成能观标准型的理论根据是线性变换不改变其能观性，只有能观的系统才能变换成能观标准型。

本书仅讨论单入-单出系统的能观标准型问题，有关多入-多出系统的能观标准型问题可参阅相关文献。同时，为了阐述简便，对于状态空间表达式的能观标准型，不讨论系统输入。

假设系统

$$\begin{cases}\dot{\boldsymbol{x}}=\boldsymbol{A}\boldsymbol{x}\\ y=\boldsymbol{c}\boldsymbol{x}\end{cases} \tag{3.6.1}$$

式中：$\boldsymbol{x}$ 为系统状态，是 n 维列向量；

y 为系统输出，是标量；

$\boldsymbol{A}$ 为 $n\times n$ 维系统矩阵；

$\boldsymbol{c}$ 为 $1\times n$ 维输出矩阵。

是能观的。

考虑非奇异矩阵 $\boldsymbol{P}_o$，利用状态线性变换

$$\boldsymbol{x}=\boldsymbol{P}_o\tilde{\boldsymbol{x}} \tag{3.6.2}$$

将状态空间表达式(3.6.1)变换为

$$\begin{cases}\dot{\tilde{\boldsymbol{x}}}=\boldsymbol{P}_o^{-1}\boldsymbol{A}\boldsymbol{P}_o\tilde{\boldsymbol{x}}\\ y=\boldsymbol{c}\boldsymbol{P}_o\tilde{\boldsymbol{x}}\end{cases} \tag{3.6.3}$$

在式(3.6.3)中的系统矩阵 $\boldsymbol{P}_o^{-1}\boldsymbol{A}\boldsymbol{P}_o$ 和输出矩阵 $\boldsymbol{c}\boldsymbol{P}_o$ 具有一定标准形式时，式(3.6.3)称为系统(3.6.1)的能观标准型。与系统的能控标准型不同，系统的能观标准型是为了系统状态观测的方便，利用相应的变换矩阵将一般形式的系统矩阵 $\boldsymbol{A}$ 和输出矩阵 $\boldsymbol{c}$ 分别变换为 $\boldsymbol{P}_o^{-1}\boldsymbol{A}\boldsymbol{P}_o$ 和 $\boldsymbol{c}\boldsymbol{P}_o$，使它们具有简单而又标准的形式。为了与能控标准型的变换矩阵 $\boldsymbol{P}_c$ 区分，本书中能观标准型的变换矩阵用 $\boldsymbol{P}_o$ 表示。与系统的能控性类似，由于系统矩阵 $\boldsymbol{A}$ 和输出矩阵 $\boldsymbol{c}$ 变换为 $\boldsymbol{P}_o^{-1}\boldsymbol{A}\boldsymbol{P}_o$ 和 $\boldsymbol{c}\boldsymbol{P}_o$ 时，能观标准形式主要分 2 种类型，下面对其分别进行介绍。

3.6.1 能观标准Ⅰ型

对于能观标准Ⅰ型，其状态线性变换为

$$\boldsymbol{x}=\boldsymbol{P}_{o1}\tilde{\boldsymbol{x}} \tag{3.6.4}$$

式中：$\boldsymbol{P}_{o1}$ 为非奇异的变换矩阵。

对于系统(3.6.1)，通过状态线性变换(3.6.4)得到变换后的状态空间表达式为

$$\begin{cases}\dot{\tilde{\boldsymbol{x}}}=\boldsymbol{P}_{o1}^{-1}\boldsymbol{A}\boldsymbol{P}_{o1}\tilde{\boldsymbol{x}}\\ y=\boldsymbol{c}\boldsymbol{P}_{o1}\tilde{\boldsymbol{x}}\end{cases} \tag{3.6.5}$$

如果存在合适的变换矩阵 $\boldsymbol{P}_{o1}$ 使得上式中的矩阵 $\boldsymbol{P}_{o1}^{-1}\boldsymbol{A}\boldsymbol{P}_{o1}$ 和 $\boldsymbol{c}\boldsymbol{P}_{o1}$ 分别具有标准形式

$$P_{o1}^{-1}AP_{o1}=\begin{bmatrix}0&1&\cdots&0&0\\0&0&\ddots&0&0\\\vdots&\vdots&\vdots&\ddots&\vdots\\0&0&\cdots&0&1\\-a_0&-a_1&\cdots&-a_{n-2}&-a_{n-1}\end{bmatrix},\quad cP_{o1}=[1\quad 0\quad\cdots\quad 0\quad 0] \tag{3.6.6}$$

则称式(3.6.5)为系统(3.6.1)的能观标准Ⅰ型,式(3.6.6)中的矩阵 $P_{o1}^{-1}AP_{o1}$ 为友矩阵,其中 $a_i(i=0,1,\cdots,n-1)$ 为系统(3.6.1)的特征多项式

$$|\lambda I-A|=\lambda^n+a_{n-1}\lambda^{n-1}+\cdots+a_1\lambda+a_0 \tag{3.6.7}$$

的各项系数,而行向量 cP_{o1} 中第一列的元素为 1,其余元素都为 0。

对于系统(3.6.1)的能观标准Ⅰ型式(3.6.5)和式(3.6.6),满足其成立的变换矩阵 P_{o1} 定义为

$$P_{o1}=\begin{bmatrix}c\\cA\\\vdots\\cA^{n-2}\\cA^{n-1}\end{bmatrix}^{-1} \tag{3.6.8}$$

即

$$P_{o1}^{-1}=\begin{bmatrix}c\\cA\\\vdots\\cA^{n-2}\\cA^{n-1}\end{bmatrix} \tag{3.6.9}$$

证明:从式(3.6.9)可以有

$$P_{o1}^{-1}A=\begin{bmatrix}c\\cA\\\vdots\\cA^{n-2}\\cA^{n-1}\end{bmatrix}A=\begin{bmatrix}cA\\cA^2\\\vdots\\cA^{n-1}\\cA^{n}\end{bmatrix} \tag{3.6.10}$$

利用凯莱-哈密顿定理

$$A^n+a_{n-1}A^{n-1}+\cdots+a_1A+a_0I=0 \tag{3.6.11}$$

即

$$A^n=-a_{n-1}A^{n-1}-a_{n-2}A^{n-2}-\cdots-a_1A-a_0I \tag{3.6.12}$$

将上式代入式(3.6.10)中,得

$$P_{o1}^{-1}A=\begin{bmatrix}cA\\cA^2\\\vdots\\cA^{n-1}\\c(-a_{n-1}A^{n-1}-a_{n-2}A^{n-2}-\cdots-a_1A-a_0I)\end{bmatrix} \tag{3.6.13}$$

整理式(3.6.13),有

$$\begin{bmatrix} \boldsymbol{cA} \\ \boldsymbol{cA}^2 \\ \vdots \\ \boldsymbol{cA}^{n-1} \\ \boldsymbol{c}(-a_{n-1}\boldsymbol{A}^{n-1} - a_{n-2}\boldsymbol{A}^{n-2} - \cdots - a_1\boldsymbol{A} - a_0\boldsymbol{I}) \end{bmatrix} = \begin{bmatrix} \boldsymbol{cA} \\ \boldsymbol{cA}^2 \\ \vdots \\ \boldsymbol{cA}^{n-1} \\ -a_0\boldsymbol{c} - a_1\boldsymbol{cA} - \cdots - a_{n-2}\boldsymbol{cA}^{n-2} - a_{n-1}\boldsymbol{cA}^{n-1} \end{bmatrix} \tag{3.6.14}$$

将上式改写成矩阵形式为

$$\begin{bmatrix} \boldsymbol{cA} \\ \boldsymbol{cA}^2 \\ \vdots \\ \boldsymbol{cA}^{n-1} \\ -a_0\boldsymbol{c} - a_1\boldsymbol{cA} - \cdots - a_{n-2}\boldsymbol{cA}^{n-2} - a_{n-1}\boldsymbol{cA}^{n-1} \end{bmatrix} = \begin{bmatrix} 0 & 1 & \cdots & 0 & 0 \\ 0 & 0 & \ddots & 0 & 0 \\ \vdots & \vdots & \vdots & \ddots & \vdots \\ 0 & 0 & \cdots & 0 & 1 \\ -a_0 & -a_1 & \cdots & -a_{n-2} & -a_{n-1} \end{bmatrix} \begin{bmatrix} \boldsymbol{c} \\ \boldsymbol{cA} \\ \vdots \\ \boldsymbol{cA}^{n-2} \\ \boldsymbol{cA}^{n-1} \end{bmatrix} \tag{3.6.15}$$

也即

$$\boldsymbol{P}_{o1}^{-1}\boldsymbol{A} = \begin{bmatrix} 0 & 1 & \cdots & 0 & 0 \\ 0 & 0 & \ddots & 0 & 0 \\ \vdots & \vdots & \vdots & \ddots & \vdots \\ 0 & 0 & \cdots & 0 & 1 \\ -a_0 & -a_1 & \cdots & -a_{n-2} & -a_{n-1} \end{bmatrix} \boldsymbol{P}_{o1}^{-1} \tag{3.6.16}$$

在式(3.6.16)等号左右两侧同时右乘矩阵 $\boldsymbol{P}_{o1}$,可得

$$\boldsymbol{P}_{o1}^{-1}\boldsymbol{A}\boldsymbol{P}_{o1} = \begin{bmatrix} 0 & 1 & \cdots & 0 & 0 \\ 0 & 0 & \ddots & 0 & 0 \\ \vdots & \vdots & \vdots & \ddots & \vdots \\ 0 & 0 & \cdots & 0 & 1 \\ -a_0 & -a_1 & \cdots & -a_{n-2} & -a_{n-1} \end{bmatrix} \tag{3.6.17}$$

因此,系统(3.6.1)的能观标准Ⅰ型也即式(3.6.6)中的第 1 个等式得证。

下面求证第 2 个等式,因为

$$\begin{bmatrix} 1 & 0 & \cdots & 0 & 0 \end{bmatrix} \begin{bmatrix} \boldsymbol{c} \\ \boldsymbol{cA} \\ \vdots \\ \boldsymbol{cA}^{n-2} \\ \boldsymbol{cA}^{n-1} \end{bmatrix} = \boldsymbol{c} \tag{3.6.18}$$

即

$$\begin{bmatrix} 1 & 0 & \cdots & 0 & 0 \end{bmatrix} \boldsymbol{P}_{o1}^{-1} = \boldsymbol{c} \tag{3.6.19}$$

在上式等号左右两侧同时右乘矩阵 $\boldsymbol{P}_{o1}$,得

$$\boldsymbol{cP}_{o1} = \begin{bmatrix} 1 & 0 & \cdots & 0 & 0 \end{bmatrix} \tag{3.6.20}$$

因此,系统(3.6.1)的能观标准Ⅰ型也即式(3.6.6)中的第 2 个等式得证。

【例 3.6.1】 系统状态空间表达式为

$$\begin{cases}\dot{\boldsymbol{x}}=\begin{bmatrix}1 & 0 & 2\\ 2 & 1 & 1\\ 1 & 0 & -2\end{bmatrix}\boldsymbol{x}+\begin{bmatrix}1\\ 2\\ 1\end{bmatrix}u\\ y=\begin{bmatrix}0 & 1 & 1\end{bmatrix}\boldsymbol{x}\end{cases}\tag{3.6.21}$$

试将其变换成能观标准Ⅰ型。

解： 由式(3.6.21)知，系统中

$$\boldsymbol{A}=\begin{bmatrix}1 & 0 & 2\\ 2 & 1 & 1\\ 1 & 0 & -2\end{bmatrix},\quad \boldsymbol{b}=\begin{bmatrix}1\\ 2\\ 1\end{bmatrix},\quad \boldsymbol{c}=\begin{bmatrix}0 & 1 & 1\end{bmatrix}\tag{3.6.22}$$

先判别系统的能观性，能观性矩阵

$$\boldsymbol{N}=\begin{bmatrix}\boldsymbol{c}\\ \boldsymbol{cA}\\ \boldsymbol{cA}^2\end{bmatrix}=\begin{bmatrix}0 & 1 & 1\\ 3 & 1 & -1\\ 4 & 1 & 9\end{bmatrix}\tag{3.6.23}$$

且 $\mathrm{rank}\boldsymbol{N}=3$，则此系统是能观的，可以变换为能观标准型。

在**【例 3.5.1】**中已求得系统特征多项式系数为

$$a_2=0,\quad a_1=-5,\quad a_0=4\tag{3.6.24}$$

根据式(3.6.6)、(3.6.9)、(3.6.22)以及式(3.6.24)，可得

$$\boldsymbol{P}_{o1}^{-1}\boldsymbol{A}\boldsymbol{P}_{o1}=\begin{bmatrix}0 & 1 & 0\\ 0 & 0 & 1\\ -a_0 & -a_1 & -a_2\end{bmatrix}=\begin{bmatrix}0 & 1 & 0\\ 0 & 0 & 1\\ -4 & 5 & 0\end{bmatrix},\quad \boldsymbol{P}_{o1}^{-1}\boldsymbol{b}=\begin{bmatrix}3\\ 4\\ 15\end{bmatrix}\tag{3.6.25}$$

于是，系统(3.6.21)的能观标准Ⅰ型为

$$\begin{cases}\dot{\tilde{\boldsymbol{x}}}=\begin{bmatrix}0 & 1 & 0\\ 0 & 0 & 1\\ -4 & 5 & 0\end{bmatrix}\tilde{\boldsymbol{x}}+\begin{bmatrix}3\\ 4\\ 15\end{bmatrix}u\\ y=\begin{bmatrix}1 & 0 & 0\end{bmatrix}\tilde{\boldsymbol{x}}\end{cases}\tag{3.6.26}$$

3.6.2 能观标准Ⅱ型

对于能观标准Ⅱ型，其状态线性变换为

$$\boldsymbol{x}=\boldsymbol{P}_{o2}\tilde{\boldsymbol{x}}\tag{3.6.27}$$

式中：$\boldsymbol{P}_{o2}$ 为非奇异的变换矩阵。

对于系统(3.6.1)，通过状态线性变换(3.6.27)得到变换后的状态空间表达式为

$$\begin{cases}\dot{\tilde{\boldsymbol{x}}}=\boldsymbol{P}_{o2}^{-1}\boldsymbol{A}\boldsymbol{P}_{o2}\tilde{\boldsymbol{x}}\\ y=\boldsymbol{c}\boldsymbol{P}_{o2}\tilde{\boldsymbol{x}}\end{cases}\tag{3.6.28}$$

如果存在合适的变换矩阵 $\boldsymbol{P}_{o2}$ 使得上式中的矩阵 $\boldsymbol{P}_{o2}^{-1}\boldsymbol{A}\boldsymbol{P}_{o2}$ 和 $\boldsymbol{c}\boldsymbol{P}_{o2}$ 分别具有标准形式

$$\boldsymbol{P}_{o2}^{-1}\boldsymbol{A}\boldsymbol{P}_{o2}=\begin{bmatrix}0 & 0 & \cdots & 0 & -a_0\\ 1 & 0 & \cdots & 0 & -a_1\\ \vdots & \ddots & \vdots & \vdots & \vdots\\ 0 & 0 & \ddots & 0 & -a_{n-2}\\ 0 & 0 & \cdots & 1 & -a_{n-1}\end{bmatrix},\quad \boldsymbol{c}\boldsymbol{P}_{o2}=\begin{bmatrix}0 & 0 & \cdots & 0 & 1\end{bmatrix} \tag{3.6.29}$$

则称式(3.6.28)为系统(3.6.1)的能观标准Ⅱ型,式(3.6.29)中的矩阵 $\boldsymbol{P}_{o2}^{-1}\boldsymbol{A}\boldsymbol{P}_{o2}$ 为式(3.6.6)中友矩阵的转置,其中 $a_i(i=0,1,\cdots,n-1)$ 为系统(3.6.1)的特征多项式

$$|\lambda\boldsymbol{I}-\boldsymbol{A}|=\lambda^n+a_{n-1}\lambda^{n-1}+\cdots+a_1\lambda+a_0 \tag{3.6.30}$$

的各项系数,而行向量 $\boldsymbol{c}\boldsymbol{P}_{o2}$ 中最后一列的元素为1,其余元素都为0。

对于系统(3.6.1)的能观标准Ⅱ型式(3.6.28)和式(3.6.29),满足其成立的变换矩阵 $\boldsymbol{P}_{o2}$ 定义为

$$\boldsymbol{P}_{o2}=\left[\begin{bmatrix}1 & a_{n-1} & \cdots & a_2 & a_1\\ & 1 & \cdots & a_3 & a_2\\ & & \ddots & \vdots & \vdots\\ & & & 1 & a_{n-1}\\ \boldsymbol{0} & & & & 1\end{bmatrix}\begin{bmatrix}\boldsymbol{c}\boldsymbol{A}^{n-1}\\ \boldsymbol{c}\boldsymbol{A}^{n-2}\\ \vdots\\ \boldsymbol{c}\boldsymbol{A}\\ \boldsymbol{c}\end{bmatrix}\right]^{-1} \tag{3.6.31}$$

证明: 因为系统(3.6.1)是能观的,故 $1\times n$ 维向量 $\boldsymbol{c},\boldsymbol{c}\boldsymbol{A},\cdots,\boldsymbol{c}\boldsymbol{A}^{n-1}$ 是线性无关的,下列组合方式构成的 n 个新的向量 $\boldsymbol{p}_1,\boldsymbol{p}_2,\cdots,\boldsymbol{p}_{n-1},\boldsymbol{p}_n$ 也是线性无关的。

$$\begin{cases}\boldsymbol{p}_1=\boldsymbol{c}\boldsymbol{A}^{n-1}+a_{n-1}\boldsymbol{c}\boldsymbol{A}^{n-2}+a_{n-2}\boldsymbol{c}\boldsymbol{A}^{n-3}+\cdots+a_1\boldsymbol{c}\\ \boldsymbol{p}_2=\boldsymbol{c}\boldsymbol{A}^{n-2}+a_{n-1}\boldsymbol{c}\boldsymbol{A}^{n-3}+\cdots+a_2\boldsymbol{c}\\ \quad\vdots\\ \boldsymbol{p}_{n-1}=\boldsymbol{c}\boldsymbol{A}+a_{n-1}\boldsymbol{c}\\ \boldsymbol{p}_n=\boldsymbol{c}\end{cases} \tag{3.6.32}$$

将上式整理成矩阵形式为

$$\begin{bmatrix}\boldsymbol{p}_1\\ \boldsymbol{p}_2\\ \vdots\\ \boldsymbol{p}_{n-1}\\ \boldsymbol{p}_n\end{bmatrix}=\begin{bmatrix}1 & a_{n-1} & \cdots & a_2 & a_1\\ & 1 & \cdots & a_3 & a_2\\ & & \ddots & \vdots & \vdots\\ & & & 1 & a_{n-1}\\ \boldsymbol{0} & & & & 1\end{bmatrix}\begin{bmatrix}\boldsymbol{c}\boldsymbol{A}^{n-1}\\ \boldsymbol{c}\boldsymbol{A}^{n-2}\\ \vdots\\ \boldsymbol{c}\boldsymbol{A}\\ \boldsymbol{c}\end{bmatrix} \tag{3.6.33}$$

根据凯莱-哈密顿定理,即

$$\boldsymbol{A}^n+a_{n-1}\boldsymbol{A}^{n-1}+\cdots+a_1\boldsymbol{A}+a_0\boldsymbol{I}=\boldsymbol{0} \tag{3.6.34}$$

结合上式并在式(3.6.32)中第1个等式的左右两侧同时右乘矩阵 $\boldsymbol{A}$ 可以有

$$\begin{aligned}\boldsymbol{p}_1\boldsymbol{A}&=(\boldsymbol{c}\boldsymbol{A}^{n-1}+a_{n-1}\boldsymbol{c}\boldsymbol{A}^{n-2}+\cdots+a_1\boldsymbol{c})\boldsymbol{A}\\ &=\boldsymbol{c}\boldsymbol{A}^n+a_{n-1}\boldsymbol{c}\boldsymbol{A}^{n-1}+\cdots+a_1\boldsymbol{c}\boldsymbol{A}\\ &=\boldsymbol{c}(\boldsymbol{A}^n+a_{n-1}\boldsymbol{A}^{n-1}+\cdots+a_1\boldsymbol{A})\\ &=\boldsymbol{c}(\boldsymbol{A}^n+a_{n-1}\boldsymbol{A}^{n-1}+\cdots+a_1\boldsymbol{A}+a_0\boldsymbol{I})-a_0\boldsymbol{c}\\ &=-a_0\boldsymbol{c}\\ &=-a_0\boldsymbol{p}_n\end{aligned} \tag{3.6.35}$$

依次在式(3.6.32)中其它等式的左右两侧同时右乘矩阵 $\boldsymbol{A}$,可得

$$
\begin{cases}
\boldsymbol{p}_2\boldsymbol{A}=(\boldsymbol{c}\boldsymbol{A}^{n-2}+a_{n-1}\boldsymbol{c}\boldsymbol{A}^{n-3}+\cdots+a_2\boldsymbol{c})\boldsymbol{A}\\
\qquad=(\boldsymbol{c}\boldsymbol{A}^{n-1}+a_{n-1}\boldsymbol{c}\boldsymbol{A}^{n-2}+\cdots+a_2\boldsymbol{c}\boldsymbol{A}+a_1\boldsymbol{c})-a_1\boldsymbol{c}\\
\qquad=\boldsymbol{p}_1-a_1\boldsymbol{p}_n\\
\qquad\quad\vdots\\
\boldsymbol{p}_{n-1}\boldsymbol{A}=(\boldsymbol{c}\boldsymbol{A}+a_{n-1}\boldsymbol{c})\boldsymbol{A}\\
\qquad=(\boldsymbol{c}\boldsymbol{A}^2+a_{n-1}\boldsymbol{c}\boldsymbol{A}+a_{n-2}\boldsymbol{c})-a_{n-2}\boldsymbol{c}\\
\qquad=\boldsymbol{p}_{n-2}-a_{n-2}\boldsymbol{p}_n\\
\boldsymbol{p}_n\boldsymbol{A}=\boldsymbol{c}\boldsymbol{A}\\
\qquad=(\boldsymbol{c}\boldsymbol{A}+a_{n-1}\boldsymbol{c})-a_{n-1}\boldsymbol{c}\\
\qquad=\boldsymbol{p}_{n-1}-a_{n-1}\boldsymbol{p}_n
\end{cases}
\tag{3.6.36}
$$

结合式(3.6.35)和式(3.6.36),并整理成矩阵形式,则有

$$
\begin{bmatrix}\boldsymbol{p}_1\\ \boldsymbol{p}_2\\ \vdots\\ \boldsymbol{p}_{n-1}\\ \boldsymbol{p}_n\end{bmatrix}\boldsymbol{A}=\begin{bmatrix}\boldsymbol{p}_1\boldsymbol{A}\\ \boldsymbol{p}_2\boldsymbol{A}\\ \vdots\\ \boldsymbol{p}_{n-1}\boldsymbol{A}\\ \boldsymbol{p}_n\boldsymbol{A}\end{bmatrix}=\begin{bmatrix}-a_0\boldsymbol{p}_n\\ \boldsymbol{p}_1-a_1\boldsymbol{p}_n\\ \vdots\\ \boldsymbol{p}_{n-2}-a_{n-2}\boldsymbol{p}_n\\ \boldsymbol{p}_{n-1}-a_{n-1}\boldsymbol{p}_n\end{bmatrix}=\begin{bmatrix}0&0&\cdots&0&-a_0\\ 1&0&\cdots&0&-a_1\\ \vdots&\ddots&\vdots&\vdots&\vdots\\ 0&0&\ddots&0&-a_{n-2}\\ 0&0&\cdots&1&-a_{n-1}\end{bmatrix}\begin{bmatrix}\boldsymbol{p}_1\\ \boldsymbol{p}_2\\ \vdots\\ \boldsymbol{p}_{n-1}\\ \boldsymbol{p}_n\end{bmatrix}
\tag{3.6.37}
$$

因为 $\boldsymbol{p}_1,\boldsymbol{p}_2,\cdots,\boldsymbol{p}_{n-1},\boldsymbol{p}_n$ 是线性无关的,其构成的矩阵是非奇异的。利用 $\boldsymbol{p}_1,\boldsymbol{p}_2,\cdots,\boldsymbol{p}_{n-1},\boldsymbol{p}_n$ 构造变换矩阵 $\boldsymbol{P}_{o2}$,即

$$
\boldsymbol{P}_{o2}=\begin{bmatrix}\boldsymbol{p}_1\\ \boldsymbol{p}_2\\ \vdots\\ \boldsymbol{p}_{n-1}\\ \boldsymbol{p}_n\end{bmatrix}^{-1}
\tag{3.6.38}
$$

结合式(3.6.37)和式(3.6.38)可得

$$
\boldsymbol{P}_{o2}^{-1}\boldsymbol{A}=\begin{bmatrix}0&0&\cdots&0&-a_0\\ 1&0&\cdots&0&-a_1\\ \vdots&\ddots&\vdots&\vdots&\vdots\\ 0&0&\ddots&0&-a_{n-2}\\ 0&0&\cdots&1&-a_{n-1}\end{bmatrix}\boldsymbol{P}_{o2}^{-1}
\tag{3.6.39}
$$

在上式等号左右两侧同时右乘矩阵 $\boldsymbol{P}_{o2}$,则有

$$
\boldsymbol{P}_{o2}^{-1}\boldsymbol{A}\boldsymbol{P}_{o2}=\begin{bmatrix}0&0&\cdots&0&-a_0\\ 1&0&\cdots&0&-a_1\\ \vdots&\ddots&\vdots&\vdots&\vdots\\ 0&0&\ddots&0&-a_{n-2}\\ 0&0&\cdots&1&-a_{n-1}\end{bmatrix}
\tag{3.6.40}
$$

因此,系统(3.6.1)能观标准Ⅱ型也即式(3.6.29)中的第 1 个等式得证。

下面求证第 2 个等式，将(3.6.33)改写成

$$
\boldsymbol{P}_{o2}^{-1}=\begin{bmatrix}1 & a_{n-1} & \cdots & a_2 & a_1\\ & 1 & \cdots & a_3 & a_2\\ & & \ddots & \vdots & \vdots\\ & & & 1 & a_{n-1}\\ \boldsymbol{0} & & & & 1\end{bmatrix}\begin{bmatrix}\boldsymbol{cA}^{n-1}\\ \boldsymbol{cA}^{n-2}\\ \vdots\\ \boldsymbol{cA}\\ \boldsymbol{c}\end{bmatrix} \tag{3.6.41}
$$

考虑矩阵的乘积

$$
\begin{bmatrix}0 & 0 & \cdots & 0 & 1\end{bmatrix}\begin{bmatrix}1 & a_{n-1} & \cdots & a_2 & a_1\\ & 1 & \cdots & a_3 & a_2\\ & & \ddots & \vdots & \vdots\\ & & & 1 & a_{n-1}\\ \boldsymbol{0} & & & & 1\end{bmatrix}\begin{bmatrix}\boldsymbol{cA}^{n-1}\\ \boldsymbol{cA}^{n-2}\\ \vdots\\ \boldsymbol{cA}\\ \boldsymbol{c}\end{bmatrix}=\boldsymbol{c} \tag{3.6.42}
$$

也即

$$
\begin{bmatrix}0 & 0 & \cdots & 0 & 1\end{bmatrix}\boldsymbol{P}_{o2}^{-1}=\boldsymbol{c} \tag{3.6.43}
$$

在上式等号左右两侧同时右乘矩阵 $\boldsymbol{P}_{o2}$，则有

$$
\boldsymbol{cP}_{o2}=\begin{bmatrix}0 & 0 & \cdots & 0 & 1\end{bmatrix} \tag{3.6.44}
$$

因此，系统(3.6.1)的能观标准Ⅱ型也即式(3.6.29)中的第 2 个等式得证。

【例 3.6.2】 系统状态空间表达式为

$$
\begin{cases}\dot{\boldsymbol{x}}=\begin{bmatrix}1 & 0 & 2\\ 2 & 1 & 1\\ 1 & 0 & -2\end{bmatrix}\boldsymbol{x}+\begin{bmatrix}1\\ 2\\ 1\end{bmatrix}u\\ y=\begin{bmatrix}0 & 1 & 1\end{bmatrix}\boldsymbol{x}\end{cases} \tag{3.6.45}
$$

试将其变换成能观标准Ⅱ型。

解：由式(3.6.45)知，系统中

$$
\boldsymbol{A}=\begin{bmatrix}1 & 0 & 2\\ 2 & 1 & 1\\ 1 & 0 & -2\end{bmatrix},\quad \boldsymbol{b}=\begin{bmatrix}1\\ 2\\ 1\end{bmatrix},\quad \boldsymbol{c}=\begin{bmatrix}0 & 1 & 1\end{bmatrix} \tag{3.6.46}
$$

在**【例 3.6.1】**中已验证系统(3.6.45)是能控的，且在**【例 3.5.1】**中已求得系统特征多项式系数为

$$
a_2=0,\quad a_1=-5,\quad a_0=4 \tag{3.6.47}
$$

根据式(3.6.29)、(3.6.31)、(3.6.46)以及式(3.6.47)，可得

$$
\boldsymbol{P}_{o2}^{-1}\boldsymbol{AP}_{o2}=\begin{bmatrix}0 & 0 & -a_0\\ 1 & 0 & -a_1\\ 0 & 1 & -a_2\end{bmatrix}=\begin{bmatrix}0 & 0 & -4\\ 1 & 0 & 5\\ 0 & 1 & 0\end{bmatrix},\quad \boldsymbol{P}_{o2}^{-1}\boldsymbol{b}=\begin{bmatrix}0\\ 4\\ 3\end{bmatrix} \tag{3.6.48}
$$

于是，系统(3.6.45)的能观标准Ⅱ型为

$$
\begin{cases}\dot{\tilde{\boldsymbol{x}}}=\begin{bmatrix}0 & 0 & -4\\ 1 & 0 & 5\\ 0 & 1 & 0\end{bmatrix}\tilde{\boldsymbol{x}}+\begin{bmatrix}0\\ 4\\ 3\end{bmatrix}u\\ y=\begin{bmatrix}0 & 0 & 1\end{bmatrix}\tilde{\boldsymbol{x}}\end{cases} \tag{3.6.49}
$$

3.7　系统能控性与能观性的对偶关系

系统的能控性与能观性存在内在关系，这种关系是由卡尔曼提出的对偶性确定的，利用对偶关系可以把对系统的能控性分析转化为对其对偶系统的能观性分析。

3.7.1　对偶系统的定义

考虑两个连续系统：

系统 1

$$\begin{cases}\dot{\boldsymbol{x}}_1=\boldsymbol{A}_1\boldsymbol{x}_1+\boldsymbol{B}_1\boldsymbol{u}_1\\ \boldsymbol{y}_1=\boldsymbol{C}_1\boldsymbol{x}_1\end{cases}\tag{3.7.1}$$

式中：$\boldsymbol{x}_1$ 为系统状态，是 n 维列向量；

$\boldsymbol{u}_1$ 为系统输入，是 r 维列向量；

$\boldsymbol{y}_1$ 为系统输出，是 m 维列向量；

$\boldsymbol{A}_1$ 为 $n\times n$ 维系统矩阵；

$\boldsymbol{B}_1$ 为 $n\times r$ 维输入矩阵；

$\boldsymbol{C}_1$ 为 $m\times n$ 维输出矩阵。

系统 2

$$\begin{cases}\dot{\boldsymbol{x}}_2=\boldsymbol{A}_2\boldsymbol{x}_2+\boldsymbol{B}_2\boldsymbol{u}_2\\ \boldsymbol{y}_2=\boldsymbol{C}_2\boldsymbol{x}_2\end{cases}\tag{3.7.2}$$

式中：$\boldsymbol{x}_2$ 系统状态，是 n 维列向量；

$\boldsymbol{u}_2$ 为系统输入，是 m 维列向量；

$\boldsymbol{y}_2$ 为系统输出，是 r 维列向量；

$\boldsymbol{A}_2$ 为 $n\times n$ 系统矩阵；

$\boldsymbol{B}_2$ 为 $n\times m$ 维输入矩阵；

$\boldsymbol{C}_2$ 为 $r\times n$ 维输出矩阵。

如果满足条件

$$\begin{cases}\boldsymbol{A}_2=\boldsymbol{A}_1^{\mathrm{T}}\\ \boldsymbol{B}_2=\boldsymbol{C}_1^{\mathrm{T}}\\ \boldsymbol{C}_2=\boldsymbol{B}_1^{\mathrm{T}}\end{cases}\tag{3.7.3}$$

则称系统(3.7.1)与(3.7.2)是互为对偶的，或称系统(3.7.1)与(3.7.2)互为对偶系统。对偶系统的基本特征为：

1. 系统输入和输出向量的维数互换

系统(3.7.1)是一个 r 维输入与 m 维输出的 n 阶系统，而其对偶系统(3.7.2)是一个 m 维输入与 r 维输出的 n 阶系统。

2. 系统特征值相同

互为对偶的系统(3.7.1)与(3.7.2)，其特征多项式是相同的，即

$$|sI - A_1| = |sI - A_2| \tag{3.7.4}$$

因为

$$|sI - A_2| = |sI - A_1^{\mathrm{T}}| = |sI - A_1| \tag{3.7.5}$$

3. 传递函数互为转置

互为对偶的系统(3.7.1)与(3.7.2)的传递函数矩阵是互为转置的。系统(3.7.1)的传递函数矩阵 $W_1(s)$ 为 $m \times r$ 矩阵，即

$$W_1(s) = C_1(sI - A_1)^{-1}B_1 \tag{3.7.6}$$

而系统(3.7.2)的传递函数矩阵 $W_2(s)$ 为 $r \times m$ 矩阵，即

$$\begin{aligned} W_2(s) &= C_2(sI - A_2)^{-1}B_2 \\ &= B_1^{\mathrm{T}}(sI - A_1^{\mathrm{T}})^{-1}C_1^{\mathrm{T}} \\ &= B_1^{\mathrm{T}}[(sI - A_1)^{-1}]^{\mathrm{T}}C_1^{\mathrm{T}} \end{aligned} \tag{3.7.7}$$

对式(3.7.7)中的 $W_2(s)$ 取转置有

$$[W_2(s)]^{\mathrm{T}} = C_1(sI - A_1)^{-1}B_1 = W_1(s) \tag{3.7.8}$$

3.7.2 对偶原理

对偶原理在现代控制理论中有着重要的意义。通过对偶原理，一个系统的能控性问题可以通过分析其对偶系统的能观性而解决；反之，一个系统的能观性问题也可以通过分析其对偶系统的能控性而解决。对偶原理显示了系统控制问题与状态观测问题之间的内在关系，使得系统控制和系统状态观测等关键问题可以互相转换。

对偶原理指出，系统(3.7.1)与(3.7.2)是互为对偶的两个系统，则系统(3.7.2)的能控性等价于系统(3.7.1)的能观性，系统(3.7.2)的能观性等价于系统(3.7.1)的能控性。或者说，若系统(3.7.2)是能控的则系统(3.7.1)是能观的，若系统(3.7.2)是能观的则系统(3.7.1)是能控的。

证明：对于系统(3.7.2)，其是能控的充分必要条件是能控性矩阵

$$M_2 = [B_2 \quad A_2B_2 \quad \cdots \quad A_2^{n-1}B_2] \tag{3.7.9}$$

的秩为 n，即 $\mathrm{rank}M_2 = n$。

将式(3.7.3)中的对偶关系式代入式(3.7.9)中，得

$$M_2 = [C_1^{\mathrm{T}} \quad A_1^{\mathrm{T}}C_1^{\mathrm{T}} \quad \cdots \quad (A_1^{\mathrm{T}})^{n-1}C_1^{\mathrm{T}}] = \begin{bmatrix} C_1 \\ C_1A_1 \\ \vdots \\ C_1A_1^{n-1} \end{bmatrix}^{\mathrm{T}} \tag{3.7.10}$$

因系统(3.7.2)是能控的，则有

$$\mathrm{rank}M_2 = \mathrm{rank}\begin{bmatrix} C_1 \\ C_1A_1 \\ \vdots \\ C_1A_1^{n-1} \end{bmatrix}^{\mathrm{T}} = n \tag{3.7.11}$$

由矩阵理论可知，矩阵的转置不会改变矩阵的秩，也就是一个矩阵和其转置矩阵的秩是相

同的，由式(3.7.11)可有

$$\operatorname{rank}\begin{bmatrix} \boldsymbol{C}_1 \\ \boldsymbol{C}_1\boldsymbol{A}_1 \\ \vdots \\ \boldsymbol{C}_1\boldsymbol{A}_1^{n-1} \end{bmatrix}^{\mathrm{T}} = \operatorname{rank}\begin{bmatrix} \boldsymbol{C}_1 \\ \boldsymbol{C}_1\boldsymbol{A}_1 \\ \vdots \\ \boldsymbol{C}_1\boldsymbol{A}_1^{n-1} \end{bmatrix} = n \tag{3.7.12}$$

很明显，上式正是系统(3.7.1)能观的充分必要条件。这就意味着如果系统(3.7.2)是能控的，则其对偶系统系统(3.7.1)是能观的。

同理，如果系统(3.7.2)是能观的，即能观性矩阵

$$\boldsymbol{N}_2 = \begin{bmatrix} \boldsymbol{C}_2 \\ \boldsymbol{C}_2\boldsymbol{A}_2 \\ \vdots \\ \boldsymbol{C}_2\boldsymbol{A}_2^{n-1} \end{bmatrix} \tag{3.7.13}$$

的秩为 n，即 $\operatorname{rank}\boldsymbol{N}_2 = n$。将式(3.7.3)中的对偶关系式代入式(3.7.13)中，得

$$\boldsymbol{N}_2 = \begin{bmatrix} \boldsymbol{B}_1^{\mathrm{T}} \\ \boldsymbol{B}_1^{\mathrm{T}}\boldsymbol{A}_1^{\mathrm{T}} \\ \vdots \\ \boldsymbol{B}_1^{\mathrm{T}}(\boldsymbol{A}_1^{n-1})^{\mathrm{T}} \end{bmatrix} = \begin{bmatrix} \boldsymbol{B}_1 & \boldsymbol{A}_1\boldsymbol{B}_1 & \cdots & \boldsymbol{A}_1^{n-1}\boldsymbol{B}_1 \end{bmatrix}^{\mathrm{T}} \tag{3.7.14}$$

因系统(3.7.2)是能观的，则有

$$\begin{aligned} \operatorname{rank}\boldsymbol{N}_2 &= \operatorname{rank}\begin{bmatrix} \boldsymbol{B}_1 & \boldsymbol{A}_1\boldsymbol{B}_1 & \cdots & \boldsymbol{A}_1^{n-1}\boldsymbol{B}_1 \end{bmatrix}^{\mathrm{T}} \\ &= \operatorname{rank}\begin{bmatrix} \boldsymbol{B}_1 & \boldsymbol{A}_1\boldsymbol{B}_1 & \cdots & \boldsymbol{A}_1^{n-1}\boldsymbol{B}_1 \end{bmatrix} \\ &= n \end{aligned} \tag{3.7.15}$$

很明显，上式正是系统(3.7.1)能控的充分必要条件。这就意味着如果系统(3.7.2)是能观的，则其对偶系统(3.7.1)是能控的。

3.7.3 能控标准型和能观标准型的对偶关系

假定系统

$$\begin{cases} \dot{\boldsymbol{x}} = \boldsymbol{A}\boldsymbol{x} + \boldsymbol{b}u \\ y = \boldsymbol{c}\boldsymbol{x} \end{cases} \tag{3.7.16}$$

式中：$\boldsymbol{x}$ 为系统状态，是 n 维列向量；

u 为系统输入，是标量；

y 为系统输出，是标量；

$\boldsymbol{A}$ 为 $n\times n$ 维系统矩阵；

$\boldsymbol{b}$ 为 $n\times 1$ 维输入矩阵；

$\boldsymbol{c}$ 为 $1\times n$ 维输出矩阵。

既是能控的也是能观的。

1. 能控标准Ⅰ型

利用线性变换矩阵 $\boldsymbol{P}_{c1}$

$$P_{c1}=\begin{bmatrix}A^{n-1}b & A^{n-2}b & \cdots & Ab & b\end{bmatrix}\begin{bmatrix}1 & & & & \mathbf{0}\\ a_{n-1} & 1 & & & \\ \vdots & \vdots & \ddots & & \\ a_2 & a_3 & \cdots & 1 & \\ a_1 & a_2 & \cdots & a_{n-1} & 1\end{bmatrix}\tag{3.7.17}$$

可得系统(3.7.16)的能控标准Ⅰ型,其状态空间表达式变换为

$$\begin{cases}\dot{\bar{x}}=\begin{bmatrix}0 & 1 & 0 & \cdots & 0\\ 0 & 0 & 1 & \cdots & 0\\ \vdots & \vdots & \vdots & \ddots & \vdots\\ 0 & 0 & 0 & \cdots & 1\\ -a_0 & -a_1 & -a_2 & \cdots & -a_{n-1}\end{bmatrix}\bar{x}+\begin{bmatrix}0\\0\\\vdots\\0\\1\end{bmatrix}u\\ y=c\begin{bmatrix}A^{n-1}b & A^{n-2}b & \cdots & Ab & b\end{bmatrix}\begin{bmatrix}1 & & & & \mathbf{0}\\ a_{n-1} & 1 & & & \\ \vdots & \vdots & \ddots & & \\ a_2 & a_3 & \cdots & 1 & \\ a_1 & a_2 & \cdots & a_{n-1} & 1\end{bmatrix}\bar{x}\end{cases}\tag{3.7.18}$$

2. 能观标准Ⅱ型

利用线性变换矩阵 P_{o2}

$$P_{o2}=\left[\begin{bmatrix}1 & a_{n-1} & \cdots & a_2 & a_1\\ & 1 & \cdots & a_3 & a_2\\ & & \ddots & \vdots & \vdots\\ & & & 1 & a_{n-1}\\ \mathbf{0} & & & & 1\end{bmatrix}\begin{bmatrix}cA^{n-1}\\ cA^{n-2}\\ \vdots\\ cA\\ c\end{bmatrix}\right]^{-1}\tag{3.7.19}$$

可得系统(3.7.16)的能观标准Ⅱ型,其状态空间表达式变换为

$$\begin{cases}\dot{\tilde{x}}=\begin{bmatrix}0 & 0 & \cdots & 0 & -a_0\\ 1 & 0 & \cdots & 0 & -a_1\\ \vdots & \ddots & \vdots & \vdots & \vdots\\ 0 & 0 & \ddots & 0 & -a_{n-2}\\ 0 & 0 & \cdots & 1 & -a_{n-1}\end{bmatrix}\tilde{x}+\begin{bmatrix}1 & a_{n-1} & \cdots & a_2 & a_1\\ & 1 & \cdots & a_3 & a_2\\ & & \ddots & \vdots & \vdots\\ & & & 1 & a_{n-1}\\ \mathbf{0} & & & & 1\end{bmatrix}\begin{bmatrix}cA^{n-1}\\ cA^{n-2}\\ \vdots\\ cA\\ c\end{bmatrix}bu\\ y=\begin{bmatrix}0 & 0 & \cdots & 0 & 1\end{bmatrix}\tilde{x}\end{cases}\tag{3.7.20}$$

下面考虑能控标准Ⅰ型状态空间表达式(3.7.18)中输出矩阵的转置矩阵,即

$$\left[c\begin{bmatrix}A^{n-1}b & A^{n-2}b & \cdots & Ab & b\end{bmatrix}\begin{bmatrix}1 & & & & \mathbf{0}\\ a_{n-1} & 1 & & & \\ \vdots & \vdots & \ddots & & \\ a_2 & a_3 & \cdots & 1 & \\ a_1 & a_2 & \cdots & a_{n-1} & 1\end{bmatrix}\right]^{\mathrm{T}}$$

$$
=\left[[\boldsymbol{cA}^{n-1}\boldsymbol{b}\quad \boldsymbol{cA}^{n-2}\boldsymbol{b}\quad \cdots\quad \boldsymbol{cAb}\quad \boldsymbol{cb}]\begin{bmatrix}1 & & & & \boldsymbol{0}\\ a_{n-1} & 1 & & & \\ \vdots & \vdots & \ddots & & \\ a_2 & a_3 & \cdots & 1 & \\ a_1 & a_2 & \cdots & a_{n-1} & 1\end{bmatrix}\right]^{\mathrm{T}}
$$

$$
=\begin{bmatrix}1 & a_{n-1} & \cdots & a_2 & a_1\\ & 1 & \cdots & a_3 & a_2\\ & & \ddots & \vdots & \vdots\\ & & & 1 & a_{n-1}\\ \boldsymbol{0} & & & & 1\end{bmatrix}\begin{bmatrix}(\boldsymbol{cA}^{n-1}\boldsymbol{b})^{\mathrm{T}}\\ (\boldsymbol{cA}^{n-2}\boldsymbol{b})^{\mathrm{T}}\\ \vdots\\ (\boldsymbol{cAb})^{\mathrm{T}}\\ (\boldsymbol{cb})^{\mathrm{T}}\end{bmatrix} \tag{3.7.21}
$$

由于系统(3.7.16)为单入-单出系统，系统的输入矩阵 $\boldsymbol{b}$ 为列向量，输出矩阵 $\boldsymbol{c}$ 为行向量，因此式(3.7.21)中矩阵的各个元素都为标量，则有

$$
\begin{bmatrix}(\boldsymbol{cA}^{n-1}\boldsymbol{b})^{\mathrm{T}}\\ (\boldsymbol{cA}^{n-2}\boldsymbol{b})^{\mathrm{T}}\\ \vdots\\ (\boldsymbol{cAb})^{\mathrm{T}}\\ (\boldsymbol{cb})^{\mathrm{T}}\end{bmatrix}=\begin{bmatrix}\boldsymbol{cA}^{n-1}\boldsymbol{b}\\ \boldsymbol{cA}^{n-2}\boldsymbol{b}\\ \vdots\\ \boldsymbol{cAb}\\ \boldsymbol{cb}\end{bmatrix} \tag{3.7.22}
$$

于是，式(3.7.21)可以改写为

$$
\left[\boldsymbol{c}\,[\boldsymbol{A}^{n-1}\boldsymbol{b}\quad \boldsymbol{A}^{n-2}\boldsymbol{b}\quad \cdots\quad \boldsymbol{Ab}\quad \boldsymbol{b}]\begin{bmatrix}1 & & & & \boldsymbol{0}\\ a_{n-1} & 1 & & & \\ \vdots & \vdots & \ddots & & \\ a_2 & a_3 & \cdots & 1 & \\ a_1 & a_2 & \cdots & a_{n-1} & 1\end{bmatrix}\right]^{\mathrm{T}}
$$

$$
=\begin{bmatrix}1 & a_{n-1} & \cdots & a_2 & a_1\\ & 1 & \cdots & a_3 & a_2\\ & & \ddots & \vdots & \vdots\\ & & & 1 & a_{n-1}\\ \boldsymbol{0} & & & & 1\end{bmatrix}\begin{bmatrix}\boldsymbol{cA}^{n-1}\\ \boldsymbol{cA}^{n-2}\\ \vdots\\ \boldsymbol{cA}\\ \boldsymbol{c}\end{bmatrix}\boldsymbol{b} \tag{3.7.23}
$$

从式(3.7.18)、(3.7.20)以及式(3.7.23)可以看出，状态空间表达式(3.7.18)和(3.7.20)的系统参数矩阵符合对偶条件(3.7.3)，这也就意味着系统(3.7.16)的能控标准Ⅰ型和能观标准Ⅱ型互为对偶系统。

3. 能控标准Ⅱ型

利用线性变换矩阵 $\boldsymbol{P}_{c2}$

$$
\boldsymbol{P}_{c2}=[\boldsymbol{b}\quad \boldsymbol{Ab}\quad \cdots\quad \boldsymbol{A}^{n-2}\boldsymbol{b}\quad \boldsymbol{A}^{n-1}\boldsymbol{b}] \tag{3.7.24}
$$

可得系统(3.7.16)的能控标准Ⅱ型，其状态空间表达式变换为

$$\begin{cases}\dot{\bar{x}}=\begin{bmatrix}0 & 0 & \cdots & 0 & -a_0\\ 1 & 0 & \cdots & 0 & -a_1\\ \vdots & \ddots & \vdots & \vdots & \vdots\\ 0 & \vdots & \ddots & 0 & -a_{n-2}\\ 0 & 0 & \cdots & 1 & -a_{n-1}\end{bmatrix}\bar{x}+\begin{bmatrix}1\\0\\\vdots\\0\\0\end{bmatrix}u\\ y=c\begin{bmatrix}b & Ab & \cdots & A^{n-2}b & A^{n-1}b\end{bmatrix}\bar{x}\end{cases} \tag{3.7.25}$$

4. 能观标准Ⅰ型

利用线性变换矩阵 P_{o1}

$$P_{o1}=\begin{bmatrix}c\\cA\\\vdots\\cA^{n-2}\\cA^{n-1}\end{bmatrix}^{-1} \tag{3.7.26}$$

可得系统(3.7.16)的能观标准Ⅰ型,其状态空间表达式变换为

$$\begin{cases}\dot{\tilde{x}}=\begin{bmatrix}0 & 1 & \cdots & 0 & 0\\ 0 & 0 & \ddots & 0 & 0\\ \vdots & \vdots & \vdots & \ddots & \vdots\\ 0 & 0 & \cdots & 0 & 1\\ -a_0 & -a_1 & \cdots & -a_{n-2} & -a_{n-1}\end{bmatrix}\tilde{x}+\begin{bmatrix}c\\cA\\\vdots\\cA^{n-2}\\cA^{n-1}\end{bmatrix}bu\\ y=\begin{bmatrix}1 & 0 & \cdots & 0 & 0\end{bmatrix}\tilde{x}\end{cases} \tag{3.7.27}$$

考虑等式

$$\begin{aligned}(c\begin{bmatrix}b & Ab & \cdots & A^{n-2}b & A^{n-1}b\end{bmatrix})^{\mathrm{T}}&=\begin{bmatrix}cb & cAb & \cdots & cA^{n-2}b & cA^{n-1}b\end{bmatrix}^{\mathrm{T}}\\&=\begin{bmatrix}(cb)^{\mathrm{T}}\\(cAb)^{\mathrm{T}}\\\vdots\\(cA^{n-2}b)^{\mathrm{T}}\\(cA^{n-1}b)^{\mathrm{T}}\end{bmatrix}\end{aligned} \tag{3.7.28}$$

因为系统为(3.7.16)单入-单出系统,系统输入矩阵 b 为列向量,输出矩阵 c 为行向量,因此式(3.7.28)中的矩阵各个元素都为标量,则有

$$\begin{bmatrix}(cb)^{\mathrm{T}}\\(cAb)^{\mathrm{T}}\\\vdots\\(cA^{n-2}b)^{\mathrm{T}}\\(cA^{n-1}b)^{\mathrm{T}}\end{bmatrix}=\begin{bmatrix}cb\\cAb\\\vdots\\cA^{n-2}b\\cA^{n-1}b\end{bmatrix} \tag{3.7.29}$$

于是,式(3.7.28)可以改写为

$$(c[b \quad Ab \quad \cdots \quad A^{n-2}b \quad A^{n-1}b])^{\mathrm{T}}=\begin{bmatrix} cb \\ cAb \\ \vdots \\ cA^{n-2}b \\ cA^{n-1}b \end{bmatrix}=\begin{bmatrix} c \\ cA \\ \vdots \\ cA^{n-2} \\ cA^{n-1} \end{bmatrix}b \tag{3.7.30}$$

从式(3.7.25)、(3.7.27)以及式(3.7.30)可以看出，状态空间表达式(3.7.25)和(3.7.27)的系统参数矩阵符合对偶条件(3.7.3)，这也就意味着系统(3.7.16)的能控标准Ⅱ型和能观标准Ⅰ型互为对偶系统。

3.8　系统的结构分解

如果一个系统是不完全能控的，则其状态空间中所有的能控状态构成能控子空间，其余为不能控子空间；类似地，如果一个系统是不完全能观的，则其状态空间中所有能观的状态构成能观子空间，其余为不能观子空间。通常情况下，系统的能控子空间和不能控子空间并没有被明显地分解出来、系统的能观子空间和不能观子空间也没有被明显地分解出来。由于线性变换不会改变系统的能控性和能观性，那么可以利用线性变换，将系统的状态空间在结构上按能控性分解为能控子空间和不能控子空间、按能观性分解为能观子空间和不能观子空间。把线性系统的状态空间按能控性和能观性进行结构上的分解是状态空间分析理论中的一个重要内容，它为解决控制系统的状态反馈、系统镇定以及状态观测等问题提供了理论依据。

3.8.1　按能控性分解

假设系统

$$\begin{cases} \dot{x}=Ax+Bu \\ y=Cx \end{cases} \tag{3.8.1}$$

式中：x 为系统状态，是 n 维列向量；

u 为系统输入，是 r 维列向量；

y 为系统输出，是 m 维列向量；

A 为 $n\times n$ 维系统矩阵；

B 为 $n\times r$ 维输入矩阵；

C 为 $m\times n$ 维输出矩阵。

是不完全能控的。

该系统的能控性矩阵为

$$M=[B \quad AB \quad \cdots \quad A^{n-2}B \quad A^{n-1}B] \tag{3.8.2}$$

且 $\mathrm{rank}M=n_1<n$。

考虑非奇异矩阵 R_c，利用状态线性变换

$$x=R_c\hat{x} \tag{3.8.3}$$

将系统状态空间表达式(3.8.1)变换为

$$\begin{cases} \dot{\hat{x}}=R_c^{-1}AR_c\hat{x}+R_c^{-1}Bu \\ y=CR_c\hat{x} \end{cases} \tag{3.8.4}$$

式中：

$$\hat{\boldsymbol{x}}=\begin{bmatrix}\hat{\boldsymbol{x}}_1\\ \hat{\boldsymbol{x}}_2\end{bmatrix}\begin{matrix}\}\,n_1\\ \}\,n-n_1\end{matrix},\quad \boldsymbol{R}_c^{-1}\boldsymbol{A}\boldsymbol{R}_c=\begin{bmatrix}\hat{\boldsymbol{A}}_{11} & \hat{\boldsymbol{A}}_{12}\\ \underbrace{\boldsymbol{0}}_{n_1} & \underbrace{\hat{\boldsymbol{A}}_{22}}_{n-n_1}\end{bmatrix}\begin{matrix}\}\,n_1\\ \}\,n-n_1\end{matrix}$$

$$\boldsymbol{R}_c^{-1}\boldsymbol{B}=\begin{bmatrix}\hat{\boldsymbol{B}}_1\\ \boldsymbol{0}\end{bmatrix}\begin{matrix}\}\,n_1\\ \}\,n-n_1\end{matrix},\quad \boldsymbol{C}\boldsymbol{R}_c=\begin{bmatrix}\underbrace{\hat{\boldsymbol{C}}_1}_{n_1} & \underbrace{\hat{\boldsymbol{C}}_2}_{n-n_1}\end{bmatrix} \tag{3.8.5}$$

从上式可以看出，状态空间表达式(3.8.1)变换为式(3.8.4)后，系统状态就被分解成能控的和不能控的两部分，其中 n_1 维子系统

$$\dot{\hat{\boldsymbol{x}}}_1=\hat{\boldsymbol{A}}_{11}\hat{\boldsymbol{x}}_1+\hat{\boldsymbol{B}}_1\boldsymbol{u}+\hat{\boldsymbol{A}}_{12}\hat{\boldsymbol{x}}_2 \tag{3.8.6}$$

是能控的，而 $n-n_1$ 维子系统

$$\dot{\hat{\boldsymbol{x}}}_2=\hat{\boldsymbol{A}}_{22}\hat{\boldsymbol{x}}_2 \tag{3.8.7}$$

是不能控的。

在状态线性变换(3.8.3)中，非奇异变换阵 $\boldsymbol{R}_c$ 定义为

$$\boldsymbol{R}_c=\begin{bmatrix}\boldsymbol{R}_1 & \boldsymbol{R}_2 & \cdots & \boldsymbol{R}_{n_1} & \cdots & \boldsymbol{R}_n\end{bmatrix} \tag{3.8.8}$$

式中：n 个列向量 $\boldsymbol{R}_1,\boldsymbol{R}_2,\cdots,\boldsymbol{R}_{n_1},\boldsymbol{R}_{n_1+1},\cdots,\boldsymbol{R}_n$ 的构成方法为在能控性矩阵 $\boldsymbol{M}$ 中选取 n_1 个线性无关的列构成前 n_1 个列向量 $\boldsymbol{R}_1,\boldsymbol{R}_2,\cdots,\boldsymbol{R}_{n_1}$，其余的 $n-n_1$ 个列向量 $\boldsymbol{R}_{n_1+1},\cdots,\boldsymbol{R}_n$ 是在确保 $\boldsymbol{R}_c$ 为非奇异的前提下，可以任意选取。

【例 3.8.1】 系统状态空间表达式为

$$\begin{cases}\dot{\boldsymbol{x}}=\begin{bmatrix}1 & 2 & 2\\ 0 & 2 & 0\\ 1 & -4 & 3\end{bmatrix}\boldsymbol{x}+\begin{bmatrix}0\\ 0\\ 1\end{bmatrix}u\\ y=\begin{bmatrix}1 & -1 & 1\end{bmatrix}\boldsymbol{x}\end{cases} \tag{3.8.9}$$

判断其能控性，若不是完全能控的，试将系统按能控性进行分解。

解： 由式(3.8.9)知，系统中

$$\boldsymbol{A}=\begin{bmatrix}1 & 2 & 2\\ 0 & 2 & 0\\ 1 & -4 & 3\end{bmatrix},\quad \boldsymbol{b}=\begin{bmatrix}0\\ 0\\ 1\end{bmatrix},\quad \boldsymbol{c}=\begin{bmatrix}1 & -1 & 1\end{bmatrix} \tag{3.8.10}$$

先判断系统的能控性，系统的能控性矩阵为

$$\boldsymbol{M}=\begin{bmatrix}\boldsymbol{b} & \boldsymbol{A}\boldsymbol{b} & \boldsymbol{A}^2\boldsymbol{b}\end{bmatrix}=\begin{bmatrix}0 & 2 & 8\\ 0 & 0 & 0\\ 1 & 3 & 11\end{bmatrix} \tag{3.8.11}$$

由于 $\mathrm{rank}\boldsymbol{M}=2<n$，所以系统是不完全能控的。

按式(3.8.8)构造非奇异变换阵 $\boldsymbol{R}_c$，取

$$\boldsymbol{R}_1=\boldsymbol{b}=\begin{bmatrix}0\\ 0\\ 1\end{bmatrix},\quad \boldsymbol{R}_2=\boldsymbol{A}\boldsymbol{b}=\begin{bmatrix}2\\ 0\\ 3\end{bmatrix},\quad \boldsymbol{R}_3=\begin{bmatrix}0\\ 1\\ 0\end{bmatrix} \tag{3.8.12}$$

则

$$\boldsymbol{R}_c=\begin{bmatrix}0&2&0\\0&0&1\\1&3&0\end{bmatrix}\tag{3.8.13}$$

其中，$\boldsymbol{R}_3$ 的取值是任意的，只要能保证 $\boldsymbol{R}_c$ 为非奇异即可。

变换后系统的状态空间表达式为

$$\begin{cases}\dot{\hat{\boldsymbol{x}}}=\boldsymbol{R}_c^{-1}\boldsymbol{A}\boldsymbol{R}_c\hat{\boldsymbol{x}}+\boldsymbol{R}_c^{-1}\boldsymbol{b}u\\ \quad=\begin{bmatrix}0&2&0\\0&0&1\\1&3&0\end{bmatrix}^{-1}\begin{bmatrix}1&2&2\\0&2&0\\1&-4&3\end{bmatrix}\begin{bmatrix}0&2&0\\0&0&1\\1&3&0\end{bmatrix}\hat{\boldsymbol{x}}+\begin{bmatrix}0&2&0\\0&0&1\\1&3&0\end{bmatrix}^{-1}\begin{bmatrix}0\\0\\1\end{bmatrix}u\\ \quad=\left[\begin{array}{cc:c}0&-1&-7\\1&4&1\\ \hdashline 0&0&2\end{array}\right]\hat{\boldsymbol{x}}+\left[\begin{array}{c}1\\0\\ \hdashline 0\end{array}\right]u\\ y=\boldsymbol{c}\boldsymbol{R}_c\hat{\boldsymbol{x}}=\left[\begin{array}{cc:c}1&5&-1\end{array}\right]\hat{\boldsymbol{x}}\end{cases}\tag{3.8.14}$$

在构造变换矩阵 $\boldsymbol{R}_c$ 时，其中 $n-n_1$ 列的选取，是在保证 $\boldsymbol{R}_c$ 为非奇异条件下任选的。现将 $\boldsymbol{R}_3$ 选取为另一向量 $\boldsymbol{R}_3=\begin{bmatrix}0\\1\\1\end{bmatrix}$，则

$$\boldsymbol{R}_c=\begin{bmatrix}0&2&0\\0&0&1\\1&3&1\end{bmatrix}\tag{3.8.15}$$

于是得到状态空间表达式为

$$\begin{cases}\dot{\hat{\boldsymbol{x}}}=\boldsymbol{R}_c^{-1}\boldsymbol{A}\boldsymbol{R}_c\hat{\boldsymbol{x}}+\boldsymbol{R}_c^{-1}\boldsymbol{b}u=\left[\begin{array}{cc:c}0&-1&-9\\1&4&2\\ \hdashline 0&0&2\end{array}\right]\hat{\boldsymbol{x}}+\left[\begin{array}{c}1\\0\\ \hdashline 0\end{array}\right]u\\ y=\boldsymbol{c}\boldsymbol{R}_c\hat{\boldsymbol{x}}=\left[\begin{array}{cc:c}1&5&0\end{array}\right]\hat{\boldsymbol{x}}\end{cases}\tag{3.8.16}$$

从系统状态空间表达式(3.8.14)和(3.8.16)可以看出，它们利用状态线性变换(3.8.3)都把系统(3.8.9)分解成两部分，一部分是二维能控子系统，另一部分是一维不能控子系统。两个状态空间表达式中二维能控子空间的状态空间表达式是相同的，且属于能控标准Ⅱ型，即

$$\dot{\hat{\boldsymbol{x}}}=\begin{bmatrix}0&-1\\1&4\end{bmatrix}\hat{\boldsymbol{x}}+\begin{bmatrix}1\\0\end{bmatrix}u\tag{3.8.17}$$

3.8.2　按能观性分解

假设系统

$$\begin{cases}\dot{\boldsymbol{x}}=\boldsymbol{A}\boldsymbol{x}+\boldsymbol{B}\boldsymbol{u}\\ \boldsymbol{y}=\boldsymbol{C}\boldsymbol{x}\end{cases}\tag{3.8.18}$$

式中：$\boldsymbol{x}$ 为系统状态，是 n 维列向量；

　　$\boldsymbol{u}$ 为系统输入，是 r 维列向量；

$\boldsymbol{y}$ 为系统输出，是 m 维列向量；

$\boldsymbol{A}$ 为 $n\times n$ 维系统矩阵；

$\boldsymbol{B}$ 为 $n\times r$ 维输入矩阵；

$\boldsymbol{C}$ 为 $m\times n$ 维输出矩阵。

其不完全能观。

该系统的能观性矩阵为

$$\boldsymbol{N}=\begin{bmatrix}\boldsymbol{C}\\ \boldsymbol{CA}\\ \vdots\\ \boldsymbol{CA}^{n-1}\end{bmatrix} \tag{3.8.19}$$

且 $\operatorname{rank}\boldsymbol{N}=n_1<n$。

考虑非奇异矩阵 $\boldsymbol{R}_o$，利用状态线性变换

$$\boldsymbol{x}=\boldsymbol{R}_o\tilde{\boldsymbol{x}} \tag{3.8.20}$$

将系统状态空间表达式(3.8.18)变换为

$$\begin{cases}\dot{\tilde{\boldsymbol{x}}}=\boldsymbol{R}_o^{-1}\boldsymbol{A}\boldsymbol{R}_o\tilde{\boldsymbol{x}}+\boldsymbol{R}_o^{-1}\boldsymbol{B}\boldsymbol{u}\\ \boldsymbol{y}=\boldsymbol{C}\boldsymbol{R}_o\tilde{\boldsymbol{x}}\end{cases} \tag{3.8.21}$$

式中：

$$\tilde{\boldsymbol{x}}=\begin{bmatrix}\tilde{\boldsymbol{x}}_1\\ \tilde{\boldsymbol{x}}_2\end{bmatrix}\begin{matrix}\}\,n_1\\ \}\,n-n_1\end{matrix},\quad \boldsymbol{R}_o^{-1}\boldsymbol{A}\boldsymbol{R}_o=\begin{bmatrix}\tilde{\boldsymbol{A}}_{11} & \boldsymbol{0}\\ \underbrace{\tilde{\boldsymbol{A}}_{21}}_{n_1} & \underbrace{\tilde{\boldsymbol{A}}_{22}}_{n-n_1}\end{bmatrix}\begin{matrix}\}\,n_1\\ \}\,n-n_1\end{matrix}$$

$$\boldsymbol{R}_o^{-1}\boldsymbol{B}=\begin{bmatrix}\tilde{\boldsymbol{B}}_1\\ \tilde{\boldsymbol{B}}_2\end{bmatrix}\begin{matrix}\}\,n_1\\ \}\,n-n_1\end{matrix},\quad \boldsymbol{C}\boldsymbol{R}_o=[\underbrace{\tilde{\boldsymbol{C}}_1}_{n_1}\ \vdots\ \underbrace{\boldsymbol{0}}_{n-n_1}] \tag{3.8.22}$$

从上式可以看出，经上述变换后系统(3.8.18)被分解为能观的 n_1 维子系统

$$\begin{cases}\dot{\tilde{\boldsymbol{x}}}_1=\tilde{\boldsymbol{A}}_{11}\tilde{\boldsymbol{x}}_1+\tilde{\boldsymbol{B}}_1\boldsymbol{u}\\ \boldsymbol{y}=\tilde{\boldsymbol{C}}_1\tilde{\boldsymbol{x}}_1\end{cases} \tag{3.8.23}$$

和不能观的 $n-n_1$ 维子系统

$$\dot{\tilde{\boldsymbol{x}}}_1=\tilde{\boldsymbol{A}}_{21}\tilde{\boldsymbol{x}}_1+\tilde{\boldsymbol{A}}_{22}\tilde{\boldsymbol{x}}_2+\tilde{\boldsymbol{B}}_2\boldsymbol{u} \tag{3.8.24}$$

在状态线性变换(3.8.20)中，非奇异变换阵 $\boldsymbol{R}_o$ 定义为

$$\boldsymbol{R}_o=\begin{bmatrix}\boldsymbol{R}_1\\ \boldsymbol{R}_2\\ \vdots\\ \boldsymbol{R}_{n_1}\\ \vdots\\ \boldsymbol{R}_n\end{bmatrix} \tag{3.8.25}$$

式中：n 个行向量 $\boldsymbol{R}_1,\boldsymbol{R}_2,\cdots,\boldsymbol{R}_{n_1},\boldsymbol{R}_{n_1+1},\cdots,\boldsymbol{R}_n$ 的构成方法为在能观性矩阵 $\boldsymbol{N}$ 中选取 n_1 个线性无关的行构成前 $r\times1$ 个行向量 $\boldsymbol{R}_1,\boldsymbol{R}_2,\cdots,\boldsymbol{R}_{n_1}$，其余的 $n-n_1$ 个行向量 $\boldsymbol{R}_{n_1+1},\cdots,\boldsymbol{R}_n$ 是在

确保 $\boldsymbol{R}_o$ 为非奇异的前提下，可以任意选取。

【例 3.8.2】 系统状态空间表达式为

$$\begin{cases}\dot{\boldsymbol{x}}=\begin{bmatrix}0 & 1 & 0\\ 0 & 0 & 1\\ -2 & -5 & -4\end{bmatrix}\boldsymbol{x}+\begin{bmatrix}0\\0\\1\end{bmatrix}u\\ y=\begin{bmatrix}2 & 2 & 0\end{bmatrix}\boldsymbol{x}\end{cases}\tag{3.8.26}$$

判断其能观性，若不是完全能观的，试将该系统按能观性进行分解。

解： 由式(3.8.26)知，系统中

$$\boldsymbol{A}=\begin{bmatrix}0 & 1 & 0\\ 0 & 0 & 1\\ -2 & -5 & -4\end{bmatrix},\quad \boldsymbol{b}=\begin{bmatrix}0\\0\\1\end{bmatrix},\quad \boldsymbol{c}=\begin{bmatrix}2 & 2 & 0\end{bmatrix}\tag{3.8.27}$$

先判断系统的能观性，系统的能观性矩阵为

$$\boldsymbol{N}=\begin{bmatrix}\boldsymbol{c}\\ \boldsymbol{cA}\\ \boldsymbol{cA}^2\end{bmatrix}=\begin{bmatrix}2 & 2 & 0\\ 0 & 2 & 2\\ -4 & -10 & -6\end{bmatrix}\tag{3.8.28}$$

由于 $\mathrm{rank}\boldsymbol{N}=2<3$，所以系统是不完全能观的。

按式(3.8.25)构造非奇异变换阵 $\boldsymbol{R}_o$，取

$$\boldsymbol{R}_1=\boldsymbol{c}=\begin{bmatrix}2 & 2 & 0\end{bmatrix},\quad \boldsymbol{R}_2=\boldsymbol{cA}=\begin{bmatrix}0 & 2 & 2\end{bmatrix},\quad \boldsymbol{R}_3=\begin{bmatrix}0 & 0 & 1\end{bmatrix}\tag{3.8.29}$$

则

$$\boldsymbol{R}_0=\begin{bmatrix}2 & 2 & 0\\ 0 & 2 & 2\\ 0 & 0 & 1\end{bmatrix}^{-1}=\begin{bmatrix}0.5 & -0.5 & 1\\ 0 & 0.5 & -1\\ 0 & 0 & 1\end{bmatrix}\tag{3.8.30}$$

其中，$\boldsymbol{R}_3$ 是在保证矩阵 $\boldsymbol{R}_0$ 为非奇异的条件下任意选取的。

于是系统状态空间表达式(3.8.26)变换为

$$\begin{cases}\dot{\tilde{\boldsymbol{x}}}=\boldsymbol{R}_0^{-1}\boldsymbol{A}\boldsymbol{R}_0\tilde{\boldsymbol{x}}+\boldsymbol{R}_0^{-1}\boldsymbol{b}u=\left[\begin{array}{cc:c}0 & 1 & 0\\ -2 & -3 & 0\\ \hdashline -1 & -1.5 & -1\end{array}\right]\tilde{\boldsymbol{x}}+\left[\begin{array}{c}0\\ 2\\ \hdashline 1\end{array}\right]u\\ y=\boldsymbol{c}\boldsymbol{R}_0\tilde{\boldsymbol{x}}=\left[\begin{array}{cc:c}1 & 0 & 0\end{array}\right]\tilde{\boldsymbol{x}}\end{cases}\tag{3.8.31}$$

从状态空间表达式(3.8.31)可以看出，状态线性变换(3.8.20)把系统(3.8.26)分解成两部分，一部分是 2 维能观子系统，另一部分是 1 维不能观子系统，且其 2 维能观子空间的状态空间表达式属于能观标准Ⅰ型。

习　题

1. 系统状态方程为

$$\dot{\boldsymbol{x}}=\begin{bmatrix}0 & 1 & 0\\ 0 & 0 & 1\\ 2 & 3 & 0\end{bmatrix}\boldsymbol{x}+\begin{bmatrix}-1\\ 2\\ 0\end{bmatrix}u$$

试用约当标准型法判断系统的能控性。

2. 系统状态方程为

$$\dot{\boldsymbol{x}}=\begin{bmatrix}4 & 0 & -1\\ 1 & 3 & 0\\ -1 & 0 & 2\end{bmatrix}\boldsymbol{x}+\begin{bmatrix}1 & 0\\ 0 & 1\\ -1 & 2\end{bmatrix}\boldsymbol{u}$$

试用直接法判断系统的能控性。

3. 系统矩阵为第 1.2.1 节中式(1.2.12)的 3 维友矩阵,系统的状态方程为

$$\dot{\boldsymbol{x}}=\begin{bmatrix}0 & 1 & 0\\ 0 & 0 & 1\\ -a_0 & -a_1 & -a_2\end{bmatrix}\boldsymbol{x}+\begin{bmatrix}0\\ 0\\ 1\end{bmatrix}u$$

其为能控标准Ⅰ型,试利用约当标准型法和直接法证明具有该形式状态方程的系统都是能控的。

4. 系统状态空间表达式为

$$\begin{cases}\dot{\boldsymbol{x}}=\begin{bmatrix}0 & 1 & 0\\ 0 & 0 & 1\\ 2 & 3 & 0\end{bmatrix}\boldsymbol{x}\\ y=\begin{bmatrix}1 & 0 & -1\end{bmatrix}\boldsymbol{x}\end{cases}$$

试用约当标准型法判断系统的能观性。

5. 系统状态空间表达式为

$$\begin{cases}\dot{\boldsymbol{x}}=\begin{bmatrix}4 & 0 & -1\\ 1 & 3 & 0\\ -1 & 0 & 2\end{bmatrix}\boldsymbol{x}\\ \boldsymbol{y}=\begin{bmatrix}1 & 0 & 2\\ -6 & 3 & 0\end{bmatrix}\boldsymbol{x}\end{cases}$$

试用直接法判断系统的能控性。

6. 利用对偶原理,结合习题 3 中的结论,分析具有能观标准Ⅱ型状态空间表达式的系统都是能观的。

7. 系统状态方程为

$$\dot{\boldsymbol{x}}=\begin{bmatrix}1 & 0 & 1\\ 0 & 1 & 0\\ 1 & 0 & 0\end{bmatrix}\boldsymbol{x}+\begin{bmatrix}0\\ 1\\ 1\end{bmatrix}u$$

试将其变换为能控标准Ⅰ型和Ⅱ型。

8. 系统状态空间表达式为

$$\begin{cases}\dot{\boldsymbol{x}}=\begin{bmatrix}1 & 2 & 0\\ 3 & -1 & 1\\ 0 & 2 & 0\end{bmatrix}\boldsymbol{x}\\ y=\begin{bmatrix}0 & 0 & 1\end{bmatrix}\boldsymbol{x}\end{cases}$$

试将其变换为能观标准Ⅰ型和Ⅱ型。

9. 系统状态方程为

$$\dot{\boldsymbol{x}}=\begin{bmatrix}0 & 1 & -1\\ -6 & -11 & 6\\ -6 & -11 & 5\end{bmatrix}\boldsymbol{x}+\begin{bmatrix}4\\ -3\\ 0\end{bmatrix}\boldsymbol{u}$$

试将其按能控性进行结构分解。

10. 系统状态空间表达式为

$$\begin{cases}\dot{\boldsymbol{x}}=\begin{bmatrix}4 & 1 & -2\\ 1 & 0 & 2\\ 1 & -1 & 3\end{bmatrix}\boldsymbol{x}\\ y=\begin{bmatrix}1 & -1 & 0\end{bmatrix}\boldsymbol{x}\end{cases}$$

试将其按能观性进行结构分解。

第4章

李雅普诺夫稳定性

稳定性在系统性能分析中是至关重要的，在实际的工程中，可以被应用的系统必须是稳定的，而不稳定的系统是不能被使用的。对于自动控制系统而言，稳定性也是它最重要的特性，因为一个不稳定的系统是无法完成预期控制任务的，而且还存在潜在的安全性问题。因此，控制系统分析与综合的首要问题就是如何判别它是否稳定以及怎样改善其稳定性。系统的稳定性指的是系统在受到外部扰动而偏离原来的平衡状态，而在扰动消失后，系统自身仍有能力恢复到原来平衡状态的一种能力。在经典控制理论中，对于单入-单出线性定常系统，应用劳斯(Routh)判据和赫尔维兹(Hurwitz)判据等代数方法判定系统的稳定性非常方便有效，而频域中的奈奎斯特(Nyquist)判据则是更为通用的方法。上述方法都是以分析系统特征值在根平面上分布情况为基础的。

在现代控制理论中，无论是控制器理论、观测器理论还是预测、滤波、鲁棒、自适应等理论，都不可避免地涉及系统的稳定性问题，控制领域内绝大部分理论技术都与系统的稳定性有关。早在1892年，俄国数学家李雅普诺夫(Lyapunov)就提出将判定系统稳定性的问题归纳为两种方法，即李雅普诺夫第一法和李雅普诺夫第二法。李雅普诺夫第一法是通过先求解系统微分方程，然后根据解的性质来判定系统的稳定性，该方法是一种间接方法，其分析方法以及所取得的结论与经典理论是一致的。而对于李雅普诺夫第二法，它的特点是不求解系统方程，而是通过李雅普诺夫函数的正定标量函数来直接判定系统的稳定性，该方法是一种直接方法。李雅普诺夫第二法在现代控制理论中有着广泛的应用，很多方面都依据李雅普诺夫稳定性理论来进行控制系统的分析与综合，例如非线性控制、鲁棒控制、最优控制、自适应控制、状态观测以及滤波等。李雅普诺夫稳定性理论是系统稳定性分析、应用与研究中最重要的理论基础。本章重点讨论李雅普诺夫第二法。

4.1 李雅普诺夫稳定性定义

4.1.1 系统的平衡状态

考虑系统齐次状态方程为

$$\dot{\boldsymbol{x}} = f(\boldsymbol{x}) \tag{4.1.1}$$

式中：$\boldsymbol{x}$ 为 n 维状态向量；

f 为与 $\boldsymbol{x}$ 同维的线性或者非线性向量函数，它是状态 $\boldsymbol{x}$ 的各个分量 $x_1, x_2, \cdots, x_n$ 的函数。

若系统(4.1.1)存在状态向量 $\boldsymbol{x}_e$,使得

$$f(\boldsymbol{x}_e) \equiv \boldsymbol{0} \tag{4.1.2}$$

成立,则称 $\boldsymbol{x}_e$ 为系统的平衡状态。

对于一个任意系统,不一定都存在平衡状态,有时即使存在也未必是唯一的。然而由于任意一个已知的平衡状态都可以通过坐标变换将其移到坐标原点 $\boldsymbol{x}_e=\boldsymbol{0}$ 处,所以只讨论系统在坐标原点处的稳定性就可以了。

考虑线性定常系统

$$\dot{\boldsymbol{x}} = f(\boldsymbol{x}) = \boldsymbol{A}\boldsymbol{x} \tag{4.1.3}$$

如果系统矩阵 $\boldsymbol{A}$ 是非奇异的,则满足 $\boldsymbol{A}\boldsymbol{x}_e\equiv\boldsymbol{0}$ 的解 $\boldsymbol{x}_e=\boldsymbol{0}$ 是系统唯一存在的一个平衡状态。而如果系统矩阵 $\boldsymbol{A}$ 是奇异的,则系统将有无穷多个平衡状态。在对线性定常系统的研究中,通常情况下都假设系统矩阵 $\boldsymbol{A}$ 是非奇异的。虽然稳定性问题都是相对于某个平衡状态而言的,但由于线性定常系统只有唯一的一个平衡状态,所以才笼统地讲所谓的系统稳定性问题。

4.1.2　稳定性定义

若用 $\|\boldsymbol{x}-\boldsymbol{x}_e\|$ 表示状态向量 $\boldsymbol{x}$ 与平衡状态 $\boldsymbol{x}_e$ 的距离,用点集 $\boldsymbol{s}(\varepsilon)$ 表示以 $\boldsymbol{x}_e$ 为中心、ε 为半径的超球体,那么 $\boldsymbol{x}\in\boldsymbol{s}(\varepsilon)$,则表示为

$$\|\boldsymbol{x}-\boldsymbol{x}_e\| \leqslant \varepsilon \tag{4.1.4}$$

式中:$\|\boldsymbol{x}-\boldsymbol{x}_e\|$ 为欧几里德范数。

在 n 维状态空间中,有

$$\|\boldsymbol{x}-\boldsymbol{x}_e\| = \sqrt{(x_1-x_{1e})^2+(x_2-x_{2e})^2+\cdots+(x_n-x_{ne})^2} \tag{4.1.5}$$

当 ε 很小时,则称 $\boldsymbol{s}(\varepsilon)$ 为 $\boldsymbol{x}_e$ 的邻域。因此,若有 $\boldsymbol{x}_0\in\boldsymbol{s}(\delta)$,则意味着 $\|\boldsymbol{x}_0-\boldsymbol{x}_e\|\leqslant\delta$。

如果式(4.1.1)描述的系统对于任意选定的实数 $\varepsilon>0$,都对应存在另一实数 $\delta>0$,使当

$$\|\boldsymbol{x}_0-\boldsymbol{x}_e\| \leqslant \delta \tag{4.1.6}$$

时,从任意初态 $\boldsymbol{x}_0$ 出发的解都满足

$$\|\boldsymbol{x}(t)-\boldsymbol{x}_e\| \leqslant \varepsilon,\quad t_0\leqslant t<\infty \tag{4.1.7}$$

则称平衡状态 $\boldsymbol{x}_e$ 为李雅普诺夫定义下的稳定,其中实数 δ 与 ε 有关,一般情况下也与 t_0 有关。如果 δ 与 t_0 无关,则称这种平衡状态是一致稳定的。

如果平衡状态 $\boldsymbol{x}_e$ 是稳定的,而且当 t 无限增长时,轨线不仅不超出 $\boldsymbol{s}(\varepsilon)$,而且最终收敛于 $\boldsymbol{x}_e$,则称这种平衡状态 $\boldsymbol{x}_e$ 渐近稳定。换句话说,假如系统在平衡点 $\boldsymbol{x}_e=\boldsymbol{0}$ 是稳定的,同时从对于满足式(4.1.6)的任意一个初始状态 $\boldsymbol{x}_0$ 出发的状态轨迹线 $\boldsymbol{x}(t)$ 都满足式(4.1.7),且当 $t\to\infty$ 时,状态收敛于 $\boldsymbol{x}_e=\boldsymbol{0}$,则称 $\boldsymbol{x}_e=\boldsymbol{0}$ 为李雅普诺夫定义下的渐近稳定。

如果平衡状态 $\boldsymbol{x}_e$ 是稳定的,而且从状态空间中所有初始状态出发的轨线都具有渐近稳定性,则称这种平衡状态 $\boldsymbol{x}_e$ 大范围渐近稳定。显然,大范围渐近稳定的必要条件是在整个状态空间只有一个平衡状态。对于线性系统来说,如果平衡状态是渐近稳定的,则必然也是大范围渐近稳定的。

如果对于某个实数 $\varepsilon>0$ 和任一实数 $\delta>0$,不管 δ 这个实数多么小,由 $\boldsymbol{s}(\delta)$ 内出发的状态轨线,至少有一个轨线越过 $\boldsymbol{s}(\varepsilon)$,则称这种平衡状态 $\boldsymbol{x}_e$ 不稳定。

4.2 李雅普诺夫第一法

李雅普诺夫第一法又称间接法。它的基本思路是通过系统状态方程的解来判断系统的稳定性。通过第2章的介绍可知，状态方程解的特性取决于系统的状态转移矩阵，而在讨论线性定常系统的稳定性时，按照经典理论的思路，可以不必求出系统的状态转移矩阵，而是直接由系统矩阵的特征值来判断系统的稳定性。李雅普诺夫第一法的基本思路和分析方法与经典理论是一致的，在经典控制理论中关于系统稳定性的各种判据都可以看作是李雅普诺夫第一法在线性系统中的应用。

考虑连续系统状态方程

$$\dot{\boldsymbol{x}}=\boldsymbol{A}\boldsymbol{x} \tag{4.2.1}$$

式中：$\boldsymbol{x}$ 为系统状态，是 n 维列向量；

$\boldsymbol{A}$ 为 $n\times n$ 维系统矩阵。

系统在平衡状态 $\boldsymbol{x}_e=\boldsymbol{0}$ 处渐近稳定的充分必要条件是系统矩阵 $\boldsymbol{A}$ 的全部特征值均具有负实部，即分布在复平面的左侧。

考虑离散系统状态方程

$$\boldsymbol{x}(k+1)=\boldsymbol{A}\boldsymbol{x}(k) \tag{4.2.2}$$

式中：$\boldsymbol{x}(k)$为系统状态，是 n 维列向量；

$\boldsymbol{A}$ 为 $n\times n$ 维系统矩阵。

系统在平衡状态 $\boldsymbol{x}_e=\boldsymbol{0}$ 处渐近稳定的充分必要条件是系统矩阵 $\boldsymbol{A}$ 的全部特征值的模均小于1，即分布在复平面单位开圆盘内。

4.3 李雅普诺夫第二法

李雅普诺夫第二法又称直接法。它的基本思路不是通过求解系统的运动方程，而是借助于李雅普诺夫函数来直接对系统平衡状态的稳定性做出判断。它是从能量观点进行稳定性分析的。如果一个系统被激励后，其储存的能量随着时间的推移逐渐衰减，当到达平衡状态时，能量将达到最小值，那么这个平衡状态是渐近稳定的。反之，如果系统不断地从外界吸收能量，储能越来越大，那么这个平衡状态就是不稳定的。如果系统的储能既不增加，也不消耗，那么这个平衡状态就是李雅普诺夫定义下的稳定。由此可见，按照系统运动过程中能量变化趋势的观点来分析系统的稳定性是直观且方便的。

但是，由于系统的复杂性和多样性，往往不能直观地找到一个能量函数来描述系统的能量关系，于是李雅普诺夫定义了一个正定的标量函数 $V(\boldsymbol{x})$，作为虚构的广义能量函数，根据 $\dot{V}(\boldsymbol{x})=\mathrm{d}V(\boldsymbol{x})/\mathrm{d}t$ 的符号特征来判别系统的稳定性，这个正定的标量函数 $V(\boldsymbol{x})$被称为李雅普诺夫函数。对于一个给定系统，如果能找到这个李雅普诺夫函数 $V(\boldsymbol{x})$，而且 $\dot{V}(\boldsymbol{x})$是负定的，则这个系统是渐近稳定的。实际上，任何一个标量函数只要满足李雅普诺夫稳定性判据所假设的条件，均可作为李雅普诺夫函数。由此可见，应用李雅普诺夫第二法的关键问题便可归结为寻找李雅普诺夫函数 $V(\boldsymbol{x})$的问题。在较早的时候，研究人员寻找李雅普诺夫函数主要是靠试探,几乎完全凭借其经验和技巧。现在,随着计算机技术的发展,研究人员借助数字计算机不仅可以找到所需要的李雅普诺夫函数,而且还能确定系统的稳定区域。

4.3.1　标量函数和矩阵的符号性质

1. 标量函数的符号性质

设 $V(\boldsymbol{x})$是由 n 维列向量 $\boldsymbol{x}$ 所构成的标量函数,$\boldsymbol{x}\in\boldsymbol{\Omega}$,且在 $\boldsymbol{x}=\boldsymbol{0}$ 处,恒有 $V(\boldsymbol{x})=0$。对于所有在域 $\boldsymbol{\Omega}$ 中的任何非零列向量 $\boldsymbol{x}$($\boldsymbol{x}\neq\boldsymbol{0}$,$\boldsymbol{x}$ 中各分量不同时为 0),介绍函数 $V(\boldsymbol{x})$的符号性质。为了方便介绍,以 $\boldsymbol{x}$ 为 2 维非零列向量为例,即 $\boldsymbol{x}=\begin{bmatrix}x_1\\x_2\end{bmatrix}\neq\boldsymbol{0}$,结论如下:

① 若 $V(\boldsymbol{x})>0$,则称 $V(\boldsymbol{x})$为正定的。例如,$V(\boldsymbol{x})=x_1^2+x_2^2$。

② 若 $V(\boldsymbol{x})\geqslant 0$,则称 $V(\boldsymbol{x})$为半正定(或非负定)的。例如,$V(\boldsymbol{x})=(x_1+x_2)^2$。

③ 若 $V(\boldsymbol{x})<0$,则称 $V(\boldsymbol{x})$为负定的。例如,$V(\boldsymbol{x})=-(x_1^2+x_2^2)$。

④ 若 $V(\boldsymbol{x})\leqslant 0$,则称 $V(\boldsymbol{x})$为半负定(或非正定)的。例如,$V(\boldsymbol{x})=-(x_1+x_2)^2$。

⑤ 若 $V(\boldsymbol{x})$均不满足①～④,则称 $V(\boldsymbol{x})$为不定的。例如,$V(\boldsymbol{x})=x_1+x_2$。

需要注意的是,上述判别函数的符号性质的结论是对 $\boldsymbol{x}$ 为 2 维非零列向量而言的,如果 $\boldsymbol{x}$ 为其他维数的非零列向量,则上述的一些结论是不一定成立的。例如当 $\boldsymbol{x}$ 为 3 维非零列向量,函数 $V(\boldsymbol{x})=x_1^2+x_2^2$ 是半正定的。这是因为对于 $\boldsymbol{x}=\begin{bmatrix}x_1\\x_2\\x_3\end{bmatrix}\neq\boldsymbol{0}$,函数 $V(\boldsymbol{x})=x_1^2+x_2^2$ 依然可能为 0,例如当 $\boldsymbol{x}=\begin{bmatrix}0\\0\\2\end{bmatrix}$时,$V(\boldsymbol{x})=0$,所以 $V(\boldsymbol{x})$是半正定的。

2. 矩阵的符号性质

对于一个维数为 $n\times n$ 的实对称矩阵

$$\boldsymbol{P}=\begin{bmatrix}p_{11} & p_{12} & \cdots & p_{1n}\\ p_{21} & p_{22} & \cdots & p_{2n}\\ \vdots & \vdots & \ddots & \vdots\\ p_{n1} & p_{n2} & \cdots & p_{nn}\end{bmatrix}\tag{4.3.1}$$

式中:$p_{ij}=p_{ji}(i,j=1,2,\cdots,n)$。

该矩阵具有符号性质,也就是矩阵 $\boldsymbol{P}$ 是正定、负定或者不定的。

笼统地说一个矩阵本身的符号性质是没有意义的,这是因为实对称矩阵 $\boldsymbol{P}$ 的符号性质是通过其对应的二次型标量函数来体现的。假设列向量 $\boldsymbol{x}$ 的 n 个分量 $x_1,x_2,\cdots,x_n$,则对称矩阵 $\boldsymbol{P}$ 对应的二次型标量函数定义为

$$V(\boldsymbol{x})=\boldsymbol{x}^{\mathrm{T}}\boldsymbol{P}\boldsymbol{x}=\begin{bmatrix}x_1 & x_2 & \cdots & x_n\end{bmatrix}\begin{bmatrix}p_{11} & p_{12} & \cdots & p_{1n}\\ p_{21} & p_{22} & \cdots & p_{2n}\\ \vdots & \vdots & \ddots & \vdots\\ p_{n1} & p_{n2} & \cdots & p_{nn}\end{bmatrix}\begin{bmatrix}x_1\\x_2\\\vdots\\x_n\end{bmatrix}\tag{4.3.2}$$

式中：$p_{ij}=p_{ji}(i,j=1,2,\cdots,n)$。

根据这个二次型标量函数 $V(\boldsymbol{x})$，矩阵 $\boldsymbol{P}$ 的符号性质定义如下：

① 如果对于任意非零列向量 $\boldsymbol{x}$ 都有标量函数 $V(\boldsymbol{x})>0$，则称矩阵 $\boldsymbol{P}$ 为正定矩阵，记作 $\boldsymbol{P}>0$。

② 如果对于任意非零列向量 $\boldsymbol{x}$ 都有标量函数 $V(\boldsymbol{x})<0$，则称矩阵 $\boldsymbol{P}$ 为负定的，记作 $\boldsymbol{P}<0$。

③ 如果对于任意非零列向量 $\boldsymbol{x}$ 都有标量函数 $V(\boldsymbol{x})\geqslant 0$，则称矩阵 $\boldsymbol{P}$ 为半正定的(或称为非负定的)，记作 $\boldsymbol{P}\geqslant 0$。

④ 如果对于任意非零列向量 $\boldsymbol{x}$ 都有标量函数 $V(\boldsymbol{x})\leqslant 0$，则称矩阵 $\boldsymbol{P}$ 为半负定的(或称为非正定的)，记作 $\boldsymbol{P}\leqslant 0$。

⑤ 如果对于任意非零列向量 $\boldsymbol{x}$ 均不满足①～④，则称矩阵 $\boldsymbol{P}$ 为不定的。

由上述定义可以看出，矩阵 $\boldsymbol{P}$ 的符号性质是通过其对应的二次型标量函数 $V(\boldsymbol{x})=\boldsymbol{x}^{\mathrm{T}}\boldsymbol{P}\boldsymbol{x}$ 的符号性质来体现的。此外，由于矩阵 $\boldsymbol{P}$ 的符号性质和其所对应的二次型标量函数的符号性质是一致的，要判断 $V(\boldsymbol{x})=\boldsymbol{x}^{\mathrm{T}}\boldsymbol{P}\boldsymbol{x}$ 的符号性质通常只需要判断矩阵 $\boldsymbol{P}$ 的符号即可实现。下面给出矩阵 $\boldsymbol{P}$ 符号性质的一些判别条件。

① 判别一个矩阵 $\boldsymbol{P}$ 符号性质的前提必要条件是矩阵 $\boldsymbol{P}$ 为实对称矩阵，即式(4.3.1)中 $p_{ij}=p_{ji}$，不对称矩阵的符号性质是没有意义的。

② 一个矩阵 $\boldsymbol{P}$ 为正定的必要条件是其主对角线上的数都是正数。正定矩阵对角线上的元素应该全都是正的，这是因为矩阵 $\boldsymbol{P}$ 为正定的，即对于任意非零列向量 $\boldsymbol{x}$ 都有标量函数 $V(\boldsymbol{x})=\boldsymbol{x}^{\mathrm{T}}\boldsymbol{P}\boldsymbol{x}$ 恒大于零。如果矩阵 $\boldsymbol{P}$ 主对角线上第(k,k)个位置为负数，那么可以假设列向量 $\boldsymbol{x}$ 中仅第 k 行元素非 0，其他行的元素皆为 0，则此时矩阵 $\boldsymbol{P}$ 所对应的二次型函数的值就为负数，这与矩阵 $\boldsymbol{P}$ 为正定相矛盾。

同理可以给出另几个结论：一个矩阵 $\boldsymbol{P}$ 为负定的必要条件是其主对角线上的数都是负数；一个矩阵 $\boldsymbol{P}$ 为半正定的必要条件是其主对角线上的数都是非负数；一个矩阵 $\boldsymbol{P}$ 为半负定的必要条件是其主对角线上的数都是非正数。

③ 根据实对称阵对角化理论，对于 $n\times n$ 维实对称阵 $\boldsymbol{P}$，一定存在 $n\times n$ 维正交矩阵 $\boldsymbol{T}$ 以实现其对角化，也就是总能找到正交矩阵 $\boldsymbol{T}$，使得

$$\boldsymbol{T}^{-1}\boldsymbol{P}\boldsymbol{T}=\begin{bmatrix}\lambda_1 & & & \boldsymbol{0}\\ & \lambda_2 & & \\ & & \ddots & \\ \boldsymbol{0} & & & \lambda_n\end{bmatrix} \tag{4.3.3}$$

式中：$\lambda_i(i=1,2,\cdots,n)$为对称矩阵 $\boldsymbol{P}$ 的 n 个互异特征值，由于 $\boldsymbol{P}$ 为实对称阵，其特征值 λ_i 均为实数。

由于矩阵 $\boldsymbol{T}$ 为正交矩阵，也就是满足

$$\boldsymbol{T}^{-1}=\boldsymbol{T}^{\mathrm{T}} \tag{4.3.4}$$

于是，式(4.3.3)可以改写为

$$\boldsymbol{T}^{\mathrm{T}}\boldsymbol{P}\boldsymbol{T}=\begin{bmatrix}\lambda_1 & & & \boldsymbol{0}\\ & \lambda_2 & & \\ & & \ddots & \\ \boldsymbol{0} & & & \lambda_n\end{bmatrix} \tag{4.3.5}$$

对于二次型函数

$$V(\boldsymbol{x})=\boldsymbol{x}^{\mathrm{T}}\boldsymbol{P}\boldsymbol{x} \tag{4.3.6}$$

因为正交矩阵 $\boldsymbol{T}$ 是非奇异的，取 $\boldsymbol{T}$ 作为变换矩阵，通过线性变换 $\boldsymbol{x}=\boldsymbol{T}\bar{\boldsymbol{x}}$，可以使 $V(\boldsymbol{x})$ 变换为

$$V(\boldsymbol{x})=\boldsymbol{x}^{\mathrm{T}}\boldsymbol{P}\boldsymbol{x}=\bar{\boldsymbol{x}}^{\mathrm{T}}\boldsymbol{T}^{\mathrm{T}}\boldsymbol{P}\boldsymbol{T}\bar{\boldsymbol{x}} \tag{4.3.7}$$

定义 $\bar{\boldsymbol{x}}=\begin{bmatrix}\bar{x}_1\\ \bar{x}_2\\ \vdots\\ \bar{x}_n\end{bmatrix}$，结合式(4.3.5)和式(4.3.7)，可以有

$$V(\boldsymbol{x})=\bar{\boldsymbol{x}}^{\mathrm{T}}\boldsymbol{T}^{\mathrm{T}}\boldsymbol{P}\boldsymbol{T}\bar{\boldsymbol{x}}=\bar{\boldsymbol{x}}^{\mathrm{T}}\begin{bmatrix}\lambda_1 & & & \mathbf{0}\\ & \lambda_2 & & \\ & & \ddots & \\ \mathbf{0} & & & \lambda_n\end{bmatrix}\bar{\boldsymbol{x}}=\sum_{i=1}^{n}\lambda_i\bar{x}_i^2 \tag{4.3.8}$$

上式称为二次型函数的标准形，它只包含变量的平方项。

通过式(4.3.8)中的二次型函数的标准形可知，$V(\boldsymbol{x})$为正定的（也就是矩阵 $\boldsymbol{P}$ 为正定的）充分必要条件是对称阵 $\boldsymbol{P}$ 的所有特征值 λ_i 均大于 0；$V(\boldsymbol{x})$为负定的（也就是矩阵 $\boldsymbol{P}$ 为负定的）充分必要条件是对称阵 $\boldsymbol{P}$ 的所有特征值 λ_i 均小于 0；$V(\boldsymbol{x})$为半正定的（也就是矩阵 $\boldsymbol{P}$ 为半正定的）充分必要条件是对称阵 $\boldsymbol{P}$ 的所有特征值 λ_i 均大于等于 0（非负）；$V(\boldsymbol{x})$为半负定的（也就是矩阵 $\boldsymbol{P}$ 为半负定的）充分必要条件是对称阵 $\boldsymbol{P}$ 的所有特征值 λ_i 均小于等于 0（非正）；如果对称阵 $\boldsymbol{P}$ 的所有特征值 λ_i 中大于 0 和小于 0 同时存在，那么 $V(\boldsymbol{x})$为不定的（也就是矩阵 $\boldsymbol{P}$ 为不定的）。

④ 希尔维斯特(Sylvester)判据：考虑实对称矩阵

$$\boldsymbol{P}=\begin{bmatrix}p_{11} & p_{12} & \cdots & p_{1n}\\ p_{21} & p_{22} & \cdots & p_{2n}\\ \vdots & \vdots & \ddots & \vdots\\ p_{n1} & p_{n2} & \cdots & p_{nn}\end{bmatrix} \tag{4.3.9}$$

式中：$p_{ij}=p_{ji}(i,j=1,2,\cdots,n)$。

式(4.3.9)中矩阵 $\boldsymbol{P}$ 各阶顺序主子行列式 $\Delta_i(i=1,2,\cdots,n)$为

$$\Delta_1=p_{11},\ \Delta_2=\begin{vmatrix}p_{11} & p_{12}\\ p_{21} & p_{22}\end{vmatrix},\ \cdots,\ \Delta_n=|\boldsymbol{P}| \tag{4.3.10}$$

希尔维斯特判据中给出矩阵 $\boldsymbol{P}$ 符号性质的充分必要条件为：

➢ 若 $\Delta_i>0,i=1,2,\cdots,n$，则 $\boldsymbol{P}$ 是正定的。

➢ 若 $\Delta_i\begin{cases}>0, & i\ 为偶数\\ <0, & i\ 为奇数\end{cases}$，则 $\boldsymbol{P}$ 是负定的。

➢ 若 $\Delta_i\begin{cases}\geqslant 0, & i=1,2,\cdots,n-1\\ =0, & i=n\end{cases}$，则 $\boldsymbol{P}$ 是半正定(非负定)的。

➢ 若 $\Delta_i\begin{cases}\geqslant 0, & i\ 为偶数\\ \leqslant 0, & i\ 为奇数\\ =0, & i=n\end{cases}$，则 $\boldsymbol{P}$ 是半负定(非正定)的。

➢ 若矩阵 $\boldsymbol{P}$ 的各阶顺序主子行列式 $\Delta_i, i=1,2,\cdots,n$ 均不满足上述条件，则矩阵 $\boldsymbol{P}$ 的符号是不定的。

4.3.2 李雅普诺夫函数

假设连续系统状态方程

$$\dot{\boldsymbol{x}} = f(\boldsymbol{x}) \tag{4.3.11}$$

平衡状态为 $\boldsymbol{x}_e=\boldsymbol{0}$，满足 $f(\boldsymbol{x}_e)=\boldsymbol{0}$。

对于一个标量函数 $V(\boldsymbol{x})$，其对所有 $\boldsymbol{x}$ 都具有连续的一阶偏导数，如果它满足：

① 当 $\boldsymbol{x}=\boldsymbol{0}$ 时，$V(\boldsymbol{x})=0$。

② 当 $\boldsymbol{x}\neq\boldsymbol{0}$ 时，$V(\boldsymbol{x})$是正定的，即 $V(\boldsymbol{x})>0$。

③ 当 $\|\boldsymbol{x}\|\to\infty$ 时，$V(\boldsymbol{x})\to\infty$。

则称标量函数 $V(\boldsymbol{x})$为系统(4.3.11)的李雅普诺夫函数。

上述中的①～③即为李雅普诺夫函数的判别条件。运用李雅普诺夫第二法的关键在于寻找一个满足判据条件的李雅普诺夫函数 $V(\boldsymbol{x})$，但是李雅普诺夫稳定性理论本身并没有提供构造函数 $V(\boldsymbol{x})$的一般方法。所以，尽管李雅普诺夫第二法原理上很简单，但应用起来却并不容易。于是，有必要对李雅普诺夫函数 $V(\boldsymbol{x})$作一些介绍。

① $V(\boldsymbol{x})$是满足稳定性判据条件的一个正定的标量函数，且对 $\boldsymbol{x}$ 应具有连续的一阶偏导数。对 $V(\boldsymbol{x})$计算时间导数 $\dot{V}(\boldsymbol{x})=\dfrac{\mathrm{d}V(\boldsymbol{x})}{\mathrm{d}t}$，若 $\dot{V}(\boldsymbol{x})$为负定，即 $\dot{V}(\boldsymbol{x})<0$，则称系统是大范围渐近稳定的。

② 对于一个给定系统，如果 $V(\boldsymbol{x})$是可找到的，通常它不是唯一的，但这并不影响稳定性结论的一致性。

③ $V(\boldsymbol{x})$的最简单形式是二次型函数，即

$$V(\boldsymbol{x})=\boldsymbol{x}^{\mathrm{T}}\boldsymbol{P}\boldsymbol{x},\quad \boldsymbol{P}>0 \tag{4.3.12}$$

式中：矩阵 $\boldsymbol{P}$ 称为李雅普诺夫矩阵，它的元素可以是定常的或者时变的，也可以是不确定的。

下面对式(4.3.12)中的二次型李雅普诺夫函数进行验证：对于李雅普诺夫函数判别条件①，即当 $\boldsymbol{x}=\boldsymbol{0}$ 时，$V(\boldsymbol{x})=0$ 是满足的；对于李雅普诺夫函数判别条件②，即当 $\boldsymbol{x}\neq\boldsymbol{0}$ 时，$V(\boldsymbol{x})$正定是满足的，因为矩阵 $\boldsymbol{P}>0$；对于李雅普诺夫函数判别条件③，即当 $\|\boldsymbol{x}\|\to\infty$ 时，$V(\boldsymbol{x})\to\infty$ 是满足的，因为根据正定矩阵的性质，从二次型函数(4.3.12)可以有

$$\lambda_{\min}\boldsymbol{x}^{\mathrm{T}}\boldsymbol{x}\leqslant\boldsymbol{x}^{\mathrm{T}}\boldsymbol{P}\boldsymbol{x}\leqslant\lambda_{\max}\boldsymbol{x}^{\mathrm{T}}\boldsymbol{x},\quad \boldsymbol{P}>0 \tag{4.3.13}$$

式中：$\lambda_{\min}>0$ 和 $\lambda_{\max}>0$ 分别为正定矩阵 $\boldsymbol{P}$ 的最小和最大特征值。

按照矩阵范数的定义(4.1.5)，式(4.3.13)可以写为

$$\lambda_{\min}\|\boldsymbol{x}\|^2\leqslant\boldsymbol{x}^{\mathrm{T}}\boldsymbol{P}\boldsymbol{x}\leqslant\lambda_{\max}\|\boldsymbol{x}\|^2,\quad \boldsymbol{P}>0 \tag{4.3.14}$$

于是，根据夹逼定理，从上式很容易获得结论，即当 $\|\boldsymbol{x}\|\to\infty$ 时，$V(\boldsymbol{x})=\boldsymbol{x}^{\mathrm{T}}\boldsymbol{P}\boldsymbol{x}\to\infty$。

④ 对于不同的系统，函数 $V(\boldsymbol{x})$并不一定都是简单的二次型。构造 $V(\boldsymbol{x})$函数往往需要更多的经验和技巧，通常情况下选择合理形式的 $V(\boldsymbol{x})$对于系统分析和优化综合都至关重要。

⑤ 应当指出的是，李雅普诺夫稳定性理论只给出了判断系统稳定性的充分条件，而不是充分必要条件。换句话说，对于一个给定系统，如果找到满足稳定性判据条件的李雅普诺夫函数，则系统一定是稳定的，但是却不能因为没有找到这样的李雅普诺夫函数就认为系统是不稳

定的,因为没有找到和不存在是两个完全不同的概念。

4.4　李雅普诺夫稳定性判据

4.4.1　连续系统渐近稳定判据

考虑连续系统

$$\dot{\boldsymbol{x}} = \boldsymbol{A}\boldsymbol{x} \tag{4.4.1}$$

式中:$\boldsymbol{x}$ 为系统状态,是 n 维列向量;

$\boldsymbol{A}$ 为 $n\times n$ 维系统矩阵。

系统在平衡状态 $\boldsymbol{x}_e=\boldsymbol{0}$ 渐近稳定的充分必要条件是系统矩阵 $\boldsymbol{A}$ 的全部特征值均具有负实部,即分布在复平面的左侧。矩阵 $\boldsymbol{A}$ 的全部特征值均具有负实部,即 $\boldsymbol{\sigma}(\boldsymbol{A})\subset\mathbf{C}^-$,等价于存在矩阵 $\boldsymbol{P}>0$,使得 $\boldsymbol{A}^{\mathrm{T}}\boldsymbol{P}+\boldsymbol{P}\boldsymbol{A}<0$。证明如下:

① 必要性,即假设 $\boldsymbol{\sigma}(\boldsymbol{A})\subset\mathbf{C}^-$,证明存在矩阵 $\boldsymbol{P}>0$,使得 $\boldsymbol{A}^{\mathrm{T}}\boldsymbol{P}+\boldsymbol{P}\boldsymbol{A}<0$。

考虑矩阵 $\boldsymbol{Q}>0$,令 $\boldsymbol{P}=\int_0^{+\infty}(\mathrm{e}^{\boldsymbol{A}t})^{\mathrm{T}}\boldsymbol{Q}\mathrm{e}^{\boldsymbol{A}t}\mathrm{d}t$,显然有 $\boldsymbol{P}>0$,且

$$\begin{aligned}
\boldsymbol{A}^{\mathrm{T}}\boldsymbol{P}+\boldsymbol{P}\boldsymbol{A} &= \boldsymbol{A}^{\mathrm{T}}\int_0^{+\infty}(\mathrm{e}^{\boldsymbol{A}t})^{\mathrm{T}}\boldsymbol{Q}\mathrm{e}^{\boldsymbol{A}t}\mathrm{d}t+\int_0^{+\infty}(\mathrm{e}^{\boldsymbol{A}t})^{\mathrm{T}}\boldsymbol{Q}\mathrm{e}^{\boldsymbol{A}t}\mathrm{d}t\boldsymbol{A}\\
&= \int_0^{+\infty}(\boldsymbol{A}^{\mathrm{T}}(\mathrm{e}^{\boldsymbol{A}t})^{\mathrm{T}}\boldsymbol{Q}\mathrm{e}^{\boldsymbol{A}t}+(\mathrm{e}^{\boldsymbol{A}t})^{\mathrm{T}}\boldsymbol{Q}\mathrm{e}^{\boldsymbol{A}t}\boldsymbol{A})\mathrm{d}t\\
&= \int_0^{+\infty}\mathrm{d}((\mathrm{e}^{\boldsymbol{A}t})^{\mathrm{T}}\boldsymbol{Q}\mathrm{e}^{\boldsymbol{A}t})\\
&= (\mathrm{e}^{\boldsymbol{A}t})^{\mathrm{T}}\boldsymbol{Q}\mathrm{e}^{\boldsymbol{A}t}\Big|_0^{+\infty}
\end{aligned} \tag{4.4.2}$$

整理上式,有

$$\boldsymbol{A}^{\mathrm{T}}\boldsymbol{P}+\boldsymbol{P}\boldsymbol{A}=\lim_{t\to+\infty}(\mathrm{e}^{\boldsymbol{A}t})^{\mathrm{T}}\boldsymbol{Q}\mathrm{e}^{\boldsymbol{A}t}-\boldsymbol{Q} \tag{4.4.3}$$

如果 $\boldsymbol{A}$ 为一般形式的矩阵,假设 $\boldsymbol{A}$ 的特征值为 q 重根 λ_1 和 $n-q$ 个单根 $\lambda_{q+1},\lambda_{q+2},\cdots,\lambda_n$,根据第 2.2.2 节中式(2.2.38),给出系统(4.4.1)的状态转移矩阵为

$$\mathrm{e}^{\boldsymbol{A}t}=\boldsymbol{P}\left[\begin{array}{cccccc:ccc}
\mathrm{e}^{\lambda_1 t} & \mathrm{e}^{\lambda_1 t}t & \frac{1}{2!}\mathrm{e}^{\lambda_1 t}t^2 & \cdots & \frac{1}{(q-1)!}\mathrm{e}^{\lambda_1 t}t^{q-1} & & & & \boldsymbol{0}\\
 & \mathrm{e}^{\lambda_1 t} & \mathrm{e}^{\lambda_1 t}t & \ddots & \vdots & & & & \\
 & & \ddots & \ddots & \frac{1}{2!}\mathrm{e}^{\lambda_1 t}t^2 & & & & \\
 & & & \mathrm{e}^{\lambda_1 t} & \mathrm{e}^{\lambda_1 t}t & & & & \\
\boldsymbol{0} & & & & \mathrm{e}^{\lambda_1 t} & & & & \\
\hdashline
 & & & & & & \mathrm{e}^{\lambda_{q+1} t} & & \boldsymbol{0}\\
 & & & & & & & \ddots & \\
\boldsymbol{0} & & & & & & \boldsymbol{0} & & \mathrm{e}^{\lambda_n t}
\end{array}\right]\boldsymbol{P}^{-1} \tag{4.4.4}$$

需要注意的是,式(4.4.4)中的矩阵 $\boldsymbol{P}$ 为约当标准型变换矩阵,并不是本章中用到的李雅普诺夫矩阵,不能混淆。

如果 $\boldsymbol{A}$ 的 n 个特征值中有是实数的，例如 λ_φ，因为 $\boldsymbol{\sigma}(\boldsymbol{A})\subset\mathbf{C}^-$，即 $\lambda_\varphi<0$，故

$$\lim_{t\to+\infty}\mathrm{e}^{\lambda_\varphi t}=0$$

如果 $\boldsymbol{A}$ 的 n 个特征值中有是复数的，例如 $\lambda_\rho=a_\rho+\mathrm{j}b_\rho$，$\mathrm{j}^2=-1$，根据欧拉(Euler)公式

$$\mathrm{e}^{\lambda_\rho t}=\mathrm{e}^{a_\rho t}(\cos b_\rho t+\mathrm{j}\sin b_\rho t)$$

则有

$$\lim_{t\to+\infty}\mathrm{e}^{\lambda_\rho t}=\lim_{t\to+\infty}\mathrm{e}^{a_\rho t}(\cos b_\rho t+\mathrm{j}\sin b_\rho t)$$

因为 $\boldsymbol{\sigma}(\boldsymbol{A})\subset\mathbf{C}^-$，即 $a_\rho<0$，所以 $\lim\limits_{t\to+\infty}\mathrm{e}^{\lambda_\rho t}=0$。

综上所述，如果 $\boldsymbol{\sigma}(\boldsymbol{A})\subset\mathbf{C}^-$，则有 $\lim\limits_{t\to+\infty}\mathrm{e}^{\boldsymbol{A}t}=\lim\limits_{t\to+\infty}(\mathrm{e}^{\boldsymbol{A}t})^{\mathrm{T}}=\boldsymbol{0}$，即

$$\lim_{t\to+\infty}(\mathrm{e}^{\boldsymbol{A}t})^{\mathrm{T}}\boldsymbol{Q}\mathrm{e}^{\boldsymbol{A}t}=\boldsymbol{0} \tag{4.4.5}$$

结合上式，则

$$\boldsymbol{A}^{\mathrm{T}}\boldsymbol{P}+\boldsymbol{P}\boldsymbol{A}=-\boldsymbol{Q}<0 \tag{4.4.6}$$

② 充分性，即假设存在矩阵 $\boldsymbol{P}>0$，使得 $\boldsymbol{A}^{\mathrm{T}}\boldsymbol{P}+\boldsymbol{P}\boldsymbol{A}<0$，证明 $\boldsymbol{\sigma}(\boldsymbol{A})\subset\mathbf{C}^-$。

因为 $\boldsymbol{A}$ 的特征值可能有复数，不妨在复数域上证明。由于系统矩阵 $\boldsymbol{A}$ 为 $n\times n$ 维矩阵，根据线性空间定义，在 $\boldsymbol{C}^n$ 中定义新的内积

$$\langle\boldsymbol{a},\boldsymbol{b}\rangle=\boldsymbol{a}^{\mathrm{T}}\boldsymbol{P}\bar{\boldsymbol{b}} \tag{4.4.7}$$

式中：$\bar{\boldsymbol{b}}$ 表示 $\boldsymbol{b}$ 的共轭复数。

根据新定义的内积(4.4.7)，则有

$$\langle\boldsymbol{A}\boldsymbol{v},\boldsymbol{v}\rangle+\langle\boldsymbol{v},\boldsymbol{A}\boldsymbol{v}\rangle=\boldsymbol{v}^{\mathrm{T}}\boldsymbol{A}^{\mathrm{T}}\boldsymbol{P}\bar{\boldsymbol{v}}+\boldsymbol{v}^{\mathrm{T}}\boldsymbol{P}\bar{\boldsymbol{A}}\bar{\boldsymbol{v}}=\boldsymbol{v}^{\mathrm{T}}(\boldsymbol{A}^{\mathrm{T}}\boldsymbol{P}+\boldsymbol{P}\boldsymbol{A})\bar{\boldsymbol{v}} \tag{4.4.8}$$

式中：由于系统矩阵 $\boldsymbol{A}$ 为 $n\times n$ 维实矩阵，则 $\bar{\boldsymbol{A}}=\boldsymbol{A}$。

考虑特征值的定义，$\forall\lambda\in\boldsymbol{\sigma}(\boldsymbol{A})$，$n$ 维列向量 $\boldsymbol{v}\neq\boldsymbol{0}$ 为矩阵 $\boldsymbol{A}$ 对应于特征值 λ 的特征向量，即 $\boldsymbol{A}\boldsymbol{v}=\lambda\boldsymbol{v}$。根据新定义的内积(4.4.7)，则有

$$\langle\boldsymbol{A}\boldsymbol{v},\boldsymbol{v}\rangle+\langle\boldsymbol{v},\boldsymbol{A}\boldsymbol{v}\rangle=\langle\lambda\boldsymbol{v},\boldsymbol{v}\rangle+\langle\boldsymbol{v},\lambda\boldsymbol{v}\rangle=\lambda\boldsymbol{v}^{\mathrm{T}}\boldsymbol{P}\bar{\boldsymbol{v}}+\boldsymbol{v}^{\mathrm{T}}\boldsymbol{P}\bar{\lambda}\bar{\boldsymbol{v}}=(\lambda+\bar{\lambda})\boldsymbol{v}^{\mathrm{T}}\boldsymbol{P}\bar{\boldsymbol{v}} \tag{4.4.9}$$

结合式(4.4.8)和(4.4.9)，可得

$$\boldsymbol{v}^{\mathrm{T}}(\boldsymbol{A}^{\mathrm{T}}\boldsymbol{P}+\boldsymbol{P}\boldsymbol{A})\bar{\boldsymbol{v}}=\boldsymbol{v}^{\mathrm{T}}(\lambda+\bar{\lambda})\boldsymbol{P}\bar{\boldsymbol{v}} \tag{4.4.10}$$

依据共轭复数的性质有 $\lambda+\bar{\lambda}=2\mathrm{Re}(\lambda)$，其中 $\mathrm{Re}(\lambda)$ 表示复数 λ 的实部，由式(4.4.10)可得

$$\boldsymbol{v}^{\mathrm{T}}(\boldsymbol{A}^{\mathrm{T}}\boldsymbol{P}+\boldsymbol{P}\boldsymbol{A})\bar{\boldsymbol{v}}=\boldsymbol{v}^{\mathrm{T}}(\lambda+\bar{\lambda})\boldsymbol{P}\bar{\boldsymbol{v}}=2\mathrm{Re}(\lambda)\boldsymbol{v}^{\mathrm{T}}\boldsymbol{P}\bar{\boldsymbol{v}} \tag{4.4.11}$$

因为已知条件 $\boldsymbol{A}^{\mathrm{T}}\boldsymbol{P}+\boldsymbol{P}\boldsymbol{A}<0$，则通过式(4.4.11)有

$$2\mathrm{Re}(\lambda)\boldsymbol{v}^{\mathrm{T}}\boldsymbol{P}\bar{\boldsymbol{v}}<0 \tag{4.4.12}$$

则 $\mathrm{Re}(\lambda)<0$，即 $\lambda\in\mathbf{C}^-$（$\mathbf{C}^-$ 代表复平面左侧）。

证毕。

上述证明了矩阵 $\boldsymbol{P}$ 所确定的条件 $\boldsymbol{P}>0$，$\boldsymbol{A}^{\mathrm{T}}\boldsymbol{P}+\boldsymbol{P}\boldsymbol{A}<0$ 与系统矩阵 $\boldsymbol{A}$ 的全部特征值具有负实部的条件等价，因而通过这个条件所给出的系统稳定性判据是充分必要的。对任意给定的正定实对称矩阵 $\boldsymbol{Q}$，若存在正定的实对称矩阵 $\boldsymbol{P}$，满足李雅普诺夫方程

$$\boldsymbol{A}^{\mathrm{T}}\boldsymbol{P}+\boldsymbol{P}\boldsymbol{A}=-\boldsymbol{Q} \tag{4.4.13}$$

则可取

$$V(\boldsymbol{x})=\boldsymbol{x}^{\mathrm{T}}\boldsymbol{P}\boldsymbol{x} \tag{4.4.14}$$

为系统的李雅普诺夫函数。

若选 $V(\boldsymbol{x})=\boldsymbol{x}^{\mathrm{T}}\boldsymbol{P}\boldsymbol{x}$，$\boldsymbol{P}>0$ 为李雅普诺夫函数，则 $V(\boldsymbol{x})$ 是正定的。因为 $V(\boldsymbol{x})$ 中含有 $\boldsymbol{x}$ 和 $\boldsymbol{x}^{\mathrm{T}}$ 这两个与时间 t 相关的变量，因此它是时间的复合函数。根据复合函数的求导法则，将 $V(\boldsymbol{x})$ 取时间导数为

$$\dot{V}(\boldsymbol{x})=\boldsymbol{x}^{\mathrm{T}}\boldsymbol{P}\dot{\boldsymbol{x}}+\dot{\boldsymbol{x}}^{\mathrm{T}}\boldsymbol{P}\boldsymbol{x} \tag{4.4.15}$$

将系统方程(4.4.1)代入式(4.4.15)中，有

$$\dot{V}(\boldsymbol{x})=\boldsymbol{x}^{\mathrm{T}}\boldsymbol{P}\boldsymbol{A}\boldsymbol{x}+(\boldsymbol{A}\boldsymbol{x})^{\mathrm{T}}\boldsymbol{P}\boldsymbol{x}=\boldsymbol{x}^{\mathrm{T}}(\boldsymbol{P}\boldsymbol{A}+\boldsymbol{A}^{\mathrm{T}}\boldsymbol{P})\boldsymbol{x} \tag{4.4.16}$$

欲使系统渐近稳定，则要求 $\dot{V}(\boldsymbol{x})$ 必须为负定，即

$$\dot{V}(\boldsymbol{x})=\boldsymbol{x}^{\mathrm{T}}(\boldsymbol{A}^{\mathrm{T}}\boldsymbol{P}+\boldsymbol{P}\boldsymbol{A})\boldsymbol{x}<0 \tag{4.4.17}$$

也就是要求正定矩阵 $\boldsymbol{P}$ 满足

$$\boldsymbol{A}^{\mathrm{T}}\boldsymbol{P}+\boldsymbol{P}\boldsymbol{A}<0 \tag{4.4.18}$$

或者存在正定矩阵 $\boldsymbol{Q}$，使得

$$\boldsymbol{Q}=-(\boldsymbol{A}^{\mathrm{T}}\boldsymbol{P}+\boldsymbol{P}\boldsymbol{A})>0 \tag{4.4.19}$$

上式即为李雅普诺夫方程式(4.4.13)。

在实际应用时，通常是先选取一个正定矩阵 $\boldsymbol{Q}$，代入李雅普诺夫方程式(4.4.13)中解出矩阵 $\boldsymbol{P}$，然后按希尔维斯特判据判断 $\boldsymbol{P}$ 的符号性质，如果其是正定的，那么就可以做出系统是渐近稳定的结论。通常为了计算简便，选取正定矩阵 $\boldsymbol{Q}$ 为单位矩阵，即 $\boldsymbol{Q}=\boldsymbol{I}$，此时矩阵 $\boldsymbol{P}$ 应满足

$$\boldsymbol{A}^{\mathrm{T}}\boldsymbol{P}+\boldsymbol{P}\boldsymbol{A}=-\boldsymbol{I} \tag{4.4.20}$$

【例 4.4.1】 连续系统状态方程为

$$\dot{\boldsymbol{x}}=\begin{bmatrix}0 & 1\\-1 & -2\end{bmatrix}\boldsymbol{x} \tag{4.4.21}$$

试分析系统的稳定性。

解： 由式(4.4.21)知，系统中

$$\boldsymbol{A}=\begin{bmatrix}0 & 1\\-1 & -2\end{bmatrix} \tag{4.4.22}$$

定义矩阵 $\boldsymbol{P}$ 具有如下形式

$$\boldsymbol{P}=\begin{bmatrix}p_{11} & p_{12}\\p_{21} & p_{22}\end{bmatrix} \tag{4.4.23}$$

式中：$p_{12}=p_{21}$。

选取 $\boldsymbol{Q}=\boldsymbol{I}$，由式(4.4.20)得

$$\begin{bmatrix}0 & 1\\-1 & -2\end{bmatrix}^{\mathrm{T}}\begin{bmatrix}p_{11} & p_{12}\\p_{21} & p_{22}\end{bmatrix}+\begin{bmatrix}p_{11} & p_{12}\\p_{21} & p_{22}\end{bmatrix}\begin{bmatrix}0 & 1\\-1 & -2\end{bmatrix}=\begin{bmatrix}-1 & 0\\0 & -1\end{bmatrix} \tag{4.4.24}$$

展开化简整理后，有

$$\begin{cases}-2p_{12}=-1\\ p_{11}-2p_{12}-p_{22}=0\\ 2p_{12}-4p_{22}=-1\end{cases} \tag{4.4.25}$$

解得

$$p_{11}=\frac{3}{2},\quad p_{12}=\frac{1}{2},\quad p_{22}=\frac{1}{2} \tag{4.4.26}$$

于是,可得矩阵 $\boldsymbol{P}$ 为

$$\boldsymbol{P}=\begin{bmatrix}\frac{3}{2} & \frac{1}{2}\\ \frac{1}{2} & \frac{1}{2}\end{bmatrix} \tag{4.4.27}$$

对于式(4.4.27)中的矩阵 $\boldsymbol{P}$,根据希尔维斯特判据判定

$$\Delta_1=\frac{3}{2}>0,\quad \Delta_2=\begin{vmatrix}\frac{3}{2} & \frac{1}{2}\\ \frac{1}{2} & \frac{1}{2}\end{vmatrix}=\frac{1}{2}>0 \tag{4.4.28}$$

因此,矩阵 $\boldsymbol{P}$ 为正定的,故系统(4.4.21)在平衡状态是渐近稳定的。

当然,因为

$$V(\boldsymbol{x})=\boldsymbol{x}^{\mathrm{T}}\boldsymbol{P}\boldsymbol{x}=\frac{1}{2}(3x_1^2+2x_1x_2+x_2^2)=x_1^2+\frac{1}{2}(x_1+x_2)^2 \tag{4.4.29}$$

当 $\boldsymbol{x}\neq\boldsymbol{0}$ 时,$V(\boldsymbol{x})$是正定的,即 $V(\boldsymbol{x})>0$,也就是 $V(\boldsymbol{x})$是李雅普诺夫函数。

同时

$$\dot{V}(\boldsymbol{x})=\boldsymbol{x}^{\mathrm{T}}(\boldsymbol{A}^{\mathrm{T}}\boldsymbol{P}+\boldsymbol{P}\boldsymbol{A})\boldsymbol{x}=-\boldsymbol{x}^{\mathrm{T}}\boldsymbol{Q}\boldsymbol{x}=-(x_1^2+x_2^2)<0 \tag{4.4.30}$$

也符合李雅普诺夫稳定性判据,故系统(4.4.21)在平衡状态是渐近稳定的。

4.4.2 离散系统渐近稳定判据

考虑离散系统为

$$\boldsymbol{x}(k+1)=\boldsymbol{A}\boldsymbol{x}(k) \tag{4.4.31}$$

式中:$\boldsymbol{x}(k)$为系统状态,是 n 维列向量;

$\boldsymbol{A}$ 为$n\times n$ 维系统矩阵。

系统在平衡状态 $\boldsymbol{x}_e=\boldsymbol{0}$ 渐近稳定的充要条件为系统矩阵 $\boldsymbol{A}$ 的全部特征值的模均小于 1,即分布在复平面单位开圆盘内。矩阵 $\boldsymbol{A}$ 的全部特征值的模均小于 1,即 $\boldsymbol{\sigma}(\boldsymbol{A})\subset\boldsymbol{B}(0,1)$,等价于存在矩阵 $\boldsymbol{P}>0$,使得 $\boldsymbol{A}^{\mathrm{T}}\boldsymbol{P}\boldsymbol{A}-\boldsymbol{P}<0$。证明如下:

① 必要性,即假设 $\boldsymbol{\sigma}(\boldsymbol{A})\subset\boldsymbol{B}(0,1)$,证明存在实矩阵 $\boldsymbol{P}>0$,使得 $\boldsymbol{A}^{\mathrm{T}}\boldsymbol{P}\boldsymbol{A}-\boldsymbol{P}<0$。

考虑矩阵 $\boldsymbol{Q}>0$,令 $\boldsymbol{P}=\sum_{k=1}^{\infty}(\boldsymbol{A}^k)^{\mathrm{T}}\boldsymbol{Q}\boldsymbol{A}^k$,显然有 $\boldsymbol{P}>0$,且

$$\begin{aligned}&\boldsymbol{A}^{\mathrm{T}}\boldsymbol{P}\boldsymbol{A}-\boldsymbol{P}\\ &=\boldsymbol{A}^{\mathrm{T}}\sum_{k=1}^{\infty}(\boldsymbol{A}^k)^{\mathrm{T}}\boldsymbol{Q}\boldsymbol{A}^k\boldsymbol{A}-\sum_{k=1}^{\infty}(\boldsymbol{A}^k)^{\mathrm{T}}\boldsymbol{Q}\boldsymbol{A}^k\end{aligned}$$

$$=\sum_{k=1}^{\infty}\boldsymbol{A}^{\mathrm{T}}(\boldsymbol{A}^{k})^{\mathrm{T}}\boldsymbol{Q}\boldsymbol{A}^{k}\boldsymbol{A}-\sum_{k=1}^{\infty}(\boldsymbol{A}^{k})^{\mathrm{T}}\boldsymbol{Q}\boldsymbol{A}^{k}$$

$$=\sum_{k=1}^{\infty}(\boldsymbol{A}^{\mathrm{T}}(\boldsymbol{A}^{k})^{\mathrm{T}}\boldsymbol{Q}\boldsymbol{A}^{k}\boldsymbol{A}-(\boldsymbol{A}^{k})^{\mathrm{T}}\boldsymbol{Q}\boldsymbol{A}^{k})$$

$$=\lim_{k\to\infty}((\boldsymbol{A}^{2})^{\mathrm{T}}\boldsymbol{Q}\boldsymbol{A}^{2}-\boldsymbol{A}^{\mathrm{T}}\boldsymbol{Q}\boldsymbol{A}+(\boldsymbol{A}^{3})^{\mathrm{T}}\boldsymbol{Q}\boldsymbol{A}^{3}-(\boldsymbol{A}^{2})^{\mathrm{T}}\boldsymbol{Q}\boldsymbol{A}^{2}+\cdots+\boldsymbol{A}^{\mathrm{T}}(\boldsymbol{A}^{k})^{\mathrm{T}}\boldsymbol{Q}\boldsymbol{A}^{k}\boldsymbol{A}-(\boldsymbol{A}^{k})^{\mathrm{T}}\boldsymbol{Q}\boldsymbol{A}^{k})$$

$$=\lim_{k\to\infty}(-\boldsymbol{A}^{\mathrm{T}}\boldsymbol{Q}\boldsymbol{A}+(\boldsymbol{A}^{k+1})^{\mathrm{T}}\boldsymbol{Q}\boldsymbol{A}^{k+1}) \tag{4.4.32}$$

整理上式，有

$$\boldsymbol{A}^{\mathrm{T}}\boldsymbol{P}\boldsymbol{A}-\boldsymbol{P}=\lim_{k\to\infty}(-\boldsymbol{A}^{\mathrm{T}}\boldsymbol{Q}\boldsymbol{A}+(\boldsymbol{A}^{k+1})^{\mathrm{T}}\boldsymbol{Q}\boldsymbol{A}^{k+1})=-\boldsymbol{A}^{\mathrm{T}}\boldsymbol{Q}\boldsymbol{A}+\lim_{k\to\infty}(\boldsymbol{A}^{k+1})^{\mathrm{T}}\boldsymbol{Q}\boldsymbol{A}^{k+1} \tag{4.4.33}$$

如果 $\boldsymbol{A}$ 为一般形式的矩阵，假设 $\boldsymbol{A}$ 的特征值为 q 重根 λ_1 和 $n-q$ 个单根 $\lambda_{q+1},\lambda_{q+2},\cdots,\lambda_n$，根据第 2.4.2 节中式(2.4.28)，给出系统(4.4.31)的状态转移矩阵为

$$\boldsymbol{A}^{k}=\boldsymbol{P}\left[\begin{array}{cccc:ccc}\lambda_1^k & k\lambda_1^{k-1} & \cdots & \dfrac{k(k-1)\cdots(k-q+2)}{(q-1)!}\lambda_1^{k-q+1} & & & \boldsymbol{0}\\ & \lambda_1^k & \ddots & \vdots & & & \\ & & \ddots & k\lambda_1^{k-1} & & & \\ \boldsymbol{0} & & & \lambda_1^k & & & \\ \hdashline & & & & \lambda_{q+1}^k & & \boldsymbol{0}\\ & & & & & \ddots & \\ \boldsymbol{0} & & & & \boldsymbol{0} & & \lambda_n^k\end{array}\right]\boldsymbol{P}^{-1} \tag{4.4.34}$$

需要注意的是，式(4.4.34)中的矩阵 $\boldsymbol{P}$ 为约当标准型变换矩阵，并不是本章中用到的李雅普诺夫矩阵，不能混淆。

如果 $\boldsymbol{A}$ 的 n 个特征值中有是实数的，例如 λ_φ，因为 $\boldsymbol{\sigma}(\boldsymbol{A})\subset\boldsymbol{B}(0,1)$，即 $|\lambda_\varphi|<1$，故

$$\lim_{k\to\infty}\lambda_\varphi^k=0$$

如果 $\boldsymbol{A}$ 的 n 个特征值中有是复数的，例如 $\lambda_\rho=a_\rho+\mathrm{j}b_\rho$，$\mathrm{j}^2=-1$，也可以写为 $\lambda_\rho=r_\rho(\cos\theta_\rho+\mathrm{j}\sin\theta_\rho)$，其中 $r_\rho=\sqrt{a_\rho^2+b_\rho^2}$ 为 λ_ρ 的模，$\theta_\rho=\arctan\dfrac{b_\rho}{a_\rho}$ 为 λ_ρ 的幅角，那么有 $\lambda_\varphi^k=r_\rho^k(\cos\theta_\rho+\mathrm{j}\sin\theta_\rho)^k$。根据棣莫弗(De - Moivre)公式可知

$$\lambda_\varphi^k=r_\rho^k(\cos k\theta_\rho+\mathrm{j}\sin k\theta_\rho)$$

因为 $\boldsymbol{\sigma}(\boldsymbol{A})\subset\boldsymbol{B}(0,1)$，也就是 $0<r_\rho<1$，所以有 $\lim\limits_{k\to+\infty}\lambda_\varphi^k=0$。

综上所述，如果 $\boldsymbol{\sigma}(\boldsymbol{A})\subset\boldsymbol{B}(0,1)$，则有 $\lim\limits_{k\to\infty}\boldsymbol{A}^k=\boldsymbol{0}$，即

$$\lim_{k\to\infty}(\boldsymbol{A}^{k+1})^{\mathrm{T}}\boldsymbol{Q}\boldsymbol{A}^{k+1}=\boldsymbol{0} \tag{4.4.35}$$

结合上式，则

$$\boldsymbol{A}^{\mathrm{T}}\boldsymbol{P}\boldsymbol{A}-\boldsymbol{P}=-\boldsymbol{A}^{\mathrm{T}}\boldsymbol{Q}\boldsymbol{A}<0 \tag{4.4.36}$$

② 充分性，即假设存在实矩阵 $\boldsymbol{P}>0$，使得 $\boldsymbol{A}^{\mathrm{T}}\boldsymbol{P}\boldsymbol{A}-\boldsymbol{P}<0$，证明 $\boldsymbol{\sigma}(\boldsymbol{A})\subset\boldsymbol{B}(0,1)$。

因为 $\boldsymbol{A}$ 的特征值可能有复数，不妨在复数域上证明。由于系统矩阵 $\boldsymbol{A}$ 为 $n\times n$ 维矩阵，根

据线性空间定义，在 $\boldsymbol{C}^n$ 中定义新的内积

$$\langle \boldsymbol{a}, \boldsymbol{b} \rangle = \boldsymbol{a}^{\mathrm{T}} \boldsymbol{P} \bar{\boldsymbol{b}} \tag{4.4.37}$$

式中：$\bar{\boldsymbol{b}}$ 表示 $\boldsymbol{b}$ 的共轭复数。

根据新定义的内积(4.4.37)，则有

$$\langle \boldsymbol{A}\boldsymbol{v}, \boldsymbol{A}\boldsymbol{v} \rangle = \boldsymbol{v}^{\mathrm{T}} \boldsymbol{A}^{\mathrm{T}} \boldsymbol{P} \overline{\boldsymbol{A}\boldsymbol{v}} = \boldsymbol{v}^{\mathrm{T}} \boldsymbol{A}^{\mathrm{T}} \boldsymbol{P} \boldsymbol{A} \bar{\boldsymbol{v}} \tag{4.4.38}$$

考虑特征值的定义，$\forall \lambda \in \boldsymbol{\sigma}(\boldsymbol{A})$，$n$ 维列向量 $\boldsymbol{v} \neq \boldsymbol{0}$ 为矩阵 $\boldsymbol{A}$ 对应于特征值 λ 的特征向量，即 $\boldsymbol{A}\boldsymbol{v} = \lambda \boldsymbol{v}$。根据新定义的内积(4.4.37)，则有

$$\langle \boldsymbol{A}\boldsymbol{v}, \boldsymbol{A}\boldsymbol{v} \rangle = \langle \lambda \boldsymbol{v}, \lambda \boldsymbol{v} \rangle = \lambda \bar{\lambda} \boldsymbol{v}^{\mathrm{T}} \boldsymbol{P} \bar{\boldsymbol{v}} \tag{4.4.39}$$

结合式(4.4.38)和式(4.4.39)，可得

$$\boldsymbol{v}^{\mathrm{T}} \boldsymbol{A}^{\mathrm{T}} \boldsymbol{P} \boldsymbol{A} \bar{\boldsymbol{v}} = \boldsymbol{v}^{\mathrm{T}} \lambda \bar{\lambda} \boldsymbol{P} \bar{\boldsymbol{v}} \tag{4.4.40}$$

依据共轭复数的性质有 $\lambda\bar{\lambda} = \mathrm{Re}^2(\lambda) + \mathrm{Im}^2(\lambda)$，其中 $\mathrm{Re}(\lambda)$ 表示复数 λ 的实部，$\mathrm{Im}(\lambda)$ 表示复数 λ 的虚部，由从式(4.4.40)可得

$$\boldsymbol{v}^{\mathrm{T}} \boldsymbol{A}^{\mathrm{T}} \boldsymbol{P} \boldsymbol{A} \bar{\boldsymbol{v}} = \boldsymbol{v}^{\mathrm{T}} \lambda \bar{\lambda} \boldsymbol{P} \bar{\boldsymbol{v}} = (\mathrm{Re}^2(\lambda) + \mathrm{Im}^2(\lambda))\, \boldsymbol{v}^{\mathrm{T}} \boldsymbol{P} \bar{\boldsymbol{v}} \tag{4.4.41}$$

因为已知条件 $\boldsymbol{A}^{\mathrm{T}}\boldsymbol{P}\boldsymbol{A} - \boldsymbol{P} < 0$，即 $\boldsymbol{A}^{\mathrm{T}}\boldsymbol{P}\boldsymbol{A} < \boldsymbol{P}$，则通过式(4.4.41)有

$$(\mathrm{Re}^2(\lambda) + \mathrm{Im}^2(\lambda))\, \boldsymbol{v}^{\mathrm{T}} \boldsymbol{P} \bar{\boldsymbol{v}} < \boldsymbol{v}^{\mathrm{T}} \boldsymbol{P} \bar{\boldsymbol{v}} \tag{4.4.42}$$

上式意味着

$$(\mathrm{Re}^2(\lambda) + \mathrm{Im}^2(\lambda)) < 1 \tag{4.4.43}$$

即 $\lambda \in \boldsymbol{B}(0,1)$（$\boldsymbol{B}(0,1)$ 代表复平面单位开圆盘）。

证毕。

上述证明了矩阵 $\boldsymbol{P}$ 所确定的条件 $\boldsymbol{P} > 0$，$\boldsymbol{A}^{\mathrm{T}}\boldsymbol{P}\boldsymbol{A} - \boldsymbol{P} < 0$ 与系统矩阵 $\boldsymbol{A}$ 的全部特征值的模小于 1 的条件等价，因而通过这个条件所给出的系统稳定性判据是充分必要的。对任意给定的正定实对称矩阵 $\boldsymbol{Q}$，若存在正定的实对称矩阵 $\boldsymbol{P}$，满足李雅普诺夫方程

$$\boldsymbol{A}^{\mathrm{T}}\boldsymbol{P}\boldsymbol{A} - \boldsymbol{P} = -\boldsymbol{Q} \tag{4.4.44}$$

则可取

$$V(\boldsymbol{x}(k)) = \boldsymbol{x}^{\mathrm{T}}(k)\boldsymbol{P}\boldsymbol{x}(k) \tag{4.4.45}$$

为系统的李雅普诺夫函数。

若选 $V(\boldsymbol{x}(k)) = \boldsymbol{x}^{\mathrm{T}}(k)\boldsymbol{P}\boldsymbol{x}(k)$，$\boldsymbol{P} > 0$ 为李雅普诺夫函数，则 $V(\boldsymbol{x}(k))$ 是正定的。在离散系统中用李雅普诺夫函数的差分代替连续系统中的李雅普诺夫函数的微分，李雅普诺夫函数的差分为 $V(\boldsymbol{x}(k+1))$ 与 $V(\boldsymbol{x}(k))$ 之差，即

$$V(\boldsymbol{x}(k+1)) - V(\boldsymbol{x}(k)) = \boldsymbol{x}^{\mathrm{T}}(k+1)\boldsymbol{P}\boldsymbol{x}(k+1) - \boldsymbol{x}^{\mathrm{T}}(k)\boldsymbol{P}\boldsymbol{x}(k) \tag{4.4.46}$$

将系统方程(4.4.31)代入上式中，有

$$\begin{aligned} V(\boldsymbol{x}(k+1)) - V(\boldsymbol{x}(k)) &= \boldsymbol{x}^{\mathrm{T}}(k+1)\boldsymbol{P}\boldsymbol{x}(k+1) - \boldsymbol{x}^{\mathrm{T}}(k)\boldsymbol{P}\boldsymbol{x}(k) \\ &= (\boldsymbol{A}\boldsymbol{x}(k))^{\mathrm{T}}\boldsymbol{P}(\boldsymbol{A}\boldsymbol{x}(k)) - \boldsymbol{x}^{\mathrm{T}}(k)\boldsymbol{P}\boldsymbol{x}(k) \\ &= \boldsymbol{x}^{\mathrm{T}}(k)\boldsymbol{A}^{\mathrm{T}}\boldsymbol{P}\boldsymbol{A}\boldsymbol{x}(k) - \boldsymbol{x}^{\mathrm{T}}(k)\boldsymbol{P}\boldsymbol{x}(k) \\ &= \boldsymbol{x}^{\mathrm{T}}(k)(\boldsymbol{A}^{\mathrm{T}}\boldsymbol{P}\boldsymbol{A} - \boldsymbol{P})\boldsymbol{x}(k) \end{aligned} \tag{4.4.47}$$

欲使系统渐近稳定，则要求 $V(\boldsymbol{x}(k+1)) - V(\boldsymbol{x}(k))$ 必须为负定，即

$$V(\boldsymbol{x}(k+1)) - V(\boldsymbol{x}(k)) = \boldsymbol{x}^{\mathrm{T}}(k)(\boldsymbol{A}^{\mathrm{T}}\boldsymbol{P}\boldsymbol{A} - \boldsymbol{P})\boldsymbol{x}(k) < 0 \tag{4.4.48}$$

也就是要求正定矩阵 $\boldsymbol{P}$ 满足

$$\boldsymbol{A}^{\mathrm{T}}\boldsymbol{P}\boldsymbol{A}-\boldsymbol{P}<0 \tag{4.4.49}$$

或者存在正定矩阵 $\boldsymbol{Q}$，使得

$$\boldsymbol{Q}=-(\boldsymbol{A}^{\mathrm{T}}\boldsymbol{P}\boldsymbol{A}-\boldsymbol{P})>0 \tag{4.4.50}$$

上式即为李雅普诺夫方程式(4.4.44)。

类似于第 4.4.1 节中连续系统的方法，对于离散系统在具体应用李雅普诺夫渐近稳定判据时，也可以先给定一个实正定矩阵 $\boldsymbol{Q}$，比如选矩阵 $\boldsymbol{Q}=\boldsymbol{I}$，然后求解

$$\boldsymbol{A}^{\mathrm{T}}\boldsymbol{P}\boldsymbol{A}-\boldsymbol{P}=-\boldsymbol{I} \tag{4.4.51}$$

通过判断所解出的矩阵 $\boldsymbol{P}$ 是否为正定的，从而给出系统稳定性的相关结论。

【例 4.4.2】 离散系统状态方程为

$$\boldsymbol{x}(k+1)=\begin{bmatrix}0 & \frac{1}{2}\\ 1 & 0\end{bmatrix}\boldsymbol{x}(k) \tag{4.4.52}$$

试分析系统的稳定性。

解： 由式(4.4.52)知，系统中

$$\boldsymbol{A}=\begin{bmatrix}0 & \frac{1}{2}\\ 1 & 0\end{bmatrix} \tag{4.4.53}$$

定义矩阵 $\boldsymbol{P}$ 具有如下形式

$$\boldsymbol{P}=\begin{bmatrix}p_{11} & p_{12}\\ p_{21} & p_{22}\end{bmatrix} \tag{4.4.54}$$

式中：$p_{12}=p_{21}$。

选取 $\boldsymbol{Q}=\boldsymbol{I}$，由式(4.4.51)得

$$\begin{bmatrix}0 & 1\\ \frac{1}{2} & 0\end{bmatrix}\begin{bmatrix}p_{11} & p_{12}\\ p_{21} & p_{22}\end{bmatrix}\begin{bmatrix}0 & \frac{1}{2}\\ 1 & 0\end{bmatrix}-\begin{bmatrix}p_{11} & p_{12}\\ p_{21} & p_{22}\end{bmatrix}=\begin{bmatrix}-1 & 0\\ 0 & -1\end{bmatrix} \tag{4.4.55}$$

展开化简整理，有

$$\begin{cases}p_{22}-p_{11}=-1\\ \frac{1}{2}p_{12}-p_{12}=0\\ \frac{1}{4}p_{11}-p_{22}=-1\end{cases} \tag{4.4.56}$$

解得

$$p_{11}=\frac{8}{3},\quad p_{12}=0,\quad p_{22}=\frac{5}{3} \tag{4.4.57}$$

于是，可得矩阵 $\boldsymbol{P}$ 为

$$\boldsymbol{P}=\begin{bmatrix}\frac{8}{3} & 0\\ 0 & \frac{5}{3}\end{bmatrix} \tag{4.4.58}$$

对于式(4.4.58)中的矩阵 $\boldsymbol{P}$，根据希尔维斯特判据判定

$$\Delta_1=\frac{8}{3}>0,\quad \Delta_2=\begin{vmatrix}\frac{8}{3} & 0\\ 0 & \frac{5}{3}\end{vmatrix}=\frac{40}{9}>0 \tag{4.4.59}$$

因此，矩阵 $\boldsymbol{P}$ 为正定的，故系统(4.4.52)在平衡状态是渐近稳定的。

当然，因为

$$V(\boldsymbol{x}(k))=\boldsymbol{x}^{\mathrm{T}}(k)\boldsymbol{P}\boldsymbol{x}(k)=\frac{8}{3}x_1^2(k)+\frac{5}{3}x_2^2(k) \tag{4.4.60}$$

当 $\boldsymbol{x}(k)\neq\boldsymbol{0}$ 时，$V(\boldsymbol{x}(k))$是正定的，即 $V(\boldsymbol{x}(k))>0$，也就是 $V(\boldsymbol{x}(k))$是李雅普诺夫函数。

同时

$$V(\boldsymbol{x}(k+1))-V(\boldsymbol{x}(k))=\boldsymbol{x}^{\mathrm{T}}(k)(\boldsymbol{A}^{\mathrm{T}}\boldsymbol{P}\boldsymbol{A}-\boldsymbol{P})\boldsymbol{x}(k)=-\boldsymbol{x}^{\mathrm{T}}(k)\boldsymbol{Q}\boldsymbol{x}(k)=-(x_1^2(k)+x_2^2(k))<0 \tag{4.4.61}$$

也符合李雅普诺夫稳定性判据，故系统(4.4.52)在平衡状态是渐近稳定的。

下面的例子可充分说明选取正定矩阵 $\boldsymbol{Q}$ 和求解正定矩阵 $\boldsymbol{P}$ 满足条件(4.4.44)与系统矩阵 $\boldsymbol{A}$ 的全部特征值的模小于1的条件是完全等价的。

【例 4.4.3】 离散系统状态方程为

$$\boldsymbol{x}(k+1)=\begin{bmatrix}\lambda_1 & 0\\ 0 & \lambda_2\end{bmatrix}\boldsymbol{x}(k) \tag{4.4.62}$$

试判断系统是渐近稳定的所需要满足的条件。

解：由式(4.4.62)知，系统中

$$\boldsymbol{A}=\begin{bmatrix}\lambda_1 & 0\\ 0 & \lambda_2\end{bmatrix} \tag{4.4.63}$$

定义矩阵 $\boldsymbol{P}$ 具有如下形式

$$\boldsymbol{P}=\begin{bmatrix}p_{11} & p_{12}\\ p_{21} & p_{22}\end{bmatrix} \tag{4.4.64}$$

式中：$p_{12}=p_{21}$。

选取 $\boldsymbol{Q}=\boldsymbol{I}$，由式(4.4.51)得

$$\begin{bmatrix}\lambda_1 & 0\\ 0 & \lambda_2\end{bmatrix}\begin{bmatrix}p_{11} & p_{12}\\ p_{21} & p_{22}\end{bmatrix}\begin{bmatrix}\lambda_1 & 0\\ 0 & \lambda_2\end{bmatrix}-\begin{bmatrix}p_{11} & p_{12}\\ p_{21} & p_{22}\end{bmatrix}=\begin{bmatrix}-1 & 0\\ 0 & -1\end{bmatrix} \tag{4.4.65}$$

展开化简整理，有

$$\begin{cases}p_{11}(1-\lambda_1^2)=1\\ p_{12}(1-\lambda_1\lambda_2)=0\\ p_{22}(1-\lambda_2^2)=1\end{cases} \tag{4.4.66}$$

下面对上式可能出现的解对应于系统稳定性的情况进行分析。

① λ_1 和 λ_2 其中一个或者全部等于1，则式(4.4.66)中 $p_{11}(1-\lambda_1^2)=1$ 和 $p_{22}(1-\lambda_2^2)=1$ 其中的一个必无解或者全部无解。实际上，对于这种情况，无论式(4.4.44)中的正定矩阵 $\boldsymbol{Q}$ 如何选取，式(4.4.66)都是无解的。这就说明此时无论如何也无法找到正定矩阵 $\boldsymbol{P}$ 满足李雅普诺夫方程(4.4.44)，因此这种情况下可以给出系统不稳定的结论。

② λ_1 和 λ_2 互为倒数，则从式(4.4.66)中可以解得

$$P=\begin{bmatrix}\dfrac{1}{1-\lambda_1^2} & p_{12}\\ p_{12} & \dfrac{1}{1-\lambda_2^2}\end{bmatrix}\tag{4.4.67}$$

式中：p_{12} 可以为任意取值。

由于 λ_1 和 λ_2 互为倒数，那么它们中的一个数的绝对值必定大于1，这意味着矩阵 $\boldsymbol{P}$ 中主对角线上的两个元素 $p_{11}=\dfrac{1}{1-\lambda_1^2}$ 和 $p_{22}=\dfrac{1}{1-\lambda_2^2}$ 其中的一个必定小于0。考虑到正定矩阵的充分必要条件是其主对角线上的元素必为正数的性质，这种情况下求解出的矩阵 $\boldsymbol{P}$ 不可能为正定的。实际上，对于这种情况，无论 p_{12} 如何取值也即式(4.4.44)中的正定矩阵 $\boldsymbol{Q}$ 如何选取，式(4.4.66)都不可能给出矩阵 $\boldsymbol{P}$ 为正定矩阵的解。这就说明此时无论如何也无法找到正定矩阵 $\boldsymbol{P}$ 满足李雅普诺夫方程(4.4.44)，因此这种情况下可以给出系统不稳定的结论。

③ 排除上述的两种情况①和②，那么对于 $p_{12}(1-\lambda_1\lambda_2)=0$，只有 $p_{12}=0$ 的解。同时从式(4.4.66)可以解出

$$P=\begin{bmatrix}\dfrac{1}{1-\lambda_1^2} & 0\\ 0 & \dfrac{1}{1-\lambda_2^2}\end{bmatrix}\tag{4.4.68}$$

由于这种情况下求解出的矩阵 $\boldsymbol{P}$ 为对角矩阵，要使得上式中矩阵 $\boldsymbol{P}$ 为正定矩阵，也就是仅仅需要其主对角线上的两个元素 $p_{11}=\dfrac{1}{1-\lambda_1^2}$ 和 $p_{22}=\dfrac{1}{1-\lambda_2^2}$ 都大于0，则必须满足的条件为

$$|\lambda_1|<1,\quad |\lambda_2|<1\tag{4.4.69}$$

从情况③的分析可知，系统(4.4.62)是渐近稳定的需要满足的条件即为式(4.4.69)。

本例中，通过选取矩阵 $\boldsymbol{Q}$ 并求解正定矩阵 $\boldsymbol{P}$ 满足李雅普诺夫方程(4.4.44)，给出了系统稳定性条件为式(4.4.69)。而由于系统矩阵 $\boldsymbol{A}$ 为对角结构，λ_1 和 λ_2 即为矩阵 $\boldsymbol{A}$ 的特征值，条件(4.4.69)意味着系统矩阵 $\boldsymbol{A}$ 的全部特征值的模小于1。因此，选取矩阵 $\boldsymbol{Q}$ 和求解正定矩阵 $\boldsymbol{P}$ 满足条件(4.4.44)与系统矩阵 $\boldsymbol{A}$ 的全部特征值的模小于1的条件是完全等价的。

习　题

1. 对于三维非零列向量 $\boldsymbol{x}$ 构成的标量函数

(1) $V(\boldsymbol{x})=3x_1^2+6x_2^2$

(2) $V(\boldsymbol{x})=3x_1^2+6x_2^2-x_3^2$

(3) $V(\boldsymbol{x})=3x_1^2+6x_2^2+x_3^2$

(4) $V(\boldsymbol{x})=(3x_1+6x_2+x_3)^2$

(5) $V(\boldsymbol{x})=x_1^2+4x_2^2+x_3^2-2x_1x_2-6x_2x_3-2x_1x_3$

试判断其符号性质。

2. 对于矩阵

(1) $\boldsymbol{P}=\begin{bmatrix}10 & 1 & -2\\ 1 & 4 & -1\\ -2 & -1 & 1\end{bmatrix}$

(2) $\boldsymbol{P}=\begin{bmatrix}-1 & 1 & -1\\ 1 & -3 & -0.5\\ -1 & -0.5 & -11\end{bmatrix}$

试利用希尔维斯特判据判断其符号性质。

3. 连续系统状态方程为

$$\begin{bmatrix}\dot{x}_1\\ \dot{x}_2\end{bmatrix}=\begin{bmatrix}-5 & 6\\ -1 & 0\end{bmatrix}\begin{bmatrix}x_1\\ x_2\end{bmatrix}$$

试利用李雅普诺夫第一法和第二法判断系统的稳定性。

4. 离散系统状态方程为

$$\boldsymbol{x}(k+1)=\begin{bmatrix}0 & 1\\ -0.21 & -1\end{bmatrix}\boldsymbol{x}(k)$$

试利用李雅普诺夫第一法和第二法判断系统的稳定性。

第5章 系统综合

控制系统的分析与综合是控制系统研究的两大课题。在前面的章节中,第2章阐述了在已知系统状态方程和外部输入的情况下求系统状态方程的解,从而掌握了系统的运动规律;第3章阐述了对于已知的状态空间表达式情况下系统的能控性和能观性;第4章阐述了对于已知的系统状态方程情况下系统的稳定性。上述各章节阐述的内容即是系统的分析问题,它们是在建立数学模型的基础上分析系统的各种性能及其与系统的结构、参数和外部输入之间的关系。

本章讨论控制系统的综合问题,它是与控制系统分析相对应的问题。所谓的控制系统综合,指的是在给定控制系统模型和外部输入的情况下,寻求改善系统性能的各种控制规律,给出相应的控制器,也就是通过综合系统的性能要求进而设计控制器的结构和参数,使得控制系统满足预先规定的各项性能指标。

5.1 状态反馈控制系统

无论是经典控制理论还是现代控制理论,反馈都是控制系统设计的主要方式。在现代控制理论中,控制系统的基本结构和经典控制理论一样,仍然是由受控对象和反馈控制器两部分构成的闭环系统。不过在经典控制理论中使用输入和输出之间的微分方程或者传递函数来描述系统,因此只能用输出变量作为反馈量,即习惯于采用输出反馈方式。而在现代控制理论中使用了系统的输入、输出和内部状态来描述系统,因此除了可以用输出变量来作反馈量,也可以利用状态变量来作反馈。由于状态反馈能提供更丰富的状态信息和可供选择的自由度,因而使系统容易获得更为优异的性能,很多的控制问题都采用状态反馈。状态反馈不但可以实现闭环系统任意极点的配置,而且它对于系统的镇定和解耦都是非常重要的控制方式。

状态反馈从结构上来说是将系统的每一个状态变量乘相应的反馈系数,然后反馈到输入端与参考输入相加形成控制律,作为受控系统的控制输入。一个多入-多出系统状态反馈的基本结构(见图5.1.1)中受控系统的状态空间表达式为

$$\begin{cases}\dot{\boldsymbol{x}}=\boldsymbol{A}\boldsymbol{x}+\boldsymbol{B}\boldsymbol{u}\\ \boldsymbol{y}=\boldsymbol{C}\boldsymbol{x}+\boldsymbol{D}\boldsymbol{u}\end{cases}\tag{5.1.1}$$

式中：$\boldsymbol{x}$ 为系统状态,是 n 维列向量;

$\boldsymbol{u}$ 为系统输入,是 r 维列向量;

$\boldsymbol{y}$ 为系统输出,是 m 维列向量;

$\boldsymbol{A}$ 为 $n\times n$ 维系统矩阵;

$\boldsymbol{B}$ 为 $n\times r$ 维输入矩阵；

$\boldsymbol{C}$ 为 $m\times n$ 维输出矩阵；

$\boldsymbol{D}$ 为 $m\times r$ 维直接传递矩阵。

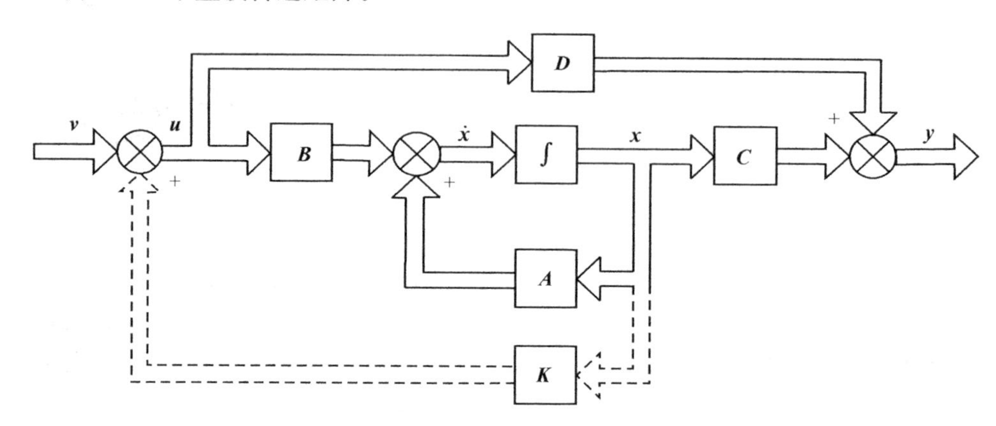

图 5.1.1 多入-多出系统的状态反馈基本结构框图

若矩阵 $\boldsymbol{D}=\boldsymbol{0}$，则开环系统的传递函数矩阵为

$$\boldsymbol{W}(s)=\boldsymbol{C}(s\boldsymbol{I}-\boldsymbol{A})^{-1}\boldsymbol{B} \tag{5.1.2}$$

状态反馈控制律 $\boldsymbol{u}$ 为

$$\boldsymbol{u}=\boldsymbol{K}\boldsymbol{x}+\boldsymbol{v} \tag{5.1.3}$$

式中：$\boldsymbol{v}$ 为 $r\times 1$ 维参考输入；

$\boldsymbol{K}$ 为 $r\times n$ 维控制器反馈矩阵，对于单入系统，$\boldsymbol{K}$ 为 $1\times n$ 维行向量。

将式(5.1.3)代入式(5.1.1)中，整理可得状态反馈闭环系统状态空间表达式为

$$\begin{cases}\dot{\boldsymbol{x}}=(\boldsymbol{A}+\boldsymbol{B}\boldsymbol{K})\boldsymbol{x}+\boldsymbol{B}\boldsymbol{v}\\ \boldsymbol{y}=(\boldsymbol{C}+\boldsymbol{D}\boldsymbol{K})\boldsymbol{x}+\boldsymbol{D}\boldsymbol{v}\end{cases} \tag{5.1.4}$$

若矩阵 $\boldsymbol{D}=\boldsymbol{0}$，则闭环系统的传递函数矩阵为

$$\boldsymbol{W}_K(s)=\boldsymbol{C}(s\boldsymbol{I}-(\boldsymbol{A}+\boldsymbol{B}\boldsymbol{K}))^{-1}\boldsymbol{B} \tag{5.1.5}$$

比较开环系统的传递函数(5.1.2)与闭环系统的传递函数(5.1.5)可见，状态反馈阵 $\boldsymbol{K}$ 的引入，并不增加系统的维数，但通过 $\boldsymbol{K}$ 的选择可以自由地改变闭环系统的特征值，从而使系统获得所要求的性能。

状态反馈控制方式不会改变系统的能控性，这是因为开环系统(5.1.1)的能控性矩阵的秩与闭环系统(5.1.4)的能控性矩阵的秩是相同的。对于开环系统(5.1.1)，其能控性判别矩阵为

$$\boldsymbol{M}=[\boldsymbol{B}\quad \boldsymbol{A}\boldsymbol{B}\quad \boldsymbol{A}^2\boldsymbol{B}\quad \cdots\quad \boldsymbol{A}^{n-1}\boldsymbol{B}] \tag{5.1.6}$$

而对于闭环系统(5.1.4)，其相应的能控性判别矩阵为

$$\boldsymbol{M}_K=[\boldsymbol{B}\quad (\boldsymbol{A}+\boldsymbol{B}\boldsymbol{K})\boldsymbol{B}\quad (\boldsymbol{A}+\boldsymbol{B}\boldsymbol{K})^2\boldsymbol{B}\quad \cdots\quad (\boldsymbol{A}+\boldsymbol{B}\boldsymbol{K})^{n-1}\boldsymbol{B}] \tag{5.1.7}$$

分析如下：

$\boldsymbol{M}_K$ 中第 1 个矩阵 $\boldsymbol{B}=\boldsymbol{B}\times\boldsymbol{I}$ 可以看作是 $\boldsymbol{M}$ 中第一个矩阵 $\boldsymbol{B}$ 的线性组合。

$\boldsymbol{M}_K$ 中第 2 个矩阵 $(\boldsymbol{A}+\boldsymbol{B}\boldsymbol{K})\boldsymbol{B}=\boldsymbol{B}(\boldsymbol{K}\boldsymbol{B})+\boldsymbol{A}\boldsymbol{B}$ 可以看作是 $\boldsymbol{M}$ 中前 2 个矩阵 $\boldsymbol{B}$ 和 $\boldsymbol{A}\boldsymbol{B}$ 的线性组合。

$\boldsymbol{M}_K$ 中第 3 个矩阵 $(\boldsymbol{A}+\boldsymbol{BK})^2\boldsymbol{B}=\boldsymbol{B}(\boldsymbol{KAB}+\boldsymbol{KBKB})+\boldsymbol{AB}(\boldsymbol{KB})+\boldsymbol{A}^2\boldsymbol{B}$ 可以看作是 $\boldsymbol{M}$ 中前 3 个矩阵 $\boldsymbol{B}$、$\boldsymbol{AB}$ 和 $\boldsymbol{A}^2\boldsymbol{B}$ 的线性组合。

以此类推，$\boldsymbol{M}_K$ 中第 m 个矩阵可以看作是 $\boldsymbol{M}$ 中前 m 个矩阵的线性组合。因此，矩阵 $\boldsymbol{M}_K$ 可以看作是由矩阵 $\boldsymbol{M}$ 经过初等变换后得到的，而由线性代数理论可知，矩阵经过初等变换后并不改变矩阵的秩，也就是矩阵 $\boldsymbol{M}_K$ 的秩和矩阵 $\boldsymbol{M}$ 的秩是相同的。

综上，状态反馈控制方式不会改变系统的能控性。

5.2　极点配置

控制系统的稳定性和其他各种性能，在很大程度上取决于系统极点在根平面（复平面或 s 平面）上的分布。作为综合系统性能指标的一种形式，在对系统进行设计的时候，为了保证系统具有期望的性能，通常给定一组期望的系统极点，或者根据时域指标转换成一组等价的期望极点，然后进行极点配置。所谓的极点配置问题，就是通过设计反馈增益矩阵，将闭环系统的极点恰好配置在根平面上所期望的位置，以获得所期望的动态性能。状态空间中的极点配置设计方法是现代控制理论中基本的设计方法之一。

假设系统的全部状态变量都可以测量，且系统是能控的，利用状态反馈控制的方式，适当地选择控制器反馈矩阵，可以将闭环系统的极点配置在根平面的任何期望的位置。本节介绍在指定极点分布情况下，如何设计控制器反馈矩阵的问题。为了介绍直观，仅讨论单入系统。

假设系统

$$\dot{\boldsymbol{x}}=\boldsymbol{Ax}+\boldsymbol{b}u \tag{5.2.1}$$

式中：$\boldsymbol{x}$ 为系统状态，是 n 维列向量；

u 为系统输入，是标量；

$\boldsymbol{A}$ 为 $n\times n$ 维系统矩阵；

$\boldsymbol{b}$ 为 $n\times 1$ 维输入矩阵。

为能控的。

该系统极点配置的目的是希望通过控制方式，合理地设计控制器 u，使得闭环系统的极点满足指定的要求。考虑采用状态反馈控制方式，即

$$u=\boldsymbol{Kx}+v \tag{5.2.2}$$

式中：v 为标量参考输入；

$\boldsymbol{K}$ 为 $1\times n$ 维控制器反馈矩阵。

将式(5.2.2)代入系统(5.2.1)中，可得闭环系统方程为

$$\dot{\boldsymbol{x}}=(\boldsymbol{A}+\boldsymbol{bK})\boldsymbol{x}+\boldsymbol{b}v \tag{5.2.3}$$

由闭环系统方程(5.2.3)可知，系统参数矩阵 $\boldsymbol{A}$ 和 $\boldsymbol{b}$ 已固定，这样极点配置问题就归结为如何确定控制器反馈矩阵 $\boldsymbol{K}$，将闭环系统(5.2.3)的极点配置在根平面期望的位置上。

对于实际系统而言，系统(5.2.3)中的参数矩阵 $\boldsymbol{A}$ 和 $\boldsymbol{b}$ 为任意形式的，如果直接从 $\boldsymbol{A}$ 和 $\boldsymbol{b}$ 研究闭环系统的极点配置问题会很复杂。因为系统(5.2.1)是能控的，根据第 5.1 节中的介绍，状态反馈不会改变系统的能控性，那么闭环系统(5.2.3)同样是能控的。既然系统(5.2.3)是能控的，则考虑利用能控系统的标准型来解决其极点配置问题。

在传递函数(5.1.5)中，其分母 $|s\boldsymbol{I}-(\boldsymbol{A}+\boldsymbol{bK})|=0$ 的解 s 即为闭环系统的极点。从

第 1.3.3 节中系统传递函数的讨论可知，$|s\boldsymbol{I}-(\boldsymbol{A}+\boldsymbol{bK})|$ 即为系统的特征多项式 $|\lambda\boldsymbol{I}-(\boldsymbol{A}+\boldsymbol{bK})|$，$|\lambda\boldsymbol{I}-(\boldsymbol{A}+\boldsymbol{bK})|=0$ 的解 λ 即为系统的特征值。因此，期望的闭环系统极点也就是期望的闭环系统特征值。对于闭环系统(5.2.3)，假设期望的极点(实数或共轭复数)即期望的特征值为 λ_i^* $(i=1,2,\cdots,n)$，也就是期望系统特征多项式为

$$(\lambda-\lambda_1^*)(\lambda-\lambda_2^*)\cdots(\lambda-\lambda_n^*)=\lambda^n+a_{n-1}^*\lambda^{n-1}+\cdots+a_1^*\lambda+a_0^* \tag{5.2.4}$$

式中：$a_0^*,a_1^*,\cdots,a_{n-1}^*$ 为期望的特征多项式系数。

于是，闭环系统(5.2.3)期望的特征值归结为

$$|\lambda\boldsymbol{I}-(\boldsymbol{A}+\boldsymbol{bK})|=\lambda^n+a_{n-1}^*\lambda^{n-1}+\cdots+a_1^*\lambda+a_0^* \tag{5.2.5}$$

考虑非奇异矩阵 $\boldsymbol{P}_{c1}$，利用状态线性变换

$$\boldsymbol{x}=\boldsymbol{P}_{c1}\bar{\boldsymbol{x}} \tag{5.2.6}$$

将闭环系统状态方程(5.2.3)变换为

$$\boldsymbol{P}_{c1}\dot{\bar{\boldsymbol{x}}}=(\boldsymbol{A}+\boldsymbol{bK})\boldsymbol{P}_{c1}\bar{\boldsymbol{x}}+\boldsymbol{b}v \tag{5.2.7}$$

整理上式有

$$\dot{\bar{\boldsymbol{x}}}=\boldsymbol{P}_{c1}^{-1}(\boldsymbol{A}+\boldsymbol{bK})\boldsymbol{P}_{c1}\bar{\boldsymbol{x}}+\boldsymbol{P}_{c1}^{-1}\boldsymbol{b}v=(\boldsymbol{P}_{c1}^{-1}\boldsymbol{A}\boldsymbol{P}_{c1}+\boldsymbol{P}_{c1}^{-1}\boldsymbol{bK}\boldsymbol{P}_{c1})\bar{\boldsymbol{x}}+\boldsymbol{P}_{c1}^{-1}\boldsymbol{b}v \tag{5.2.8}$$

线性变换后的系统(5.2.8)和原闭环系统(5.2.3)具有相同的特征值，因为系统(5.2.8)的特征多项式为

$$\begin{aligned}|\lambda\boldsymbol{I}-(\boldsymbol{P}_{c1}^{-1}\boldsymbol{A}\boldsymbol{P}_{c1}+\boldsymbol{P}_{c1}^{-1}\boldsymbol{bK}\boldsymbol{P}_{c1})|&=|\lambda\boldsymbol{P}_{c1}^{-1}\boldsymbol{P}_{c1}-\boldsymbol{P}_{c1}^{-1}(\boldsymbol{A}+\boldsymbol{bK})\boldsymbol{P}_{c1}|\\&=|\boldsymbol{P}_{c1}^{-1}\lambda\boldsymbol{I}\boldsymbol{P}_{c1}-\boldsymbol{P}_{c1}^{-1}(\boldsymbol{A}+\boldsymbol{bK})\boldsymbol{P}_{c1}|\\&=|\boldsymbol{P}_{c1}^{-1}(\lambda\boldsymbol{I}-(\boldsymbol{A}+\boldsymbol{bK}))\boldsymbol{P}_{c1}|\\&=|\boldsymbol{P}_{c1}^{-1}|\,|\lambda\boldsymbol{I}-(\boldsymbol{A}+\boldsymbol{bK})|\,|\boldsymbol{P}_{c1}|\\&=|\boldsymbol{P}_{c1}^{-1}\boldsymbol{P}_{c1}|\,|\lambda\boldsymbol{I}-(\boldsymbol{A}+\boldsymbol{bK})|\\&=|\lambda\boldsymbol{I}-(\boldsymbol{A}+\boldsymbol{bK})|\end{aligned} \tag{5.2.9}$$

其与原闭环系统(5.2.3)的特征多项式相同。

通过上述介绍可知，寻找反馈矩阵 $\boldsymbol{K}$ 使得闭环系统(5.2.3)满足极点配置要求(5.2.5)的问题已经转换为寻找反馈矩阵 $\boldsymbol{K}$ 使得闭环系统(5.2.8)满足

$$|\lambda\boldsymbol{I}-(\boldsymbol{P}_{c1}^{-1}\boldsymbol{A}\boldsymbol{P}_{c1}+\boldsymbol{P}_{c1}^{-1}\boldsymbol{bK}\boldsymbol{P}_{c1})|=\lambda^n+a_{n-1}^*\lambda^{n-1}+\cdots+a_1^*\lambda+a_0^* \tag{5.2.10}$$

由第 3.2.2 节中的介绍可知，线性变换不改变系统的能控性。系统(5.2.3)是能控的，因此能将其变换成能控标准 I 型。考虑在线性变换(5.2.6)中取非奇异矩阵 $\boldsymbol{P}_{c1}$ 为能控标准 I 型的变换矩阵，参考第 3.5.1 节式(3.5.8)，即

$$\boldsymbol{P}_{c1}=[\boldsymbol{A}^{n-1}\boldsymbol{b}\quad \boldsymbol{A}^{n-2}\boldsymbol{b}\quad \cdots\quad \boldsymbol{A}\boldsymbol{b}\quad \boldsymbol{b}]\begin{bmatrix}1 & & & & \boldsymbol{0}\\ a_{n-1} & 1 & & & \\ \vdots & \vdots & \ddots & & \\ a_2 & a_3 & \cdots & 1 & \\ a_1 & a_2 & \cdots & a_{n-1} & 1\end{bmatrix} \tag{5.2.11}$$

同时，变换后的系统(5.2.8)中有

$$\boldsymbol{P}_{c1}^{-1}\boldsymbol{A}\boldsymbol{P}_{c1}=\begin{bmatrix}0 & 1 & \cdots & 0 & 0\\ 0 & 0 & \ddots & 0 & 0\\ \vdots & \vdots & \vdots & \ddots & \vdots\\ 0 & 0 & \cdots & 0 & 1\\ -a_0 & -a_1 & \cdots & -a_{n-2} & -a_{n-1}\end{bmatrix},\quad \boldsymbol{P}_{c1}^{-1}\boldsymbol{b}=\begin{bmatrix}0\\0\\ \vdots\\0\\1\end{bmatrix} \tag{5.2.12}$$

此外,定义 $1\times n$ 维矩阵

$$\boldsymbol{K}\boldsymbol{P}_{c1}=[k_0\quad k_1\quad \cdots\quad k_{n-2}\quad k_{n-1}] \tag{5.2.13}$$

结合式(5.2.12)和(5.2.13),可得

$$\begin{aligned}&\boldsymbol{P}_{c1}^{-1}\boldsymbol{A}\boldsymbol{P}_{c1}+\boldsymbol{P}_{c1}^{-1}\boldsymbol{b}\boldsymbol{K}\boldsymbol{P}_{c1}\\ =&\begin{bmatrix}0 & 1 & \cdots & 0 & 0\\ 0 & 0 & \ddots & 0 & 0\\ \vdots & \vdots & \ddots & \ddots & \vdots\\ 0 & 0 & \cdots & 0 & 1\\ -(a_0-k_0) & -(a_1-k_1) & \cdots & -(a_{n-2}-k_{n-2}) & -(a_{n-1}-k_{n-1})\end{bmatrix}\end{aligned} \tag{5.2.14}$$

于是,闭环系统(5.2.8)的特征多项式为

$$\begin{aligned}&|\lambda\boldsymbol{I}-(\boldsymbol{P}_{c1}^{-1}\boldsymbol{A}\boldsymbol{P}_{c1}+\boldsymbol{P}_{c1}^{-1}\boldsymbol{b}\boldsymbol{K}\boldsymbol{P}_{c1})|\\ =&\begin{vmatrix}\lambda & -1 & \cdots & 0 & 0\\ 0 & \lambda & \ddots & 0 & 0\\ \vdots & \vdots & \ddots & \ddots & \vdots\\ 0 & 0 & \cdots & \lambda & -1\\ a_0-k_0 & a_1-k_1 & \cdots & a_{n-2}-k_{n-2} & \lambda+(a_{n-1}-k_{n-1})\end{vmatrix}\end{aligned} \tag{5.2.15}$$

对于计算式(5.2.15)中的行列式,可以采用代数余子式的方法:

首先,去掉矩阵中(n,n)位置的元素 $\lambda+(a_{n-1}-k_{n-1})$所处的行和列,可得

$$\begin{aligned}&(\lambda+(a_{n-1}-k_{n-1}))\begin{vmatrix}\lambda & -1 & \cdots & 0\\ & \lambda & \cdots & 0\\ & & \ddots & \vdots\\ \boldsymbol{0} & & & \lambda\end{vmatrix}_{(n-1)\times(n-1)}(-1)^{n+n}\\ &=(\lambda+(a_{n-1}-k_{n-1}))\lambda^{n-1}(-1)^{n+n}\\ &=\lambda^n+(a_{n-1}-k_{n-1})\lambda^{n-1}\end{aligned} \tag{5.2.16}$$

其次,去掉矩阵中$(n,n-1)$位置的元素 $a_{n-2}-k_{n-2}$ 所处的行和列,可得

$$\begin{aligned}&(a_{n-2}-k_{n-2})\begin{vmatrix}\lambda & -1 & \cdots & 0\\ & \lambda & \cdots & 0\\ & & \ddots & \vdots\\ \boldsymbol{0} & & & -1\end{vmatrix}_{(n-1)\times(n-1)}(-1)^{n+(n-1)}\\ &=(a_{n-2}-k_{n-2})\lambda^{n-2}(-1)(-1)^{n+(n-1)}\\ &=(a_{n-2}-k_{n-2})\lambda^{n-2}\end{aligned} \tag{5.2.17}$$

上式中出现 $\lambda^{n-2}(-1)$是因为在$(n-1)\times(n-1)$维矩阵的主对角线上有 $n-2$ 个 λ 和 1 个-1。

以此类推,去掉矩阵中$(n,2)$位置的元素 a_1-k_1 所处的行和列,可得

$$(a_1-k_1)\begin{vmatrix}\lambda & & & \mathbf{0}\\ 0 & -1 & & \\ \vdots & \vdots & \ddots & \\ 0 & 0 & \cdots & -1\end{vmatrix}_{(n-1)\times(n-1)}(-1)^{n+2}$$

$$=(a_1-k_1)\lambda(-1)^{n-2}(-1)^{n+2}$$

$$=(a_1-k_1)\lambda \tag{5.2.18}$$

上式中出现 $\lambda(-1)^{n-2}$ 是因为在 $(n-1)\times(n-1)$ 维矩阵的主对角线上有 1 个 λ 和 $n-2$ 个 -1。

最后，去掉矩阵中 $(n,1)$ 位置的元素 a_0-k_0 所处的行和列，可得

$$(a_0-k_0)\begin{vmatrix}-1 & & & \mathbf{0}\\ \lambda & -1 & & \\ \vdots & \vdots & \ddots & \\ 0 & 0 & \cdots & -1\end{vmatrix}_{(n-1)\times(n-1)}(-1)^{n+1}$$

$$=(a_0-k_0)(-1)^{n-1}(-1)^{n+1}$$

$$=a_0-k_0 \tag{5.2.19}$$

结合式(5.2.16)～(5.2.19)，并根据采用代数余子式计算行列式的方法，可得式(5.2.15)中的行列式为

$$|\lambda\boldsymbol{I}-(\boldsymbol{P}_{c1}^{-1}\boldsymbol{A}\boldsymbol{P}_{c1}+\boldsymbol{P}_{c1}^{-1}\boldsymbol{b}\boldsymbol{K}\boldsymbol{P}_{c1})|$$

$$=\lambda^n+(a_{n-1}-k_{n-1})\lambda^{n-1}+(a_{n-2}-k_{n-2})\lambda^{n-2}+\cdots+(a_1-k_1)\lambda+a_0-k_0 \tag{5.2.20}$$

根据式(5.2.10)和式(5.2.20)，寻找反馈矩阵 $\boldsymbol{K}$ 使得闭环系统(5.2.8)满足极点配置要求(5.2.10)的问题变成为寻找反馈矩阵 $\boldsymbol{K}$ 使得

$$\lambda^n+a_{n-1}^*\lambda^{n-1}+a_{n-2}^*\lambda^{n-2}+\cdots+a_1^*\lambda+a_0^*$$

$$=\lambda^n+(a_{n-1}-k_{n-1})\lambda^{n-1}+(a_{n-2}-k_{n-2})\lambda^{n-2}+\cdots+(a_1-k_1)\lambda+a_0-k_0 \tag{5.2.21}$$

根据等式两边 λ 同次幂系数对应相等，可解出反馈矩阵各个系数为

$$\begin{cases}k_{n-1}=a_{n-1}-a_{n-1}^*\\ k_{n-2}=a_{n-2}-a_{n-2}^*\\ \qquad\vdots\\ k_1=a_1-a_1^*\\ k_0=a_0-a_0^*\end{cases} \tag{5.2.22}$$

则式(5.2.13)中的 $1\times n$ 维矩阵为

$$\boldsymbol{K}\boldsymbol{P}_{c1}=[a_0-a_0^*\quad a_1-a_1^*\quad\cdots\quad a_{n-2}-a_{n-2}^*\quad a_{n-1}-a_{n-1}^*] \tag{5.2.23}$$

在上式的等号左右两侧同时右乘矩阵 $\boldsymbol{P}_{c1}^{-1}$，可得反馈矩阵

$$\boldsymbol{K}=[a_0-a_0^*\quad a_1-a_1^*\quad\cdots\quad a_{n-2}-a_{n-2}^*\quad a_{n-1}-a_{n-1}^*]\boldsymbol{P}_{c1}^{-1} \tag{5.2.24}$$

式(5.2.24)中所设计的矩阵 $\boldsymbol{K}$ 即为极点配置所需的控制器反馈矩阵，也就是通过这个反馈矩阵，可以将闭环系统(5.2.3)的极点恰好配置在根平面所期望的位置 $\lambda_i^*(i=1,2,\cdots,n)$ 上。

【例 5.2.1】 系统状态方程为

$$\dot{\boldsymbol{x}} = \begin{bmatrix} 1 & 0 & 2 \\ 2 & 1 & 1 \\ 1 & 0 & -2 \end{bmatrix} \boldsymbol{x} + \begin{bmatrix} 1 \\ 2 \\ 1 \end{bmatrix} u \tag{5.2.25}$$

试设计状态反馈控制器使得闭环系统的极点为-2，$-1\pm \mathrm{j}$。

解： 由式(5.2.25)知，系统中

$$\boldsymbol{A} = \begin{bmatrix} 1 & 0 & 2 \\ 2 & 1 & 1 \\ 1 & 0 & -2 \end{bmatrix}, \quad \boldsymbol{b} = \begin{bmatrix} 1 \\ 2 \\ 1 \end{bmatrix} \tag{5.2.26}$$

能控性矩阵为

$$\boldsymbol{M} = [\boldsymbol{b} \quad \boldsymbol{Ab} \quad \boldsymbol{A}^2\boldsymbol{b}] = \begin{bmatrix} 1 & 3 & 1 \\ 2 & 5 & 10 \\ 1 & -1 & 5 \end{bmatrix} \tag{5.2.27}$$

且 $\mathrm{rank}\boldsymbol{M}=3$，系统是能控的。因此可以采用状态反馈对系统(5.2.25)进行任意的极点配置。

系统特征多项式为

$$|\lambda \boldsymbol{I} - \boldsymbol{A}| = \lambda^3 - 5\lambda + 4 \tag{5.2.28}$$

则有

$$a_2 = 0, \quad a_1 = -5, \quad a_0 = 4 \tag{5.2.29}$$

根据指定的极点，期望的特征多项式为

$$(\lambda - \lambda_1^*)(\lambda - \lambda_2^*)(\lambda - \lambda_3^*) = (\lambda + 2)(\lambda + 1 - \mathrm{j})(\lambda + 1 + \mathrm{j}) = \lambda^3 + 4\lambda^2 + 6\lambda + 4 \tag{5.2.30}$$

则有

$$a_0^* = 4, \quad a_1^* = 6, \quad a_2^* = 4 \tag{5.2.31}$$

结合式(5.2.29)和式(5.2.31)，并按照计算式(5.2.23)，则有

$$\boldsymbol{KP}_{c1} = [a_0 - a_0^* \quad a_1 - a_1^* \quad a_2 - a_2^*] = [0 \quad -11 \quad -4] \tag{5.2.32}$$

根据式(5.2.11)，通过线性变换将系统(5.2.25)变换为能控标准Ⅰ型所用到的变换矩阵 $\boldsymbol{P}_{c1}$ 为

$$\boldsymbol{P}_{c1} = [\boldsymbol{A}^2\boldsymbol{b} \quad \boldsymbol{Ab} \quad \boldsymbol{b}] \begin{bmatrix} 1 & 0 & 0 \\ a_2 & 1 & 0 \\ a_1 & a_2 & 1 \end{bmatrix} = \begin{bmatrix} -4 & 3 & 1 \\ 0 & 5 & 2 \\ 0 & -1 & 1 \end{bmatrix} \tag{5.2.33}$$

进而可得

$$\boldsymbol{P}_{c1}^{-1} = \begin{bmatrix} -\frac{1}{4} & \frac{1}{7} & -\frac{1}{28} \\ 0 & \frac{1}{7} & -\frac{2}{7} \\ 0 & \frac{1}{7} & \frac{5}{7} \end{bmatrix} \tag{5.2.34}$$

于是，极点配置所需的控制器反馈矩阵为

$$\boldsymbol{K} = [a_0 - a_0^* \quad a_1 - a_1^* \quad a_2 - a_2^*]\boldsymbol{P}_{c1}^{-1}$$

$$= [0 \quad -11 \quad -4] \begin{bmatrix} -\frac{1}{4} & \frac{1}{7} & -\frac{1}{28} \\ 0 & \frac{1}{7} & -\frac{2}{7} \\ 0 & \frac{1}{7} & \frac{5}{7} \end{bmatrix}$$

$$= \begin{bmatrix} 0 & -\frac{15}{7} & \frac{2}{7} \end{bmatrix} \tag{5.2.35}$$

5.3 系统镇定

所谓系统镇定，就是对不稳定的系统采用反馈控制方式，以实现闭环系统是稳定的，也就是说对受控系统通过反馈控制使其极点均具有负实部，以保证闭环系统为渐近稳定的。如果一个系统通过控制能使其渐近稳定，则称系统是能镇定的。由于稳定性是系统各项性能指标的基本要求，保证稳定是控制系统能够正常工作的必要前提，因此研究系统的镇定问题是非常重要的。镇定问题是只要求把闭环极点配置在根平面的左侧，而并不要求将极点严格地配置在期望的位置上，因此它是系统极点配置问题的一种特殊情况。显然，为了使系统镇定，只需将那些不稳定因子即具有非负实部的极点配置到根平面左侧即可。

如果系统的全部状态变量都可以测量，则可以利用状态反馈的方法来实现系统的镇定，即适当地选择状态反馈矩阵，可以将闭环系统的极点配置在根平面的左侧。

假设系统

$$\dot{\boldsymbol{x}} = \boldsymbol{A}\boldsymbol{x} + \boldsymbol{B}\boldsymbol{u} \tag{5.3.1}$$

式中：$\boldsymbol{x}$ 为系统状态，是 n 维列向量；

$\boldsymbol{u}$ 为系统输入，是 r 维列向量；

$\boldsymbol{A}$ 为 $n\times n$ 维系统矩阵；

$\boldsymbol{B}$ 为 $n\times r$ 维输入矩阵。

为不完全能控的。

该系统可以采用状态反馈能镇定的充分必要条件是其不能控子系统为渐近稳定的。

考虑非奇异矩阵 $\boldsymbol{R}_c$，利用状态线性变换

$$\boldsymbol{x} = \boldsymbol{R}_c\bar{\boldsymbol{x}} \tag{5.3.2}$$

将系统状态方程(5.3.1)进行能控性分解为

$$\dot{\bar{\boldsymbol{x}}} = \boldsymbol{R}_c^{-1}\boldsymbol{A}\boldsymbol{R}_c\bar{\boldsymbol{x}} + \boldsymbol{R}_c^{-1}\boldsymbol{B}\boldsymbol{u} \tag{5.3.3}$$

式中：

$$\bar{\boldsymbol{x}} = \begin{bmatrix} \bar{\boldsymbol{x}}_1 \\ \bar{\boldsymbol{x}}_2 \end{bmatrix}, \quad \boldsymbol{R}_c^{-1}\boldsymbol{A}\boldsymbol{R}_c = \begin{bmatrix} \bar{\boldsymbol{A}}_{11} & \bar{\boldsymbol{A}}_{12} \\ \boldsymbol{0} & \bar{\boldsymbol{A}}_{22} \end{bmatrix}, \quad \boldsymbol{R}_c^{-1}\boldsymbol{B} = \begin{bmatrix} \bar{\boldsymbol{B}}_1 \\ \boldsymbol{0} \end{bmatrix} \tag{5.3.4}$$

系统(5.3.1)经状态线性变换为式(5.3.3)后，系统被分解成能控的和不能控的两部分，其中子系统

$$\dot{\bar{\boldsymbol{x}}}_1 = \bar{\boldsymbol{A}}_{11}\bar{\boldsymbol{x}}_1 + \bar{\boldsymbol{B}}_1\boldsymbol{u} + \bar{\boldsymbol{A}}_{12}\bar{\boldsymbol{x}}_2 \tag{5.3.5}$$

是能控的，而子系统

$$\dot{\bar{x}}_2=\bar{A}_{22}\bar{x}_2 \tag{5.3.6}$$

是不能控的。由于线性变换不改变系统的特征值，则系统(5.3.1)的稳定性和线性变换后的系统(5.3.3)的稳定性是等价的。

线性变换后的系统(5.3.3)的特征多项式为

$$|\lambda I-R_c^{-1}AR_c|=\begin{vmatrix}\lambda I_1-\bar{A}_{11} & -\bar{A}_{12}\\ 0 & \lambda I_2-\bar{A}_{22}\end{vmatrix} \tag{5.3.7}$$

下面根据拉普拉斯(Laplace)定理，即假设在 n 维行列式 D 中任意选定了 k 行，$1\leqslant k\leqslant n-1$，并且由这 k 行元素所组成的一切 k 级子式定义为 $M_1, M_2,\cdots,M_t, t=C_n^k$，它所对应的代数余子式为 $A_1,A_2,\cdots,A_t$，则有等式 $D=M_1A_1+M_2A_2+\cdots+M_tA_t=\sum_{i=1}^{t}M_iA_i$。于是，可得

$$\begin{vmatrix}A_{m\times m} & B_{m\times n}\\ 0_{n\times m} & C_{n\times n}\end{vmatrix}=|A_{m\times m}|(-1)^{(1+2+\cdots+m)+(1+2+\cdots+m)}|C_{n\times n}|=|A_{m\times m}||C_{n\times n}| \tag{5.3.8}$$

这是因为在上式等号左端的 $m+n$ 维行列式中，取定前 m 行，由这 m 行元素组成的 m 阶子式中，只有取前 m 列时相应的余子式不为 0，其他的都为 0。

根据式(5.3.8)中的结论，则式(5.3.7)可以被改写为

$$|\lambda I-R_c^{-1}AR_c|=\begin{vmatrix}\lambda I_1-\bar{A}_{11} & -\bar{A}_{12}\\ 0 & \lambda I_2-\bar{A}_{22}\end{vmatrix}=|\lambda I_1-\bar{A}_{11}||\lambda I_2-\bar{A}_{22}| \tag{5.3.9}$$

对系统(5.3.3)引入状态反馈控制

$$u=\bar{K}\bar{x}+v \tag{5.3.10}$$

式中：v 为 $r\times 1$ 维参考输入；

$\bar{K}$ 为 $r\times n$ 维控制器反馈矩阵并假设具有如下结构形式

$$\bar{K}=\begin{bmatrix}\bar{K}_1 & \bar{K}_2\end{bmatrix} \tag{5.3.11}$$

将式(5.3.10)代入系统(5.3.3)中，可得闭环系统方程为

$$\dot{\bar{x}}=R_c^{-1}AR_c\bar{x}+R_c^{-1}B(\bar{K}\bar{x}+v)=(R_c^{-1}AR_c+R_c^{-1}B\bar{K})\bar{x}+R_c^{-1}Bv \tag{5.3.12}$$

结合式(5.3.4)中的系统参数矩阵和式(5.3.11)中的反馈矩阵，可得闭环系统(5.3.12)系统矩阵为

$$\begin{aligned}R_c^{-1}AR_c+R_c^{-1}B\bar{K}&=\begin{bmatrix}\bar{A}_{11} & \bar{A}_{12}\\ 0 & \bar{A}_{22}\end{bmatrix}+\begin{bmatrix}\bar{B}_1\\ 0\end{bmatrix}\begin{bmatrix}\bar{K}_1 & \bar{K}_2\end{bmatrix}\\ &=\begin{bmatrix}\bar{A}_{11}+\bar{B}_1\bar{K}_1 & \bar{A}_{12}+\bar{B}_1\bar{K}_2\\ 0 & \bar{A}_{22}\end{bmatrix}\end{aligned} \tag{5.3.13}$$

于是，闭环系统(5.3.12)的特征多项式为

$$|\lambda I-(R_c^{-1}AR_c+R_c^{-1}B\bar{K})|=\begin{vmatrix}\lambda I_1-(\bar{A}_{11}+\bar{B}_1\bar{K}_1) & -(\bar{A}_{12}+\bar{B}_1\bar{K}_2)\\ 0 & \lambda I_2-\bar{A}_{22}\end{vmatrix} \tag{5.3.14}$$

根据拉普拉斯定理式(5.3.8),上式可以改写为

$$|\lambda \boldsymbol{I}-(\boldsymbol{R}_c^{-1}\boldsymbol{A}\boldsymbol{R}_c+\boldsymbol{R}_c^{-1}\boldsymbol{B}\bar{\boldsymbol{K}})|=|\lambda \boldsymbol{I}_1-(\bar{\boldsymbol{A}}_{11}+\bar{\boldsymbol{B}}_1\bar{\boldsymbol{K}}_1)||\lambda \boldsymbol{I}_2-\bar{\boldsymbol{A}}_{22}| \tag{5.3.15}$$

比较式(5.3.9)与式(5.3.15)可知,通过状态反馈引入反馈矩阵 $\bar{\boldsymbol{K}}$ 后,只能通过选择 $\bar{\boldsymbol{K}}_1$ 使得矩阵 $\bar{\boldsymbol{A}}_{11}+\bar{\boldsymbol{B}}_1\bar{\boldsymbol{K}}_1$ 的特征值均具有负实部,从而使子系统(5.3.5)渐近稳定。但 $\bar{\boldsymbol{K}}$ 的选择并不能影响子系统(5.3.6)的特征值分布。因此,仅当子系统(5.3.6)中 $\bar{\boldsymbol{A}}_{22}$ 的特征值均具有负实部,即不能控子系统(5.3.6)为渐近稳定时,整个系统(5.3.3)采用状态反馈能镇定。由于系统(5.3.1)的稳定性和线性变换后的系统(5.3.3)的稳定性是等价的,那么也就意味着系统(5.3.1)采用状态反馈能镇定的充分必要条件是其不能控子系统渐近稳定。

5.4 系统解耦

系统解耦是对于多入-多出系统寻求适当的控制方式,消除系统中输入输出之间的相互耦合关系,使得系统中每一个输出仅受相应的一个输入所控制,每一个输入也仅能控制相应的一个输出。解耦问题是多入-多出系统综合理论中的重要组成部分。在实现解耦以后,一个多变量系统的控制问题转化为多个独立的单变量系统的控制,从而实现自治控制,即互不影响的控制。

为了讨论一个输入相应一个输出的问题,系统输入向量和输出向量的维数定义为相等。考虑一个 m 维输入和 m 维输出的受控系统

$$\begin{cases}\dot{\boldsymbol{x}}=\boldsymbol{A}\boldsymbol{x}+\boldsymbol{B}\boldsymbol{u}\\ \boldsymbol{y}=\boldsymbol{C}\boldsymbol{x}\end{cases} \tag{5.4.1}$$

式中:$\boldsymbol{x}$ 为系统状态,是 n 维列向量;

$\boldsymbol{u}$ 为系统输入,是 m 维列向量;

$\boldsymbol{y}$ 为系统输出,是 m 维列向量;

$\boldsymbol{A}$ 为 $n\times n$ 维系统矩阵;

$\boldsymbol{B}$ 为 $n\times m$ 维输入矩阵;

$\boldsymbol{C}$ 为 $m\times n$ 维输出矩阵。

该系统的传递函数矩阵在第 1.3.3 节中式(1.3.28)和式(1.3.29)中已经给出为

$$\boldsymbol{W}(s)=\boldsymbol{C}(s\boldsymbol{I}-\boldsymbol{A})^{-1}\boldsymbol{B}=\begin{bmatrix}W_{11}(s) & W_{12}(s) & \cdots & W_{1m}(s)\\ W_{21}(s) & W_{22}(s) & \cdots & W_{2m}(s)\\ \vdots & \vdots & \ddots & \vdots\\ W_{m1}(s) & W_{m2}(s) & \cdots & W_{mm}(s)\end{bmatrix} \tag{5.4.2}$$

式中:各元素 $W_{ij}(s)$ 都是标量函数,它表征第 j 个输入对第 i 个输出的传递关系。

当 $i\neq j$ 时,表示不同标号的输入与输出有相互关联,称为耦合关系。如果 $W_{ij}(s)$ 都不为 0,意味着系统中每个输入都会对输出产生作用,这种输入和输出之间存在相互耦合关系的系统被称为耦合系统。

对于耦合系统(5.4.1),所谓的解耦即为给出系统控制设计方法以消除系统中输入输出的相互耦合,使得系统实现每一个输出仅仅受相应的一个输入作用,每一个输入也仅仅能作用一个输出,即使得系统的传递函数矩阵由式(5.4.2)变为如下的形式

$$\bar{W}(s)=\begin{bmatrix}\bar{W}_{11}(s) & & & \mathbf{0}\\ & \bar{W}_{22}(s) & & \\ & & \ddots & \\ \mathbf{0} & & & \bar{W}_{mm}(s)\end{bmatrix} \tag{5.4.3}$$

这是一个对角有理多项式矩阵，则称该传递函数相应的系统是耦合系统(5.4.1)的解耦系统。由传递函数(5.4.3)可见，一个多变量系统实现解耦以后，可被看作一组相互独立的单变量系统。

对于一个需要解耦的系统，简称为待解耦系统，目前实现其解耦的主要方法有两种：一种是前馈补偿器解耦。这种方法只需在待解耦系统的前面串联一个前馈补偿器，使串联组合整体系统的传递函数矩阵成为对角矩阵。第二种是状态反馈控制解耦。这种方法是通过设计状态反馈控制器，使得闭环系统的传递函数矩阵成为对角矩阵。

5.4.1　前馈补偿器解耦

对于 m 维输入和 m 维输出的待解耦系统，其状态空间表达式为

$$\begin{cases}\dot{\boldsymbol{x}}=\boldsymbol{A}\boldsymbol{x}+\boldsymbol{B}\boldsymbol{u}\\ \boldsymbol{y}=\boldsymbol{C}\boldsymbol{x}\end{cases} \tag{5.4.4}$$

式中：$\boldsymbol{x}$ 为系统状态，是 n 维列向量；

$\boldsymbol{u}$ 为系统输入，是 m 维列向量；

$\boldsymbol{y}$ 为系统输出，是 m 维列向量；

$\boldsymbol{A}$ 为 $n\times n$ 维系统矩阵；

$\boldsymbol{B}$ 为 $n\times m$ 维输入矩阵；

$\boldsymbol{C}$ 为 $m\times n$ 维输出矩阵。

该系统的传递函数矩阵为

$$\boldsymbol{W}(s)=\boldsymbol{C}(s\boldsymbol{I}-\boldsymbol{A})^{-1}\boldsymbol{B} \tag{5.4.5}$$

待解耦系统(5.4.4)可以采用串联前馈补偿器的方式对其进行解耦，前馈补偿器解耦系统框图如图 5.4.1 所示。

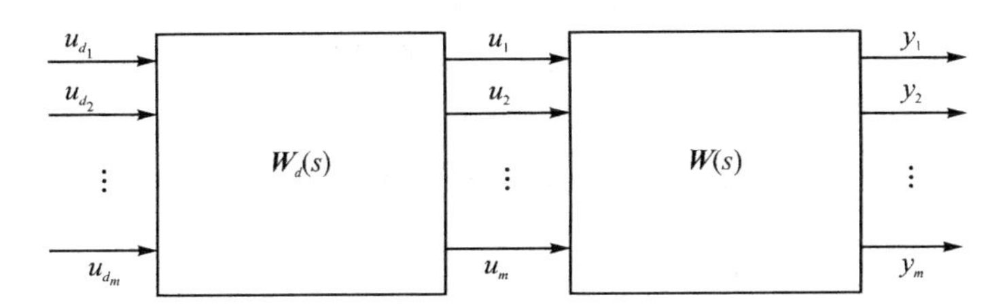

图 5.4.1　前馈补偿器解耦系统框图

$\boldsymbol{W}_d(s)$为前馈补偿器的传递函数矩阵，假定该前馈补偿器的状态空间表达式为

$$\begin{cases}\dot{\boldsymbol{x}}_d=\boldsymbol{A}_d\boldsymbol{x}_d+\boldsymbol{B}_d\boldsymbol{u}_d\\ \boldsymbol{y}_d=\boldsymbol{C}_d\boldsymbol{x}_d\end{cases} \tag{5.4.6}$$

式中：$\boldsymbol{x}_d$ 为补偿器状态，是 n 维列向量；

$\boldsymbol{u}_d$ 为补偿器输入，是 m 维列向量；

$\boldsymbol{y}_d$ 为补偿器输出，是 m 维列向量；

$\boldsymbol{A}_d$ 为 $n\times n$ 维系统矩阵；

$\boldsymbol{B}_d$ 为 $n\times m$ 维输入矩阵；

$\boldsymbol{C}_d$ 为 $m\times n$ 维输出矩阵。

该前馈补偿器的传递函数矩阵为

$$\boldsymbol{W}_d(s)=\boldsymbol{C}_d(s\boldsymbol{I}-\boldsymbol{A}_d)^{-1}\boldsymbol{B}_d \tag{5.4.7}$$

由于前馈补偿器 $\boldsymbol{W}_d(s)$ 输出 $\boldsymbol{y}_d$ 为待解耦系统 $\boldsymbol{W}(s)$ 输入 $\boldsymbol{u}$，即

$$\boldsymbol{y}_d=\boldsymbol{C}_d\boldsymbol{x}_d=\boldsymbol{u} \tag{5.4.8}$$

将上式代入系统(5.4.4)状态方程中，可得

$$\begin{cases}\dot{\boldsymbol{x}}=\boldsymbol{A}\boldsymbol{x}+\boldsymbol{B}\boldsymbol{C}_d\boldsymbol{x}_d\\ \boldsymbol{y}=\boldsymbol{C}\boldsymbol{x}\end{cases} \tag{5.4.9}$$

以扩展向量 $\begin{bmatrix}\boldsymbol{x}_d\\ \boldsymbol{x}\end{bmatrix}$ 为整体系统状态，以前馈补偿器(5.4.6)输入 $\boldsymbol{u}_d$ 为整体系统输入，以待解耦系统(5.4.4)输出 $\boldsymbol{y}$ 为整体系统输出，得到整体系统即串联补偿后系统状态空间表达式为

$$\begin{cases}\begin{bmatrix}\dot{\boldsymbol{x}}_d\\ \dot{\boldsymbol{x}}\end{bmatrix}=\begin{bmatrix}\boldsymbol{A}_d & \boldsymbol{0}\\ \boldsymbol{B}\boldsymbol{C}_d & \boldsymbol{A}\end{bmatrix}\begin{bmatrix}\boldsymbol{x}_d\\ \boldsymbol{x}\end{bmatrix}+\begin{bmatrix}\boldsymbol{B}_d\\ \boldsymbol{0}\end{bmatrix}\boldsymbol{u}_d\\ \boldsymbol{y}=\begin{bmatrix}\boldsymbol{0} & \boldsymbol{C}\end{bmatrix}\begin{bmatrix}\boldsymbol{x}_d\\ \boldsymbol{x}\end{bmatrix}\end{cases} \tag{5.4.10}$$

则整体系统的传递函数矩阵为

$$\begin{aligned}\boldsymbol{W}_T(s)&=\begin{bmatrix}\boldsymbol{0} & \boldsymbol{C}\end{bmatrix}\left(s\boldsymbol{I}-\begin{bmatrix}\boldsymbol{A}_d & \boldsymbol{0}\\ \boldsymbol{B}\boldsymbol{C}_d & \boldsymbol{A}\end{bmatrix}\right)^{-1}\begin{bmatrix}\boldsymbol{B}_d\\ \boldsymbol{0}\end{bmatrix}\\ &=\begin{bmatrix}\boldsymbol{0} & \boldsymbol{C}\end{bmatrix}\begin{bmatrix}s\boldsymbol{I}-\boldsymbol{A}_d & \boldsymbol{0}\\ -\boldsymbol{B}\boldsymbol{C}_d & s\boldsymbol{I}-\boldsymbol{A}\end{bmatrix}^{-1}\begin{bmatrix}\boldsymbol{B}_d\\ \boldsymbol{0}\end{bmatrix}\end{aligned} \tag{5.4.11}$$

根据分块矩阵的求逆公式，在式(5.4.11)中

$$\begin{bmatrix}s\boldsymbol{I}-\boldsymbol{A}_d & \boldsymbol{0}\\ -\boldsymbol{B}\boldsymbol{C}_d & s\boldsymbol{I}-\boldsymbol{A}\end{bmatrix}^{-1}=\begin{bmatrix}(s\boldsymbol{I}-\boldsymbol{A}_d)^{-1} & \boldsymbol{0}\\ (s\boldsymbol{I}-\boldsymbol{A})^{-1}\boldsymbol{B}\boldsymbol{C}_d(s\boldsymbol{I}-\boldsymbol{A}_d)^{-1} & (s\boldsymbol{I}-\boldsymbol{A})^{-1}\end{bmatrix} \tag{5.4.12}$$

将上式代入式(5.4.11)中，则整体系统的传递函数矩阵改写为

$$\begin{aligned}\boldsymbol{W}_T(s)&=\begin{bmatrix}\boldsymbol{0} & \boldsymbol{C}\end{bmatrix}\begin{bmatrix}(s\boldsymbol{I}-\boldsymbol{A}_d)^{-1} & \boldsymbol{0}\\ (s\boldsymbol{I}-\boldsymbol{A})^{-1}\boldsymbol{B}\boldsymbol{C}_d(s\boldsymbol{I}-\boldsymbol{A}_d)^{-1} & (s\boldsymbol{I}-\boldsymbol{A})^{-1}\end{bmatrix}\begin{bmatrix}\boldsymbol{B}_d\\ \boldsymbol{0}\end{bmatrix}\\ &=\begin{bmatrix}\boldsymbol{C}(s\boldsymbol{I}-\boldsymbol{A})^{-1}\boldsymbol{B}\boldsymbol{C}_d(s\boldsymbol{I}-\boldsymbol{A}_d)^{-1} & \boldsymbol{C}(s\boldsymbol{I}-\boldsymbol{A})^{-1}\end{bmatrix}\begin{bmatrix}\boldsymbol{B}_d\\ \boldsymbol{0}\end{bmatrix}\\ &=\boldsymbol{C}(s\boldsymbol{I}-\boldsymbol{A})^{-1}\boldsymbol{B}\boldsymbol{C}_d(s\boldsymbol{I}-\boldsymbol{A}_d)^{-1}\boldsymbol{B}_d\\ &=(\boldsymbol{C}(s\boldsymbol{I}-\boldsymbol{A})^{-1}\boldsymbol{B})(\boldsymbol{C}_d(s\boldsymbol{I}-\boldsymbol{A}_d)^{-1}\boldsymbol{B}_d)\end{aligned} \tag{5.4.13}$$

结合式(5.4.5)、(5.4.7)和式(5.4.13)可以看出，整体系统的传递函数矩阵为待解耦系统的传递函数矩阵与前馈补偿器的传递函数矩阵的乘积，即

$$\boldsymbol{W}_T(s)=\boldsymbol{W}(s)\boldsymbol{W}_d(s) \tag{5.4.14}$$

如果串联补偿后的整体系统的传递函数矩阵 $\boldsymbol{W}_T(s)$ 具有式(5.4.3)中所示对角结构，即

$$\boldsymbol{W}_T(s) = \begin{bmatrix} \bar{W}_{11}(s) & & & \boldsymbol{0} \\ & \bar{W}_{22}(s) & & \\ & & \ddots & \\ \boldsymbol{0} & & & \bar{W}_{mm}(s) \end{bmatrix} \tag{5.4.15}$$

则串联补偿后的整体系统(5.4.10)为待解耦系统(5.4.4)的解耦系统，$\boldsymbol{W}_T(s)$为解耦系统的传递函数矩阵。

显然，只要$\boldsymbol{W}^{-1}(s)$存在，则前馈补偿器(5.4.6)的传递函数矩阵为

$$\boldsymbol{W}_d(s) = \boldsymbol{W}^{-1}(s)\boldsymbol{W}_T(s) \tag{5.4.16}$$

上述表明，如果待解耦系统的传递函数矩阵$\boldsymbol{W}(s)$是非奇异的，则总可以按照式(5.4.16)计算前馈补偿器的传递函数矩阵$\boldsymbol{W}_d(s)$。因此，依据传递函数矩阵$\boldsymbol{W}_d(s)$就可以设计一个前馈补偿器(5.4.6)(由系统传递函数矩阵建立系统状态空间表达式可以参阅第 1.2 节中关于系统实现的介绍)，经过串联补偿后可以对待解耦系统进行解耦。

5.4.2　状态反馈控制解耦

考虑 m 维输入和 m 维输出的待解耦系统

$$\begin{cases} \dot{\boldsymbol{x}} = \boldsymbol{A}\boldsymbol{x} + \boldsymbol{B}\boldsymbol{u} \\ \boldsymbol{y} = \boldsymbol{C}\boldsymbol{x} \end{cases} \tag{5.4.17}$$

式中：$\boldsymbol{x}$ 为系统状态，是 n 维列向量；

$\boldsymbol{u}$ 为系统输入，是 m 维列向量；

$\boldsymbol{y}$ 为系统输出，是 m 维列向量；

$\boldsymbol{A}$ 为 $n\times n$ 维系统矩阵；

$\boldsymbol{B}$ 为 $n\times m$ 维输入矩阵；

$\boldsymbol{C}$ 为 $m\times n$ 维输出矩阵。

该系统采用状态反馈控制方式对其进行解耦，其状态反馈控制为

$$\boldsymbol{u} = \boldsymbol{K}\boldsymbol{x} + \boldsymbol{F}\boldsymbol{v} \tag{5.4.18}$$

式中：$\boldsymbol{v}$ 为 $m\times 1$ 维参考输入；

$\boldsymbol{K}$ 为 $m\times n$ 维控制器反馈矩阵；

$\boldsymbol{F}$ 为 $m\times m$ 维控制器参考输入矩阵且是非奇异的。

将式(5.4.18)代入待解耦系统(5.4.17)状态方程中，可得闭环系统为

$$\begin{cases} \dot{\boldsymbol{x}} = (\boldsymbol{A} + \boldsymbol{B}\boldsymbol{K})\boldsymbol{x} + \boldsymbol{B}\boldsymbol{F}\boldsymbol{v} \\ \boldsymbol{y} = \boldsymbol{C}\boldsymbol{x} \end{cases} \tag{5.4.19}$$

其相应的传递函数矩阵为

$$\boldsymbol{W}_{\boldsymbol{K},\boldsymbol{F}}(s) = \boldsymbol{C}(s\boldsymbol{I} - (\boldsymbol{A} + \boldsymbol{B}\boldsymbol{K}))^{-1}\boldsymbol{B}\boldsymbol{F} \tag{5.4.20}$$

现在的问题是如何给出 $\boldsymbol{K}$ 和 $\boldsymbol{F}$，使系统(5.4.18)从 $\boldsymbol{v}$ 到 $\boldsymbol{y}$ 是解耦的，即设计反馈矩阵 $\boldsymbol{K}$ 和参考输入矩阵 $\boldsymbol{F}$ 使得式(5.4.20)中的传递函数矩阵 $\boldsymbol{W}_{\boldsymbol{K},\boldsymbol{F}}(s)$的形式为式(5.4.3)的对角形式。为了便于讨论反馈矩阵 $\boldsymbol{K}$ 和参考输入矩阵 $\boldsymbol{F}$ 的设计，需要定义几个新的变量。首先，考虑不等式

$$\boldsymbol{c}_i\boldsymbol{A}^l\boldsymbol{B} \neq \boldsymbol{0} \quad (l = 0,1,\cdots,m-1) \tag{5.4.21}$$

式中：$\boldsymbol{c}_i(i=0,1,\cdots,m)$为系统 $m\times n$ 维输出矩阵$\boldsymbol{C}$ 的第 i 行构成的行向量。

定义 d_i 为满足不等式(5.4.21)的所有 l 中最小的那一个整数，也就是满足不等式(5.4.21)并且介于 0 到 $m-1$ 之间的一个最小整数 l，d_i 的下标 i 与 $\boldsymbol{c}_i(i=0,1,\cdots,m)$表示的行数一致。

计算出 d_i 后，再定义两个新的矩阵

$$\boldsymbol{D}_A=\begin{bmatrix}\boldsymbol{c}_1\boldsymbol{A}^{d_1+1}\\\boldsymbol{c}_2\boldsymbol{A}^{d_2+1}\\\vdots\\\boldsymbol{c}_m\boldsymbol{A}^{d_m+1}\end{bmatrix},\quad \boldsymbol{D}_B=\begin{bmatrix}\boldsymbol{c}_1\boldsymbol{A}^{d_1}\boldsymbol{B}\\\boldsymbol{c}_2\boldsymbol{A}^{d_2}\boldsymbol{B}\\\vdots\\\boldsymbol{c}_m\boldsymbol{A}^{d_m}\boldsymbol{B}\end{bmatrix}\tag{5.4.22}$$

待解耦系统(5.4.17)采用状态反馈控制解耦的充分必要条件为 $m\times m$ 维矩阵 $\boldsymbol{D}_B$ 是非奇异的，即

$$|\boldsymbol{D}_B|=\begin{vmatrix}\boldsymbol{c}_1\boldsymbol{A}^{d_1}\boldsymbol{B}\\\boldsymbol{c}_2\boldsymbol{A}^{d_2}\boldsymbol{B}\\\vdots\\\boldsymbol{c}_m\boldsymbol{A}^{d_m}\boldsymbol{B}\end{vmatrix}\neq 0\tag{5.4.23}$$

如果上述条件是满足的，则系统(5.4.17)是可状态反馈控制解耦的，其相应的闭环系统(5.4.19)是一个积分型解耦系统，其中反馈矩阵和参考输入矩阵分别为

$$\boldsymbol{K}=-\boldsymbol{D}_B^{-1}\boldsymbol{D}_A,\quad \boldsymbol{F}=\boldsymbol{D}_B^{-1}\tag{5.4.24}$$

于是，将式(5.4.24)中的反馈矩阵和参考输入矩阵代入式(5.4.20)中，可得闭环系统的传递函数矩阵为

$$\begin{aligned}\boldsymbol{W}_{\boldsymbol{K},\boldsymbol{F}}(s)&=\boldsymbol{C}(s\boldsymbol{I}-(\boldsymbol{A}+\boldsymbol{BK}))^{-1}\boldsymbol{BF}\\&=\boldsymbol{C}(s\boldsymbol{I}-(\boldsymbol{A}-\boldsymbol{BD}_B^{-1}\boldsymbol{D}_A))^{-1}\boldsymbol{BD}_B^{-1}\\&=\begin{bmatrix}\frac{1}{s^{d_1+1}}&&&\boldsymbol{0}\\&\frac{1}{s^{d_2+1}}&&\\&&\ddots&\\\boldsymbol{0}&&&\frac{1}{s^{d_m+1}}\end{bmatrix}\end{aligned}\tag{5.4.25}$$

由上式看出，闭环系统传递函数矩阵形式与式(5.4.3)的对角有理多项式矩阵$\bar{\boldsymbol{W}}(s)$相一致，即实现了待解耦系统(5.4.17)的解耦。

【例 5.4.1】 系统状态空间表达式为

$$\begin{cases}\dot{\boldsymbol{x}}=\begin{bmatrix}0&1&0\\0&-2&1\\0&0&-1\end{bmatrix}\boldsymbol{x}+\begin{bmatrix}0&0\\0&1\\1&0\end{bmatrix}\boldsymbol{u}\\\boldsymbol{y}=\begin{bmatrix}1&0&0\\0&0&1\end{bmatrix}\boldsymbol{x}\end{cases}\tag{5.4.26}$$

试计算其解耦系统。

解：由式(5.4.26)知，系统中

$$\boldsymbol{A}=\begin{bmatrix}0 & 1 & 0\\0 & -2 & 1\\0 & 0 & -1\end{bmatrix},\quad \boldsymbol{B}=\begin{bmatrix}0 & 0\\0 & 1\\1 & 0\end{bmatrix},\quad \boldsymbol{C}=\begin{bmatrix}1 & 0 & 0\\0 & 0 & 1\end{bmatrix} \tag{5.4.27}$$

系统输出矩阵 $\boldsymbol{C}$ 中共有 2 行，首先，计算 d_1 和 d_2。

将 $\boldsymbol{c}_1=[1\quad 0\quad 0]$、$\boldsymbol{A}$ 以及 $\boldsymbol{B}$ 代入式(5.4.21)中，有

$$\begin{cases}\boldsymbol{c}_1\boldsymbol{A}^0\boldsymbol{B}=[0\quad 0]\\ \boldsymbol{c}_1\boldsymbol{A}^1\boldsymbol{B}=[0\quad 1]\end{cases} \tag{5.4.28}$$

因为使 $\boldsymbol{c}_1\boldsymbol{A}^l\boldsymbol{B}\neq\boldsymbol{0}$ 的最小 l 是 1，所以得

$$d_1=1 \tag{5.4.29}$$

将 $\boldsymbol{c}_2=[0\quad 0\quad 1]$、$\boldsymbol{A}$ 和 $\boldsymbol{B}$ 代入式(5.4.21)，有

$$\boldsymbol{c}_2\boldsymbol{A}^0\boldsymbol{B}=[1\quad 0] \tag{5.4.30}$$

因为使 $\boldsymbol{c}_2\boldsymbol{A}^l\boldsymbol{B}\neq\boldsymbol{0}$ 的最小 l 是 0，所以得

$$d_2=0 \tag{5.4.31}$$

其次，计算式(5.4.22)定义的两个新矩阵，由

$$\begin{bmatrix}\boldsymbol{c}_1\boldsymbol{A}^{d_1}\\ \boldsymbol{c}_2\boldsymbol{A}^{d_2}\end{bmatrix}=\begin{bmatrix}\boldsymbol{c}_1\boldsymbol{A}\\ \boldsymbol{c}_2\boldsymbol{A}^0\end{bmatrix}=\begin{bmatrix}0 & 1 & 0\\0 & 0 & 1\end{bmatrix} \tag{5.4.32}$$

则有

$$\begin{cases}\boldsymbol{D}_{\boldsymbol{A}}=\begin{bmatrix}\boldsymbol{c}_1\boldsymbol{A}^{d_1+1}\\ \boldsymbol{c}_2\boldsymbol{A}^{d_2+1}\end{bmatrix}=\begin{bmatrix}\boldsymbol{c}_1\boldsymbol{A}^{d_1}\\ \boldsymbol{c}_2\boldsymbol{A}^{d_2}\end{bmatrix}\boldsymbol{A}=\begin{bmatrix}\boldsymbol{c}_1\boldsymbol{A}\\ \boldsymbol{c}_2\boldsymbol{A}^0\end{bmatrix}\boldsymbol{A}=\begin{bmatrix}0 & -2 & 1\\0 & 0 & -1\end{bmatrix}\\ \boldsymbol{D}_{\boldsymbol{B}}=\begin{bmatrix}\boldsymbol{c}_1\boldsymbol{A}^{d_1}\boldsymbol{B}\\ \boldsymbol{c}_2\boldsymbol{A}^{d_2}\boldsymbol{B}\end{bmatrix}=\begin{bmatrix}\boldsymbol{c}_1\boldsymbol{A}^{d_1}\\ \boldsymbol{c}_2\boldsymbol{A}^{d_2}\end{bmatrix}\boldsymbol{B}=\begin{bmatrix}\boldsymbol{c}_1\boldsymbol{A}\\ \boldsymbol{c}_2\boldsymbol{A}^0\end{bmatrix}\boldsymbol{B}=\begin{bmatrix}0 & 1\\1 & 0\end{bmatrix}\end{cases} \tag{5.4.33}$$

由于 $\boldsymbol{D}_{\boldsymbol{B}}=\begin{bmatrix}0 & 1\\1 & 0\end{bmatrix}$ 是非奇异的，根据能解耦性判据(5.4.23)，系统是能通过状态反馈控制解耦的。按照式(5.4.24)设计控制器反馈矩阵和参考输入矩阵为

$$\boldsymbol{K}=-\boldsymbol{D}_{\boldsymbol{B}}^{-1}\boldsymbol{D}_{\boldsymbol{A}}=\begin{bmatrix}0 & 0 & 1\\0 & 2 & -1\end{bmatrix},\quad \boldsymbol{F}=\boldsymbol{D}_{\boldsymbol{B}}^{-1}=\begin{bmatrix}0 & 1\\1 & 0\end{bmatrix} \tag{5.4.34}$$

于是，可得闭环系统为

$$\begin{cases}\dot{\boldsymbol{x}}=(\boldsymbol{A}+\boldsymbol{BK})\boldsymbol{x}+\boldsymbol{BF}\boldsymbol{v}\\ \quad=(\boldsymbol{A}-\boldsymbol{B}\boldsymbol{D}_{\boldsymbol{B}}^{-1}\boldsymbol{D}_{\boldsymbol{A}})\boldsymbol{x}+\boldsymbol{B}\boldsymbol{D}_{\boldsymbol{B}}^{-1}\boldsymbol{v}\\ \quad=\begin{bmatrix}0 & 1 & 0\\0 & 0 & 0\\0 & 0 & 0\end{bmatrix}\boldsymbol{x}+\begin{bmatrix}0 & 0\\1 & 0\\0 & 1\end{bmatrix}\boldsymbol{v}\\ \boldsymbol{y}=\boldsymbol{Cx}=\begin{bmatrix}1 & 0 & 0\\0 & 0 & 1\end{bmatrix}\boldsymbol{x}\end{cases} \tag{5.4.35}$$

相应地，闭环系统的传递函数矩阵为

$$W_{K,F}(s)=C(sI-(A-BD_B^{-1}D_A))^{-1}BD_B^{-1}=\begin{bmatrix}\frac{1}{s^{d_1+1}} & 0\\ 0 & \frac{1}{s^{d_2+1}}\end{bmatrix}=\begin{bmatrix}\frac{1}{s^2} & 0\\ 0 & \frac{1}{s}\end{bmatrix} \tag{5.4.36}$$

通过式(5.4.36)中闭环系统的传递函数矩阵可以看出，式(5.4.34)中所设计的反馈矩阵 $\boldsymbol{K}$ 和参考输入矩阵 $\boldsymbol{F}$ 有效地实现了系统(5.4.26)的解耦，而闭环系统(5.4.35)即为其相应的解耦系统。

5.5 状态观测器

从前面几小节可以看出，利用状态反馈可以实现闭环系统极点的任意配置，以有效地改进控制系统的性能；或是利用状态反馈可以实现系统镇定，以确保控制系统的稳定性；或是利用状态反馈可以实现系统解耦，以实现系统的简化控制。实际上，在现代控制理论中很多基本控制问题都离不开状态反馈控制方式。然而，受测量设备的使用范围、精度误差以及经济成本等各个方面的制约，系统的状态变量不是都能容易直接检测到的，或者有时候受工作环境等影响，一些系统的状态变量甚至根本无法检测，从而使得状态反馈的物理实现变得非常困难。为了解决这个问题，人们就提出了所谓状态观测或者状态重构问题。由龙伯格(Luenberger)提出的状态观测器理论，解决了在确定性条件下受控系统的状态重构问题，并用这个重构的系统状态去替代原系统的真实状态从而使状态反馈成为一种可实现的控制方式。

5.5.1 状态观测器定义

假设系统

$$\begin{cases}\dot{x}=Ax+Bu\\ y=Cx\end{cases} \tag{5.5.1}$$

式中：$\boldsymbol{x}$ 为系统状态，是 n 维列向量；
$\boldsymbol{u}$ 为系统输入，是 r 维列向量；
$\boldsymbol{y}$ 为系统输出，是 m 维列向量；
$\boldsymbol{A}$ 为 $n\times n$ 维系统矩阵；
$\boldsymbol{B}$ 为 $n\times r$ 维输入矩阵；
$\boldsymbol{C}$ 为 $m\times n$ 维输出矩阵。

的状态不能直接检测进而需要被观测。

如果以系统(5.5.1)的控制输入变量 $\boldsymbol{u}$ 和输出变量 $\boldsymbol{y}$ 作为输入量来重新构造一个动态系统，且该构造的系统能产生一组新的状态 $\hat{x}$ 渐近于待观测系统的状态 $\boldsymbol{x}$，即 $\lim\limits_{t\to\infty}(x-\hat{x})=\boldsymbol{0}$，则称构造的系统为待观测系统(5.5.1)的一个状态观测器。而为了满足 $\lim\limits_{t\to\infty}(x-\hat{x})=\boldsymbol{0}$，待观测系统(5.5.1)必须完全能观，或其不能观子系统是渐近稳定的。

5.5.2　状态观测器的实现

本节介绍如何实现系统(5.5.1)状态的观测，主要考虑的观测方法有以下 3 种。

1. 利用输入变量 $\boldsymbol{u}$、输出变量 $\boldsymbol{y}$ 及其各阶导数估计

在系统(5.5.1)输出方程左右两侧同时对时间 t 逐次求导，并结合状态方程可得

$$\begin{cases} \boldsymbol{y}=\boldsymbol{C}\boldsymbol{x} \\ \dot{\boldsymbol{y}}-\boldsymbol{C}\boldsymbol{B}\boldsymbol{u}=\boldsymbol{C}\boldsymbol{A}\boldsymbol{x} \\ \boldsymbol{y}^{(2)}-\boldsymbol{C}\boldsymbol{B}\dot{\boldsymbol{u}}-\boldsymbol{C}\boldsymbol{A}\boldsymbol{B}\boldsymbol{u}=\boldsymbol{C}\boldsymbol{A}^{2}\boldsymbol{x} \\ \quad\vdots \\ \boldsymbol{y}^{(n-1)}-\boldsymbol{C}\boldsymbol{B}\boldsymbol{u}^{(n-2)}-\boldsymbol{C}\boldsymbol{A}\boldsymbol{B}\boldsymbol{u}^{(n-3)}-\cdots-\boldsymbol{C}\boldsymbol{A}^{n-2}\boldsymbol{B}\boldsymbol{u}=\boldsymbol{C}\boldsymbol{A}^{n-1}\boldsymbol{x} \end{cases} \tag{5.5.2}$$

将上式中各式左侧用向量 $\boldsymbol{z}$ 表示并整理上式为矩阵形式，可得

$$\boldsymbol{z}=\begin{bmatrix} z_1 \\ z_2 \\ \vdots \\ z_n \end{bmatrix}=\begin{bmatrix} \boldsymbol{y} \\ \dot{\boldsymbol{y}}-\boldsymbol{C}\boldsymbol{B}\boldsymbol{u} \\ \vdots \\ \boldsymbol{y}^{(n-1)}-\boldsymbol{C}\boldsymbol{B}\boldsymbol{u}^{(n-2)}-\boldsymbol{C}\boldsymbol{A}\boldsymbol{B}\boldsymbol{u}^{(n-3)}-\cdots-\boldsymbol{C}\boldsymbol{A}^{n-2}\boldsymbol{B}\boldsymbol{u} \end{bmatrix}=\begin{bmatrix} \boldsymbol{C} \\ \boldsymbol{C}\boldsymbol{A} \\ \vdots \\ \boldsymbol{C}\boldsymbol{A}^{n-1} \end{bmatrix}\boldsymbol{x} \tag{5.5.3}$$

式(5.5.3)中最右侧状态向量 $\boldsymbol{x}$ 前的参数矩阵正是系统的能观性矩阵 $\boldsymbol{N}$，所以有

$$\boldsymbol{N}\boldsymbol{x}=\boldsymbol{z} \tag{5.5.4}$$

若系统(5.5.1)是能观的，即 $\mathrm{rank}\boldsymbol{N}=n$，则有矩阵 $\boldsymbol{N}^{\mathrm{T}}\boldsymbol{N}$ 是可逆的。在式(5.5.4)等号左右两侧同时左乘矩阵 $(\boldsymbol{N}^{\mathrm{T}}\boldsymbol{N})^{-1}\boldsymbol{N}^{\mathrm{T}}$，则有

$$\boldsymbol{x}=(\boldsymbol{N}^{\mathrm{T}}\boldsymbol{N})^{-1}\boldsymbol{N}^{\mathrm{T}}\boldsymbol{z} \tag{5.5.5}$$

根据式(5.5.5)可以构造一个新系统 $\boldsymbol{z}$，它以待观测系统的 $\boldsymbol{y}$ 和 $\boldsymbol{u}$ 为其输入，它的输出 $\boldsymbol{z}$ 经 $(\boldsymbol{N}^{\mathrm{T}}\boldsymbol{N})^{-1}\boldsymbol{N}^{\mathrm{T}}$ 变换后便得到状态向量 $\boldsymbol{x}$。换句话说，只要系统完全能观，那么状态向量 $\boldsymbol{x}$ 便可由系统输出 $\boldsymbol{y}$ 和输入 $\boldsymbol{u}$ 及其各阶导数估计出来。然而，由于系统(5.5.3)中包含了 $0\sim n-1$ 阶微分器，它们将在很大程度上加剧测量噪声对状态估计值的影响。因此，这样的观测器没有实际工程价值。

2. 开环观测器

对于系统(5.5.1)状态观测器的构成，一个直观的想法就是按照系统(5.5.1)本身的结构，设计一个相同的系统来观测系统状态 $\boldsymbol{x}$，即考虑观测器方程为

$$\begin{cases} \dot{\hat{\boldsymbol{x}}}=\boldsymbol{A}\hat{\boldsymbol{x}}+\boldsymbol{B}\boldsymbol{u} \\ \hat{\boldsymbol{y}}=\boldsymbol{C}\hat{\boldsymbol{x}} \end{cases} \tag{5.5.6}$$

式中：$\hat{\boldsymbol{x}}$ 为观测器状态，是系统(5.5.1)状态 $\boldsymbol{x}$ 的观测值或称估计值，是 n 维列向量；

$\boldsymbol{u}$ 为观测器输入，与系统(5.5.1)输入等同，是 r 维列向量；

$\hat{\boldsymbol{y}}$ 为观测器输出，是 m 维列向量；

$\boldsymbol{A}$、$\boldsymbol{B}$ 和 $\boldsymbol{C}$ 为观测器参数矩阵，与系统(5.5.1)参数矩阵等同；

第 1 个方程称之为观测器状态方程；

第 2 个方程称之为观测器输出方程。

从观测器方程(5.5.6)可以看出，这种观测器的状态与系统输出和观测器输出都无关系，

因此构成开环状态观测器。这种开环观测器只有当观测器的初始状态与系统初始状态完全相同时，观测器状态 $\hat{\boldsymbol{x}}$ 才严格等于系统实际状态 $\boldsymbol{x}$。否则，二者相差可能很大。但是要严格保持系统初始状态与观测器初始状态完全一致，这在实际中是不可能的。与此同时，系统的外部干扰和系统参数变化等因素也将加大它们之间的差别，所以这种开环观测器是没有实用意义的。

3. 反馈观测器

如果利用系统和观测器的输出信息对状态观测误差进行校正，便可构成反馈观测器。反馈状态观测器方程为

$$\begin{cases}\dot{\hat{\boldsymbol{x}}}=\boldsymbol{A}\hat{\boldsymbol{x}}+\boldsymbol{B}\boldsymbol{u}+\boldsymbol{L}(\boldsymbol{y}-\hat{\boldsymbol{y}})\\ \hat{\boldsymbol{y}}=\boldsymbol{C}\hat{\boldsymbol{x}}\end{cases}\tag{5.5.7}$$

式中：$\hat{\boldsymbol{x}}$ 为观测器状态，是系统(5.5.1)状态 $\boldsymbol{x}$ 的观测值或称估计值，是 n 维列向量；

$\boldsymbol{u}$ 为观测器输入，与系统(5.5.1)输入等同，是 r 维列向量；

$\hat{\boldsymbol{y}}$ 为观测器输出，是 m 维列向量；

$\boldsymbol{A}$、$\boldsymbol{B}$ 和 $\boldsymbol{C}$ 为观测器参数矩阵，与系统(5.5.1)参数矩阵等同；

$\boldsymbol{L}$ 为状态观测器输出误差反馈矩阵，也称之为观测器反馈矩阵，是 $n\times m$ 维矩阵；

第1个方程称为观测器状态方程；

第2个方程称为观测器输出方程。

在观测器(5.5.7)中，将输出方程代入状态方程中，有

$$\dot{\hat{\boldsymbol{x}}}=\boldsymbol{A}\hat{\boldsymbol{x}}+\boldsymbol{B}\boldsymbol{u}+\boldsymbol{L}\boldsymbol{y}-\boldsymbol{L}\boldsymbol{C}\hat{\boldsymbol{x}}\tag{5.5.8}$$

即

$$\dot{\hat{\boldsymbol{x}}}=(\boldsymbol{A}-\boldsymbol{L}\boldsymbol{C})\hat{\boldsymbol{x}}+\boldsymbol{L}\boldsymbol{y}+\boldsymbol{B}\boldsymbol{u}\tag{5.5.9}$$

上式为状态观测器方程的标准形式，式中的状态方程仅包括了观测器状态 $\hat{\boldsymbol{x}}$，系统输入变量 $\boldsymbol{u}$ 和输出变量 $\boldsymbol{y}$，后两者可以看作是观测器的输入变量。

从状态观测器方程(5.5.7)可以看出，反馈观测器和开环观测器的差别在于增加了反馈校正通道，即在观测器的状态方程中多出了 $\boldsymbol{L}(\boldsymbol{y}-\hat{\boldsymbol{y}})$ 这一项。当观测器状态 $\hat{\boldsymbol{x}}$ 与系统实际状态 $\boldsymbol{x}$ 不相等时，即有状态观测误差时，反映到观测器输出 $\hat{\boldsymbol{y}}$ 与系统输出 $\boldsymbol{y}$ 也不相等，于是产生一个误差信号 $\boldsymbol{y}-\hat{\boldsymbol{y}}=\boldsymbol{y}-\boldsymbol{C}\hat{\boldsymbol{x}}$，经反馈矩阵 $\boldsymbol{L}$ 反馈到观测器中积分器的输入端，参与调整观测器状态 $\hat{\boldsymbol{x}}$，使其以一定的精度和速度趋近于系统真实状态 $\boldsymbol{x}$。因此，这样的观测器也称之为渐近状态观测器。

5.5.3 状态观测器的存在性

假设系统

$$\begin{cases}\dot{\boldsymbol{x}}=\boldsymbol{A}\boldsymbol{x}+\boldsymbol{B}\boldsymbol{u}\\ \boldsymbol{y}=\boldsymbol{C}\boldsymbol{x}\end{cases}\tag{5.5.10}$$

式中：$\boldsymbol{x}$ 为系统状态，是 n 维列向量；

$\boldsymbol{u}$ 为系统输入，是 r 维列向量；

$\boldsymbol{y}$ 为系统输出，是 m 维列向量；

$\boldsymbol{A}$ 为 $n\times n$ 维系统矩阵；

B 为 $n\times r$ 维输入矩阵；

C 为 $m\times n$ 维输出矩阵。

不完全能观。

该系统状态观测器存在的充分必要条件是其不能观子系统是渐近稳定的。

由于系统(5.5.10)不完全能观，可进行能观性结构分解。由于能观性结构分解采用的是线性变换技术，而线性变换不会改变系统的能观性和稳定性。因此，为了介绍方便，可以直接定义系统参数矩阵 A、B 和 C 已具有能观性分解形式，即

$$x=\begin{bmatrix}x_c\\x_{\bar{c}}\end{bmatrix},\quad A=\begin{bmatrix}A_{11}&0\\A_{21}&A_{22}\end{bmatrix},\quad B=\begin{bmatrix}B_1\\B_2\end{bmatrix},\quad C=\begin{bmatrix}C_1&0\end{bmatrix}\tag{5.5.11}$$

式中：x_c 为能观子状态；

$x_{\bar{c}}$ 为不能观子状态。

所要构造观测器的方程为

$$\begin{cases}\dot{\hat{x}}=A\hat{x}+Bu+L(y-\hat{y})\\ \hat{y}=C\hat{x}\end{cases}\tag{5.5.12}$$

式中：$\hat{x}=\begin{bmatrix}\hat{x}_c\\\hat{x}_{\bar{c}}\end{bmatrix}$ 为观测器状态，是系统(5.5.10)状态 x 的观测值或称估计值，是 n 维列向量；

u 为观测器输入，与系统(5.5.10)输入等同，是 r 维列向量；

$\hat{y}$ 为观测器输出，是 m 维列向量；

A、B 和 C 为观测器参数矩阵，与系统(5.5.10)参数矩阵等同；

$L=\begin{bmatrix}L_1\\L_2\end{bmatrix}$ 为观测器反馈矩阵，是 $n\times m$ 维矩阵；

第 1 个方程称为观测器状态方程；

第 2 个方程称为观测器输出方程。

将系统(5.5.10)输出方程和观测器(5.5.12)输出方程代入观测器(5.5.12)状态方程中，整理有

$$\dot{\hat{x}}=(A-LC)\hat{x}+Bu+LCx\tag{5.5.13}$$

定义系统(5.5.10)状态 x 与其观测值即观测器(5.5.12)状态 $\hat{x}$ 的差作为观测误差或称为状态误差向量 $\tilde{x}$，即 $\tilde{x}=x-\hat{x}$，可得系统观测误差方程为

$$\begin{aligned}\dot{\tilde{x}}&=\dot{x}-\dot{\hat{x}}\\&=\begin{bmatrix}\dot{x}_c-\dot{\hat{x}}_c\\\dot{x}_{\bar{c}}-\dot{\hat{x}}_{\bar{c}}\end{bmatrix}\\&=\begin{bmatrix}A_{11}x_c+B_1u\\A_{21}x_c+A_{22}x_{\bar{c}}+B_2u\end{bmatrix}-\begin{bmatrix}(A_{11}-L_1C_1)\hat{x}_c+B_1u+L_1C_1x_c\\(A_{21}-L_2C_1)\hat{x}_c+A_{22}\hat{x}_{\bar{c}}+B_2u+L_2C_1x_c\end{bmatrix}\end{aligned}$$

$$= \begin{bmatrix} (\boldsymbol{A}_{11} - \boldsymbol{L}_1\boldsymbol{C}_1)(\boldsymbol{x}_c - \hat{\boldsymbol{x}}_c) \\ (\boldsymbol{A}_{21} - \boldsymbol{L}_2\boldsymbol{C}_1)(\boldsymbol{x}_c - \hat{\boldsymbol{x}}_c) + \boldsymbol{A}_{22}(\boldsymbol{x}_{\bar{c}} - \hat{\boldsymbol{x}}_{\bar{c}}) \end{bmatrix} \tag{5.5.14}$$

由此可得到两个子观测误差方程为

$$\dot{\boldsymbol{x}}_c - \dot{\hat{\boldsymbol{x}}}_c = (\boldsymbol{A}_{11} - \boldsymbol{L}_1\boldsymbol{C}_1)(\boldsymbol{x}_c - \hat{\boldsymbol{x}}_c) \tag{5.5.15}$$

和

$$\dot{\boldsymbol{x}}_{\bar{c}} - \dot{\hat{\boldsymbol{x}}}_{\bar{c}} = (\boldsymbol{A}_{21} - \boldsymbol{L}_2\boldsymbol{C}_1)(\boldsymbol{x}_c - \hat{\boldsymbol{x}}_c) + \boldsymbol{A}_{22}(\boldsymbol{x}_{\bar{c}} - \hat{\boldsymbol{x}}_{\bar{c}}) \tag{5.5.16}$$

假定系统状态 $\boldsymbol{x}_c$ 的初值为 $\boldsymbol{x}_c(0)$，观测器状态 $\hat{\boldsymbol{x}}_c$ 的初值为 $\hat{\boldsymbol{x}}_c(0)$。由第 2.1 节中连续系统非齐次状态方程的解(2.1.11)可知，状态方程(5.5.15)的解为

$$\boldsymbol{x}_c - \hat{\boldsymbol{x}}_c = \mathrm{e}^{(\boldsymbol{A}_{11} - \boldsymbol{L}_1\boldsymbol{C}_1)t}(\boldsymbol{x}_c(0) - \hat{\boldsymbol{x}}_c(0)) \tag{5.5.17}$$

于是，可以通过选择适当的矩阵 $\boldsymbol{L}_1$，使得矩阵 $\boldsymbol{A}_{11} - \boldsymbol{L}_1\boldsymbol{C}_1$ 的特征值均具有负实部，根据第 4.4.1 节中式(4.4.5)中的介绍，有

$$\lim_{t\to\infty}(\boldsymbol{x}_c - \hat{\boldsymbol{x}}_c) = \lim_{t\to\infty}\mathrm{e}^{(\boldsymbol{A}_{11} - \boldsymbol{L}_1\boldsymbol{C}_1)t}(\boldsymbol{x}_c(0) - \hat{\boldsymbol{x}}_c(0)) = \boldsymbol{0} \tag{5.5.18}$$

另一方面，将式(5.5.17)中 $\boldsymbol{x}_c - \hat{\boldsymbol{x}}_c$ 的解代入第 2 个子观测误差方程(5.5.16)中，得

$$\dot{\boldsymbol{x}}_{\bar{c}} - \dot{\hat{\boldsymbol{x}}}_{\bar{c}} = \boldsymbol{A}_{22}(\boldsymbol{x}_{\bar{c}} - \hat{\boldsymbol{x}}_{\bar{c}}) + (\boldsymbol{A}_{21} - \boldsymbol{L}_2\boldsymbol{C}_1)\mathrm{e}^{(\boldsymbol{A}_{11} - \boldsymbol{L}_1\boldsymbol{C}_1)t}(\boldsymbol{x}_c(0) - \hat{\boldsymbol{x}}_c(0)) \tag{5.5.19}$$

于是，可以将上式看作一个以 $\boldsymbol{x}_{\bar{c}} - \hat{\boldsymbol{x}}_{\bar{c}}$ 为状态变量的非齐次状态微分方程。假定系统状态 $\boldsymbol{x}_{\bar{c}}$ 的初值为 $\boldsymbol{x}_{\bar{c}}(0)$，观测器状态 $\hat{\boldsymbol{x}}_{\bar{c}}$ 的初值为 $\hat{\boldsymbol{x}}_{\bar{c}}(0)$，参阅第 2.3 节中连续系统非齐次状态方程解(2.3.12)的推导过程，可得非齐次状态方程(5.5.19)的解为

$$\boldsymbol{x}_{\bar{c}} - \hat{\boldsymbol{x}}_{\bar{c}} = \mathrm{e}^{\boldsymbol{A}_{22}t}(\boldsymbol{x}_{\bar{c}}(0) - \hat{\boldsymbol{x}}_{\bar{c}}(0)) + \int_0^t \mathrm{e}^{\boldsymbol{A}_{22}(t-\tau)}(\boldsymbol{A}_{21} - \boldsymbol{L}_2\boldsymbol{C}_1)\mathrm{e}^{(\boldsymbol{A}_{11} - \boldsymbol{L}_1\boldsymbol{C}_1)\tau}(\boldsymbol{x}_c(0) - \hat{\boldsymbol{x}}_c(0))\,\mathrm{d}\tau \tag{5.5.20}$$

由于 $\lim\limits_{t\to\infty}\mathrm{e}^{(\boldsymbol{A}_{11} - \boldsymbol{L}_1\boldsymbol{C}_1)t} = \boldsymbol{0}$，也即上式等号右侧第 2 项为零。因此，对任意的初值 $\boldsymbol{x}_{\bar{c}}(0)$ 和 $\hat{\boldsymbol{x}}_{\bar{c}}(0)$，如果期望

$$\lim_{t\to\infty}(\boldsymbol{x}_{\bar{c}} - \hat{\boldsymbol{x}}_{\bar{c}}) = \boldsymbol{0} \tag{5.5.21}$$

成立，则仅需

$$\lim_{t\to\infty}\mathrm{e}^{\boldsymbol{A}_{22}t} = \boldsymbol{0} \tag{5.5.22}$$

得以满足。明显地，条件 $\lim\limits_{t\to\infty}\mathrm{e}^{\boldsymbol{A}_{22}t} = \boldsymbol{0}$ 等价于矩阵 $\boldsymbol{A}_{22}$ 的特征值均具有负实部。因为矩阵 $\boldsymbol{A}_{22}$ 为系统不能观子系统的系统矩阵，其特征值均具有负实部意味着不能观子系统是渐近稳定的。换句话说，只有当系统(5.5.10)的不能观子系统渐近稳定时，才能使 $\lim\limits_{t\to\infty}(\boldsymbol{x} - \hat{\boldsymbol{x}}) = \boldsymbol{0}$。上述充分说明了系统(5.5.10)状态观测器存在的充分必要条件是其不能观子系统是渐近稳定的。

5.5.4 反馈矩阵 L 的设计

本节介绍观测器反馈矩阵 $\boldsymbol{L}$ 的设计方法。因为要介绍的方法采用了系统的能观标准型，为了介绍的方便，只给出单入-单出系统的观测器设计方法。假设系统

$$\begin{cases} \dot{\boldsymbol{x}} = \boldsymbol{A}\boldsymbol{x} + \boldsymbol{b}u \\ y = \boldsymbol{c}\boldsymbol{x} \end{cases} \tag{5.5.23}$$

式中：$\boldsymbol{x}$ 为系统状态，是 n 维列向量；

u 为系统输入，是标量；

y 为系统输出，是标量；

$\boldsymbol{A}$ 为 $n \times n$ 维系统矩阵；

$\boldsymbol{b}$ 为 $n \times 1$ 维输入矩阵；

$\boldsymbol{c}$ 为 $1 \times n$ 维输出矩阵。

是能观的。

对系统(5.5.23)所构造的状态观测器方程为

$$\begin{cases} \dot{\hat{\boldsymbol{x}}} = \boldsymbol{A}\hat{\boldsymbol{x}} + \boldsymbol{b}u + \boldsymbol{L}(y - \hat{y}) \\ \hat{y} = \boldsymbol{c}\hat{\boldsymbol{x}} \end{cases} \tag{5.5.24}$$

式中：$\hat{\boldsymbol{x}}$ 为观测器状态，是系统(5.5.23)状态 $\boldsymbol{x}$ 的观测值或称估计值，是 n 维列向量；

u 为观测器输入，与系统(5.5.23)输入等同，是标量；

$\hat{y}$ 为观测器输出，是标量；

$\boldsymbol{A}$、$\boldsymbol{b}$ 和 $\boldsymbol{c}$ 为观测器参数矩阵，与系统(5.5.23)参数矩阵等同；

$\boldsymbol{L}$ 为观测器反馈矩阵，是 $n \times 1$ 维矩阵。

在观测器(5.5.24)中，将输出方程代入状态方程中，可得

$$\dot{\hat{\boldsymbol{x}}} = (\boldsymbol{A} - \boldsymbol{L}\boldsymbol{c})\hat{\boldsymbol{x}} + \boldsymbol{b}u + \boldsymbol{L}y \tag{5.5.25}$$

对于观测器(5.5.25)，所要解决的问题是如何给出观测器反馈矩阵 $\boldsymbol{L}$ 使其满足指定的极点配置要求，即为选择矩阵 $\boldsymbol{L}$，可将矩阵 $\boldsymbol{A} - \boldsymbol{L}\boldsymbol{c}$ 的特征值配置在期望的位置上。

下面介绍观测反馈矩阵 $\boldsymbol{L}$ 的设计方法和步骤。对于观测器(5.5.25)，假定期望的极点(系统特征值)为 λ_i^* $(i=1,2,\cdots,n)$，也就是期望特征值多项式为

$$(\lambda - \lambda_1^*)(\lambda - \lambda_2^*)\cdots(\lambda - \lambda_n^*) = \lambda^n + a_{n-1}^*\lambda^{n-1} + \cdots + a_1^*\lambda + a_0^* \tag{5.5.26}$$

因此，对于观测器(5.5.25)设计矩阵 $\boldsymbol{L}$ 使其满足特征值 λ_i^* $(i=1,2,\cdots,n)$ 的问题，归结为寻找矩阵 $\boldsymbol{L}$ 期望满足

$$|\lambda \boldsymbol{I} - (\boldsymbol{A} - \boldsymbol{L}\boldsymbol{c})| = \lambda^n + a_{n-1}^*\lambda^{n-1} + \cdots + a_1^*\lambda + a_0^* \tag{5.5.27}$$

对于实际系统而言，系统(5.5.23)中的参数矩阵 $\boldsymbol{A}$ 和 $\boldsymbol{c}$ 为任意形式的，如果直接从 $\boldsymbol{A}$ 和 $\boldsymbol{c}$ 研究观测器(5.5.25)的极点配置问题会很复杂。既然系统(5.5.23)是能观的，则考虑利用能观系统的标准型来解决其极点配置问题。

因为系统(5.5.23)是能观的，根据第 3.6.2 节中能观标准Ⅱ型，考虑非奇异矩阵

$$\boldsymbol{P}_{o2} = \left[\begin{bmatrix} 1 & a_{n-1} & \cdots & a_2 & a_1 \\ & 1 & \cdots & a_3 & a_2 \\ & & \ddots & \vdots & \vdots \\ & & & 1 & a_{n-1} \\ \boldsymbol{0} & & & & 1 \end{bmatrix} \begin{bmatrix} \boldsymbol{c}\boldsymbol{A}^{n-1} \\ \boldsymbol{c}\boldsymbol{A}^{n-2} \\ \vdots \\ \boldsymbol{c}\boldsymbol{A} \\ \boldsymbol{c} \end{bmatrix}\right]^{-1} \tag{5.5.28}$$

利用线性变换

$$\boldsymbol{x} = \boldsymbol{P}_{o2}\tilde{\boldsymbol{x}} \tag{5.5.29}$$

将状态空间表达式(5.5.23)变换为能观标准Ⅱ型为

$$\begin{cases}\dot{\breve{x}} = P_{o2}^{-1}AP_{o2}\breve{x} + P_{o2}^{-1}bu \\ y = cP_{o2}\breve{x}\end{cases} \tag{5.5.30}$$

式中：

$$P_{o2}^{-1}AP_{o2} = \begin{bmatrix} 0 & 0 & \cdots & 0 & -a_0 \\ 1 & 0 & \cdots & 0 & -a_1 \\ \vdots & \ddots & \ddots & \vdots & \vdots \\ 0 & 0 & \ddots & 0 & -a_{n-2} \\ 0 & 0 & \cdots & 1 & -a_{n-1} \end{bmatrix}, \quad cP_{o2} = [0 \quad 0 \quad \cdots \quad 0 \quad 1] \tag{5.5.31}$$

同时利用线性变换

$$\hat{x} = P_{o2}\breve{x} \tag{5.5.32}$$

将状态观测器方程(5.5.25)变换为

$$P_{o2}\dot{\breve{x}} = (A - Lc)P_{o2}\breve{x} + Ly + bu \tag{5.5.33}$$

即

$$\dot{\breve{x}} = P_{o2}^{-1}(A - Lc)P_{o2}\breve{x} + P_{o2}^{-1}Ly + P_{o2}^{-1}bu \tag{5.5.34}$$

整理后有

$$\dot{\breve{x}} = (P_{o2}^{-1}AP_{o2} - P_{o2}^{-1}LcP_{o2})\breve{x} + P_{o2}^{-1}Ly + P_{o2}^{-1}bu \tag{5.5.35}$$

因为线性变换不改变系统的特征值，则寻找矩阵 L 满足式(5.5.27)变成为寻找矩阵 L 使得

$$|\lambda I - (P_{o2}^{-1}AP_{o2} - P_{o2}^{-1}LcP_{o2})| = \lambda^n + a_{n-1}^*\lambda^{n-1} + \cdots + a_1^*\lambda + a_0^* \tag{5.5.36}$$

接下来，计算特征多项式 $|\lambda I-(P_{o2}^{-1}AP_{o2}-P_{o2}^{-1}LcP_{o2})|$。定义

$$P_{o2}^{-1}L = \begin{bmatrix} l_0 \\ l_1 \\ \vdots \\ l_{n-2} \\ l_{n-1} \end{bmatrix} \tag{5.5.37}$$

结合上式和式(5.5.31)中的第2个式子，则有

$$P_{o2}^{-1}LcP_{o2} = \begin{bmatrix} l_0 \\ l_1 \\ \vdots \\ l_{n-2} \\ l_{n-1} \end{bmatrix} [0 \quad 0 \quad \cdots \quad 0 \quad 1] = \begin{bmatrix} 0 & 0 & \cdots & 0 & l_0 \\ & 0 & \cdots & 0 & l_1 \\ & & \ddots & \vdots & \vdots \\ & & & 0 & l_{n-2} \\ \mathbf{0} & & & & l_{n-1} \end{bmatrix} \tag{5.5.38}$$

再结合上式和式(5.5.31)中的第1个式子，可得

$$P_{o2}^{-1}AP_{o2} - P_{o2}^{-1}LcP_{o2} = \begin{bmatrix} 0 & 0 & \cdots & 0 & -a_0 \\ 1 & 0 & \cdots & 0 & -a_1 \\ \vdots & \ddots & \ddots & \vdots & \vdots \\ 0 & 0 & \ddots & 0 & -a_{n-2} \\ 0 & 0 & \cdots & 1 & -a_{n-1} \end{bmatrix} - \begin{bmatrix} 0 & 0 & \cdots & 0 & l_0 \\ & 0 & \cdots & 0 & l_1 \\ & & \ddots & \vdots & \vdots \\ & & & 0 & l_{n-2} \\ \mathbf{0} & & & & l_{n-1} \end{bmatrix}$$

$$
=\begin{bmatrix}0 & 0 & \cdots & 0 & -a_0-l_0\\ 1 & 0 & \cdots & 0 & -a_1-l_1\\ \vdots & \ddots & \ddots & \vdots & \vdots\\ 0 & 0 & \ddots & 0 & -a_{n-2}-l_{n-2}\\ 0 & 0 & \cdots & 1 & -a_{n-1}-l_{n-1}\end{bmatrix} \tag{5.5.39}
$$

其特征多项式为

$$
|\lambda \boldsymbol{I}-(\boldsymbol{P}_{o2}^{-1}\boldsymbol{A}\boldsymbol{P}_{o2}-\boldsymbol{P}_{o2}^{-1}\boldsymbol{L}\boldsymbol{c}\boldsymbol{P}_{o2})|=\begin{vmatrix}\lambda & 0 & \cdots & 0 & a_0+l_0\\ -1 & \lambda & \cdots & 0 & a_1+l_1\\ \vdots & \ddots & \ddots & \vdots & \vdots\\ 0 & 0 & \ddots & \lambda & a_{n-2}+l_{n-2}\\ 0 & 0 & \cdots & -1 & \lambda+(a_{n-1}+l_{n-1})\end{vmatrix} \tag{5.5.40}
$$

为了计算式(5.5.40)中的特征多项式，可以利用行列式的性质，即一个矩阵的行列式和其转置的行列式是相等的，即

$$
|\lambda \boldsymbol{I}-(\boldsymbol{P}_{o2}^{-1}\boldsymbol{A}\boldsymbol{P}_{o2}-\boldsymbol{P}_{o2}^{-1}\boldsymbol{L}\boldsymbol{c}\boldsymbol{P}_{o2})|=|(\lambda \boldsymbol{I}-(\boldsymbol{P}_{o2}^{-1}\boldsymbol{A}\boldsymbol{P}_{o2}-\boldsymbol{P}_{o2}^{-1}\boldsymbol{L}\boldsymbol{c}\boldsymbol{P}_{o2}))^{\mathrm{T}}| \tag{5.5.41}
$$

而

$$
|(\lambda \boldsymbol{I}-(\boldsymbol{P}_{o2}^{-1}\boldsymbol{A}\boldsymbol{P}_{o2}-\boldsymbol{P}_{o2}^{-1}\boldsymbol{L}\boldsymbol{c}\boldsymbol{P}_{o2}))^{\mathrm{T}}|=\begin{vmatrix}\lambda & -1 & \cdots & 0 & 0\\ 0 & \lambda & \ddots & 0 & 0\\ \vdots & \vdots & \ddots & \ddots & \vdots\\ 0 & 0 & \cdots & \lambda & -1\\ a_0+l_0 & a_1+l_1 & \cdots & a_{n-2}+l_{n-2} & \lambda+(a_{n-1}+l_{n-1})\end{vmatrix} \tag{5.5.42}
$$

需要注意的是，如果在式(5.5.42)中等号右侧的行列式中将 $l_i(i=1,2,\cdots,n)$ 替换为 $k_i(i=1,2,\cdots,n)$，则这个行列式恰好等于第 5.2 节中式(5.2.15)等号右侧的行列式，而第 5.2 节中式(5.2.15)等号右侧的行列式已经计算给出，参考这个计算结果，则直接得出式(5.5.42)为

$$
\begin{aligned}&|\lambda \boldsymbol{I}-(\boldsymbol{P}_{o2}^{-1}\boldsymbol{A}\boldsymbol{P}_{o2}-\boldsymbol{P}_{o2}^{-1}\boldsymbol{L}\boldsymbol{c}\boldsymbol{P}_{o2})|\\ &=\lambda^n+(a_{n-1}+l_{n-1})\lambda^{n-1}+(a_{n-2}+l_{n-2})\lambda^{n-2}+\cdots+(a_1+l_1)\lambda+a_0+l_0\end{aligned} \tag{5.5.43}
$$

因此，寻找观测器反馈矩阵 $\boldsymbol{L}$ 使得观测器(5.5.25)满足极点配置要求(5.5.26)的问题已经变换为寻找矩阵 $\boldsymbol{L}$ 使得

$$
\begin{aligned}&\lambda^n+a_{n-1}^*\lambda^{n-1}+a_{n-2}^*\lambda^{n-2}+\cdots+a_1^*\lambda+a_0^*\\ &=\lambda^n+(a_{n-1}+l_{n-1})\lambda^{n-1}+(a_{n-2}+l_{n-2})\lambda^{n-2}+\cdots+(a_1+l_1)\lambda+(a_0+l_0)\end{aligned} \tag{5.5.44}
$$

由上式等式两边 λ 同次幂系数对应相等，可解出反馈矩阵 $\boldsymbol{L}$ 各系数为

$$
\begin{cases}l_{n-1}=a_{n-1}^*-a_{n-1}\\ l_{n-2}=a_{n-2}^*-a_{n-2}\\ \qquad\vdots\\ l_1=a_1^*-a_1\\ l_0=a_0^*-a_0\end{cases} \tag{5.5.45}
$$

根据上式，式(5.5.37)可以改写为

$$P_{o2}^{-1}L = \begin{bmatrix} a_0^* - a_0 \\ a_1^* - a_1 \\ \vdots \\ a_{n-2}^* - a_{n-2} \\ a_{n-1}^* - a_{n-1} \end{bmatrix} \tag{5.5.46}$$

在上式的等号左右两侧同时左乘矩阵 P_{o2},可得状态观测器反馈矩阵为

$$L = P_{o2}\begin{bmatrix} a_0^* - a_0 \\ a_1^* - a_1 \\ \vdots \\ a_{n-2}^* - a_{n-2} \\ a_{n-1}^* - a_{n-1} \end{bmatrix} \tag{5.5.47}$$

【例 5.5.1】 系统状态空间表达式为

$$\begin{cases} \dot{x} = \begin{bmatrix} 1 & 0 & 2 \\ 2 & 1 & 1 \\ 1 & 0 & -2 \end{bmatrix} x + \begin{bmatrix} 1 \\ 2 \\ 1 \end{bmatrix} u \\ y = \begin{bmatrix} 0 & 1 & 1 \end{bmatrix} x \end{cases} \tag{5.5.48}$$

试设计状态观测器使其极点为$-2,-1\pm j$。

解: 由式(5.5.48)知,系统中

$$A = \begin{bmatrix} 1 & 0 & 2 \\ 2 & 1 & 1 \\ 1 & 0 & -2 \end{bmatrix}, \quad b = \begin{bmatrix} 1 \\ 2 \\ 1 \end{bmatrix}, \quad c = \begin{bmatrix} 0 & 1 & 1 \end{bmatrix} \tag{5.5.49}$$

于是,能观性矩阵为

$$N = \begin{bmatrix} c \\ cA \\ cA^2 \end{bmatrix} = \begin{bmatrix} 0 & 1 & 1 \\ 3 & 1 & -1 \\ 4 & 1 & 9 \end{bmatrix} \tag{5.5.50}$$

且 $\operatorname{rank}N=3$,系统是能观的,是可以构造状态观测器的。

系统的特征多项式为

$$|\lambda I - A| = \lambda^3 - 5\lambda + 4 \tag{5.5.51}$$

即

$$a_2 = 0, \quad a_1 = -5, \quad a_0 = 4 \tag{5.5.52}$$

根据给定的极点,期望的特征多项式为

$$\begin{aligned}(\lambda - \lambda_1^*)(\lambda - \lambda_2^*)(\lambda - \lambda_3^*) &= (\lambda + 2)(\lambda + 1 - j)(\lambda + 1 + j) \\ &= \lambda^3 + 4\lambda^2 + 6\lambda + 4\end{aligned} \tag{5.5.53}$$

即

$$a_0^* = 4, \quad a_1^* = 6, \quad a_2^* = 4 \tag{5.5.54}$$

于是根据式(5.5.46)有

$$\begin{bmatrix} a_0^* - a_0 \\ a_1^* - a_1 \\ a_2^* - a_2 \end{bmatrix} = \begin{bmatrix} 0 \\ 11 \\ 4 \end{bmatrix} \tag{5.5.55}$$

根据式(5.5.28),系统(5.5.49)变换成能观标准Ⅱ型所用到的变换矩阵为

$$\boldsymbol{P}_{o2} = \left[\begin{bmatrix} 1 & a_2 & a_1 \\ 0 & 1 & a_2 \\ 0 & 0 & 1 \end{bmatrix} \begin{bmatrix} \boldsymbol{cA}^2 \\ \boldsymbol{cA} \\ \boldsymbol{c} \end{bmatrix} \right]^{-1} = \frac{1}{32} \begin{bmatrix} 2 & 8 & 0 \\ -3 & 4 & 16 \\ 3 & -4 & 16 \end{bmatrix} \tag{5.5.56}$$

最后,根据式(5.5.47)得观测器反馈矩阵为

$$\boldsymbol{L} = \boldsymbol{P}_{o2} \begin{bmatrix} a_0^* - a_0 \\ a_1^* - a_1 \\ a_2^* - a_2 \end{bmatrix} = \frac{1}{8} \begin{bmatrix} 22 \\ 27 \\ 5 \end{bmatrix} \tag{5.5.57}$$

5.5.5　降维观测器

第 5.5.4 节中介绍的观测器是对待观测系统进行整体观测的,观测器状态和系统状态都是 n 维列向量,也就是观测器的维数和受控系统的维数是相同的,这样的观测器称为全维观测器。实际上,系统的输出向量 $\boldsymbol{y}$ 总是能够测量的,如果可以利用系统的输出向量 $\boldsymbol{y}$ 来直接产生部分状态变量,而对其他的状态变量构造观测器,可以降低观测器的维数。

若 n 维待观测系统是能观的,系统输出矩阵 $\boldsymbol{C}$ 是 $m\times n$ 维矩阵,而如果矩阵 $\boldsymbol{C}$ 的秩是 m,则它的 m 个状态分量可由系统输出 $\boldsymbol{y}$ 直接获得,其余的 $n-m$ 个状态分量只需用 $n-m$ 维的观测器进行观测即可,这样的观测器其状态为 $n-m$ 维列向量,维数小于系统状态维数 n,所以称之为降维观测器。一般情况下,降维观测器设计分两步进行。首先,通过线性变换把系统输出矩阵 $\boldsymbol{C}$ 变换为 $[\boldsymbol{0}\quad \boldsymbol{I}]$ 或者 $[\boldsymbol{I}\quad \boldsymbol{0}]$ 的形式,其中 $\boldsymbol{I}$ 为 m 维单位矩阵,而 $\boldsymbol{0}$ 为 $m\times(n-m)$ 维零矩阵,同时也将系统状态按能观性分解成两部分。根据变换后输出矩阵的形式,确定 m 维系统状态可由 $\boldsymbol{y}$ 直接获得,而 $n-m$ 维系统状态需要通过观测器进行观测。其次,对 $n-m$ 维系统状态构造 $n-m$ 维观测器。

假设系统

$$\begin{cases} \dot{\boldsymbol{x}} = \boldsymbol{Ax} + \boldsymbol{Bu} \\ \boldsymbol{y} = \boldsymbol{Cx} \end{cases} \tag{5.5.58}$$

式中:$\boldsymbol{x}$ 为系统状态,是 n 维列向量;

$\boldsymbol{u}$ 为系统输入,是 r 维列向量;

$\boldsymbol{y}$ 为系统输出,是 m 维列向量;

$\boldsymbol{A}$ 为 $n\times n$ 维系统矩阵;

$\boldsymbol{B}$ 为 $n\times r$ 维输入矩阵;

$\boldsymbol{C}$ 为 $m\times n$ 维输出矩阵,且 $\mathrm{rank}\boldsymbol{C}=m$,即输出矩阵 $\boldsymbol{C}$ 满足行满秩(矩阵 $\boldsymbol{C}$ 的秩与其行数相等)。

是能观的。

考虑非奇异矩阵 $\boldsymbol{P}$,利用线性变换

$$\boldsymbol{x} = \boldsymbol{P}\bar{\boldsymbol{x}} \tag{5.5.59}$$

将状态空间表达式(5.5.58)变换为

$$\begin{cases}\dot{\bar{x}} = P^{-1}AP\bar{x} + P^{-1}Bu \\ y = CP\bar{x}\end{cases} \tag{5.5.60}$$

式中：

$$\bar{x} = \begin{bmatrix}\bar{x}_1 \\ \bar{x}_2\end{bmatrix}\begin{matrix}\}\, n-m \\ \}\, m\end{matrix}, \quad P^{-1}AP = \begin{bmatrix}\bar{A}_{11} & \bar{A}_{12} \\ \bar{A}_{21} & \bar{A}_{22}\end{bmatrix}\begin{matrix}\}\, n-m \\ \}\, m\end{matrix}$$

$$P^{-1}B = \begin{bmatrix}\bar{B}_1 \\ \bar{B}_2\end{bmatrix}\begin{matrix}\}\, n-m \\ \}\, m\end{matrix}, \quad CP = [\mathbf{0} \quad I]\}\, m \tag{5.5.61}$$

结合式(5.5.60)和式(5.5.61)，将变换后的系统整理为

$$\begin{cases}\begin{bmatrix}\dot{\bar{x}}_1 \\ \dot{\bar{x}}_2\end{bmatrix} = \begin{bmatrix}\bar{A}_{11} & \bar{A}_{12} \\ \bar{A}_{21} & \bar{A}_{22}\end{bmatrix}\begin{bmatrix}\bar{x}_1 \\ \bar{x}_2\end{bmatrix} + \begin{bmatrix}\bar{B}_1 \\ \bar{B}_2\end{bmatrix}u \\ y = [\mathbf{0} \quad I]\begin{bmatrix}\bar{x}_1 \\ \bar{x}_2\end{bmatrix} = \bar{x}_2\end{cases} \tag{5.5.62}$$

由式(5.5.62)可见，在变换后的系统输出方程中 $y=\bar{x}_2$，也就是意味着 m 个状态分量 $\bar{x}_2$ 可由系统输出 y 直接检测得到。而前 $n-m$ 个状态分量 $\bar{x}_1$ 则需要通过构造 $n-m$ 维状态观测器进行观测。由于线性变换不改变系统的能观性，因此系统(5.5.58)是能观的，则系统(5.5.62)同样是能观的。

接下来介绍变换矩阵 P 的选取。首先构造矩阵

$$\begin{bmatrix}C_0 \\ C\end{bmatrix}\begin{matrix}\}\, n-m \\ \}\, m\end{matrix} \tag{5.5.63}$$

式中：C_0 为保证该矩阵是非奇异的任意$(n-m)\times n$ 维矩阵。

则可以给出

$$C = [\mathbf{0} \quad I]\begin{bmatrix}C_0 \\ C\end{bmatrix} \tag{5.5.64}$$

在上式的等号左右两侧同时右乘矩阵 $\begin{bmatrix}C_0 \\ C\end{bmatrix}^{-1}$，得

$$C\begin{bmatrix}C_0 \\ C\end{bmatrix}^{-1} = [\mathbf{0} \quad I] \tag{5.5.65}$$

根据式(5.5.65)，式(5.5.59)中的变换矩阵 P 可以选择为

$$P = \begin{bmatrix}C_0 \\ C\end{bmatrix}^{-1} \tag{5.5.66}$$

如果系统输出向量的维数小于状态变量的维数，即 $m<n$，则变换矩阵 P 也可以利用输出矩阵 C 行满秩的特性进行构造为

$$P = [C^{\perp} \quad C^{\mathrm{T}}(CC^{\mathrm{T}})^{-1}] \tag{5.5.67}$$

式中：$n\times(n-m)$维矩阵 $C^{\perp}$ 为矩阵 C 的正交补，即满足 $CC^{\perp}=\mathbf{0}$；

$n\times m$ 维矩阵 $\boldsymbol{C}^{\mathrm{T}}(\boldsymbol{C}\boldsymbol{C}^{\mathrm{T}})^{-1}$ 中，由于矩阵 $\boldsymbol{C}$ 是行满秩的，所以矩阵 $\boldsymbol{C}\boldsymbol{C}^{\mathrm{T}}$ 是可逆的。

明显地，在确保矩阵 $\boldsymbol{P}$ 为非奇异的情况下，满足 $\boldsymbol{CP}=[\boldsymbol{0}\quad \boldsymbol{I}]$。

在确定系统(5.5.62)中前 $n-m$ 个状态分量即 $\bar{\boldsymbol{x}}_1$，需要通过构造 $n-m$ 维状态观测器进行观测后，再根据全维观测器的方法来设计降维观测器。由式(5.5.62)得

$$\begin{cases}\dot{\bar{\boldsymbol{x}}}_1=\bar{\boldsymbol{A}}_{11}\bar{\boldsymbol{x}}_1+\bar{\boldsymbol{A}}_{12}\bar{\boldsymbol{x}}_2+\bar{\boldsymbol{B}}_1\boldsymbol{u}\\ \dot{\bar{\boldsymbol{x}}}_2=\bar{\boldsymbol{A}}_{21}\bar{\boldsymbol{x}}_1+\bar{\boldsymbol{A}}_{22}\bar{\boldsymbol{x}}_2+\bar{\boldsymbol{B}}_2\boldsymbol{u}\\ \boldsymbol{y}=\bar{\boldsymbol{x}}_2\end{cases}\tag{5.5.68}$$

将上式中的第 2 个方程式改写为

$$\bar{\boldsymbol{A}}_{21}\bar{\boldsymbol{x}}_1=\dot{\bar{\boldsymbol{x}}}_2-\bar{\boldsymbol{A}}_{22}\bar{\boldsymbol{x}}_2-\bar{\boldsymbol{B}}_2\boldsymbol{u}\tag{5.5.69}$$

在式(5.5.69)中，因为控制输入 $\boldsymbol{u}$ 已知，$\boldsymbol{y}=\bar{\boldsymbol{x}}_2$ 可直接测出，则 $\bar{\boldsymbol{A}}_{21}\bar{\boldsymbol{x}}_1$ 是可以测量的。因此，定义

$$\bar{\boldsymbol{y}}=\bar{\boldsymbol{A}}_{21}\bar{\boldsymbol{x}}_1\tag{5.5.70}$$

然后将其作为待观测子系统输出变量。同时，可以将 $\bar{\boldsymbol{A}}_{12}\bar{\boldsymbol{x}}_2+\bar{\boldsymbol{B}}_1\boldsymbol{u}$ 作为待观测子系统输入变量，则待观测子系统状态空间表达式可以表示为

$$\begin{cases}\dot{\bar{\boldsymbol{x}}}_1=\bar{\boldsymbol{A}}_{11}\bar{\boldsymbol{x}}_1+\bar{\boldsymbol{A}}_{12}\bar{\boldsymbol{x}}_2+\bar{\boldsymbol{B}}_1\boldsymbol{u}\\ \bar{\boldsymbol{y}}=\bar{\boldsymbol{A}}_{21}\bar{\boldsymbol{x}}_1\end{cases}\tag{5.5.71}$$

式中：$\bar{\boldsymbol{A}}_{21}$ 可以被作为待观测子系统输出矩阵。

由于系统(5.5.58)是能观的，则相对来说系统(5.5.71)也是能观的，所以存在观测器。因此，可以参照式(5.5.12)来构造状态观测器为

$$\begin{cases}\dot{\hat{\bar{\boldsymbol{x}}}}_1=\bar{\boldsymbol{A}}_{11}\hat{\bar{\boldsymbol{x}}}_1+\bar{\boldsymbol{A}}_{12}\bar{\boldsymbol{x}}_2+\bar{\boldsymbol{B}}_1\boldsymbol{u}+\boldsymbol{L}(\bar{\boldsymbol{y}}-\hat{\bar{\boldsymbol{y}}})\\ \hat{\bar{\boldsymbol{y}}}=\bar{\boldsymbol{A}}_{21}\hat{\bar{\boldsymbol{x}}}_1\end{cases}\tag{5.5.72}$$

式中：$\hat{\bar{\boldsymbol{x}}}_1$ 为观测器状态，是子系统(5.5.71)状态 $\bar{\boldsymbol{x}}_1$ 的观测值或称估计值，是 $n-m$ 维列向量；

$\boldsymbol{u}$ 为观测器输入，与子系统(5.5.71)输入等同，是 r 维列向量；

$\hat{\bar{\boldsymbol{y}}}$ 为观测器输出，是 m 维列向量；

$\boldsymbol{L}$ 为观测器反馈矩阵，是$(n-m)\times m$ 维列向量；

$\bar{\boldsymbol{A}}_{11}$、$\bar{\boldsymbol{A}}_{12}$、$\bar{\boldsymbol{B}}_1$ 和 $\bar{\boldsymbol{A}}_{21}$ 为观测器参数矩阵，与系统(5.5.71)参数矩阵等同；

第 1 个方程称为观测器的状态方程；

第 2 个方程称为观测器的输出方程。

将式(5.5.71)中的 $\bar{\boldsymbol{y}}$ 和(5.5.72)中 $\hat{\bar{\boldsymbol{y}}}$ 的同时代入式(5.5.72)中的第 1 个方程式中，可得

$$\dot{\hat{\bar{\boldsymbol{x}}}}_1=\bar{\boldsymbol{A}}_{11}\hat{\bar{\boldsymbol{x}}}_1+\bar{\boldsymbol{A}}_{12}\bar{\boldsymbol{x}}_2+\bar{\boldsymbol{B}}_1\boldsymbol{u}+\boldsymbol{L}(\bar{\boldsymbol{A}}_{21}\bar{\boldsymbol{x}}_1-\bar{\boldsymbol{A}}_{21}\hat{\bar{\boldsymbol{x}}}_1)\tag{5.5.73}$$

将上式整理后，则有观测器方程为

$$\dot{\hat{\bar{\boldsymbol{x}}}}_1=(\bar{\boldsymbol{A}}_{11}-\boldsymbol{L}\bar{\boldsymbol{A}}_{21})\hat{\bar{\boldsymbol{x}}}_1+\bar{\boldsymbol{A}}_{12}\bar{\boldsymbol{x}}_2+\bar{\boldsymbol{B}}_1\boldsymbol{u}+\boldsymbol{L}\bar{\boldsymbol{A}}_{21}\bar{\boldsymbol{x}}_1\tag{5.5.74}$$

由于式(5.5.74)中的观测器方程不是(5.5.9)中的标准形式,需要进一步处理。将(5.5.74)中的项 $\bar{A}_{21}\bar{x}_1$ 用式(5.5.69)替代,可得

$$\dot{\hat{\bar{x}}}_1=(\bar{A}_{11}-L\bar{A}_{21})\hat{\bar{x}}_1+\bar{A}_{12}\bar{x}_2+\bar{B}_1u+L(\dot{\bar{x}}_2-\bar{A}_{22}\bar{x}_2-\bar{B}_2u) \tag{5.5.75}$$

将上式中的 $\bar{x}_2$ 根据式(5.5.68)换成 y,即

$$\dot{\hat{\bar{x}}}_1=(\bar{A}_{11}-L\bar{A}_{21})\hat{\bar{x}}_1+\bar{A}_{12}y+\bar{B}_1u+L(\dot{y}-\bar{A}_{22}y-\bar{B}_2u) \tag{5.5.76}$$

整理上式后,得

$$\dot{\hat{\bar{x}}}_1=(\bar{A}_{11}-L\bar{A}_{21})\hat{\bar{x}}_1+(\bar{A}_{12}-L\bar{A}_{22})y+(\bar{B}_1-L\bar{B}_2)u+L\dot{y} \tag{5.5.77}$$

上式中出现 $\dot{y}$,增加了实现上的困难,为了消去 $\dot{y}$,将上式整理为

$$\dot{\hat{\bar{x}}}_1-L\dot{y}=(\bar{A}_{11}-L\bar{A}_{21})(\hat{\bar{x}}_1-Ly)+(\bar{A}_{11}-L\bar{A}_{21})Ly+(\bar{A}_{12}-L\bar{A}_{22})y+(\bar{B}_1-L\bar{B}_2)u \tag{5.5.78}$$

定义新的变量

$$v=\hat{\bar{x}}_1-Ly \tag{5.5.79}$$

即

$$\hat{\bar{x}}_1=v+Ly \tag{5.5.80}$$

于是,观测器方程(5.5.78)变为

$$\dot{v}=(\bar{A}_{11}-L\bar{A}_{21})v+((\bar{A}_{11}-L\bar{A}_{21})L+(\bar{A}_{12}-L\bar{A}_{22}))y+(\bar{B}_1-L\bar{B}_2)u \tag{5.5.81}$$

上式是观测器方程的标准形式,方程中仅包括了观测器状态 v,系统输入变量 u 和输出变量 y。

结合式(5.5.62)中的输出方程和式(5.5.80),可得状态向量 $\bar{x}$ 的整体观测值为

$$\hat{\bar{x}}=\begin{bmatrix}\hat{\bar{x}}_1\\ \bar{x}_2\end{bmatrix}=\begin{bmatrix}v+Ly\\ y\end{bmatrix}=\begin{bmatrix}I\\ 0\end{bmatrix}v+\begin{bmatrix}L\\ I\end{bmatrix}y \tag{5.5.82}$$

再将上式变换到 $\hat{x}$ 状态下,根据线性变换的定义(5.5.59),得系统(5.5.58)状态 x 的观测值为

$$\hat{x}=P\hat{\bar{x}} \tag{5.5.83}$$

【例 5.5.2】 系统状态空间表达式为

$$\begin{cases}\dot{x}=\begin{bmatrix}1 & 0 & 2\\ 2 & 1 & 1\\ 1 & 0 & -2\end{bmatrix}x+\begin{bmatrix}1\\ 2\\ 1\end{bmatrix}u\\ y=\begin{bmatrix}0 & 1 & 1\end{bmatrix}x\end{cases} \tag{5.5.84}$$

试设计降维观测器使其极点为$-2\pm2\sqrt{3}\mathrm{j}$。

解: 由式(5.5.84)知,系统中

$$A=\begin{bmatrix}1 & 0 & 2\\ 2 & 1 & 1\\ 1 & 0 & -2\end{bmatrix},\quad b=\begin{bmatrix}1\\ 2\\ 1\end{bmatrix},\quad c=\begin{bmatrix}0 & 1 & 1\end{bmatrix} \tag{5.5.85}$$

系统的能观性矩阵

$$N=\begin{bmatrix} c \\ cA \\ cA^2 \end{bmatrix}=\begin{bmatrix} 0 & 1 & 1 \\ 3 & 1 & -1 \\ 4 & 1 & 9 \end{bmatrix} \tag{5.5.86}$$

且 $\mathrm{rank}\boldsymbol{N}=3$，所以系统是能观的，则存在状态观测器，且 $\mathrm{rank}\boldsymbol{c}=1$。

在前面所述构造变换矩阵 $\boldsymbol{P}$ 的两种方法中，采用第 1 种方法构造变换矩阵 $\boldsymbol{P}$，则有

$$P=\begin{bmatrix} C_0 \\ c \end{bmatrix}^{-1}=\begin{bmatrix} 1 & 0 & 0 \\ 0 & 1 & 0 \\ 0 & 1 & 1 \end{bmatrix}^{-1} \tag{5.5.87}$$

式中：矩阵 $\boldsymbol{C}_0=\begin{bmatrix} 1 & 0 & 0 \\ 0 & 1 & 0 \end{bmatrix}$ 是为确保矩阵 $\boldsymbol{P}$ 是非奇异的而任意选取的。

变换后系统的状态空间表达式为

$$\begin{cases} \dot{\hat{x}}=P^{-1}AP\hat{x}+P^{-1}bu \\ \quad=\begin{bmatrix} 1 & 0 & 0 \\ 0 & 1 & 0 \\ 0 & 1 & 1 \end{bmatrix}\begin{bmatrix} 1 & 0 & 2 \\ 2 & 1 & 1 \\ 1 & 0 & -2 \end{bmatrix}\begin{bmatrix} 1 & 0 & 0 \\ 0 & 1 & 0 \\ 0 & 1 & 1 \end{bmatrix}^{-1}\hat{x}+\begin{bmatrix} 1 & 0 & 0 \\ 0 & 1 & 0 \\ 0 & 1 & 1 \end{bmatrix}\begin{bmatrix} 1 \\ 2 \\ 1 \end{bmatrix}u \\ \quad=\begin{bmatrix} 1 & -2 & 2 \\ 2 & 0 & 1 \\ 3 & 2 & -1 \end{bmatrix}\hat{x}+\begin{bmatrix} 1 \\ 2 \\ 3 \end{bmatrix}u \\ y=cP\hat{x}=\begin{bmatrix} 0 & 1 & 1 \end{bmatrix}\begin{bmatrix} 1 & 0 & 0 \\ 0 & 1 & 0 \\ 0 & 1 & 1 \end{bmatrix}^{-1}\hat{x}=\begin{bmatrix} 0 & 0 & 1 \end{bmatrix}\hat{x} \end{cases} \tag{5.5.88}$$

式中：

$$\bar{A}_{11}=\begin{bmatrix} 1 & -2 \\ 2 & 0 \end{bmatrix},\quad \bar{A}_{12}=\begin{bmatrix} 2 \\ 1 \end{bmatrix},\quad \bar{A}_{21}=\begin{bmatrix} 3 & 2 \end{bmatrix},\quad \bar{A}_{22}=-1$$

$$\bar{B}_1=\begin{bmatrix} 1 \\ 2 \end{bmatrix},\quad \bar{B}_2=3 \tag{5.5.89}$$

定义观测器反馈矩阵 $\boldsymbol{L}$ 的结构为 $\boldsymbol{L}=\begin{bmatrix} L_1 \\ L_2 \end{bmatrix}$，并结合式(5.5.89)中的矩阵参数，可得观测器的特征多项式为

$$\begin{aligned} &\left|\lambda I-(\bar{A}_{11}-L\bar{A}_{21})\right| \\ &=\left|\begin{bmatrix} \lambda & 0 \\ 0 & \lambda \end{bmatrix}-\begin{bmatrix} 1 & -2 \\ 2 & 0 \end{bmatrix}+\begin{bmatrix} L_1 \\ L_2 \end{bmatrix}\begin{bmatrix} 3 & 2 \end{bmatrix}\right| \\ &=\lambda^2+(3L_1+2L_2-1)\lambda+(4L_1-8L_2+4) \end{aligned} \tag{5.5.90}$$

即

$$a_0=4L_1-8L_2+4,\quad a_1=3L_1+2L_2-1 \tag{5.5.91}$$

根据指定的极点，期望的特征多项式为

$$\begin{aligned} (\lambda-\lambda_1^*)(\lambda-\lambda_2^*)&=(\lambda+2-2\sqrt{3}\mathrm{j})(\lambda+2+2\sqrt{3}\mathrm{j}) \\ &=(\lambda+2)^2-(2\sqrt{3}\mathrm{j})^2 \end{aligned}$$

$$=\lambda^2+4\lambda+16 \tag{5.5.92}$$

即

$$a_0^*=16,\quad a_1^*=4 \tag{5.5.93}$$

将式(5.5.91)中的 a_0 和 a_1 与式(5.5.93)中的 a_0^* 和 a_1^* 对应相等,可得

$$\begin{cases}4L_1-8L_2+4=16\\3L_1+2L_2-1=4\end{cases} \tag{5.5.94}$$

解得观测器反馈矩阵

$$\boldsymbol{L}=\begin{bmatrix}L_1\\L_2\end{bmatrix}=\begin{bmatrix}2\\-\dfrac{1}{2}\end{bmatrix} \tag{5.5.95}$$

根据式(5.5.81)可得观测器方程为

$$\begin{aligned}\dot{\boldsymbol{v}}&=(\bar{\boldsymbol{A}}_{11}-\boldsymbol{L}\bar{\boldsymbol{A}}_{21})\boldsymbol{v}+((\bar{\boldsymbol{A}}_{11}-\boldsymbol{L}\bar{\boldsymbol{A}}_{21})\boldsymbol{L}+(\bar{\boldsymbol{A}}_{12}-\boldsymbol{L}\bar{\boldsymbol{A}}_{22}))\,\boldsymbol{y}+(\bar{\boldsymbol{B}}_1-\boldsymbol{L}\bar{\boldsymbol{B}}_2)u\\&=\begin{bmatrix}-5&-6\\\dfrac{7}{2}&1\end{bmatrix}\boldsymbol{v}+\begin{bmatrix}-3\\7\end{bmatrix}y+\begin{bmatrix}-5\\\dfrac{7}{2}\end{bmatrix}u\\\hat{\bar{\boldsymbol{x}}}_1&=\boldsymbol{v}+\boldsymbol{L}\boldsymbol{y}=\boldsymbol{v}+\begin{bmatrix}2\\-\dfrac{1}{2}\end{bmatrix}y\end{aligned} \tag{5.5.96}$$

根据式(5.5.82)可得线性变换后状态向量 $\bar{\boldsymbol{x}}$ 的整体观测值为

$$\hat{\bar{\boldsymbol{x}}}=\begin{bmatrix}\hat{\bar{\boldsymbol{x}}}_1\\\bar{\boldsymbol{x}}_2\end{bmatrix}=\begin{bmatrix}\boldsymbol{I}\\\boldsymbol{0}\end{bmatrix}\boldsymbol{v}+\begin{bmatrix}\boldsymbol{L}\\\boldsymbol{I}\end{bmatrix}\boldsymbol{y}=\begin{bmatrix}1&0\\0&1\\\hdashline 0&0\end{bmatrix}\begin{bmatrix}v_1\\v_2\end{bmatrix}+\begin{bmatrix}2\\-\dfrac{1}{2}\\\hdashline 1\end{bmatrix}y=\begin{bmatrix}v_1+2y\\v_2-\dfrac{1}{2}y\\\hdashline y\end{bmatrix} \tag{5.5.97}$$

最后,再将上式变换到 $\hat{\boldsymbol{x}}$ 状态下,根据式(5.5.83),可得系统(5.5.84)状态 $\boldsymbol{x}$ 的观测值为

$$\hat{\boldsymbol{x}}=\boldsymbol{P}\hat{\bar{\boldsymbol{x}}}=\begin{bmatrix}1&0&0\\0&1&0\\0&-1&1\end{bmatrix}\hat{\bar{\boldsymbol{x}}}=\begin{bmatrix}1&0&0\\0&1&0\\0&-1&1\end{bmatrix}\begin{bmatrix}v_1+2y\\v_2-\dfrac{1}{2}y\\y\end{bmatrix}=\begin{bmatrix}v_1+2y\\v_2-\dfrac{1}{2}y\\-v_2+\dfrac{3}{2}y\end{bmatrix} \tag{5.5.98}$$

5.6 利用观测器实现反馈控制

如果系统的全部状态变量都是可以测量的,则可以直接利用状态反馈的方法来实现系统的控制。而如果系统的全部状态变量不都是可以测量的,可以采用状态观测器对系统状态进行估计,利用状态估计值作反馈来实现系统的控制。本节将介绍利用观测器实现反馈的闭环控制系统及其特性。

5.6.1 利用观测器实现反馈的闭环控制系统

假设系统

$$\begin{cases}\dot{\boldsymbol{x}}=\boldsymbol{A}\boldsymbol{x}+\boldsymbol{B}\boldsymbol{u}\\ \boldsymbol{y}=\boldsymbol{C}\boldsymbol{x}\end{cases} \tag{5.6.1}$$

式中：$\boldsymbol{x}$ 为系统状态，是 n 维列向量；

$\boldsymbol{u}$ 为系统输入，是 r 维列向量；

$\boldsymbol{y}$ 为系统输出，是 m 维列向量；

$\boldsymbol{A}$ 为 $n\times n$ 维系统矩阵；

$\boldsymbol{B}$ 为 $n\times r$ 维输入矩阵；

$\boldsymbol{C}$ 为 $m\times n$ 维输出矩阵。

是能控的也是能观的。

如果系统的全部状态变量都是可以测量的，则可以直接利用状态反馈的方法来实现系统的控制，状态反馈控制律为

$$\boldsymbol{u}=\boldsymbol{K}\boldsymbol{x}+\boldsymbol{v} \tag{5.6.2}$$

式中：$\boldsymbol{v}$ 为 $r\times 1$ 维参考输入；

$\boldsymbol{K}$ 为 $r\times n$ 维控制器反馈矩阵。

把控制器(5.6.2)代入系统(5.6.1)中，可得闭环系统的状态空间表达式为

$$\begin{cases}\dot{\boldsymbol{x}}=(\boldsymbol{A}+\boldsymbol{B}\boldsymbol{K})\boldsymbol{x}+\boldsymbol{B}\boldsymbol{v}\\ \boldsymbol{y}=\boldsymbol{C}\boldsymbol{x}\end{cases} \tag{5.6.3}$$

式中：矩阵 $\boldsymbol{A}+\boldsymbol{B}\boldsymbol{K}$ 为直接状态反馈闭环系统的系统矩阵。

如果系统的全部状态变量不都是可以测量的，可以采用状态观测器对系统状态进行估计，利用状态估计值作反馈来实现系统的控制。所要构造的观测器方程为

$$\begin{cases}\dot{\hat{\boldsymbol{x}}}=\boldsymbol{A}\hat{\boldsymbol{x}}+\boldsymbol{B}\boldsymbol{u}+\boldsymbol{L}(\boldsymbol{y}-\hat{\boldsymbol{y}})\\ \hat{\boldsymbol{y}}=\boldsymbol{C}\hat{\boldsymbol{x}}\end{cases} \tag{5.6.4}$$

式中：$\hat{\boldsymbol{x}}$ 为观测器状态，是系统(5.6.1)状态 $\boldsymbol{x}$ 的观测值或称估计值，是 n 维列向量；

$\boldsymbol{u}$ 为观测器输入，与系统(5.6.1)输入等同，是 r 维列向量；

$\hat{\boldsymbol{y}}$ 为观测器输出，是 m 维列向量；

$\boldsymbol{A}$、$\boldsymbol{B}$ 和 $\boldsymbol{C}$ 为观测器参数矩阵，与系统(5.6.1)参数矩阵等同；

$\boldsymbol{L}$ 为观测器反馈矩阵，是 $n\times m$ 维矩阵。

将状态观测器(5.6.4)的输出方程代入观测器的状态方程中，得到观测器系统方程为

$$\dot{\hat{\boldsymbol{x}}}=(\boldsymbol{A}-\boldsymbol{L}\boldsymbol{C})\hat{\boldsymbol{x}}+\boldsymbol{L}\boldsymbol{y}+\boldsymbol{B}\boldsymbol{u} \tag{5.6.5}$$

式中：矩阵 $\boldsymbol{A}-\boldsymbol{L}\boldsymbol{C}$ 为观测器的系统矩阵。

将系统(5.6.1)输出方程和观测器(5.6.4)输出方程代入观测器(5.6.4)状态方程中，有

$$\dot{\hat{\boldsymbol{x}}}=\boldsymbol{A}\hat{\boldsymbol{x}}+\boldsymbol{B}\boldsymbol{u}+\boldsymbol{L}(\boldsymbol{C}\boldsymbol{x}-\boldsymbol{C}\hat{\boldsymbol{x}}) \tag{5.6.6}$$

定义系统(5.6.1)状态 $\boldsymbol{x}$ 与其观测值即观测器(5.6.4)状态 $\hat{\boldsymbol{x}}$ 的差作为观测误差向量或称为状态误差向量 $\tilde{\boldsymbol{x}}$，即 $\tilde{\boldsymbol{x}}=\boldsymbol{x}-\hat{\boldsymbol{x}}$，可得观测误差方程为

$$\begin{aligned}\dot{\tilde{\boldsymbol{x}}}&=\dot{\boldsymbol{x}}-\dot{\hat{\boldsymbol{x}}}\\ &=\boldsymbol{A}\boldsymbol{x}+\boldsymbol{B}\boldsymbol{u}-(\boldsymbol{A}\hat{\boldsymbol{x}}+\boldsymbol{B}\boldsymbol{u}+\boldsymbol{L}(\boldsymbol{C}\boldsymbol{x}-\boldsymbol{C}\hat{\boldsymbol{x}}))\\ &=\boldsymbol{A}\boldsymbol{x}-\boldsymbol{A}\hat{\boldsymbol{x}}-\boldsymbol{L}(\boldsymbol{C}\boldsymbol{x}-\boldsymbol{C}\hat{\boldsymbol{x}})\end{aligned}$$

$$
\begin{aligned}
&= A(x-\hat{x}) - LC(x-\hat{x}) \\
&= (A-LC)(x-\hat{x}) \\
&= (A-LC)\tilde{x}
\end{aligned} \tag{5.6.7}
$$

利用观测器实现反馈控制，即利用观测器状态 $\hat{x}$ 作反馈，其控制方式为

$$
u = K\hat{x} + v \tag{5.6.8}
$$

式中：v 为 $r\times 1$ 维参考输入；

K 为 $r\times n$ 维控制器反馈矩阵。

下面通过反馈控制方式(5.6.8)来构造闭环系统方程。对于利用观测器实现反馈控制的闭环系统方程的构成，需要用到扩展向量，它可以由系统状态、观测器状态和观测误差3个向量中的任意两个组合而成，此处介绍闭环系统的扩展向量由系统状态向量和观测误差向量组合而成。

将式(5.6.8)代入系统(5.6.1)状态方程中，得

$$
\begin{aligned}
\dot{x} &= Ax + B(K\hat{x} + v) \\
&= Ax + BK\hat{x} + Bv \\
&= Ax + BK(x-\tilde{x}) + Bv \\
&= (A+BK)x - BK\tilde{x} + Bv
\end{aligned} \tag{5.6.9}
$$

结合式(5.6.7)和式(5.6.9)，利用系统状态向量 x 和观测误差向量 $\tilde{x}$ 构成扩展向量，可得闭环控制系统状态方程为

$$
\begin{bmatrix} \dot{x} \\ \dot{\tilde{x}} \end{bmatrix} = \begin{bmatrix} A+BK & -BK \\ 0 & A-LC \end{bmatrix} \begin{bmatrix} x \\ \tilde{x} \end{bmatrix} + \begin{bmatrix} B \\ 0 \end{bmatrix} v \tag{5.6.10}
$$

同时，考虑系统(5.6.1)输出向量，给出闭环控制系统输出方程为

$$
y = Cx = [C \quad 0] \begin{bmatrix} x \\ \tilde{x} \end{bmatrix} \tag{5.6.11}
$$

根据闭环控制系统状态方程(5.6.10)和输出方程(5.6.11)，可得闭环控制系统状态空间表达式为

$$
\begin{cases}
\begin{bmatrix} \dot{x} \\ \dot{\tilde{x}} \end{bmatrix} = \begin{bmatrix} A+BK & -BK \\ 0 & A-LC \end{bmatrix} \begin{bmatrix} x \\ \tilde{x} \end{bmatrix} + \begin{bmatrix} B \\ 0 \end{bmatrix} v \\
y = Cx = [C \quad 0] \begin{bmatrix} x \\ \tilde{x} \end{bmatrix}
\end{cases} \tag{5.6.12}
$$

从系统状态向量 x 和观测误差向量 $\tilde{x}$ 的维数可知，上式是一个维数为 $2n$ 的闭环控制系统。

根据传递函数矩阵的定义(1.3.28)，闭环控制系统(5.6.12)的传递函数矩阵为

$$
W(s) = [C \quad 0] \left(sI - \begin{bmatrix} A+BK & -BK \\ 0 & A-LC \end{bmatrix} \right)^{-1} \begin{bmatrix} B \\ 0 \end{bmatrix} \tag{5.6.13}
$$

5.6.2 闭环控制系统的特性

1. 闭环控制系统极点设计的分离性

从闭环控制系统(5.6.12)的状态方程或传递函数矩阵(5.6.13)可知，闭环控制系统(5.6.12)的

特征值多项式为

$$\left| sI - \begin{bmatrix} A+BK & -BK \\ 0 & A-LC \end{bmatrix} \right| = \left| \begin{bmatrix} sI-(A+BK) & BK \\ 0 & sI-(A-LC) \end{bmatrix} \right| \tag{5.6.14}$$

而根据拉普拉斯定理(5.3.8),可得

$$\left| \begin{bmatrix} sI-(A+BK) & BK \\ 0 & sI-(A-LC) \end{bmatrix} \right| = |sI-(A+BK)|\,|sI-(A-LC)| \tag{5.6.15}$$

结合式(5.6.14)和式(5.6.15),给出闭环控制系统(5.6.12)的极点计算方程式为

$$\left| sI - \begin{bmatrix} A+BK & -BK \\ 0 & A-LC \end{bmatrix} \right| = |sI-(A+BK)|\,|sI-(A-LC)| = 0 \tag{5.6.16}$$

明显地,上式的可行解分为两个部分,一个是方程式

$$|sI-(A+BK)| = 0 \tag{5.6.17}$$

的可行解,从式(5.6.3)可知,上式即为直接状态反馈闭环系统(5.6.3)的特征方程,其可行解即为直接状态反馈闭环系统(5.6.3)的极点;另一部分是方程式

$$|sI-(A-LC)| = 0 \tag{5.6.18}$$

的可行解,从式(5.6.5)可知,上式即为观测器系统(5.6.5)的特征方程,其可行解即为观测器系统(5.6.5)的极点。

上述表明,由观测器状态构成反馈的闭环控制系统(5.6.12),其特征值多项式等于矩阵 $A+BK$ 和矩阵 $A-LC$ 的特征多项式的乘积。换句话说,闭环控制系统(5.6.12)的极点等于直接状态反馈闭环系统(5.6.3)的极点和观测器系统(5.6.5)极点的总和,而且明显地,直接状态反馈闭环系统(5.6.3)的极点和观测器系统(5.6.5)极点可以分别单独设计,即可以独立设计控制器(5.6.2)中反馈矩阵 K 和观测器(5.6.4)中反馈矩阵 L,相关内容分别见第 5.2 节和第 5.5.4 节。利用观测器实现反馈控制的闭环控制系统(5.6.12)的这一性质称为闭环控制系统极点设计的分离性。

2. 传递函数矩阵的不变性

利用观测器实现反馈控制的闭环控制系统(5.6.12),其传递函数矩阵与直接状态反馈闭环控制系统(5.6.3)的传递函数矩阵是相同的,这是因为按照闭环控制系统(5.6.12)的传递函数矩阵(5.6.13),有

$$W(s) = [C \quad 0] \begin{bmatrix} sI-(A+BK) & BK \\ 0 & sI-(A-LC) \end{bmatrix}^{-1} \begin{bmatrix} B \\ 0 \end{bmatrix} \tag{5.6.19}$$

考虑分块矩阵的求逆公式,得

$$\begin{aligned} &\begin{bmatrix} sI-(A+BK) & BK \\ 0 & sI-(A-LC) \end{bmatrix}^{-1} \\ &= \begin{bmatrix} (sI-(A+BK))^{-1} & -(sI-(A+BK))^{-1}BK(sI-(A-LC))^{-1} \\ 0 & (sI-(A-LC))^{-1} \end{bmatrix} \end{aligned} \tag{5.6.20}$$

则式(5.6.19)可以被改写为

$$W(s) = [C \quad 0] \begin{bmatrix} (sI-(A+BK))^{-1} & -(sI-(A+BK))^{-1}BK(sI-(A-LC))^{-1} \\ 0 & (sI-(A-LC))^{-1} \end{bmatrix} \begin{bmatrix} B \\ 0 \end{bmatrix}$$

$$=\boldsymbol{C}(s\boldsymbol{I}-(\boldsymbol{A}+\boldsymbol{BK}))^{-1}\boldsymbol{B} \tag{5.6.21}$$

上式即为直接状态反馈闭环系统(5.6.3)的传递函数矩阵。

5.7 最优控制

最优控制理论是现代控制理论的重要组成部分，着重于研究使控制系统的性能指标实现最优化的基本条件和综合方法。最优控制研究的主要问题是根据已建立的数学模型，在给定的约束条件下，寻求一个控制，使给定的系统性能指标达到极大值(或极小值)。本节将介绍状态调节器、输出调节器和线性二次型次优控制问题。

假设系统

$$\begin{cases}\dot{\boldsymbol{x}}=\boldsymbol{Ax}+\boldsymbol{Bu}\\ \boldsymbol{y}=\boldsymbol{Cx}\\ \boldsymbol{x}(t_0)=\boldsymbol{x}_0\end{cases} \tag{5.7.1}$$

式中：$\boldsymbol{x}$ 为系统状态，是 n 维列向量；

$\boldsymbol{u}$ 为系统输入，是 r 维列向量；

$\boldsymbol{y}$ 为系统输出，是 m 维列向量；

$\boldsymbol{A}$ 为 $n\times n$ 维系统矩阵；

$\boldsymbol{B}$ 为 $n\times r$ 维输入矩阵；

$\boldsymbol{C}$ 为 $m\times n$ 维输出矩阵。

既是能控的也是能观的。

对于系统(5.7.1)，通常采用线性二次型性能指标来进行最优控制设计。线性二次型性能指标是系统状态变量和(或)控制变量的二次型函数的积分，以这种性能指标进行的最优控制问题给出的控制律是状态变量的线性函数，因而可以通过状态反馈来实现闭环最优控制。线性二次型性能指标即性能泛函的一般形式为

$$J=\frac{1}{2}\int_{t_0}^{\infty}[\boldsymbol{x}^{\mathrm{T}}\boldsymbol{Q}_1(t)\boldsymbol{x}+\boldsymbol{u}^{\mathrm{T}}\boldsymbol{Q}_2(t)\boldsymbol{u}]\,\mathrm{d}t+\frac{1}{2}\boldsymbol{x}^{\mathrm{T}}(t_f)\boldsymbol{Q}_0(t)\boldsymbol{x}(t_f) \tag{5.7.2}$$

式中：$\boldsymbol{u}$ 不受限制；

$\boldsymbol{Q}_1(t)$为 $n\times n$ 维半正定的状态加权矩阵；

$\boldsymbol{Q}_2(t)$为 $r\times r$ 维正定的控制加权矩阵；

$\boldsymbol{Q}_0(t)$为 $n\times n$ 维半正定的终端加权矩阵；

t_f 为系统的终端时刻；

$\boldsymbol{x}(t_f)$为系统的终端状态。

所谓的最优控制即为寻求一个控制 $\boldsymbol{u}$，使控制系统在时间区域$[t_0,t_f]$内，将系统状态从初始状态 $\boldsymbol{x}(t_0)$转移到终端状态 $\boldsymbol{x}(t_f)$时，性能指标 J 取最小(大)值 J^*。满足上述条件的控制输入 $\boldsymbol{u}$ 称为最优控制 $\boldsymbol{u}^*$，最优控制 $\boldsymbol{u}^*$ 作用下系统状态方程的解 $\boldsymbol{x}$ 称为最优状态轨迹 $\boldsymbol{x}^*$。

被积函数中第 1 项 $L_x=\frac{1}{2}\boldsymbol{x}^{\mathrm{T}}\boldsymbol{Q}_1(t)\boldsymbol{x}$，因为 $\boldsymbol{Q}_1(t)$半正定，则 L_x 总是非负的。若 $\boldsymbol{x}=\boldsymbol{0}$，$L_x=0$；若 $\boldsymbol{x}$ 增大，L_x 也增大。由此可见，L_x 是用以衡量 $\boldsymbol{x}$ 大小的代价函数。

被积函数中第 2 项 $L_u=\frac{1}{2}\boldsymbol{u}^{\mathrm{T}}\boldsymbol{Q}_2(t)\boldsymbol{u}$，表示动态过程中对控制的约束或要求。因为 $\boldsymbol{Q}_2(t)$ 正定，所以只要存在控制，L_u 总是正的。由此可见，L_u 是用来衡量控制能量的代价函数。

式中的第 2 项 $\frac{1}{2}\boldsymbol{x}^{\mathrm{T}}(t_f)\boldsymbol{Q}_0(t)\boldsymbol{x}(t_f)$ 体现对系统终端的要求，被称为终端代价函数。

5.7.1　状态调节器

当系统状态由于某种原因偏离了平衡状态时，要求寻找一控制量，在不消耗过多能量的情况下，使系统状态接近于平衡状态，换句话说，寻找一控制量使系统状态恢复到平衡点附近，并使性能指标极小，这个问题就是状态调节器问题。按终端时刻 t_f 为有限和无限，状态调节器问题可分为有限时间的状态调节器问题和无限时间的状态调节器问题。本书中为了突出概念和最优控制算法，仅仅介绍无限时间的状态调节器问题，有限时间的状态调节器问题读者可以查阅相关资料。

无限时间的状态调节器问题即考虑系统的终端时刻 $t_f=\infty$。当系统的状态在受到扰动而偏离了平衡点之后，希望系统状态能最优地恢复到平衡点而又不产生稳态误差，则必须采用无限时间的状态调节器。对于无限时间的状态调节器，由于 $t_f=\infty$，性能泛函中各加权矩阵都为常值矩阵，而终端泛函 $\frac{1}{2}\boldsymbol{x}^{\mathrm{T}}(t_f)\boldsymbol{Q}_0(t)\boldsymbol{x}(t_f)$ 失去了意义，即 $\boldsymbol{Q}_0(t)=\boldsymbol{0}$，此时性能泛函(5.7.2)变为

$$J=\frac{1}{2}\int_{t_0}^{\infty}[\boldsymbol{x}^{\mathrm{T}}\boldsymbol{Q}_1\boldsymbol{x}+\boldsymbol{u}^{\mathrm{T}}\boldsymbol{Q}_2\boldsymbol{u}]\,\mathrm{d}t \tag{5.7.3}$$

为使得以上性能指标在无限积分区间为有限值，则对系统(5.7.1)提出了状态完全能控的要求。

上述问题是一个由等式(5.7.1)约束的泛函极值问题，而采用拉格朗日乘子法后，可以将有约束的泛函极值问题转换为无约束的泛函极值问题。在拉格朗日乘子法中，用拉格朗日乘子向量 $\boldsymbol{\lambda}$ 乘以约束条件(5.7.1)，并与目标函数(5.7.3)相加，构成增广泛函，即

$$J=\int_{t_0}^{\infty}\left\{\frac{1}{2}[\boldsymbol{x}^{\mathrm{T}}\boldsymbol{Q}_1\boldsymbol{x}+\boldsymbol{u}^{\mathrm{T}}\boldsymbol{Q}_2\boldsymbol{u}]+\boldsymbol{\lambda}^{\mathrm{T}}[\boldsymbol{A}\boldsymbol{x}+\boldsymbol{B}\boldsymbol{u}-\dot{\boldsymbol{x}}]\right\}\mathrm{d}t \tag{5.7.4}$$

式中：拉格朗日乘子向量 $\boldsymbol{\lambda}=\begin{bmatrix}\lambda_1(t)\\ \lambda_2(t)\\ \vdots\\ \lambda_n(t)\end{bmatrix}$。

引入一个标量函数

$$H[\boldsymbol{x},\boldsymbol{u},\boldsymbol{\lambda},t]=\frac{1}{2}[\boldsymbol{x}^{\mathrm{T}}\boldsymbol{Q}_1\boldsymbol{x}+\boldsymbol{u}^{\mathrm{T}}\boldsymbol{Q}_2\boldsymbol{u}]+\boldsymbol{\lambda}^{\mathrm{T}}[\boldsymbol{A}\boldsymbol{x}+\boldsymbol{B}\boldsymbol{u}] \tag{5.7.5}$$

式中：$H[\boldsymbol{x},\boldsymbol{u},\boldsymbol{\lambda},t]$ 称为哈密顿(Hamilton)函数。

由式(5.7.4)和式(5.7.5)可得

$$J=\int_{t_0}^{\infty}\{H[\boldsymbol{x},\boldsymbol{u},\boldsymbol{\lambda},t]-\boldsymbol{\lambda}^{\mathrm{T}}\dot{\boldsymbol{x}}\}\,\mathrm{d}t \tag{5.7.6}$$

将上式中的项 $-\boldsymbol{\lambda}^{\mathrm{T}}\dot{\boldsymbol{x}}$ 改写

$$-\boldsymbol{\lambda}^{\mathrm{T}}\dot{\boldsymbol{x}}=\dot{\boldsymbol{\lambda}}^{\mathrm{T}}\boldsymbol{x}-(\boldsymbol{\lambda}^{\mathrm{T}}\dot{\boldsymbol{x}}+\dot{\boldsymbol{\lambda}}^{\mathrm{T}}\boldsymbol{x})=\dot{\boldsymbol{\lambda}}^{\mathrm{T}}\boldsymbol{x}-(\boldsymbol{\lambda}^{\mathrm{T}}\boldsymbol{x})' \tag{5.7.7}$$

则式(5.7.6)变为

$$J=\int_{t_0}^{\infty}\{H[\boldsymbol{x},\boldsymbol{u},\boldsymbol{\lambda},t]+\dot{\boldsymbol{\lambda}}^{\mathrm{T}}\boldsymbol{x}\}\,\mathrm{d}t-\boldsymbol{\lambda}^{\mathrm{T}}\boldsymbol{x}\Big|_{t=t_0}^{t=\infty} \tag{5.7.8}$$

根据泛函极值存在的必要条件,式(5.7.8)中 J 取极值的必要条件为 J 的一阶变分∂J 等于 0。而在式(5.7.8)中 J 的变分是由状态变量 $\boldsymbol{x}$ 和控制变量 $\boldsymbol{u}$ 的变分$\partial \boldsymbol{x}$ 和$\partial \boldsymbol{u}$ 引起的,于是,泛函(5.7.8)取极值的必要条件为对于任意的$\partial \boldsymbol{x}$ 和$\partial \boldsymbol{u}$,都需要有$\partial J=0$。在式(5.7.8)中对它们取变分,根据泛函变分的计算公式,可得

$$\begin{aligned}\partial J&=\int_{t_0}^{\infty}\left\{\left(\frac{\partial H}{\partial \boldsymbol{x}}\right)^{\mathrm{T}}\delta\boldsymbol{x}+\left(\frac{\partial H}{\partial \boldsymbol{u}}\right)^{\mathrm{T}}\delta\boldsymbol{u}+\dot{\boldsymbol{\lambda}}^{\mathrm{T}}\delta\boldsymbol{x}\right\}\mathrm{d}t-\boldsymbol{\lambda}^{\mathrm{T}}\delta\boldsymbol{x}\Big|_{t=t_0}^{t=\infty}\\&=\int_{t_0}^{\infty}\left\{\left(\frac{\partial H}{\partial \boldsymbol{u}}\right)^{\mathrm{T}}\delta\boldsymbol{u}+\left[\left(\frac{\partial H}{\partial \boldsymbol{x}}\right)^{\mathrm{T}}+\dot{\boldsymbol{\lambda}}^{\mathrm{T}}\right]\delta\boldsymbol{x}\right\}\mathrm{d}t-\boldsymbol{\lambda}^{\mathrm{T}}\delta\boldsymbol{x}\Big|_{t=t_0}^{t=\infty}\end{aligned} \tag{5.7.9}$$

通过上式可知,对于任意的$\partial \boldsymbol{x}$ 和$\partial \boldsymbol{u}$,都需要有$\partial J=0$,则应该满足

$$\left(\frac{\partial H}{\partial \boldsymbol{x}}\right)^{\mathrm{T}}+\dot{\boldsymbol{\lambda}}^{\mathrm{T}}=\boldsymbol{0},\text{即 }\dot{\boldsymbol{\lambda}}=-\frac{\partial H}{\partial \boldsymbol{x}} \tag{5.7.10}$$

$$\frac{\partial H}{\partial \boldsymbol{u}}=\boldsymbol{0} \tag{5.7.11}$$

$$\boldsymbol{\lambda}^{\mathrm{T}}\delta\boldsymbol{x}\Big|_{t=t_0}^{t=\infty}=0 \tag{5.7.12}$$

式(5.7.10)称为伴随方程或协状态方程;式(5.7.11)称为控制方程;式(5.7.12)称为横截条件。

此外,通过哈密顿函数(5.7.5)可知

$$\frac{\partial H}{\partial \boldsymbol{\lambda}}=\boldsymbol{A}\boldsymbol{x}+\boldsymbol{B}\boldsymbol{u}=\dot{\boldsymbol{x}},\text{即 }\dot{\boldsymbol{x}}=\frac{\partial H}{\partial \boldsymbol{\lambda}} \tag{5.7.13}$$

上式被称之为状态方程,而伴随方程(5.7.10)与状态方程(5.7.13)合在一起被称之为哈密顿正则方程。

因为 $\boldsymbol{u}$ 不受限制,利用控制方程(5.7.11)和哈密顿函数(5.7.5)可得

$$\frac{\partial H}{\partial \boldsymbol{u}}=\boldsymbol{Q}_2\boldsymbol{u}+\boldsymbol{B}^{\mathrm{T}}\boldsymbol{\lambda}=\boldsymbol{0} \tag{5.7.14}$$

因为矩阵 $\boldsymbol{Q}_2$ 是正定的,这说明其为非奇异的,从上式可以得到最优控制为

$$\boldsymbol{u}^*=-\boldsymbol{Q}_2^{-1}\boldsymbol{B}^{\mathrm{T}}\boldsymbol{\lambda} \tag{5.7.15}$$

而又因为$\dfrac{\partial^2 H}{\partial \boldsymbol{u}^2}=\boldsymbol{Q}_2$ 是正定的,故由上式所确定的最优控制,对于 J 取极小来说,既是必要的,又是充分的。

由哈密顿正则方程(5.7.10)和(5.7.13)可解出 $\boldsymbol{x}$ 和 $\boldsymbol{\lambda}$ 的关系为

$$\dot{\boldsymbol{\lambda}}=-\frac{\partial H}{\partial \boldsymbol{x}}=-\boldsymbol{Q}_1\boldsymbol{x}-\boldsymbol{A}^{\mathrm{T}}\boldsymbol{\lambda} \tag{5.7.16}$$

和

$$\dot{\boldsymbol{x}}=\frac{\partial H}{\partial \boldsymbol{\lambda}}=\boldsymbol{A}\boldsymbol{x}+\boldsymbol{B}\boldsymbol{u}=\boldsymbol{A}\boldsymbol{x}-\boldsymbol{B}\boldsymbol{Q}_2^{-1}\boldsymbol{B}^{\mathrm{T}}\boldsymbol{\lambda},\quad \boldsymbol{x}(t_0)=\boldsymbol{x}_0 \tag{5.7.17}$$

于是,联合式(5.7.16)和式(5.7.17),就可得到 $\boldsymbol{x}$ 和 $\boldsymbol{\lambda}$ 的解析式,其中 $\boldsymbol{x}$ 为最优控制(5.7.15)

作用下的系统状态 $\boldsymbol{x}^*$，$\boldsymbol{x}^*$ 被称为系统最优状态轨迹。

从式(5.7.15)可知 $\boldsymbol{u}^*$ 是 $\boldsymbol{\lambda}$ 的线性函数，为了使 $\boldsymbol{u}^*$ 能由状态反馈来实现，则应求出 $\boldsymbol{\lambda}$ 与 $\boldsymbol{x}$ 之间的变换矩阵 $\boldsymbol{P}$，那么可以假设 $\boldsymbol{\lambda}$ 与 $\boldsymbol{x}$ 之间的关系为

$$\boldsymbol{\lambda}(t)=\boldsymbol{P}\boldsymbol{x}(t) \tag{5.7.18}$$

式中：$\boldsymbol{P}$ 为需要求解的 $n\times n$ 维正定矩阵。

把上式代入式(5.7.15)可得最优控制为

$$\boldsymbol{u}^*=-\boldsymbol{Q}_2^{-1}\boldsymbol{B}^{\mathrm{T}}\boldsymbol{P}\boldsymbol{x}=\boldsymbol{K}\boldsymbol{x} \tag{5.7.19}$$

即

$$\boldsymbol{K}=-\boldsymbol{Q}_2^{-1}\boldsymbol{B}^{\mathrm{T}}\boldsymbol{P} \tag{5.7.20}$$

式中：$\boldsymbol{K}$ 为 $r\times n$ 维最优反馈增益矩阵。

上式说明了对于线性二次型问题，最优控制可由全部状态变量构成的最优线性反馈来实现。而此时可得在此最优控制作用下的闭环系统方程为

$$\dot{\boldsymbol{x}}=[\boldsymbol{A}-\boldsymbol{B}\boldsymbol{Q}_2^{-1}\boldsymbol{B}^{\mathrm{T}}\boldsymbol{P}]\boldsymbol{x} \tag{5.7.21}$$

因为最优控制(5.7.19)和最优控制作用下的闭环系统方程(5.7.21)中存在需要求解的矩阵变量 $\boldsymbol{P}$，所以下面介绍这个矩阵变量的计算方法。

首先，将式(5.7.18)代入正则方程(5.7.16)，可得

$$\dot{\boldsymbol{\lambda}}=-[\boldsymbol{Q}_1+\boldsymbol{A}^{\mathrm{T}}\boldsymbol{P}]\boldsymbol{x} \tag{5.7.22}$$

同时，在式(5.7.18)等号左右两侧同时求导数，有

$$\dot{\boldsymbol{\lambda}}(t)=\boldsymbol{P}\dot{\boldsymbol{x}}(t) \tag{5.7.23}$$

将式(5.7.23)代入式(5.7.22)，并注意式(5.7.21)中的闭环系统方程，可得

$$\boldsymbol{P}[\boldsymbol{A}-\boldsymbol{B}\boldsymbol{Q}_2^{-1}\boldsymbol{B}^{\mathrm{T}}\boldsymbol{P}]\boldsymbol{x}=-[\boldsymbol{Q}_1+\boldsymbol{A}^{\mathrm{T}}\boldsymbol{P}]\boldsymbol{x} \tag{5.7.24}$$

整理上式后，有

$$-\boldsymbol{P}\boldsymbol{A}-\boldsymbol{A}^{\mathrm{T}}\boldsymbol{P}+\boldsymbol{P}\boldsymbol{B}\boldsymbol{Q}_2^{-1}\boldsymbol{B}^{\mathrm{T}}\boldsymbol{P}-\boldsymbol{Q}_1=\boldsymbol{0} \tag{5.7.25}$$

于是，所要计算的矩阵变量 $\boldsymbol{P}$ 即为上式中方程式的解，该方程式被称为黎卡提(Riccati)矩阵方程。

下面给出系统(5.7.1)最优控制中两个非常重要的结论。

① 对于满足黎卡提方程(5.7.25)的正定矩阵 $\boldsymbol{P}$，在最优控制(5.7.19)作用下，此时的闭环系统(5.7.21)是渐近稳定的，即系统矩阵 $\boldsymbol{A}-\boldsymbol{B}\boldsymbol{Q}_2^{-1}\boldsymbol{B}^{\mathrm{T}}\boldsymbol{P}$ 的特征值均具负实部，而与系统矩阵 $\boldsymbol{A}$ 的特征值无关。

选取由满足黎卡提方程(5.7.25)的正定矩阵 $\boldsymbol{P}$ 构造的李雅普诺夫函数

$$V(\boldsymbol{x})=\boldsymbol{x}^{\mathrm{T}}\boldsymbol{P}\boldsymbol{x} \tag{5.7.26}$$

则 $V(\boldsymbol{x})$ 的导数为

$$\dot{V}(\boldsymbol{x})=\boldsymbol{x}^{\mathrm{T}}\boldsymbol{P}\dot{\boldsymbol{x}}+\dot{\boldsymbol{x}}^{\mathrm{T}}\boldsymbol{P}\boldsymbol{x} \tag{5.7.27}$$

将闭环系统方程(5.7.21)代入上式，有

$$\begin{aligned}\dot{V}(\boldsymbol{x})&=\boldsymbol{x}^{\mathrm{T}}\boldsymbol{P}[\boldsymbol{A}-\boldsymbol{B}\boldsymbol{Q}_2^{-1}\boldsymbol{B}^{\mathrm{T}}\boldsymbol{P}]\boldsymbol{x}+\boldsymbol{x}^{\mathrm{T}}[\boldsymbol{A}-\boldsymbol{B}\boldsymbol{Q}_2^{-1}\boldsymbol{B}^{\mathrm{T}}\boldsymbol{P}]^{\mathrm{T}}\boldsymbol{P}\boldsymbol{x}\\&=\boldsymbol{x}^{\mathrm{T}}[\boldsymbol{A}^{\mathrm{T}}\boldsymbol{P}+\boldsymbol{P}\boldsymbol{A}-\boldsymbol{P}\boldsymbol{B}\boldsymbol{Q}_2^{-1}\boldsymbol{B}^{\mathrm{T}}\boldsymbol{P}-\boldsymbol{P}\boldsymbol{B}\boldsymbol{Q}_2^{-1}\boldsymbol{B}^{\mathrm{T}}\boldsymbol{P}]\boldsymbol{x}\end{aligned} \tag{5.7.28}$$

考虑到矩阵 $\boldsymbol{P}$ 为黎卡提方程(5.7.25)的解，则根据式(5.7.25)改写上式为

$$\dot{V}(\boldsymbol{x})=\boldsymbol{x}^{\mathrm{T}}[(\boldsymbol{A}^{\mathrm{T}}\boldsymbol{P}+\boldsymbol{P}\boldsymbol{A}-\boldsymbol{P}\boldsymbol{B}\boldsymbol{Q}_2^{-1}\boldsymbol{B}^{\mathrm{T}}\boldsymbol{P})-\boldsymbol{P}\boldsymbol{B}\boldsymbol{Q}_2^{-1}\boldsymbol{B}^{\mathrm{T}}\boldsymbol{P}]\boldsymbol{x}$$

$$=\boldsymbol{x}^{\mathrm{T}}[-\boldsymbol{Q}_1-\boldsymbol{P}\boldsymbol{B}\boldsymbol{Q}_2^{-1}\boldsymbol{B}^{\mathrm{T}}\boldsymbol{P}]\boldsymbol{x} \tag{5.7.29}$$

如果矩阵 $\boldsymbol{Q}_1$ 和 $\boldsymbol{Q}_2$ 均为正定矩阵，则矩阵 $-\boldsymbol{Q}_1-\boldsymbol{P}\boldsymbol{B}\boldsymbol{Q}_2^{-1}\boldsymbol{B}^{\mathrm{T}}\boldsymbol{P}$ 为负定，也就是 $\dot{V}(\boldsymbol{x})$ 为负定，根据第 4 章中的李雅普诺夫稳定性理论，闭环系统(5.7.21)是渐近稳定的结论得证；或者，矩阵 $\boldsymbol{Q}_1$ 为半正定矩阵，而 $\boldsymbol{Q}_2$ 为正定矩阵，如果对于任意的系统初始状态 $\boldsymbol{x}(t_0)=\boldsymbol{x}_0\neq\boldsymbol{0}$，除去 $\boldsymbol{x}=\boldsymbol{0}$ 以外，对于 $\boldsymbol{x}\neq\boldsymbol{0}$，$\dot{V}(\boldsymbol{x})$ 不恒为 0，则系统(5.7.21)同样是渐近稳定的。

② 对于满足黎卡提方程(5.7.25)的正定矩阵 $\boldsymbol{P}$，在最优控制(5.7.19)作用下，此时闭环系统(5.7.21)性能泛函(5.7.3)的最小值为

$$J^*=\frac{1}{2}\boldsymbol{x}^{*\mathrm{T}}(t_0)\boldsymbol{P}\boldsymbol{x}^*(t_0) \tag{5.7.30}$$

式中：$\boldsymbol{x}^*(t_0)=\boldsymbol{x}(t_0)=\boldsymbol{x}_0$。

首先，考虑由满足黎卡提方程(5.7.25)的正定矩阵 $\boldsymbol{P}$ 构造的函数 $\boldsymbol{x}^{\mathrm{T}}\boldsymbol{P}\boldsymbol{x}$，对该函数求导数，有

$$\frac{\mathrm{d}}{\mathrm{d}t}[\boldsymbol{x}^{\mathrm{T}}\boldsymbol{P}\boldsymbol{x}]=\boldsymbol{x}^{\mathrm{T}}\boldsymbol{P}\dot{\boldsymbol{x}}+\dot{\boldsymbol{x}}^{\mathrm{T}}\boldsymbol{P}\boldsymbol{x} \tag{5.7.31}$$

将上式中的系统状态导数 $\dot{\boldsymbol{x}}$ 用系统状态方程(5.7.1)代入，可得

$$\begin{aligned}\frac{\mathrm{d}}{\mathrm{d}t}[\boldsymbol{x}^{\mathrm{T}}\boldsymbol{P}\boldsymbol{x}]&=\boldsymbol{x}^{\mathrm{T}}\boldsymbol{P}(\boldsymbol{A}\boldsymbol{x}+\boldsymbol{B}\boldsymbol{u})+(\boldsymbol{A}\boldsymbol{x}+\boldsymbol{B}\boldsymbol{u})^{\mathrm{T}}\boldsymbol{P}\boldsymbol{x}\\&=\boldsymbol{x}^{\mathrm{T}}\boldsymbol{P}\boldsymbol{A}\boldsymbol{x}+\boldsymbol{x}^{\mathrm{T}}\boldsymbol{A}^{\mathrm{T}}\boldsymbol{P}\boldsymbol{x}+\boldsymbol{x}^{\mathrm{T}}\boldsymbol{P}\boldsymbol{B}\boldsymbol{u}+\boldsymbol{u}^{\mathrm{T}}\boldsymbol{B}^{\mathrm{T}}\boldsymbol{P}\boldsymbol{x}\end{aligned} \tag{5.7.32}$$

根据黎卡提方程(5.7.25)，上式可以改写为

$$\begin{aligned}\frac{\mathrm{d}}{\mathrm{d}t}[\boldsymbol{x}^{\mathrm{T}}\boldsymbol{P}\boldsymbol{x}]=&\boldsymbol{x}^{\mathrm{T}}\boldsymbol{P}\boldsymbol{A}\boldsymbol{x}+\boldsymbol{x}^{\mathrm{T}}\boldsymbol{A}^{\mathrm{T}}\boldsymbol{P}\boldsymbol{x}+\boldsymbol{x}^{\mathrm{T}}\boldsymbol{P}\boldsymbol{B}\boldsymbol{u}+\boldsymbol{u}^{\mathrm{T}}\boldsymbol{B}^{\mathrm{T}}\boldsymbol{P}\boldsymbol{x}\\&+\boldsymbol{x}^{\mathrm{T}}(-\boldsymbol{P}\boldsymbol{A}-\boldsymbol{A}^{\mathrm{T}}\boldsymbol{P}+\boldsymbol{P}\boldsymbol{B}\boldsymbol{Q}_2^{-1}\boldsymbol{B}^{\mathrm{T}}\boldsymbol{P}-\boldsymbol{Q}_1)\boldsymbol{x}\end{aligned} \tag{5.7.33}$$

整理上式，有

$$\frac{\mathrm{d}}{\mathrm{d}t}[\boldsymbol{x}^{\mathrm{T}}\boldsymbol{P}\boldsymbol{x}]=-\boldsymbol{x}^{\mathrm{T}}\boldsymbol{Q}_1\boldsymbol{x}-\boldsymbol{u}^{\mathrm{T}}\boldsymbol{Q}_2\boldsymbol{u}+[\boldsymbol{u}+\boldsymbol{Q}_2^{-1}\boldsymbol{B}^{\mathrm{T}}\boldsymbol{P}\boldsymbol{x}]^{\mathrm{T}}\boldsymbol{Q}_2[\boldsymbol{u}+\boldsymbol{Q}_2^{-1}\boldsymbol{B}^{\mathrm{T}}\boldsymbol{P}\boldsymbol{x}] \tag{5.7.34}$$

在对系统(5.7.1)考虑最优控制时，此时 $\boldsymbol{u}$ 和 $\boldsymbol{x}$ 取最优函数 $\boldsymbol{u}^*$ 和 $\boldsymbol{x}^*$，则式(5.7.34)变为

$$\frac{\mathrm{d}}{\mathrm{d}t}[\boldsymbol{x}^{*\mathrm{T}}\boldsymbol{P}\boldsymbol{x}^*]=-\boldsymbol{x}^{*\mathrm{T}}\boldsymbol{Q}_1\boldsymbol{x}^*-\boldsymbol{u}^{*\mathrm{T}}\boldsymbol{Q}_2\boldsymbol{u}^*+[\boldsymbol{u}^*+\boldsymbol{Q}_2^{-1}\boldsymbol{B}^{\mathrm{T}}\boldsymbol{P}\boldsymbol{x}^*]^{\mathrm{T}}\boldsymbol{Q}_2[\boldsymbol{u}^*+\boldsymbol{Q}_2^{-1}\boldsymbol{B}^{\mathrm{T}}\boldsymbol{P}\boldsymbol{x}^*] \tag{5.7.35}$$

且最优控制已由式(5.7.19)给出，即 $\boldsymbol{u}^*=-\boldsymbol{Q}_2^{-1}\boldsymbol{B}^{\mathrm{T}}\boldsymbol{P}\boldsymbol{x}^*$，则上式改写为

$$\frac{\mathrm{d}}{\mathrm{d}t}[\boldsymbol{x}^{*\mathrm{T}}\boldsymbol{P}\boldsymbol{x}^*]=-\boldsymbol{x}^{*\mathrm{T}}\boldsymbol{Q}_1\boldsymbol{x}^*-\boldsymbol{u}^{*\mathrm{T}}\boldsymbol{Q}_2\boldsymbol{u}^* \tag{5.7.36}$$

在上式等号左右两侧同时取从 t_0 到 ∞ 积分，并同乘以 $\frac{1}{2}$，可得

$$\frac{1}{2}\int_{t_0}^{\infty}\frac{\mathrm{d}}{\mathrm{d}t}[\boldsymbol{x}^{*\mathrm{T}}\boldsymbol{P}\boldsymbol{x}^*]\,\mathrm{d}t=-\frac{1}{2}\int_{t_0}^{\infty}[\boldsymbol{x}^{*\mathrm{T}}\boldsymbol{Q}_1\boldsymbol{x}^*+\boldsymbol{u}^{*\mathrm{T}}\boldsymbol{Q}_2\boldsymbol{u}^*]\,\mathrm{d}t \tag{5.7.37}$$

即

$$\frac{1}{2}[\boldsymbol{x}^{*\mathrm{T}}\boldsymbol{P}\boldsymbol{x}^*]\Big|_{t_0}^{\infty}=-\frac{1}{2}\int_{t_0}^{\infty}[\boldsymbol{x}^{*\mathrm{T}}\boldsymbol{Q}_1\boldsymbol{x}^*+\boldsymbol{u}^{*\mathrm{T}}\boldsymbol{Q}_2\boldsymbol{u}^*]\,\mathrm{d}t \tag{5.7.38}$$

上式代入系统性能泛函(5.7.3)中，可得该性能函数最小值为

$$J^* = \frac{1}{2}\int_{t_0}^{\infty} [\boldsymbol{x}^{*\mathrm{T}}\boldsymbol{Q}_1\boldsymbol{x}^* + \boldsymbol{u}^{*\mathrm{T}}\boldsymbol{Q}_2\boldsymbol{u}^*]\,\mathrm{d}t = -\frac{1}{2}[\boldsymbol{x}^{*\mathrm{T}}\boldsymbol{P}\boldsymbol{x}^*]\Big|_{t_0}^{\infty} \tag{5.7.39}$$

而

$$-\frac{1}{2}[\boldsymbol{x}^{*\mathrm{T}}\boldsymbol{P}\boldsymbol{x}^*]\Big|_{t_0}^{\infty} = \frac{1}{2}[\boldsymbol{x}^{*\mathrm{T}}(t_0)\boldsymbol{P}\boldsymbol{x}^*(t_0) - \boldsymbol{x}^{*\mathrm{T}}(\infty)\boldsymbol{P}\boldsymbol{x}^*(\infty)] \tag{5.7.40}$$

又根据上述①中的结论，在最优控制(5.7.19)作用下闭环系统(5.7.21)是渐近稳定的，即 $\boldsymbol{x}^*(\infty)\to\boldsymbol{0}$，也就是式(5.7.40)中

$$-\frac{1}{2}[\boldsymbol{x}^{*\mathrm{T}}\boldsymbol{P}\boldsymbol{x}^*]\Big|_{t_0}^{\infty} = \frac{1}{2}\boldsymbol{x}^{*\mathrm{T}}(t_0)\boldsymbol{P}\boldsymbol{x}^*(t_0) \tag{5.7.41}$$

因此，结合式(5.7.39)～(5.7.41)，式(5.7.30)中的结论得证。

5.7.2 输出调节器

输出调节器问题是当系统受到干扰时，要求寻找一控制量在不消耗过多能量的前提下，维持系统的输出向量接近其平衡状态。对于输出调节器问题，系统性能泛函为

$$J = \frac{1}{2}\int_{t_0}^{\infty} [\boldsymbol{y}^{\mathrm{T}}\boldsymbol{Q}_1\boldsymbol{y} + \boldsymbol{u}^{\mathrm{T}}\boldsymbol{Q}_2\boldsymbol{u}]\,\mathrm{d}t \tag{5.7.42}$$

式中：$\boldsymbol{u}$ 是任意取值；

$\boldsymbol{Q}_1$ 为半正定矩阵；

$\boldsymbol{Q}_2$ 为正定矩阵。

要求在无限时间区间$[t_0,\infty)$内，在系统方程式(5.7.1)约束下，寻求 $\boldsymbol{u}^*$，使得 $J\to\min$。

输出调节器问题和状态调节器问题的目标是不同的，但在满足系统(5.7.1)能观的前提条件下，输出调节器问题可转化为状态调节器问题。将系统输出方程 $\boldsymbol{y}=\boldsymbol{C}\boldsymbol{x}$ 代入系统性能泛函(5.7.42)中，得

$$J = \frac{1}{2}\int_{t_0}^{\infty} [\boldsymbol{x}^{\mathrm{T}}\boldsymbol{C}^{\mathrm{T}}\boldsymbol{Q}_1\boldsymbol{C}\boldsymbol{x} + \boldsymbol{u}^{\mathrm{T}}\boldsymbol{Q}_2\boldsymbol{u}]\,\mathrm{d}t = \frac{1}{2}\int_{t_0}^{\infty} \{\boldsymbol{x}^{\mathrm{T}}[\boldsymbol{C}^{\mathrm{T}}\boldsymbol{Q}_1\boldsymbol{C}]\boldsymbol{x} + \boldsymbol{u}^{\mathrm{T}}\boldsymbol{Q}_2\boldsymbol{u}\}\,\mathrm{d}t \tag{5.7.43}$$

比较输出调节器问题性能泛函(5.7.43)和状态调节器问题性能泛函(5.7.3)可知，式(5.7.43)仅仅用 $\boldsymbol{C}^{\mathrm{T}}\boldsymbol{Q}_1\boldsymbol{C}$ 取代了式(5.7.3)的 $\boldsymbol{Q}_1$，而其他没有发生改变。在性能泛函(5.7.3)中，矩阵 $\boldsymbol{Q}_1$ 为半正定矩阵，如果能证明性能泛函(5.7.43)中的矩阵 $\boldsymbol{C}^{\mathrm{T}}\boldsymbol{Q}_1\boldsymbol{C}$ 同样是半正定矩阵，那么输出调节器问题就可以完全转化为状态调节器问题。

因为系统(5.7.1)是能观的，则在所有 $t\in[t_0,\infty)$上系统输出矩阵 $\boldsymbol{C}$ 不为 $\boldsymbol{0}$，如果矩阵 $\boldsymbol{Q}_1$ 是半正定的，即 $\boldsymbol{Q}_1\geqslant 0$，那么按照矩阵不等式的冗余特性，则必有

$$\boldsymbol{C}^{\mathrm{T}}\boldsymbol{Q}_1\boldsymbol{C}\geqslant 0 \tag{5.7.44}$$

即矩阵 $\boldsymbol{C}^{\mathrm{T}}\boldsymbol{Q}_1\boldsymbol{C}$ 是半正定的。

上述分析表明，系统(5.7.1)的输出调节器问题可转化为状态调节器问题需满足的前提条件为该系统是能观的。当系统(5.7.1)能观时，完全可以利用上节中状态调节器问题的理论来分析其输出调节器问题。利用状态调节器(5.7.19)来确定最优控制

$$\boldsymbol{u}^* = -\boldsymbol{Q}_2^{-1}\boldsymbol{B}^{\mathrm{T}}\boldsymbol{P}\boldsymbol{x} \tag{5.7.45}$$

根据式(5.7.25)，上式中的矩阵 $\boldsymbol{P}$ 应为下列黎卡提矩阵方程的解

$$-\boldsymbol{P}\boldsymbol{A} - \boldsymbol{A}^{\mathrm{T}}\boldsymbol{P} + \boldsymbol{P}\boldsymbol{B}\boldsymbol{Q}_2^{-1}\boldsymbol{B}^{\mathrm{T}}\boldsymbol{P} - \boldsymbol{C}^{\mathrm{T}}\boldsymbol{Q}_1\boldsymbol{C} = \boldsymbol{0} \tag{5.7.46}$$

而其他，如闭环系统的最优状态轨迹和最优性能泛函，都与状态调节器的相应表达式相同。

需要指出的是，输出调节器问题中的最优控制(5.7.45)仍然是由系统状态变量 $\boldsymbol{x}$ 来实现反馈，而不是由系统输出变量 $\boldsymbol{y}$ 反馈，这是因为状态变量包含了过程未来演变的全部信息，而输出变量只包含部分系统信息，最优控制必须利用全部信息，所以要用 $\boldsymbol{x}$ 而不用 $\boldsymbol{y}$ 作反馈。此外，还应注意的是，尽管输出调节器与状态调节器在算式上和系统结构上类同，但需要满足的黎卡提方程(5.7.46)和(5.7.25)是不同的，因此它们所求解出的矩阵变量 $\boldsymbol{P}$ 也是不相同的。

5.7.3　线性二次型次优控制问题

前面两小节介绍的状态调节器问题和输出调节器问题，在给定指标下所求得的最优控制律 $\boldsymbol{u}^*$，它是由反映系统内部运动状态的全部信息参与实施控制，即要求用全部状态变量 x_1，x_2，…，x_n 的反馈来实现控制。然而在工程实际中，并非所有系统状态变量都是能够量测或易于量测的。对于这种情况，可以考虑利用输出变量来实现反馈控制，即由 y_1，y_2，…，y_m 构成控制变量 $\boldsymbol{u}$，也就是构成输出反馈系统。由于输出变量只包含部分系统信息，也就是反馈所利用的系统信息是不完全的，那么其性能指标不如利用状态反馈的最优控制，因而称为次优控制。

对于能控和能观系统(5.7.1)的次优控制，其性能指标既可以利用输出变量 $\boldsymbol{y}$，也可以利用状态变量 $\boldsymbol{x}$，这里选取性能指标为

$$J=\frac{1}{2}\int_0^{\infty}[\boldsymbol{x}^{\mathrm{T}}\boldsymbol{Q}_1\boldsymbol{x}+\boldsymbol{u}^{\mathrm{T}}\boldsymbol{Q}_2\boldsymbol{u}]\,\mathrm{d}t \tag{5.7.47}$$

式中：$\boldsymbol{Q}_1$ 为半正定矩阵；

$\boldsymbol{Q}_2$ 为正定矩阵。

考虑输出反馈控制

$$\boldsymbol{u}=\boldsymbol{K}\boldsymbol{y}=\boldsymbol{K}\boldsymbol{C}\boldsymbol{x} \tag{5.7.48}$$

此时，系统性能指标(5.7.47)变为

$$J=\frac{1}{2}\int_0^{\infty}[\boldsymbol{x}^{\mathrm{T}}\boldsymbol{Q}_1\boldsymbol{x}+\boldsymbol{x}^{\mathrm{T}}\boldsymbol{C}^{\mathrm{T}}\boldsymbol{K}^{\mathrm{T}}\boldsymbol{Q}_2\boldsymbol{K}\boldsymbol{C}\boldsymbol{x}]\,\mathrm{d}t=\frac{1}{2}\int_0^{\infty}\boldsymbol{x}^{\mathrm{T}}[\boldsymbol{Q}_1+\boldsymbol{C}^{\mathrm{T}}\boldsymbol{K}^{\mathrm{T}}\boldsymbol{Q}_2\boldsymbol{K}\boldsymbol{C}]\boldsymbol{x}\,\mathrm{d}t \tag{5.7.49}$$

在这里可以注意到上一节中的输出调节器最优控制问题和本节中的输出反馈次优控制是不同的。在输出调节器最优控制问题中，虽然性能指标(5.7.42)中利用了输出变量 $\boldsymbol{y}$ 的信息，但控制方式 $\boldsymbol{u}=\boldsymbol{K}\boldsymbol{x}$ 没有发生变化，最优控制(5.7.45)中 $\boldsymbol{u}^*=-\boldsymbol{Q}_2^{-1}\boldsymbol{B}^{\mathrm{T}}\boldsymbol{P}\boldsymbol{x}$，仍为全状态反馈。而次优控制中，控制方式由状态反馈 $\boldsymbol{u}=\boldsymbol{K}\boldsymbol{x}$ 变成了输出反馈 $\boldsymbol{u}=\boldsymbol{K}\boldsymbol{y}$，即控制方式发生了变化，因此性能指标(5.7.42)和(5.7.49)有着很大的不同。

系统(5.7.1)的次优控制就是设计输出反馈矩阵 $\boldsymbol{K}$，使性能指标式(5.7.49)取极值，这类问题的求解可利用李雅普诺夫第二法。首先假定闭环系统是渐近稳定的，然后在此基础上再利用李雅普诺夫函数与二次型性能指标间的关系确定最优化参数。

将输出反馈控制器(5.7.48)代入系统方程(5.7.1)中，可得闭环系统的状态方程为

$$\dot{\boldsymbol{x}}=[\boldsymbol{A}+\boldsymbol{B}\boldsymbol{K}\boldsymbol{C}]\boldsymbol{x} \tag{5.7.50}$$

对于闭环系统(5.7.50)，构造如下李雅普诺夫函数

$$V(\boldsymbol{x})=\boldsymbol{x}^{\mathrm{T}}\boldsymbol{P}\boldsymbol{x} \tag{5.7.51}$$

式中：矩阵 $\boldsymbol{P}$ 为正定矩阵。

将上式等号左右两侧同时求导，可得 $V(\boldsymbol{x})$ 的导数为

$$\dot{V}(\boldsymbol{x})=\dot{\boldsymbol{x}}^{\mathrm{T}}\boldsymbol{P}\boldsymbol{x}+\boldsymbol{x}^{\mathrm{T}}\boldsymbol{P}\dot{\boldsymbol{x}} \tag{5.7.52}$$

将闭环系统的状态方程(5.7.50)代入上式，可得

$$\dot{V}(\boldsymbol{x})=\dot{\boldsymbol{x}}^{\mathrm{T}}\boldsymbol{P}\boldsymbol{x}+\boldsymbol{x}^{\mathrm{T}}\boldsymbol{P}\dot{\boldsymbol{x}}=\boldsymbol{x}^{\mathrm{T}}\{[\boldsymbol{A}+\boldsymbol{BKC}]^{\mathrm{T}}\boldsymbol{P}+\boldsymbol{P}[\boldsymbol{A}+\boldsymbol{BKC}]\}\boldsymbol{x} \tag{5.7.53}$$

如果需要闭环系统(5.7.50)是渐近稳定的，那么 $\dot{V}(\boldsymbol{x})$ 必须为负定(或半负定)。根据性能指标(5.7.49)，可令式(5.7.53)中

$$[\boldsymbol{A}+\boldsymbol{BKC}]^{\mathrm{T}}\boldsymbol{P}+\boldsymbol{P}[\boldsymbol{A}+\boldsymbol{BKC}]=-[\boldsymbol{Q}_1+\boldsymbol{C}^{\mathrm{T}}\boldsymbol{K}^{\mathrm{T}}\boldsymbol{Q}_2\boldsymbol{KC}] \tag{5.7.54}$$

通过上式，式(5.7.53)可以改写为

$$\dot{V}(\boldsymbol{x})=-\boldsymbol{x}^{\mathrm{T}}[\boldsymbol{Q}_1+\boldsymbol{C}^{\mathrm{T}}\boldsymbol{K}^{\mathrm{T}}\boldsymbol{Q}_2\boldsymbol{KC}]\boldsymbol{x} \tag{5.7.55}$$

即

$$\frac{\mathrm{d}}{\mathrm{d}t}[\boldsymbol{x}^{\mathrm{T}}\boldsymbol{P}\boldsymbol{x}]=-\boldsymbol{x}^{\mathrm{T}}[\boldsymbol{Q}_1+\boldsymbol{C}^{\mathrm{T}}\boldsymbol{K}^{\mathrm{T}}\boldsymbol{Q}_2\boldsymbol{KC}]\boldsymbol{x} \tag{5.7.56}$$

在上式等号左右两侧取从 t_0 到∞积分，并同乘以 $\frac{1}{2}$，可得

$$\frac{1}{2}\boldsymbol{x}^{\mathrm{T}}\boldsymbol{P}\boldsymbol{x}\bigg|_{t_0}^{\infty}=-\frac{1}{2}\int_{t_0}^{\infty}\boldsymbol{x}^{\mathrm{T}}[\boldsymbol{Q}_1+\boldsymbol{C}^{\mathrm{T}}\boldsymbol{K}^{\mathrm{T}}\boldsymbol{Q}_2\boldsymbol{KC}]\boldsymbol{x}\,\mathrm{d}t \tag{5.7.57}$$

将上式代入系统性能泛函(5.7.47)中，有

$$\begin{aligned}J&=\frac{1}{2}\int_{t_0}^{\infty}\boldsymbol{x}^{\mathrm{T}}[\boldsymbol{Q}_1+\boldsymbol{C}^{\mathrm{T}}\boldsymbol{K}^{\mathrm{T}}\boldsymbol{Q}_2\boldsymbol{KC}]\boldsymbol{x}\,\mathrm{d}t\\&=-\frac{1}{2}\boldsymbol{x}^{\mathrm{T}}\boldsymbol{P}\boldsymbol{x}\bigg|_{t_0}^{\infty}\\&=\frac{1}{2}\boldsymbol{x}^{\mathrm{T}}(t_0)\boldsymbol{P}\boldsymbol{x}(t_0)-\frac{1}{2}\boldsymbol{x}^{\mathrm{T}}(\infty)\boldsymbol{P}\boldsymbol{x}(\infty)\end{aligned} \tag{5.7.58}$$

又因为闭环系统(5.7.50)是渐近稳定的，即 $\boldsymbol{x}(\infty)\to\boldsymbol{0}$，则有

$$J=\frac{1}{2}\boldsymbol{x}^{\mathrm{T}}(t_0)\boldsymbol{P}\boldsymbol{x}(t_0) \tag{5.7.59}$$

式(5.7.59)给出了输出反馈控制(5.7.48)作用下系统性能指标的解。然而，因为要计算式(5.7.59)中 J 的极值，还需要求解相应的李雅普诺夫矩阵 $\boldsymbol{P}$ 和控制器反馈矩阵 $\boldsymbol{K}$。从式(5.7.59)的推导可知，矩阵 $\boldsymbol{P}$ 为满足李雅普诺夫方程(5.7.54)的解，然而在式(5.7.54)中由于矩阵 $\boldsymbol{P}$ 和 $\boldsymbol{K}$ 都是未知的，该方程式无法直接求解。对于这个问题，一个简单的处理方法是用梯度速降法，即首先由式(5.7.54)解出用 $\boldsymbol{K}$ 表示的 $\boldsymbol{P}$，即 $\boldsymbol{P}(\boldsymbol{K})$，然后代入性能指标(5.7.59)中，这样性能指标 J 变为矩阵 $\boldsymbol{K}$ 的函数 $J(\boldsymbol{K})$，此时再令

$$\frac{\partial J(\boldsymbol{K})}{\partial \boldsymbol{K}}=\boldsymbol{0} \tag{5.7.60}$$

于是，满足上式的矩阵 $\boldsymbol{K}$ 即为使式(5.7.59)中 J 取极值的控制器反馈矩阵，即系统(5.7.1)次优控制(5.7.48)的控制器矩阵，而将该解出的 $\boldsymbol{K}$ 代入 $\boldsymbol{P}(\boldsymbol{K})$ 中可得使 J 取极值相应的李雅普诺夫矩阵 $\boldsymbol{P}$，进而通过式(5.7.59)求出系统性能的极值。明显地，用这种方法求得的优化反馈矩阵 $\boldsymbol{K}$ 与系统初始条件 $\boldsymbol{x}(t_0)$ 有关。

应当指出的是，通过比较最优控制的极值(5.7.30)与次优控制的极值(5.7.59)可见，虽然二者形式相同，但不同的是在式(5.7.30)中，正定矩阵 $\boldsymbol{P}$ 是黎卡提方程(5.7.25)的解；而在式(5.7.59)中，正定矩阵 $\boldsymbol{P}$ 是李雅普诺夫方程(5.7.53)的解。

习　题

1. 系统状态方程为

$$\dot{\boldsymbol{x}}=\begin{bmatrix}1 & 2 & 0\\ 3 & -1 & 1\\ 0 & 2 & 0\end{bmatrix}\boldsymbol{x}+\begin{bmatrix}2\\ 1\\ 1\end{bmatrix}u$$

试设计状态反馈控制器使闭环系统极点配置为 $-2, -3\pm j\sqrt{3}$。

2. 系统状态方程为

(1) $\dot{\boldsymbol{x}}=\begin{bmatrix}1 & 0 & 0\\ 0 & -2 & 0\\ 0 & 0 & -6\end{bmatrix}\boldsymbol{x}+\begin{bmatrix}1\\ 1\\ 0\end{bmatrix}u$

(2) $\dot{\boldsymbol{x}}=\begin{bmatrix}-2 & 1 & 0\\ 0 & -2 & 0\\ 0 & 0 & 3\end{bmatrix}\boldsymbol{x}+\begin{bmatrix}3\\ 0\\ 1\end{bmatrix}u$

试判断系统是否可以利用状态反馈实现镇定。

3. 系统状态空间表达式为

$$\begin{cases}\dot{\boldsymbol{x}}=\begin{bmatrix}-1 & 0 & 0\\ 0 & 2 & -2\\ 2 & 3 & 1\end{bmatrix}\boldsymbol{x}+\begin{bmatrix}1 & 2\\ 3 & 9\\ -5 & 0\end{bmatrix}\boldsymbol{u}\\ \boldsymbol{y}=\begin{bmatrix}1 & 0 & 0\\ 2 & 3 & 1\end{bmatrix}\boldsymbol{x}\end{cases}$$

试设计前馈补偿器实现系统解耦。

4. 系统状态空间表达式为

$$\begin{cases}\dot{\boldsymbol{x}}=\begin{bmatrix}0 & 0 & 0\\ 0 & 0 & 1\\ -1 & -2 & -3\end{bmatrix}\boldsymbol{x}+\begin{bmatrix}1 & 0\\ 0 & 0\\ 0 & 1\end{bmatrix}\boldsymbol{u}\\ \boldsymbol{y}=\begin{bmatrix}1 & 1 & 0\\ 0 & 0 & 1\end{bmatrix}\boldsymbol{x}\end{cases}$$

试利用状态反馈实现系统解耦。

5. 系统的状态方程为

$$\begin{cases}\dot{\boldsymbol{x}}=\begin{bmatrix}1 & 2 & 0\\ 3 & -1 & 1\\ 0 & 2 & 0\end{bmatrix}\boldsymbol{x}\\ y=\begin{bmatrix}0 & 0 & 1\end{bmatrix}\boldsymbol{x}\end{cases}$$

(1) 试设计全阶观测器使其极点为 $-10, -1\pm j\sqrt{5}$。

(2) 试设计降阶观测器使其极点为 $-3, -4$。

第 6 章

线性矩阵不等式技术的应用

在现代控制理论中，线性矩阵不等式(LMI)技术被广泛用来解决控制系统分析与综合中的一些问题。线性矩阵不等式的历史中最具实质性的阶段是在 20 世纪 80 年代，这期间人们提出了多种线性矩阵不等式标准问题的数值解法，主要的线性矩阵不等式求解算法有替代凸投影算法、椭球算法以及内点法。其中，内点法又分为中心点法、投影法、原始-对偶法，这些方法的共同思路都是把线性矩阵不等式问题看作凸优化问题处理。1995 年，MATLAB 推出了基于内点法求解线性矩阵不等式问题的 LMI 工具箱，使得求解高维的线性矩阵不等式成为可能。这种统一标准、统一解法的线性分析方法，加上设计规范的形式以及有效的数学计算工具包，使得人们能够更加方便和有效地处理、求解线性矩阵不等式，从而进一步推动了线性矩阵不等式在系统和控制领域中的应用。近些年来，线性矩阵不等式这一工具越来越受到人们的关注和重视，应用线性矩阵不等式来解决系统和控制问题已成为一大研究热点。MATLAB 中的 LMI 工具箱是求解一般线性矩阵不等式问题的一个高性能软件包。由于其面向结构的线性矩阵不等式表示方式，使得各种线性矩阵不等式能够以自然块矩阵的形式加以描述。一个线性矩阵不等式问题一旦确定，就可以通过调用适当的线性矩阵不等式求解器来对这个问题进行求解。

6.1 系统稳定性分析

本节结合李雅普诺夫稳定性理论和线性矩阵不等式技术，给出寻找李雅普诺夫矩阵的方法，进而对系统的稳定性进行分析。

6.1.1 连续系统稳定性分析

考虑连续系统

$$\dot{\boldsymbol{x}} = \boldsymbol{A}\boldsymbol{x} \tag{6.1.1}$$

式中：$\boldsymbol{x}$ 为系统状态，是 n 维列向量；

$\boldsymbol{A}$ 为 $n \times n$ 维系统矩阵。

根据第 4.4.1 节中连续系统的李雅普诺夫稳定性判据，该系统在平衡状态 $\boldsymbol{x}_e = \boldsymbol{0}$ 渐近稳定的充分必要条件为存在矩阵 $\boldsymbol{P}$，使得

$$\begin{cases} \boldsymbol{P} > 0 \\ \boldsymbol{A}^{\mathrm{T}}\boldsymbol{P} + \boldsymbol{P}\boldsymbol{A} < 0 \end{cases} \tag{6.1.2}$$

在式(6.1.2)中的线性矩阵不等式可以通过 LMI 工具箱进行求解，因为是要寻找矩阵 $\boldsymbol{P}$

满足矩阵不等式，这属于 LMI 工具箱中的可行性问题，相应的求解器为 feasp。下面通过一个例子，给出利用 LMI 工具箱进行求解式(6.1.2)中线性矩阵不等式的 MATLAB 程序。

假设在连续系统(6.1.1)中，系统矩阵 $\boldsymbol{A}=\begin{bmatrix}-12 & -1\\ 17 & -11\end{bmatrix}$，则式(6.1.2)中相应的线性矩阵不等式求解的 MATLAB 程序为：

```
clear all
clc
A=[-12 -1; 17 -11];
setlmis([ ]);
P=lmivar(1, [2 1]);
% ------------LMI-1---------------------
lmiterm([1 1 1 P], A', 1, 's');
% ------------LMI-2, P > 0---------------------
lmiterm([2 1 1 P], -1, 1);
% -----------求解----------------------
lmis=getlmis;
[tmin, feas]=feasp(lmis);
P= dec2mat(lmis, feas, P)
%求解正定矩阵 P
```

计算结果为：

```
Solver for LMI feasibility problems L(x) < R(x)
    This solver minimizes t subject to L(x) < R(x)  +  t*I
    The best value of t should be negative for feasibility
Iteration:Best value of t so far
    1            -0.013426
Result:best value of t:-0.013426
        f-radius saturation:0.000% of R =1.00e+09
P =
    0.0897     0.0320
    0.0320     0.0473
```

由于求解程序有解，即对于系统(6.1.1)找到了李雅普诺夫矩阵 $\boldsymbol{P}$，因此系统是渐近稳定的。另一方面，此时系统的特征值为 $-11.5000\pm j4.0927$，实部为负数。根据第 4.2 节李雅普诺夫第一法，该系统在平衡状态是渐近稳定的。两种方法给出系统在平衡状态渐近稳定的结论是一致的。

6.1.2 离散系统稳定性分析

考虑离散系统

$$\boldsymbol{x}(k+1)=\boldsymbol{A}\boldsymbol{x}(k) \tag{6.1.3}$$

式中：$\boldsymbol{x}(k)$为系统状态，是 n 维列向量；

$\boldsymbol{A}$ 为 $n\times n$ 维系统矩阵。

根据第 4.4.2 节中离散系统的李雅普诺夫稳定性判据，该系统在平衡状态 $\boldsymbol{x}_e=\boldsymbol{0}$ 渐近稳定的充分必要条件为存在矩阵 $\boldsymbol{P}$，使得

$$\begin{cases} \boldsymbol{P} > 0 \\ \boldsymbol{A}^{\mathrm{T}}\boldsymbol{P}\boldsymbol{A} - \boldsymbol{P} < 0 \end{cases} \tag{6.1.4}$$

在式(6.1.4)中的线性矩阵不等式可以通过 LMI 工具箱进行求解，因为要寻找矩阵 $\boldsymbol{P}$ 满足矩阵不等式，这属于 LMI 工具箱中的可行性问题，相应的求解器为 feasp。下面通过一个例子，给出利用 LMI 工具箱进行求解式(6.1.4)中线性矩阵不等式的 MATLAB 程序。

假设在离散系统(6.1.3)中，系统矩阵 $\boldsymbol{A} = \begin{bmatrix} 1 & 0.1 \\ -0.1 & -0.2 \end{bmatrix}$，则式(6.1.4)中相应的线性矩阵不等式求解的 MATLAB 程序为

```
clear all
clc
A=[1  0.1;  -0.1  -0.2];
setlmis([ ]);
P=lmivar(1, [2 1]);
% ------------LMI-1---------------------
lmiterm([1 1 1 P], A', A);
lmiterm([1 1 1 P], -1, 1);
% ------------LMI-2,P > 0---------------------
lmiterm([2 1 1 P], -1, 1);
% -----------求解---------------------
lmis=getlmis;
[tmin, feas]=feasp(lmis);
P= dec2mat(lmis, feas, P)
%求解正定矩阵 P
```

计算结果为：

```
Solver for LMI feasibility problems L(x) < R(x)
    This solver minimizes t subject to L(x) < R(x)  + t*I
    The best value of t should be negative for feasibility
Iteration : Best value of t so far
    1  5.801622e-03
    2  -0.010015
Result:best value of t : -0.010015
        f-radius saturation : 0.000% of R=1.00e+09
P =
    1.1016     0.1855
    0.1855     0.9422
```

由于求解程序有解，即对于系统(6.1.3)找到了李雅普诺夫矩阵 $\boldsymbol{P}$，因此系统是渐近稳定的。另一方面，此时系统的特征值为 0.9916 和 −0.1916，都位于单位开圆盘内。根据第 4.2 节李雅普诺夫第一法，该系统在平衡状态是渐近稳定的。这两种方法给出系统在平衡状态渐近稳定的结论是一致的。

6.2 系统镇定

本节结合李雅普诺夫稳定性理论和线性矩阵不等式技术，介绍状态反馈镇定控制器的设计方法，也就是给出控制器中反馈矩阵的设计，以使得闭环系统是渐近稳定的。

6.2.1 连续系统镇定

假设连续系统

$$\dot{\boldsymbol{x}} = \boldsymbol{A}\boldsymbol{x} + \boldsymbol{B}\boldsymbol{u} \tag{6.2.1}$$

式中：$\boldsymbol{x}$ 为系统状态，是 n 维列向量；

$\boldsymbol{u}$ 为系统输入，是 r 维列向量；

$\boldsymbol{A}$ 为 $n \times n$ 维系统矩阵；

$\boldsymbol{B}$ 为 $n \times r$ 维输入矩阵。

是不稳定的，但是能控的。

如果系统的全部状态变量都是可以量测的，则可以采用状态反馈控制的方法来实现系统的镇定，即适当地选择状态反馈矩阵，可以将闭环系统的极点配置在复平面的左侧。

考虑状态反馈控制器

$$\boldsymbol{u} = \boldsymbol{K}\boldsymbol{x} + \boldsymbol{v} \tag{6.2.2}$$

式中：$\boldsymbol{v}$ 为 $r \times 1$ 维参考输入；

$\boldsymbol{K}$ 为 $r \times n$ 维控制器反馈矩阵。

将式(6.2.2)代入系统(6.2.1)中，得到闭环系统为

$$\dot{\boldsymbol{x}} = (\boldsymbol{A} + \boldsymbol{B}\boldsymbol{K})\boldsymbol{x} + \boldsymbol{B}\boldsymbol{v} \tag{6.2.3}$$

根据第 4.4.1 节中连续系统的李雅普诺夫稳定性判据，闭环系统(6.2.3)渐近稳定的充分必要条件是存在矩阵 $\boldsymbol{P}$，使得

$$\begin{cases} \boldsymbol{P} > 0 \\ (\boldsymbol{A} + \boldsymbol{B}\boldsymbol{K})^{\mathrm{T}}\boldsymbol{P} + \boldsymbol{P}(\boldsymbol{A} + \boldsymbol{B}\boldsymbol{K}) < 0 \end{cases} \tag{6.2.4}$$

因为控制器反馈矩阵 $\boldsymbol{K}$ 同样需要设计，系统的镇定问题就是要寻找矩阵 $\boldsymbol{P}$ 和 $\boldsymbol{K}$ 满足式(6.2.4)中的两个矩阵不等式，这属于矩阵不等式的可行性问题。然而需要注意的是，式(6.2.4)中第 2 个不等式中存在非线性耦合项 $\boldsymbol{PBK}$(两个未知矩阵变量的耦合乘积项)，因此，式(6.2.4)不是严格意义上的线性矩阵不等式，不能利用 MATLAB 中的 LMI 工具箱直接进行求解。为了解决这个问题，首先考虑正定矩阵一定是可逆的这一性质，并利用矩阵不等式的冗余特性(同余变换)，即如果矩阵 $\boldsymbol{P}>0$，则对于满秩矩阵 $\boldsymbol{G}$，可以有

$$\boldsymbol{G}^{\mathrm{T}}\boldsymbol{P}\boldsymbol{G} > 0 \tag{6.2.5}$$

利用矩阵不等式冗余特性式(6.2.5)，在式(6.2.4)中两个不等式的左右两侧同时左乘和右乘矩阵 $\boldsymbol{P}^{-1}$(因为正定矩阵 $\boldsymbol{P}$ 是对称的，则矩阵 $\boldsymbol{P}^{-1}$ 同样是对称的，也即 $\boldsymbol{P}^{-1}=\boldsymbol{P}^{-\mathrm{T}}$)，得

$$\begin{cases} \boldsymbol{P}^{-1} > 0 \\ \boldsymbol{P}^{-1}(\boldsymbol{A} + \boldsymbol{B}\boldsymbol{K})^{\mathrm{T}} + (\boldsymbol{A} + \boldsymbol{B}\boldsymbol{K})\boldsymbol{P}^{-1} < 0 \end{cases} \tag{6.2.6}$$

定义两个新的变量 $\boldsymbol{P}^{-1}=\boldsymbol{Q}$，$\boldsymbol{K}\boldsymbol{P}^{-1}=\boldsymbol{N}$，式(6.2.6)可以被改写为

$$\begin{cases} \boldsymbol{Q} > 0 \\ (\boldsymbol{AQ}+\boldsymbol{BN})^{\mathrm{T}} + (\boldsymbol{AQ}+\boldsymbol{BN}) < 0 \end{cases} \tag{6.2.7}$$

因此,寻找矩阵 $\boldsymbol{P}$ 和 $\boldsymbol{K}$ 满足式(6.2.4)中的两个矩阵不等式的问题变成为寻找矩阵 $\boldsymbol{Q}$ 和 $\boldsymbol{N}$ 满足式(6.2.7)中的两个矩阵不等式。由于式(6.2.7)中的两个矩阵不等式是标准的线性矩阵不等式,可以利用 LMI 工具箱直接进行求解,求解器为 feasp,相应的 MATLAB 程序可以根据第 6.1.1 节中的程序给出。

如果对于一个控制系统,其 MATLAB 求解程序有解,即给出了矩阵 $\boldsymbol{Q}$ 和 $\boldsymbol{N}$ 的解,则利用新变量的定义,给出系统镇定控制器反馈矩阵为

$$\boldsymbol{K} = \boldsymbol{NQ}^{-1} \tag{6.2.8}$$

6.2.2　离散系统镇定

假设离散系统

$$\boldsymbol{x}(k+1) = \boldsymbol{Ax}(k) + \boldsymbol{Bu}(k) \tag{6.2.9}$$

式中:$\boldsymbol{x}(k)$为系统状态,是 n 维列向量;

$\boldsymbol{u}(k)$为系统输入,是 r 维列向量;

$\boldsymbol{A}$ 为 $n\times n$ 维系统矩阵;

$\boldsymbol{B}$ 为 $n\times r$ 维输入矩阵。

是不稳定的,但是能控的。

如果系统的全部状态变量都是可以量测的,则可以采用状态反馈控制的方法来实现系统的镇定,即适当地选择状态反馈矩阵,可以将闭环系统的极点配置在根平面的单位开圆盘内。

考虑状态反馈控制器

$$\boldsymbol{u}(k) = \boldsymbol{Kx}(k) + \boldsymbol{v}(k) \tag{6.2.10}$$

式中:$\boldsymbol{v}(k)$为 $r\times 1$ 维参考输入;

$\boldsymbol{K}$ 为 $r\times n$ 维控制器反馈矩阵。

将式(6.2.10)代入系统(6.2.9)中,得到闭环系统为

$$\boldsymbol{x}(k+1) = (\boldsymbol{A}+\boldsymbol{BK})\boldsymbol{x}(k) + \boldsymbol{Bv}(k) \tag{6.2.11}$$

根据第 4.4.2 节中离散系统的李雅普诺夫稳定性判据,闭环系统(6.2.11)渐近稳定的充分必要条件是存在矩阵 $\boldsymbol{P}$,使得

$$\begin{cases} \boldsymbol{P} > 0 \\ (\boldsymbol{A}+\boldsymbol{BK})^{\mathrm{T}}\boldsymbol{P}(\boldsymbol{A}+\boldsymbol{BK}) - \boldsymbol{P} < 0 \end{cases} \tag{6.2.12}$$

因为式(6.2.12)中第 2 个不等式中存在非线性耦合项$(\boldsymbol{A}+\boldsymbol{BK})^{\mathrm{T}}\boldsymbol{P}(\boldsymbol{A}+\boldsymbol{BK})$,仍然要对其进行线性化处理。考虑矩阵不等式技术中的 Schur 补定理,即矩阵不等式条件

$$\begin{bmatrix} -\boldsymbol{S}_{11} & \boldsymbol{S}_{21}^{\mathrm{T}} \\ \boldsymbol{S}_{21} & -\boldsymbol{S}_{22} \end{bmatrix} < 0 \tag{6.2.13}$$

等价于

$$\begin{cases} \boldsymbol{S}_{22} > 0 \\ -\boldsymbol{S}_{11} + \boldsymbol{S}_{21}^{\mathrm{T}}\boldsymbol{S}_{22}^{-1}\boldsymbol{S}_{21} < 0 \end{cases} \tag{6.2.14}$$

利用 Schur 补定理对式(6.2.12)中第 2 个不等式进行等价变换,则式(6.2.12)变为

$$\begin{cases} \boldsymbol{P} > 0 \\ \begin{bmatrix} -\boldsymbol{P} & (\boldsymbol{A}+\boldsymbol{BK})^{\mathrm{T}} \\ \boldsymbol{A}+\boldsymbol{BK} & -\boldsymbol{P}^{-1} \end{bmatrix} < 0 \end{cases} \tag{6.2.15}$$

再利用矩阵不等式的冗余特性，在上式中第 1 个不等式的左右两侧同时左乘和右乘矩阵 $\boldsymbol{P}^{-1}$、第 2 个不等式的左右两侧同时左乘和右乘矩阵 $\begin{bmatrix} \boldsymbol{P}^{-1} & \boldsymbol{0} \\ \boldsymbol{0} & \boldsymbol{I} \end{bmatrix}$，得

$$\begin{cases} \boldsymbol{P}^{-1} > 0 \\ \begin{bmatrix} -\boldsymbol{P}^{-1} & (\boldsymbol{AP}^{-1}+\boldsymbol{BKP}^{-1})^{\mathrm{T}} \\ \boldsymbol{AP}^{-1}+\boldsymbol{BKP}^{-1} & -\boldsymbol{P}^{-1} \end{bmatrix} < 0 \end{cases} \tag{6.2.16}$$

同样定义两个新的变量 $\boldsymbol{P}^{-1}=\boldsymbol{Q}$，$\boldsymbol{KP}^{-1}=\boldsymbol{N}$，式(6.2.16)可以被改写为

$$\begin{cases} \boldsymbol{Q} > 0 \\ \begin{bmatrix} -\boldsymbol{Q} & (\boldsymbol{AQ}+\boldsymbol{BN})^{\mathrm{T}} \\ \boldsymbol{AQ}+\boldsymbol{BN} & -\boldsymbol{Q} \end{bmatrix} < 0 \end{cases} \tag{6.2.17}$$

因此，寻找矩阵 $\boldsymbol{P}$ 和 $\boldsymbol{K}$ 满足式(6.2.12)中的两个矩阵不等式的问题变成为寻找矩阵 $\boldsymbol{Q}$ 和 $\boldsymbol{N}$ 满足式(6.2.17)中的两个矩阵不等式。由于式(6.2.17)中的两个矩阵不等式是标准的线性矩阵不等式，可以利用 LMI 工具箱直接进行求解，求解器为 feasp，相应的 MATLAB 程序可以根据第 6.1.2 节中的程序给出。

如果对于一个控制系统，其 MATLAB 求解程序有解，即给出了矩阵 $\boldsymbol{Q}$ 和 $\boldsymbol{N}$ 的解，则利用新变量的定义，给出系统镇定控制器反馈矩阵为

$$\boldsymbol{K}=\boldsymbol{NQ}^{-1} \tag{6.2.18}$$

6.3 利用观测器实现系统镇定

本节结合李雅普诺夫稳定性理论和线性矩阵不等式技术，介绍利用观测器实现系统镇定的设计方法，也就是给出控制器中反馈矩阵和观测器中反馈矩阵的设计，以使得闭环系统是渐近稳定的。本节中，仅以连续系统的全阶观测器为例给出设计过程。

假设连续系统

$$\begin{cases} \dot{\boldsymbol{x}}=\boldsymbol{Ax}+\boldsymbol{Bu} \\ \boldsymbol{y}=\boldsymbol{Cx} \end{cases} \tag{6.3.1}$$

式中：$\boldsymbol{x}$ 为系统状态，是 n 维列向量；

$\boldsymbol{u}$ 为系统输入，是 r 维列向量；

$\boldsymbol{y}$ 为系统输出，是 m 维列向量；

$\boldsymbol{A}$ 为 $n\times n$ 维系统矩阵；

$\boldsymbol{B}$ 为 $n\times r$ 维输入矩阵；

$\boldsymbol{C}$ 为 $m\times n$ 维输出矩阵。

是不稳定的，但是能控的也是能观的。

如果系统的全部状态变量不是都可以量测的，则可以采用状态观测器对系统状态进行估计，利用状态估计值作反馈来实现系统的镇定，即适当地选择控制器反馈矩阵和观测器反馈矩

阵，可以将闭环系统的极点配置在复平面的左侧。

所要构造的观测器方程为

$$\begin{cases}\dot{\hat{\boldsymbol{x}}}=\boldsymbol{A}\hat{\boldsymbol{x}}+\boldsymbol{B}\boldsymbol{u}+\boldsymbol{L}(\boldsymbol{y}-\hat{\boldsymbol{y}})\\ \hat{\boldsymbol{y}}=\boldsymbol{C}\hat{\boldsymbol{x}}\end{cases}\tag{6.3.2}$$

式中：$\hat{\boldsymbol{x}}$ 为观测器状态，是系统(6.3.1)状态 $\boldsymbol{x}$ 的观测值或估计值，是 n 维列向量；

$\boldsymbol{u}$ 为观测器输入，与系统(6.3.1)输入等同，是 r 维列向量；

$\hat{\boldsymbol{y}}$ 为观测器输出，是 m 维列向量；

$\boldsymbol{A}$、$\boldsymbol{B}$ 和 $\boldsymbol{C}$ 为观测器参数矩阵，与系统(6.3.1)的参数矩阵等同；

$\boldsymbol{L}$ 为观测器反馈矩阵，是 $n\times m$ 维矩阵。

将系统(6.3.1)的输出方程和观测器(6.3.2)的输出方程代入观测器(6.3.2)的状态方程中，有

$$\dot{\hat{\boldsymbol{x}}}=\boldsymbol{A}\hat{\boldsymbol{x}}+\boldsymbol{B}\boldsymbol{u}+\boldsymbol{L}(\boldsymbol{C}\boldsymbol{x}-\boldsymbol{C}\hat{\boldsymbol{x}})\tag{6.3.3}$$

定义系统(6.3.1)的状态 $\boldsymbol{x}$ 与其观测值即观测器(6.3.2)的状态 $\hat{\boldsymbol{x}}$ 的差作为观测误差向量或称为状态误差向量 $\tilde{\boldsymbol{x}}$，即 $\tilde{\boldsymbol{x}}=\boldsymbol{x}-\hat{\boldsymbol{x}}$，则观测误差方程为

$$\begin{aligned}\dot{\tilde{\boldsymbol{x}}}&=\dot{\boldsymbol{x}}-\dot{\hat{\boldsymbol{x}}}\\&=\boldsymbol{A}\boldsymbol{x}+\boldsymbol{B}\boldsymbol{u}-(\boldsymbol{A}\hat{\boldsymbol{x}}+\boldsymbol{B}\boldsymbol{u}+\boldsymbol{L}(\boldsymbol{C}\boldsymbol{x}-\boldsymbol{C}\hat{\boldsymbol{x}}))\\&=\boldsymbol{A}\boldsymbol{x}-\boldsymbol{A}\hat{\boldsymbol{x}}-\boldsymbol{L}(\boldsymbol{C}\boldsymbol{x}-\boldsymbol{C}\hat{\boldsymbol{x}})\\&=\boldsymbol{A}(\boldsymbol{x}-\hat{\boldsymbol{x}})-\boldsymbol{L}\boldsymbol{C}(\boldsymbol{x}-\hat{\boldsymbol{x}})\\&=(\boldsymbol{A}-\boldsymbol{L}\boldsymbol{C})(\boldsymbol{x}-\hat{\boldsymbol{x}})\\&=(\boldsymbol{A}-\boldsymbol{L}\boldsymbol{C})\tilde{\boldsymbol{x}}\end{aligned}\tag{6.3.4}$$

基于观测器的反馈控制，即利用观测器的状态 $\hat{\boldsymbol{x}}$ 作反馈，其控制方式为

$$\boldsymbol{u}=\boldsymbol{K}\hat{\boldsymbol{x}}+\boldsymbol{v}\tag{6.3.5}$$

式中：$\boldsymbol{v}$ 为 $r\times 1$ 维参考输入；

$\boldsymbol{K}$ 为 $r\times n$ 维控制器反馈矩阵。

下面通过反馈控制方式(6.3.5)来构造闭环系统方程。对于利用观测器实现反馈控制的闭环系统方程的构成，需要用到扩展向量，它可以由系统状态、观测器状态和观测误差三个向量中的任意两个组合而成，以下介绍两种组合情况。

① 闭环系统的扩展向量由系统状态和观测误差组合而成。

将反馈控制方式(6.3.5)代入系统(6.3.1)的状态方程中，得

$$\begin{aligned}\dot{\boldsymbol{x}}&=\boldsymbol{A}\boldsymbol{x}+\boldsymbol{B}(\boldsymbol{K}\hat{\boldsymbol{x}}+\boldsymbol{v})\\&=\boldsymbol{A}\boldsymbol{x}+\boldsymbol{B}\boldsymbol{K}\hat{\boldsymbol{x}}+\boldsymbol{B}\boldsymbol{v}\\&=\boldsymbol{A}\boldsymbol{x}+\boldsymbol{B}\boldsymbol{K}(\boldsymbol{x}-\tilde{\boldsymbol{x}})+\boldsymbol{B}\boldsymbol{v}\\&=(\boldsymbol{A}+\boldsymbol{B}\boldsymbol{K})\boldsymbol{x}-\boldsymbol{B}\boldsymbol{K}\tilde{\boldsymbol{x}}+\boldsymbol{B}\boldsymbol{v}\end{aligned}\tag{6.3.6}$$

结合式(6.3.4)和式(6.3.6)，利用系统状态向量 $\boldsymbol{x}$ 和观测误差向量 $\tilde{\boldsymbol{x}}$ 构成扩展向量，可得闭环控制系统状态方程为

$$\begin{bmatrix}\dot{\boldsymbol{x}}\\ \dot{\tilde{\boldsymbol{x}}}\end{bmatrix}=\begin{bmatrix}\boldsymbol{A}+\boldsymbol{B}\boldsymbol{K} & -\boldsymbol{B}\boldsymbol{K}\\ \boldsymbol{0} & \boldsymbol{A}-\boldsymbol{L}\boldsymbol{C}\end{bmatrix}\begin{bmatrix}\boldsymbol{x}\\ \tilde{\boldsymbol{x}}\end{bmatrix}+\begin{bmatrix}\boldsymbol{B}\\ \boldsymbol{0}\end{bmatrix}\boldsymbol{v}\tag{6.3.7}$$

根据第 4.4.1 节中连续系统的李雅普诺夫稳定性判据,闭环系统(6.3.7)渐近稳定的充分必要条件是存在矩阵 $\boldsymbol{P}$,使得

$$\begin{cases}\boldsymbol{P}>0\\ \begin{bmatrix}\boldsymbol{A}+\boldsymbol{BK} & -\boldsymbol{BK}\\ \boldsymbol{0} & \boldsymbol{A}-\boldsymbol{LC}\end{bmatrix}^{\mathrm{T}}\boldsymbol{P}+\boldsymbol{P}\begin{bmatrix}\boldsymbol{A}+\boldsymbol{BK} & -\boldsymbol{BK}\\ \boldsymbol{0} & \boldsymbol{A}-\boldsymbol{LC}\end{bmatrix}<0\end{cases}\tag{6.3.8}$$

定义矩阵 $\boldsymbol{P}$ 的结构为 $\boldsymbol{P}=\begin{bmatrix}\boldsymbol{P}_1 & \boldsymbol{0}\\ \boldsymbol{0} & \boldsymbol{P}_2\end{bmatrix}$,将其代入式(6.3.8)中,得到

$$\begin{cases}\begin{bmatrix}\boldsymbol{P}_1 & \boldsymbol{0}\\ \boldsymbol{0} & \boldsymbol{P}_2\end{bmatrix}>0\\ \begin{bmatrix}\boldsymbol{P}_1\boldsymbol{A}+\boldsymbol{P}_1\boldsymbol{BK} & -\boldsymbol{P}_1\boldsymbol{BK}\\ \boldsymbol{0} & \boldsymbol{P}_2\boldsymbol{A}-\boldsymbol{P}_2\boldsymbol{LC}\end{bmatrix}^{\mathrm{T}}+\begin{bmatrix}\boldsymbol{P}_1\boldsymbol{A}+\boldsymbol{P}_1\boldsymbol{BK} & -\boldsymbol{P}_1\boldsymbol{BK}\\ \boldsymbol{0} & \boldsymbol{P}_2\boldsymbol{A}-\boldsymbol{P}_2\boldsymbol{LC}\end{bmatrix}<0\end{cases}\tag{6.3.9}$$

需要注意的是,式(6.3.9)中第 2 个不等式中存在非线性耦合项即 $\boldsymbol{P}_1\boldsymbol{BK}$,为了解决这个问题,考虑等式条件

$$\boldsymbol{P}_1\boldsymbol{B}=\boldsymbol{BG}\tag{6.3.10}$$

式中:矩阵 $\boldsymbol{G}$ 为需要设计的非奇异矩阵。

则式(6.3.9)可以改写为

$$\begin{cases}\begin{bmatrix}\boldsymbol{P}_1 & \boldsymbol{0}\\ \boldsymbol{0} & \boldsymbol{P}_2\end{bmatrix}>0\\ \begin{bmatrix}\boldsymbol{P}_1\boldsymbol{A}+\boldsymbol{BGK} & -\boldsymbol{BGK}\\ \boldsymbol{0} & \boldsymbol{P}_2\boldsymbol{A}-\boldsymbol{P}_2\boldsymbol{LC}\end{bmatrix}^{\mathrm{T}}+\begin{bmatrix}\boldsymbol{P}_1\boldsymbol{A}+\boldsymbol{BGK} & -\boldsymbol{BGK}\\ \boldsymbol{0} & \boldsymbol{P}_2\boldsymbol{A}-\boldsymbol{P}_2\boldsymbol{LC}\end{bmatrix}<0\end{cases}\tag{6.3.11}$$

定义两个新的变量 $\boldsymbol{GK}=\boldsymbol{M}$,$\boldsymbol{P}_2\boldsymbol{L}=\boldsymbol{N}$,式(6.3.11)可以被整理为

$$\begin{cases}\begin{bmatrix}\boldsymbol{P}_1 & \boldsymbol{0}\\ \boldsymbol{0} & \boldsymbol{P}_2\end{bmatrix}>0\\ \begin{bmatrix}\boldsymbol{P}_1\boldsymbol{A}+\boldsymbol{BM} & -\boldsymbol{BM}\\ \boldsymbol{0} & \boldsymbol{P}_2\boldsymbol{A}-\boldsymbol{NC}\end{bmatrix}^{\mathrm{T}}+\begin{bmatrix}\boldsymbol{P}_1\boldsymbol{A}+\boldsymbol{BM} & -\boldsymbol{BM}\\ \boldsymbol{0} & \boldsymbol{P}_2\boldsymbol{A}-\boldsymbol{NC}\end{bmatrix}<0\end{cases}\tag{6.3.12}$$

因此,将系统(6.3.1)的镇定问题归结为寻找矩阵 $\boldsymbol{P}_1$、$\boldsymbol{P}_2$、$\boldsymbol{G}$、$\boldsymbol{M}$,以及 $\boldsymbol{N}$ 满足式(6.3.12)中的两个矩阵不等式和一个等式(6.3.10)。而对于等式条件(6.3.10),其在 LMI 工具箱中的求解是困难的,这就是著名的线性矩阵不等式非凸问题。

如果输入向量的维数小于状态变量的维数,即 $r<n$,则等式条件(6.3.10)这个非凸问题的解决方法之一是假定系统输入矩阵 $\boldsymbol{B}$ 列满秩(矩阵 $\boldsymbol{B}^{\mathrm{T}}\boldsymbol{B}$ 是可逆的)进而约束矩阵 $\boldsymbol{P}_1$ 的形式,即定义

$$\boldsymbol{P}_1=\boldsymbol{B}(\boldsymbol{B}^{\mathrm{T}}\boldsymbol{B})^{-\mathrm{T}}\boldsymbol{R}(\boldsymbol{B}^{\mathrm{T}}\boldsymbol{B})^{-1}\boldsymbol{B}^{\mathrm{T}}+(\boldsymbol{B}^{\mathrm{T}})^{\perp}\boldsymbol{S}((\boldsymbol{B}^{\mathrm{T}})^{\perp})^{\mathrm{T}}\tag{6.3.13}$$

式中:$\boldsymbol{R}$ 为 $r\times r$ 维对称矩阵;

$\boldsymbol{S}$ 为 $(n-r)\times(n-r)$ 维对称矩阵;

$n\times(n-r)$ 维矩阵 $(\boldsymbol{B}^{\mathrm{T}})^{\perp}$ 为矩阵 $\boldsymbol{B}^{\mathrm{T}}$ 的正交补,即满足 $\boldsymbol{B}^{\mathrm{T}}(\boldsymbol{B}^{\mathrm{T}})^{\perp}=\boldsymbol{0}$。

按照这个定义,等式条件(6.3.10)变为

$$\begin{aligned}\boldsymbol{P}_1\boldsymbol{B}&=(\boldsymbol{B}(\boldsymbol{B}^{\mathrm{T}}\boldsymbol{B})^{-\mathrm{T}}\boldsymbol{R}(\boldsymbol{B}^{\mathrm{T}}\boldsymbol{B})^{-1}\boldsymbol{B}^{\mathrm{T}}+(\boldsymbol{B}^{\mathrm{T}})^{\perp}\boldsymbol{S}((\boldsymbol{B}^{\mathrm{T}})^{\perp})^{\mathrm{T}})\boldsymbol{B}\\&=\boldsymbol{B}(\boldsymbol{B}^{\mathrm{T}}\boldsymbol{B})^{-\mathrm{T}}\boldsymbol{R}(\boldsymbol{B}^{\mathrm{T}}\boldsymbol{B})^{-1}\boldsymbol{B}^{\mathrm{T}}\boldsymbol{B}+(\boldsymbol{B}^{\mathrm{T}})^{\perp}\boldsymbol{S}((\boldsymbol{B}^{\mathrm{T}})^{\perp})^{\mathrm{T}}\boldsymbol{B}\end{aligned}$$

$$
\begin{aligned}
&= \boldsymbol{B}(\boldsymbol{B}^{\mathrm{T}}\boldsymbol{B})^{-\mathrm{T}}\boldsymbol{R} + (\boldsymbol{B}^{\mathrm{T}})^{\perp}\boldsymbol{S}((\boldsymbol{B}^{\mathrm{T}})^{\perp})^{\mathrm{T}}\boldsymbol{B} \\
&= \boldsymbol{B}(\boldsymbol{B}^{\mathrm{T}}\boldsymbol{B})^{-\mathrm{T}}\boldsymbol{R} + (\boldsymbol{B}^{\mathrm{T}})^{\perp}\boldsymbol{S}(\boldsymbol{B}^{\mathrm{T}}(\boldsymbol{B}^{\mathrm{T}})^{\perp})^{\mathrm{T}} \\
&= \boldsymbol{B}(\boldsymbol{B}^{\mathrm{T}}\boldsymbol{B})^{-\mathrm{T}}\boldsymbol{R} \\
&= \boldsymbol{B}\boldsymbol{G}
\end{aligned} \tag{6.3.14}
$$

于是,可以有矩阵变量

$$
\boldsymbol{G} = (\boldsymbol{B}^{\mathrm{T}}\boldsymbol{B})^{-\mathrm{T}}\boldsymbol{R} \tag{6.3.15}
$$

将矩阵 $\boldsymbol{P}_1$ 的定义(6.3.13)代入式(6.3.12)中的两个矩阵不等式,则系统(6.3.1)的镇定问题变为寻找矩阵 $\boldsymbol{R}$、$\boldsymbol{S}$、$\boldsymbol{P}_2$、$\boldsymbol{M}$,以及 $\boldsymbol{N}$ 满足矩阵不等式

$$
\begin{cases}
\begin{bmatrix} \boldsymbol{B}(\boldsymbol{B}^{\mathrm{T}}\boldsymbol{B})^{-\mathrm{T}}\boldsymbol{R}(\boldsymbol{B}^{\mathrm{T}}\boldsymbol{B})^{-1}\boldsymbol{B}^{\mathrm{T}} + (\boldsymbol{B}^{\mathrm{T}})^{\perp}\boldsymbol{S}((\boldsymbol{B}^{\mathrm{T}})^{\perp})^{\mathrm{T}} & \boldsymbol{0} \\ \boldsymbol{0} & \boldsymbol{P}_2 \end{bmatrix} > 0 \\
\begin{bmatrix} (\boldsymbol{B}(\boldsymbol{B}^{\mathrm{T}}\boldsymbol{B})^{-\mathrm{T}}\boldsymbol{R}(\boldsymbol{B}^{\mathrm{T}}\boldsymbol{B})^{-1}\boldsymbol{B}^{\mathrm{T}} + (\boldsymbol{B}^{\mathrm{T}})^{\perp}\boldsymbol{S}((\boldsymbol{B}^{\mathrm{T}})^{\perp})^{\mathrm{T}})\boldsymbol{A} + \boldsymbol{B}\boldsymbol{M} & -\boldsymbol{B}\boldsymbol{M} \\ \boldsymbol{0} & \boldsymbol{P}_2\boldsymbol{A} - \boldsymbol{N}\boldsymbol{C} \end{bmatrix}^{\mathrm{T}} + \\
\begin{bmatrix} (\boldsymbol{B}(\boldsymbol{B}^{\mathrm{T}}\boldsymbol{B})^{-\mathrm{T}}\boldsymbol{R}(\boldsymbol{B}^{\mathrm{T}}\boldsymbol{B})^{-1}\boldsymbol{B}^{\mathrm{T}} + (\boldsymbol{B}^{\mathrm{T}})^{\perp}\boldsymbol{S}((\boldsymbol{B}^{\mathrm{T}})^{\perp})^{\mathrm{T}})\boldsymbol{A} + \boldsymbol{B}\boldsymbol{M} & -\boldsymbol{B}\boldsymbol{M} \\ \boldsymbol{0} & \boldsymbol{P}_2\boldsymbol{A} - \boldsymbol{N}\boldsymbol{C} \end{bmatrix} < 0
\end{cases} \tag{6.3.16}
$$

由于式(6.3.16)中的两个矩阵不等式是标准的线性矩阵不等式,可以利用 LMI 工具箱直接进行求解,求解器为 feasp,相应的 MATLAB 程序可以依照第 6.1.1 节中的程序给出。如果对于一个控制系统,其 MATLAB 求解程序有解,即给出了 $\boldsymbol{R}$、$\boldsymbol{S}$、$\boldsymbol{P}_2$、$\boldsymbol{M}$,以及 $\boldsymbol{N}$ 的解,则利用新变量的定义以及式(6.3.15),可以给出系统镇定控制器反馈矩阵和观测器反馈矩阵分别为

$$
\boldsymbol{K} = ((\boldsymbol{B}^{\mathrm{T}}\boldsymbol{B})^{-\mathrm{T}}\boldsymbol{R})^{-1}\boldsymbol{M}, \quad \boldsymbol{L} = \boldsymbol{P}_2^{-1}\boldsymbol{N} \tag{6.3.17}
$$

② 闭环系统的扩展向量由观测器状态和观测误差组合而成。

将反馈控制方式(6.3.5)代入观测器(6.3.3)中的状态方程,得

$$
\begin{aligned}
\dot{\hat{\boldsymbol{x}}} &= \boldsymbol{A}\hat{\boldsymbol{x}} + \boldsymbol{B}(\boldsymbol{K}\hat{\boldsymbol{x}} + \boldsymbol{v}) + \boldsymbol{L}(\boldsymbol{C}\boldsymbol{x} - \boldsymbol{C}\hat{\boldsymbol{x}}) \\
&= (\boldsymbol{A} + \boldsymbol{B}\boldsymbol{K})\hat{\boldsymbol{x}} + \boldsymbol{L}\boldsymbol{C}\tilde{\boldsymbol{x}} + \boldsymbol{B}\boldsymbol{v}
\end{aligned} \tag{6.3.18}
$$

结合式(6.3.4)和式(6.3.18),利用观测器状态向量 $\hat{\boldsymbol{x}}$ 和观测误差向量 $\tilde{\boldsymbol{x}}$ 构成扩展向量,可得闭环控制系统状态方程为

$$
\begin{bmatrix} \dot{\hat{\boldsymbol{x}}} \\ \dot{\tilde{\boldsymbol{x}}} \end{bmatrix} = \begin{bmatrix} \boldsymbol{A} + \boldsymbol{B}\boldsymbol{K} & \boldsymbol{L}\boldsymbol{C} \\ \boldsymbol{0} & \boldsymbol{A} - \boldsymbol{L}\boldsymbol{C} \end{bmatrix} \begin{bmatrix} \hat{\boldsymbol{x}} \\ \tilde{\boldsymbol{x}} \end{bmatrix} + \begin{bmatrix} \boldsymbol{B} \\ \boldsymbol{0} \end{bmatrix} \boldsymbol{v} \tag{6.3.19}
$$

根据第 4.4.1 节中连续系统的李雅普诺夫稳定性判据,闭环系统(6.3.19)渐近稳定的充分必要条件是存在矩阵 $\boldsymbol{P}$,使得

$$
\begin{cases}
\boldsymbol{P} > 0 \\
\begin{bmatrix} \boldsymbol{A} + \boldsymbol{B}\boldsymbol{K} & \boldsymbol{L}\boldsymbol{C} \\ \boldsymbol{0} & \boldsymbol{A} - \boldsymbol{L}\boldsymbol{C} \end{bmatrix}^{\mathrm{T}} \boldsymbol{P} + \boldsymbol{P} \begin{bmatrix} \boldsymbol{A} + \boldsymbol{B}\boldsymbol{K} & \boldsymbol{L}\boldsymbol{C} \\ \boldsymbol{0} & \boldsymbol{A} - \boldsymbol{L}\boldsymbol{C} \end{bmatrix} < 0
\end{cases} \tag{6.3.20}
$$

定义矩阵 $\boldsymbol{P}$ 的结构为 $\boldsymbol{P} = \begin{bmatrix} \boldsymbol{P}_1 & \boldsymbol{0} \\ \boldsymbol{0} & \boldsymbol{P}_2 \end{bmatrix}$,则 $\boldsymbol{P}^{-1} = \begin{bmatrix} \boldsymbol{P}_1^{-1} & \boldsymbol{0} \\ \boldsymbol{0} & \boldsymbol{P}_2^{-1} \end{bmatrix}$。利用矩阵不等式冗余特性(6.2.5),在式(6.3.20)中两个不等式的左右两侧同时左乘和右乘矩阵 $\boldsymbol{P}^{-1}$,得

$$\begin{cases}\begin{bmatrix}\boldsymbol{P}_1^{-1} & \boldsymbol{0}\\ \boldsymbol{0} & \boldsymbol{P}_2^{-1}\end{bmatrix}>0\\ \begin{bmatrix}\boldsymbol{P}_1^{-1} & \boldsymbol{0}\\ \boldsymbol{0} & \boldsymbol{P}_2^{-1}\end{bmatrix}\begin{bmatrix}\boldsymbol{A}+\boldsymbol{BK} & \boldsymbol{LC}\\ \boldsymbol{0} & \boldsymbol{A}-\boldsymbol{LC}\end{bmatrix}^{\mathrm{T}}+\begin{bmatrix}\boldsymbol{A}+\boldsymbol{BK} & \boldsymbol{LC}\\ \boldsymbol{0} & \boldsymbol{A}-\boldsymbol{LC}\end{bmatrix}\begin{bmatrix}\boldsymbol{P}_1^{-1} & \boldsymbol{0}\\ \boldsymbol{0} & \boldsymbol{P}_2^{-1}\end{bmatrix}<0\end{cases} \tag{6.3.21}$$

整理后,有

$$\begin{cases}\begin{bmatrix}\boldsymbol{P}_1^{-1} & \boldsymbol{0}\\ \boldsymbol{0} & \boldsymbol{P}_2^{-1}\end{bmatrix}>0\\ \begin{bmatrix}\boldsymbol{AP}_1^{-1}+\boldsymbol{BKP}_1^{-1} & \boldsymbol{LCP}_2^{-1}\\ \boldsymbol{0} & \boldsymbol{AP}_2^{-1}-\boldsymbol{LCP}_2^{-1}\end{bmatrix}^{\mathrm{T}}+\begin{bmatrix}\boldsymbol{AP}_1^{-1}+\boldsymbol{BKP}_1^{-1} & \boldsymbol{LCP}_2^{-1}\\ \boldsymbol{0} & \boldsymbol{AP}_2^{-1}-\boldsymbol{LCP}_2^{-1}\end{bmatrix}<0\end{cases} \tag{6.3.22}$$

类似于前述情况①,式(6.3.22)中第 2 个不等式中同样存在非线性耦合项 $\boldsymbol{LCP}_2^{-1}$,为了解决这个问题,考虑等式条件

$$\boldsymbol{CP}_2^{-1}=\boldsymbol{GC} \tag{6.3.23}$$

则式(6.3.22)可以改写为

$$\begin{cases}\begin{bmatrix}\boldsymbol{P}_1^{-1} & \boldsymbol{0}\\ \boldsymbol{0} & \boldsymbol{P}_2^{-1}\end{bmatrix}>0\\ \begin{bmatrix}\boldsymbol{AP}_1^{-1}+\boldsymbol{BKP}_1^{-1} & \boldsymbol{LGC}\\ \boldsymbol{0} & \boldsymbol{AP}_2^{-1}-\boldsymbol{LGC}\end{bmatrix}^{\mathrm{T}}+\begin{bmatrix}\boldsymbol{AP}_1^{-1}+\boldsymbol{BKP}_1^{-1} & \boldsymbol{LGC}\\ \boldsymbol{0} & \boldsymbol{AP}_2^{-1}-\boldsymbol{LGC}\end{bmatrix}<0\end{cases} \tag{6.3.24}$$

对于等式条件(6.3.23)这个非凸问题,如果系统输出向量的维数小于状态变量的维数,即 $m<n$,可以假定系统输出矩阵 $\boldsymbol{C}$ 满足行满秩(矩阵 $\boldsymbol{CC}^{\mathrm{T}}$ 是可逆的)进而约束矩阵 $\boldsymbol{P}_2^{-1}$ 的形式,即定义

$$\boldsymbol{P}_2^{-1}=\boldsymbol{C}^{\mathrm{T}}(\boldsymbol{CC}^{\mathrm{T}})^{-1}\boldsymbol{R}(\boldsymbol{CC}^{\mathrm{T}})^{-\mathrm{T}}\boldsymbol{C}+\boldsymbol{C}^{\perp}\boldsymbol{S}(\boldsymbol{C}^{\perp})^{\mathrm{T}} \tag{6.3.25}$$

式中:$\boldsymbol{R}$ 为 $m\times m$ 维对称矩阵;

$\boldsymbol{S}$ 为 $(n-m)\times(n-m)$ 维对称矩阵;

$n\times(n-m)$ 维矩阵 $\boldsymbol{C}^{\perp}$ 为矩阵 $\boldsymbol{C}$ 的正交补,即满足 $\boldsymbol{CC}^{\perp}=\boldsymbol{0}$。

按照这个定义,等式条件(6.3.23)变为

$$\begin{aligned}\boldsymbol{CP}_2^{-1}&=\boldsymbol{C}(\boldsymbol{C}^{\mathrm{T}}(\boldsymbol{CC}^{\mathrm{T}})^{-1}\boldsymbol{R}(\boldsymbol{CC}^{\mathrm{T}})^{-\mathrm{T}}\boldsymbol{C}+\boldsymbol{C}^{\perp}\boldsymbol{S}(\boldsymbol{C}^{\perp})^{\mathrm{T}})\\ &=\boldsymbol{CC}^{\mathrm{T}}(\boldsymbol{CC}^{\mathrm{T}})^{-1}\boldsymbol{R}(\boldsymbol{CC}^{\mathrm{T}})^{-\mathrm{T}}\boldsymbol{C}+\boldsymbol{CC}^{\perp}\boldsymbol{S}(\boldsymbol{C}^{\perp})^{\mathrm{T}}\\ &=\boldsymbol{R}(\boldsymbol{CC}^{\mathrm{T}})^{-\mathrm{T}}\boldsymbol{C}\\ &=\boldsymbol{GC}\end{aligned} \tag{6.3.26}$$

于是,可以有矩阵变量

$$\boldsymbol{G}=\boldsymbol{R}(\boldsymbol{CC}^{\mathrm{T}})^{-\mathrm{T}} \tag{6.3.27}$$

将矩阵 $\boldsymbol{P}_2^{-1}$ 的定义(6.3.25)代入式(6.3.24)两个矩阵不等式中,并定义 3 个新的变量 $\boldsymbol{P}_1^{-1}=\boldsymbol{Q}_1$,$\boldsymbol{KP}_1^{-1}=\boldsymbol{M}$ 和 $\boldsymbol{LG}=\boldsymbol{N}$,则系统(6.3.1)的镇定问题变为寻找矩阵 $\boldsymbol{R}$、$\boldsymbol{S}$、$\boldsymbol{Q}_1$、$\boldsymbol{M}$,以及 $\boldsymbol{N}$ 满足矩阵不等式

$$\begin{cases}\begin{bmatrix}\boldsymbol{Q}_1 & \boldsymbol{0}\\ \boldsymbol{0} & \boldsymbol{C}^{\mathrm{T}}(\boldsymbol{C}\boldsymbol{C}^{\mathrm{T}})^{-1}\boldsymbol{R}(\boldsymbol{C}\boldsymbol{C}^{\mathrm{T}})^{-\mathrm{T}}\boldsymbol{C}+\boldsymbol{C}^{\perp}\boldsymbol{S}(\boldsymbol{C}^{\perp})^{\mathrm{T}}\end{bmatrix}>0\\ \begin{bmatrix}\boldsymbol{A}\boldsymbol{Q}_1+\boldsymbol{B}\boldsymbol{M} & \boldsymbol{N}\boldsymbol{C}\\ \boldsymbol{0} & \boldsymbol{A}(\boldsymbol{C}^{\mathrm{T}}(\boldsymbol{C}\boldsymbol{C}^{\mathrm{T}})^{-1}\boldsymbol{R}(\boldsymbol{C}\boldsymbol{C}^{\mathrm{T}})^{-\mathrm{T}}\boldsymbol{C}+\boldsymbol{C}^{\perp}\boldsymbol{S}(\boldsymbol{C}^{\perp})^{\mathrm{T}})-\boldsymbol{N}\boldsymbol{C}\end{bmatrix}^{\mathrm{T}}+\\ \begin{bmatrix}\boldsymbol{A}\boldsymbol{Q}_1+\boldsymbol{B}\boldsymbol{M} & \boldsymbol{N}\boldsymbol{C}\\ \boldsymbol{0} & \boldsymbol{A}(\boldsymbol{C}^{\mathrm{T}}(\boldsymbol{C}\boldsymbol{C}^{\mathrm{T}})^{-1}\boldsymbol{R}(\boldsymbol{C}\boldsymbol{C}^{\mathrm{T}})^{-\mathrm{T}}\boldsymbol{C}+\boldsymbol{C}^{\perp}\boldsymbol{S}(\boldsymbol{C}^{\perp})^{\mathrm{T}})-\boldsymbol{N}\boldsymbol{C}\end{bmatrix}<0\end{cases} \tag{6.3.28}$$

由于式(6.3.28)中的两个矩阵不等式是标准的线性矩阵不等式，可以利用 LMI 工具箱直接进行求解，求解器为 feasp，相应的 MATLAB 程序可以依照 6.1.1 节中的程序给出。如果对于一个控制系统，其 MATLAB 求解程序有解，即给出了 $\boldsymbol{R}$、$\boldsymbol{S}$、$\boldsymbol{Q}_1$、$\boldsymbol{M}$，以及 $\boldsymbol{N}$ 的解，则利用新变量的定义以及式(6.3.27)，可以给出系统镇定控制器反馈矩阵和观测器反馈矩阵分别为

$$\boldsymbol{K}=\boldsymbol{M}\boldsymbol{Q}_1^{-1},\quad \boldsymbol{L}=\boldsymbol{N}(\boldsymbol{R}(\boldsymbol{C}\boldsymbol{C}^{\mathrm{T}})^{-\mathrm{T}})^{-1} \tag{6.3.29}$$

需要指出的是，对于式(6.3.10)和式(6.3.23)中等式非凸条件的处理还存在其他的线性化方法，读者们可自行查阅相关文献。而从另一方面，等式条件的出现是为了解决矩阵不等式中的非线性耦合问题，通过上述的分析也可以看出，限制李雅普诺夫矩阵的形式必定会带来设计保守性，因此，目前很多的研究不考虑等式条件的约束，而是从解耦的角度来解决矩阵不等式中的非线性耦合问题，其中包括较为实用的“Chang - Yang”解耦方法，下面以式(6.3.9)中的非线性矩阵不等式为例，对该方法进行阐释。

首先，定义 $\boldsymbol{P}_2\boldsymbol{L}=\boldsymbol{N}$，$\boldsymbol{K}=\boldsymbol{U}^{-1}\boldsymbol{V}$，将式(6.3.9)中第 2 个不等式中的矩阵改写为

$$\begin{aligned}&\begin{bmatrix}\boldsymbol{P}_1\boldsymbol{A}+\boldsymbol{P}_1\boldsymbol{B}\boldsymbol{K} & -\boldsymbol{P}_1\boldsymbol{B}\boldsymbol{K}\\ \boldsymbol{0} & \boldsymbol{P}_2\boldsymbol{A}-\boldsymbol{N}\boldsymbol{C}\end{bmatrix}\\ &=\begin{bmatrix}\boldsymbol{P}_1\boldsymbol{A}+\boldsymbol{B}\boldsymbol{V} & -\boldsymbol{B}\boldsymbol{V}\\ \boldsymbol{0} & \boldsymbol{P}_2\boldsymbol{A}-\boldsymbol{N}\boldsymbol{C}\end{bmatrix}+\begin{bmatrix}\boldsymbol{I}\\ \boldsymbol{0}\end{bmatrix}(\boldsymbol{P}_1\boldsymbol{B}-\boldsymbol{B}\boldsymbol{U})\boldsymbol{U}^{-1}\boldsymbol{V}\begin{bmatrix}\boldsymbol{I} & -\boldsymbol{I}\end{bmatrix}\end{aligned} \tag{6.3.30}$$

再改写矩阵为

$$\begin{aligned}&\begin{bmatrix}\boldsymbol{P}_1\boldsymbol{A}+\boldsymbol{P}_1\boldsymbol{B}\boldsymbol{K} & -\boldsymbol{P}_1\boldsymbol{B}\boldsymbol{K}\\ \boldsymbol{0} & \boldsymbol{P}_2\boldsymbol{A}-\boldsymbol{N}\boldsymbol{C}\end{bmatrix}^{\mathrm{T}}+\begin{bmatrix}\boldsymbol{P}_1\boldsymbol{A}+\boldsymbol{P}_1\boldsymbol{B}\boldsymbol{K} & -\boldsymbol{P}_1\boldsymbol{B}\boldsymbol{K}\\ \boldsymbol{0} & \boldsymbol{P}_2\boldsymbol{A}-\boldsymbol{N}\boldsymbol{C}\end{bmatrix}\\ &=\begin{bmatrix}\boldsymbol{P}_1\boldsymbol{A}+\boldsymbol{B}\boldsymbol{V} & -\boldsymbol{B}\boldsymbol{V}\\ \boldsymbol{0} & \boldsymbol{P}_2\boldsymbol{A}-\boldsymbol{N}\boldsymbol{C}\end{bmatrix}^{\mathrm{T}}+\begin{bmatrix}\boldsymbol{P}_1\boldsymbol{A}+\boldsymbol{B}\boldsymbol{V} & -\boldsymbol{B}\boldsymbol{V}\\ \boldsymbol{0} & \boldsymbol{P}_2\boldsymbol{A}-\boldsymbol{N}\boldsymbol{C}\end{bmatrix}+\\ &\left(\begin{bmatrix}\boldsymbol{I}\\ \boldsymbol{0}\end{bmatrix}(\boldsymbol{P}_1\boldsymbol{B}-\boldsymbol{B}\boldsymbol{U})\boldsymbol{U}^{-1}\boldsymbol{V}\begin{bmatrix}\boldsymbol{I} & -\boldsymbol{I}\end{bmatrix}\right)^{\mathrm{T}}+\begin{bmatrix}\boldsymbol{I}\\ \boldsymbol{0}\end{bmatrix}(\boldsymbol{P}_1\boldsymbol{B}-\boldsymbol{B}\boldsymbol{U})\boldsymbol{U}^{-1}\boldsymbol{V}\begin{bmatrix}\boldsymbol{I} & -\boldsymbol{I}\end{bmatrix}\end{aligned} \tag{6.3.31}$$

于是，式(6.3.9)中第 2 个矩阵不等式即为

$$\begin{aligned}&\begin{bmatrix}\boldsymbol{P}_1\boldsymbol{A}+\boldsymbol{B}\boldsymbol{V} & -\boldsymbol{B}\boldsymbol{V}\\ \boldsymbol{0} & \boldsymbol{P}_2\boldsymbol{A}-\boldsymbol{N}\boldsymbol{C}\end{bmatrix}^{\mathrm{T}}+\begin{bmatrix}\boldsymbol{P}_1\boldsymbol{A}+\boldsymbol{B}\boldsymbol{V} & -\boldsymbol{B}\boldsymbol{V}\\ \boldsymbol{0} & \boldsymbol{P}_2\boldsymbol{A}-\boldsymbol{N}\boldsymbol{C}\end{bmatrix}+\\ &\left(\begin{bmatrix}\boldsymbol{I}\\ \boldsymbol{0}\end{bmatrix}(\boldsymbol{P}_1\boldsymbol{B}-\boldsymbol{B}\boldsymbol{U})\boldsymbol{U}^{-1}\boldsymbol{V}\begin{bmatrix}\boldsymbol{I} & -\boldsymbol{I}\end{bmatrix}\right)^{\mathrm{T}}+\begin{bmatrix}\boldsymbol{I}\\ \boldsymbol{0}\end{bmatrix}(\boldsymbol{P}_1\boldsymbol{B}-\boldsymbol{B}\boldsymbol{U})\boldsymbol{U}^{-1}\boldsymbol{V}\begin{bmatrix}\boldsymbol{I} & -\boldsymbol{I}\end{bmatrix}<0\end{aligned} \tag{6.3.32}$$

由于式(6.3.32)中矩阵不等式仍然是非线性的，需要进一步处理。考虑矩阵不等式的一个重要性质，即对于适当维数的矩阵 $\boldsymbol{W}$、$\boldsymbol{X}$、$\boldsymbol{Y}$、$\boldsymbol{Z}$，如果不等式

$$\begin{bmatrix} \boldsymbol{W} & \boldsymbol{Y}+\boldsymbol{X}^{\mathrm{T}}\boldsymbol{Z}^{\mathrm{T}} \\ \boldsymbol{Y}^{\mathrm{T}}+\boldsymbol{Z}\boldsymbol{X} & -\boldsymbol{Z}-\boldsymbol{Z}^{\mathrm{T}} \end{bmatrix} < 0 \tag{6.3.33}$$

成立,则可以有

$$\boldsymbol{W}+\boldsymbol{X}^{\mathrm{T}}\boldsymbol{Y}^{\mathrm{T}}+\boldsymbol{Y}\boldsymbol{X} < 0 \tag{6.3.34}$$

这个性质是容易获得的,即利用矩阵不等式的冗余特性,在式(6.3.33)中的矩阵不等式左右两侧同时左乘矩阵 $[\boldsymbol{I} \quad \boldsymbol{X}^{\mathrm{T}}]$ 和右乘矩阵 $\begin{bmatrix} \boldsymbol{I} \\ \boldsymbol{X} \end{bmatrix}$,即得矩阵不等式(6.3.34)。

在不等式(6.3.34)中,定义

$$\begin{cases} \boldsymbol{W}=\begin{bmatrix} \boldsymbol{P}_1\boldsymbol{A}+\boldsymbol{B}\boldsymbol{V} & -\boldsymbol{B}\boldsymbol{V} \\ \boldsymbol{0} & \boldsymbol{P}_2\boldsymbol{A}-\boldsymbol{N}\boldsymbol{C} \end{bmatrix}^{\mathrm{T}}+\begin{bmatrix} \boldsymbol{P}_1\boldsymbol{A}+\boldsymbol{B}\boldsymbol{V} & -\boldsymbol{B}\boldsymbol{V} \\ \boldsymbol{0} & \boldsymbol{P}_2\boldsymbol{A}-\boldsymbol{N}\boldsymbol{C} \end{bmatrix} \\ \boldsymbol{Y}=\begin{bmatrix} \boldsymbol{I} \\ \boldsymbol{0} \end{bmatrix}(\boldsymbol{P}_1\boldsymbol{B}-\boldsymbol{B}\boldsymbol{U}) \\ \boldsymbol{X}=\boldsymbol{U}^{-1}\boldsymbol{V}[\boldsymbol{I} \quad -\boldsymbol{I}] \end{cases} \tag{6.3.35}$$

在不等式(6.3.33)中,定义 $\boldsymbol{Z}=\boldsymbol{U}$,那么如果下式中的不等式可以满足

$$\begin{bmatrix} \begin{bmatrix} \boldsymbol{P}_1\boldsymbol{A}+\boldsymbol{B}\boldsymbol{V} & -\boldsymbol{B}\boldsymbol{V} \\ \boldsymbol{0} & \boldsymbol{P}_2\boldsymbol{A}-\boldsymbol{N}\boldsymbol{C} \end{bmatrix}^{\mathrm{T}}+\begin{bmatrix} \boldsymbol{P}_1\boldsymbol{A}+\boldsymbol{B}\boldsymbol{V} & -\boldsymbol{B}\boldsymbol{V} \\ \boldsymbol{0} & \boldsymbol{P}_2\boldsymbol{A}-\boldsymbol{N}\boldsymbol{C} \end{bmatrix} & \begin{bmatrix} \boldsymbol{I} \\ \boldsymbol{0} \end{bmatrix}(\boldsymbol{P}_1\boldsymbol{B}-\boldsymbol{B}\boldsymbol{U})+\begin{bmatrix} \boldsymbol{I} \\ -\boldsymbol{I} \end{bmatrix}\boldsymbol{V}^{\mathrm{T}} \\ (\boldsymbol{P}_1\boldsymbol{B}-\boldsymbol{B}\boldsymbol{U})^{\mathrm{T}}[\boldsymbol{I} \quad \boldsymbol{0}]+\boldsymbol{V}[\boldsymbol{I} \quad -\boldsymbol{I}] & -\boldsymbol{U}-\boldsymbol{U}^{\mathrm{T}} \end{bmatrix} < 0 \tag{6.3.36}$$

则式(6.3.32)中的不等式成立。

通过上述可知,系统(6.3.1)的镇定问题变为寻找矩阵 $\boldsymbol{P}_1$、$\boldsymbol{P}_2$、$\boldsymbol{U}$、$\boldsymbol{V}$,以及 $\boldsymbol{N}$ 满足矩阵不等式

$$\begin{cases} \begin{bmatrix} \boldsymbol{P}_1 & \boldsymbol{0} \\ \boldsymbol{0} & \boldsymbol{P}_2 \end{bmatrix} > 0 \\ \begin{bmatrix} \begin{bmatrix} \boldsymbol{P}_1\boldsymbol{A}+\boldsymbol{B}\boldsymbol{V} & -\boldsymbol{B}\boldsymbol{V} \\ \boldsymbol{0} & \boldsymbol{P}_2\boldsymbol{A}-\boldsymbol{N}\boldsymbol{C} \end{bmatrix}^{\mathrm{T}}+\begin{bmatrix} \boldsymbol{P}_1\boldsymbol{A}+\boldsymbol{B}\boldsymbol{V} & -\boldsymbol{B}\boldsymbol{V} \\ \boldsymbol{0} & \boldsymbol{P}_2\boldsymbol{A}-\boldsymbol{N}\boldsymbol{C} \end{bmatrix} & \begin{bmatrix} \boldsymbol{I} \\ \boldsymbol{0} \end{bmatrix}(\boldsymbol{P}_1\boldsymbol{B}-\boldsymbol{B}\boldsymbol{U})+\begin{bmatrix} \boldsymbol{I} \\ -\boldsymbol{I} \end{bmatrix}\boldsymbol{V}^{\mathrm{T}} \\ (\boldsymbol{P}_1\boldsymbol{B}-\boldsymbol{B}\boldsymbol{U})^{\mathrm{T}}[\boldsymbol{I} \quad \boldsymbol{0}]+\boldsymbol{V}[\boldsymbol{I} \quad -\boldsymbol{I}] & -\boldsymbol{U}-\boldsymbol{U}^{\mathrm{T}} \end{bmatrix} < 0 \end{cases} \tag{6.3.37}$$

由于式(6.3.37)中的两个矩阵不等式是标准的线性矩阵不等式,可以利用 LMI 工具箱直接进行求解,求解器为 feasp,相应的 MATLAB 程序可以依照第 6.1.1 节中的程序给出。如果对于一个控制系统,其 MATLAB 求解程序有解,即给出了矩阵 $\boldsymbol{P}_1$、$\boldsymbol{P}_2$、$\boldsymbol{U}$、$\boldsymbol{V}$,以及 $\boldsymbol{N}$ 的解,则利用新变量的定义,可以给出系统镇定控制器反馈矩阵和观测器反馈矩阵分别为

$$\boldsymbol{K}=\boldsymbol{U}^{-1}\boldsymbol{V}, \quad \boldsymbol{L}=\boldsymbol{P}_2^{-1}\boldsymbol{N} \tag{6.3.38}$$

参考文献

[1] 胡寿松. 自动控制原理(第 5 版)[M]. 北京:科学出版社,2007.
[2] 刘豹,唐万生. 现代控制理论(第 3 版)[M]. 北京:机械工业出版社,2006.
[3] 邱关源. 电路(第 5 版)[M]. 北京:高等教育出版社,2006.
[4] 王高雄,周之铭,朱思铭,等. 常微分方程(第 3 版)[M]. 北京:高等教育出版社,2006.
[5] DORF R C, BISHOP R H. Modern Control Systems[M]. 13th ed. 北京:电子工业出版社,2018.
[6] 赵明旺,王杰,江卫华. 现代控制理论[M]. 武汉:华中科技大学出版社,2020.
[7] 闫茂德,高昂,胡延苏. 现代控制理论[M]. 北京:机械工业出版社,2016.
[8] 王孝武. 现代控制理论基础[M]. 第 3 版. 北京:机械工业出版社,2013.
[9] 关肇直,陈翰馥. 线性控制系统的能控性和能观测性[M]. 北京:科学出版社,1975.
[10] 俞立. 鲁棒控制-线性矩阵不等式处理方法[M]. 北京:清华大学出版社,2002.
[11] 张嗣瀛,高立群. 现代控制理论[M]. 北京:清华大学出版社,2006.
[12] 谢克明,李国勇. 现代控制理论[M]. 北京:清华大学出版社,2007.
[13] 郑大钟. 线性系统理论[M]. 第 2 版. 北京:清华大学出版社,2002.
[14] 戴先中,赵光宙. 自动化学科概论[M]. 北京:高等教育出版社,2006.
[15] 姜志侠,孟品超,李延忠. 矩阵分析[M]. 北京:清华大学出版社,2015.
[16] 黄先开. 线性代数[M]. 北京:高等教育出版社,2016.
[17] BOYD S, GHAOUI L E, Feron E, et, al. Linear Matrix Inequalities in System and Control Theory[M]. Philadelphia: SIAM, 1994.
[18] GAHINET P, NEMIROVSKI A, LAUB A J et, al. LMI Control Toolbox[M]. Natick: The MathWorks, Inc., 1995.
[19] 薛定宇,陈阳泉. 基于 MATLAB/Simulink 的系统仿真技术与应用[M]. 2 版. 北京:清华大学出版社,2011.
[20] CHANG X H. YANG G H. New Results on Output Feedback H_∞ Control for Linear Discrete-Time Systems[J]. IEEE Transactions on Automatic Control, 2014. DOI:10.1109/TAC.2013.2289706.